机器人技术丛书

Hands-On ROS 2 for Robotics Programming
From Introduction to Practice

ROS 2机器人开发

从入门到实践

桑欣 ◎著

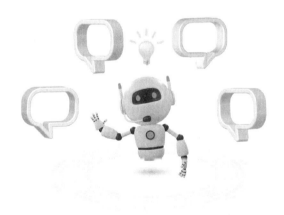

机械工业出版社
CHINA MACHINE PRESS

图书在版编目（CIP）数据

ROS 2 机器人开发：从入门到实践 / 桑欣著 . —北京：机械工业出版社，2024.7（2025.2 重印）
（机器人技术丛书）
ISBN 978-7-111-75806-8

Ⅰ. ① R… Ⅱ. ①桑… Ⅲ. ①机器人 – 程序设计 Ⅳ. ① TP242

中国国家版本馆 CIP 数据核字（2024）第 096019 号

机械工业出版社（北京市百万庄大街 22 号 邮政编码 100037）
策划编辑：刘 锋 责任编辑：刘 锋 王华庆
责任校对：孙明慧 张亚楠 责任印制：邹 敏
三河市宏达印刷有限公司印刷
2025 年 2 月第 1 版第 4 次印刷
186mm×240mm·25.25 印张·560 千字
标准书号：ISBN 978-7-111-75806-8
定价：99.00 元

电话服务 网络服务
客服电话：010-88361066 机 工 官 网：www.cmpbook.com
010-88379833 机 工 官 博：weibo.com/cmp1952
010-68326294 金 书 网：www.golden-book.com
封底无防伪标均为盗版 机工教育服务网：www.cmpedu.com

Foreword | 推荐序一

小鱼[⊖]是鱼香 ROS 社区的创始人，也是机器人技术普及的积极推动者。

2015 年，我组织了全国第一届机器人操作系统（ROS）暑期学校，旨在通过线下互动促进交流、激发合作热情，为机器人创业提供机会。截至 2023 年底，ROS 暑期学校已成功举办了 9 届，这一系列活动得到了机器人爱好者和机器人社群的广泛支持。

从 2022 年开始，小鱼登上了 ROS 暑期学校的讲台，鱼香 ROS 社区也积极地将 ROS 相关技术传递推广到全国各地。2024 年，小鱼更是全力撰写《ROS 2 机器人开发：从入门到实践》一书，致力于推广 ROS 2 机器人的开发技术。对于广大机器人爱好者和想成为 ROS 2 优秀开发者的人来说，跟随小鱼学习将是一次难得的机会。

张新宇　教授 / 博士生导师

华东师范大学智能机器人实验室主任

嵌入式软件与智能系统系主任

中国机器人操作系统（ROS）暑期学校创办人

⊖　"小鱼"是本书作者桑欣的网名。

推荐序二 | Foreword

爱吃鱼香肉丝的小鱼做了一个叫"鱼香ROS"的社区——第一次认识小鱼就是从这句话开始的。

在2021年初一个不眠之夜的凌晨，我无意间看到小鱼做的"动手学ROS 2"系列教程，风趣的描述、翔实的内容，把ROS 2这样一个复杂的系统讲得清晰透彻，我立刻意识到国内ROS技术的推广又来一员猛将。我立刻在公众号后台发送了一条消息，没想到几分钟后就收到小鱼的回复，得知大家同在深圳，我激动万分，很快就相约见面。

第一次见面，我惊讶于小鱼如此年轻，却又经历丰富，秉承ROS的开放精神，愿意持续创新和分享。在追更系列教程和更多交流之后，我越来越发现小鱼在机器人方面的无所不能，硬件、软件、文档、视频、产品面面俱到，贯穿其中的是小鱼各种教程中的精髓——如何"动手"学ROS机器人开发。

没错，ROS是机器人开发的工具，如果我们不用ROS动手做机器人，又如何能够学会这个工具呢？

历经大量整理优化，小鱼的教程终于出书成册，在保留小鱼式诙谐语言的同时，可以帮助读者更加成体系地学习ROS 2从入门到进阶的各种知识，相信一定会成为更多ROS 2开发者的常备宝典。

机器人开发是一项极其复杂的系统工程，ROS的出现极大地提高了机器人软件开发的效率，经历过去十几年的迭代，ROS已经成为机器人开发的必备技能。ROS 1使命已达，即将停止维护，ROS 2全新出发，为智能机器人的开发提供更强有力的支持。

机器人开发之旅同样也是跌宕起伏，我把个人的座右铭分享给大家，愿你我共勉：怕什么真理无穷，进一寸有一寸的欢喜。

古月（胡春旭）

ROS机器人社区古月居创始人

为什么写这本书

大家好，我是本书的作者小鱼。我在学生时代就开始接触并使用 ROS，随后参加工作，在工作中又进一步使用 ROS 进行机器人开发。2020 年一个偶然的机会，公司安排我来调查 ROS 的缺陷，以及替代方案，就在那时我被 ROS 2 的强大功能所吸引，为其提供的机器人开发工具而兴奋，于是开始学习 ROS 2。

在后续的学习和使用过程中，我深感 ROS 2 的中文资料少之又少，于是在 2021 年 7 月发起了鱼香 ROS 社区，开始分享机器人和 ROS 2 的相关知识。在学习 ROS 2 的过程中，我深知动手实践的重要性，就发布了"动手学 ROS 2"一系列在线教程，希望读者可以通过动手实践来掌握 ROS 2，同年又与睿慕课合作发布了相应的视频教程。

随着学习"动手学 ROS 2"课程的小伙伴越来越多，我收到了大量的反馈，通过反馈深知初学者入门 ROS 2 和机器人开发的困难，以及"动手学 ROS 2"系列课程的不足之处。恰逢此时，编辑找到我，我们一拍即合，打算从 ROS 2 入门角度出发写一本书，带领读者通过学习 ROS 2 来入门机器人系统开发。所以在本书中，不仅有 ROS 2 的基础知识、机器人建模和仿真知识、还有从零实现一个真实机器人系统的开发教程。

本书主要内容

本书的内容按照知识结构可以分为五个部分。

第一部分对应第 1～5 章，主要讲解 ROS 2 的基础软件库和工具集的使用，通过该部分的学习，可以让你快速掌握 ROS 2 的核心部分。

第二部分对应第 6 章，主要结合 ROS 2 常用的建模工具，从零创建一个移动机器人模型，然后在仿真工具中完成模型仿真，同时结合仿真机器人讲解 ros2_control 开源框架。

第三部分对应第 7 章和第 8 章，主要介绍基于 ROS 2 的导航框架 Navigation 2，同时在第 6 章仿真移动机器人的基础上实现导航，最后在第 8 章介绍如何在 Navigation 2 中部署测试自定义的规划算法和控制算法。

第四部分对应第9章，主要讲解如何搭建一个实体机器人，着重介绍移动机器人控制系统实现和使用 micro-ROS 接入 ROS 2，最后介绍实体机器人的建图和导航实现方法。

第五部分对应第10章，主要介绍 ROS 2 进阶相关知识，包括服务质量 QoS、执行器和回调组、生命周期节点、消息过滤器和 ROS 2 中间件 DDS 的进阶使用。

本书的目标读者

- 对于非机器人行业中对机器人感兴趣并且想要入门机器人开发的读者，本书穿插讲解了学习 ROS 2 所需的 Linux 和编程的基础知识，让基础薄弱的读者也可以轻松学习。
- 对于机器人从业者，不仅可以从本书中学习到 ROS 2 的基础知识，还可以通过本书深入学习 ROS 2，并将其应用到实际工程中。
- 对于机器人相关专业的高校师生，本书中每一章都涉及大量的动手实践环节，可以把本书当作机器人操作系统的学习实验教材。
- 对于那些对机器人感兴趣的读者，可以通过本书学习如何制作属于自己的仿真和实体移动机器人，并在此基础上实现自主移动导航。

本书特色

不同于其他书籍，本书更加以读者的需求为导向。在编写过程中，我根据原在线教程"动手学 ROS 2"的读者反馈，对本书内容进行了大量的打磨。针对很多 ROS 2 初学者容易受阻的编程，本书在前面几章穿插介绍了 Linux 和 Git 等知识；针对很多小伙伴反馈学完 ROS 2 不知道怎么用，本书加入了大量实践环节，例如，结合 ROS 2 实现语音合成、人脸识别和界面绘制等，让读者可以真正学以致用；针对需要仿真的小伙伴，本书着重介绍了 ROS 2 仿真建模的过程，同时结合仿真介绍了 ros2_control 的使用；针对对实体机器人硬件开发感兴趣的小伙伴，本书引入了 micro-ROS 框架，从零介绍了实体机器人的软件开发流程；针对需要深入使用 ROS 2 的小伙伴，本书在最后一章深入探讨了 ROS 2 进阶相关知识，让你可以轻松地在实际项目中使用 ROS 2。

阅读指南和配套资源

本书用到的部分开源库托管到了 GitHub，读者在学习过程中如遇到网络问题，可以使用本书提供的专用代理工具，工具地址为 http://github.fishros.org。在本书的代码块中，以"$"开头表示命令行，使用"---"分割命令和执行结果，对于非命令行的代码块，粗体部分表示重点更新，"..."表示被省略掉的不重要代码。最后，请读者注意代码中小写字母l和阿拉伯数字1的区别。

　　本书提供了大量的配套资源，如配套视频、ROS 2中文文档、官方资料网站等，这些都统一放到了本书的交流社区：https://fishros.org.cn。ROS如此璀璨，本人自知才疏学浅，本书难免有错误和不足之处，读者可以在社区中提出，除此之外，若在学习过程中遇到相关问题，也可以通过社区和我交流。

　　很多小伙伴都是从公众号"鱼香ROS"开始认识我的，小鱼每天都会在公众号分享机器人和ROS 2相关的文章。因为篇幅所限，本书中删减掉的内容都会以文章的形式在公众号中发表，欢迎订阅获取。

致谢

　　本书能够编写完成和出版，最要感谢的是广大"鱼粉"对我的支持，没有你们的反馈和鼓励，我很难将本书完成。其次要感谢的是一直站在我身边的家人，感谢来自父亲、母亲和姐姐的鞭策，感谢帮助我整理稿件的"鱼嫂"马靖雯（也是本书的第一个读者）的无条件支持。还要感谢在我的成长路上提供很大帮助的老师，他们是高中时期带我学习编程和参加比赛的老师——赵言言、大学时期的老师——殷华博士、工作时的导师——陈养斌博士，以及赵洋、苏琦、曾凡国、覃建州等为我提供过帮助的老师。同时感谢机械工业出版社对本书的大力支持。最后要感谢的是机器人和ROS生态的前行者和赶路人，他们是张新宇教授、胡春旭老师、张瑞雷老师、金海华、张鹏、熊颖、侯燕青、李德永等。除此之外，还有很多和我一起交流成长和做出贡献的爱好者、开发者和教育者，此处无法一一列举，但我都感恩在心。

小鱼

2024年1月于广东广州

目 录 | Contents

第 1 章

启程——让你的第一个机器人动起来

欢迎来到 ROS（Robot Operating System，机器人操作系统）的世界！ ROS 包含大量搭建机器人所需的软件和工具，是目前应用最广泛的机器人操作系统，未来搭载 ROS 的机器人将不断出现在生产和生活当中。时至今日，ROS 的发展已经趋向成熟，但你知道 ROS 的过去是什么样的吗？我们一起来看一看它的发展史吧。

2006 年，Eric Berger 和 Keenan Wyrobek 为了降低机器人搭建复杂度，在斯坦福大学创建了 Personal Robotics 项目。2008 年，因资金问题，该项目转由柳树车库公司（Willow Garage）继续开发。2009 年，第一个 ROS 版本 V 0.4 发布。2010 年，ROS V 1.0 正式发布并开始以海龟种类命名。ROS 自此飞速发展，但柳树车库也逐渐解散为几个衍生公司。2013 年，ROS 又转由新成立的开源机器人基金会（Open Source Robotics Foundation, OSRF）领导开发，并继续发布新的版本。后来，秉承自由精神和源代码开放的 ROS 社区的建立也持续推动着 ROS 不断发展，但是资金问题一直是困扰 ROS 发展的瓶颈。

2016 年，OSRF 成立子公司 OSRC（Open Source Robotics Corporation），以便在商业和盈利上进行探索。其实早在 2015 年左右，OSRF 就发现 ROS 在商业化产品上的缺陷非常明显，比如缺乏安全性和实时性的支持。为了解决这一问题，OSRF 在 2015 年创建了 ROS 2 项目，时至今日，ROS 2 也已经发布了十几个版本。2022 年 5 月，ROS 2 的第一个五年长期支持版 Humble Hawksbill 正式发布，标志着其趋向成熟。同年 12 月，OSRC 被 Google X 下属的 Intrinsic 公司收购，OSRF 将继续作为独立的非营利组织运营，但这也意味着 ROS 的发展进入了新的阶段。

说了这么多，相信你已经了解 ROS 的发展历史，并且也应该迫不及待地想加入机器人开发者行列中了吧。可以想象，借助 ROS 创建一个属于自己的能扫地、会送快递的机器人，该是多么有意思的事情！那么，从今天起，我将带你一起踏上 ROS 的学习之旅，一步步带你成为一名优秀的机器人系统开发者。

好了，现在让我们正式踏上机器人操作系统学习之旅吧！

1.1 ROS 部落的自我介绍

ROS 自出生至今已经发布了 20 多个正式版本。在过去 10 多年的发展过程中，ROS 秉承着开源自由精神，形成了一个由 OSRF、机器人上下游厂商、开发者共同组成的强大的社区生态。其中开发者在 ROS 生态中占据着极其重要的地位，正因为有数以百万计的开发者贡献源码、使用 ROS 并帮助改进 ROS，ROS 才有了如此繁荣的生态。生态对于一个操作系统来说是极其重要的，比如国产的鸿蒙系统起初因生态而去兼容 Android 应用，而且确实历史上也有其他像 ROS 一样的机器人操作系统（如 Player）因为缺乏生态而夭折。

ROS 之所以能成为机器人开发者的团宠，一定有其过人之处，那么接下来我们就从开发者的角度来了解一下 ROS 操作系统。纯理论的叙述一般容易催眠，所以我会通过举例和加入插图的方式来进行介绍。

1.1.1　机器人与 ROS

记得我刚开始找工作参加面试时，面试官问："你认为机器人是什么？"我的回答是"像人一样，可以自动完成某些任务（如搬运和清洁）的机器"。之所以这样回答，是因为机器人的组成和行为与人体十分相似，举一个最简单的例子，当你感到热的时候就会打开空调，我们将这个行为过程与机器人进行类比。如图 1-1 所示，你的皮肤相当于机器人的传感器，比如温度传感器就可以测量温度；你的肌肉相当于机器人的执行器，比如可以控制角度的舵机；大脑相当于机器人的决策系统，将皮肤和肌肉与大脑相连的则是神经网络。不难看出，ROS 在机器人中的作用就是将传感器的数据发送给决策系统，然后将决策系统的输出发送给执行器执行。

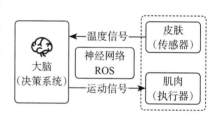

图 1-1　机器人与人体行为类比

2006 年，Eric Berger 和 Keenan Wyrobek 通过调查发现，当时的机器人公司在开发机器人时把八成的精力都花在了搭建机器人的通信机制和基础工具上，反而没时间完善机器人的决策系统。更奇怪的是，即使是同一个组织，在开发不同的机器人时也会从零开始构建机器人的通信机制和工具，花费大量时间重复造轮子，不同公司重复造轮子[⊖]的时间和开展新研究的时间占比如图 1-2 所示。

ROS 就是在这种背景下出现的。聪明的你应该已经猜到，ROS 本质上就是用于快速搭建机器人的软件库（核心是通信）和工具集。它的出现虽然解决了机器人开发中重复造轮子的问题，但随着机器人软硬件不断进步，应用场景不断丰富，ROS 暴露出了在通信上缺乏稳定性、实时性和安全性等问题，因此 ROS 2 开始登上舞台。

ROS 2 采用第三方的通信组件代替 ROS 1 中的通信组件，使得数据传输更加稳定和强大。同时 ROS 2 引入了新的 C++ 标准，在代码规范性、接口一致性上都有了不小的提升。因此在本书中我们将基于最新的 ROS 2 进行介绍。

ROS 2 是如何在 ROS 1 的基础上更进一步的呢？带着好奇心，我们一起来看下 ROS 2 的系统架构，揭开它的神秘面纱吧。

　⊖　重复造轮子，指重复创造已经存在的方法，多用于软件开发领域。

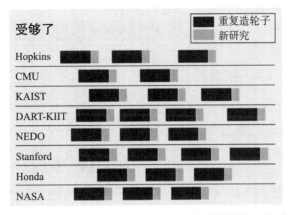

图 1-2　不同公司重复造轮子的时间和开展新研究的时间占比

1.1.2　ROS 2 系统架构

为了让你更加了解 ROS 2，我们先来看一下它的系统架构。ROS 2 的系统架构可以分为 5 层：操作系统层、DDS 实现层、DDS 接口层、ROS 2 客户端层和应用层。

1. 操作系统层

ROS 2 是基于 Linux、Windows 和 macOS 系统建立的，这一层为 ROS 2 提供了各种基础硬件的驱动，比如网卡驱动、常用 USB 驱动和常用摄像头驱动等。

2. DDS 实现层

前面曾说 ROS 2 的核心通信是采用第三方的通信组件来实现的，这个第三方就是数据分发服务（Data Distribution Service，DDS），DDS 基于实时发布订阅协议（Real-time Publish-Subscribe，RTPS）来实现数据分发。

3. DDS 接口层

因为要支持不同厂家的 DDS，同时又需要对外保持一致，所以 ROS 2 定义了 RMW（ROS Middleware Interface，ROS 中间件接口），再由不同 DDS 进行实现，为 ROS 2 客户端层提供统一的调用接口。举例来说，DDS 接口层类似于 USB 接口的标准，而 DDS 实现层就是不同厂家根据标准生产的 USB 设备。

4. ROS 2 客户端层

ROS 2 客户端层提供了不同编程语言的 ROS 2 客户端库（ROS 2 Client Library，RCL），使用这些库提供的接口，可以完成对 ROS 2 核心功能的调用，如话题、服务、参数和动作通信机制。

5. 应用层

所有基于 RCL 开发的程序都属于应用层，比如我们接下来会用到的海龟模拟器和 ROS QT 工具就都是基于这一层的。当然，后续我们自己开发的机器人应用也属于这一层。

好了，了解完 ROS 2 的架构，结合图 1-3，相信你会有更好的理解。

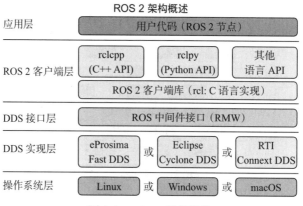

图 1-3　ROS 2 系统架构

1.1.3　ROS 2 的已发布版本

表 1-1 中列出了目前主要的 ROS 2 发行版本及停止维护时间，当你看到这张表的时候，可能已经有了新的 ROS 2 版本发布，最新的数据可以访问 http://docs.ros.org/en/humble/Releases.html。

表 1-1　ROS 2 版本与发行情况

版本名称	发布日期	停止维护日期
Ardent Apalone	2017 年 12 月 8 日	2018 年 12 月
Bouncy Bolson	2018 年 7 月 2 日	2019 年 7 月
Crystal Clemmys	2018 年 12 月 14 日	2019 年 12 月
Dashing Diademata	2019 年 5 月 31 日	2021 年 5 月
Eloquent Elusor	2019 年 11 月 22 日	2020 年 11 月
Foxy Fitzroy	2020 年 6 月 5 日	2023 年 6 月 20 日
Galactic Geochelone	2021 年 5 月 23 日	2022 年 12 月 9 日
Humble Hawksbill	2022 年 5 月 23 日	2027 年 5 月
Iron Irwini	2023 年 5 月 23 日	2024 年 11 月

从表 1-1 可以看出，Humble Hawksbill 是第一个 5 年长期支持的 ROS 2 版本，因此本书将基于该版本进行讲解。

1.1.4　ROS 2 机器人开发特色

准备好行装，你马上就将进入基于 ROS 2 的机器人开发之旅了，但先别着急，启程之前我们一起来看看 ROS 2 为了让我们可以制作出一个强大的机器人，到底为我们准备了哪些装备。

1. 四大核心通信机制

ROS 2 的四大通信机制分别是话题（Topic）通信、服务（Service）通信、参数（Parameter）通信和动作（Action）通信。话题通信指的是一种发布 – 订阅（Publish-Subscribe）通信模式，即发布者（Publisher）将消息发布到某个话题上，订阅者（Subscriber）订阅话题即可获取数据，数据是单向传递的。例如，我们可以通过话题将机器人的位置信息发布到某个名称的话题上，通过订阅该名称的话题就可以获取机器人的位置信息。

相比话题通信机制，服务通信是双向的，可以分为服务端（Service）和客户端（Client），客户端可以发送请求到服务端，由服务端处理并返回结果。动作通信同样分为动作客户端（Action Client）和动作服务端（Action Server），相比于服务通信，动作服务端在处理客户端请求时可以反馈处理进度并可以随时取消，动作通信往往用于复杂的机器人行为。参数通信主要用于机器人参数设置和读取。

2. 丰富的调试工具

除了核心通信机制外，ROS 2 还提供了丰富的可视化调试工具，比如用于三维可视化的RViz，用于可视化图表、图像等数据的 rqt 系列工具，以及用于数据记录和回放的 ros2 bag工具等。

3. 建模与运动学工具

ROS 2 为我们提供了机器人开发中常用于运动学坐标转换与管理的 TF 工具，同时定义了描述机器人的结构、关节、传感器等信息的文件格式 URDF。

4. 强大的开源社区及应用框架

除了 ROS 2 本身提供的核心工具外，开源社区基于 ROS 2 也制作了丰富的开源工具和框架，比如强大的可仿真工具 Gazebo、用于移动机器人导航的 Navigation 2 应用框架和用于机械臂运动规划的 Moveit 2 应用框架等。

既然 ROS 2 提供了如此丰富的工具，你就不必担心自己无法开发出强大的机器人了。好了，理论介绍到这里就结束了。我相信你已经迫不及待地想要开始踏上机器人开发之旅了，那么我们现在就开始吧！

1.2　开发环境搭建

工欲善其事，必先利其器。一个方便快捷的开发环境可以大大加快我们的开发速度，所以本节我将手把手带你一步步把开发环境搭建起来。ROS 2 是安装在现有操作系统上的，虽然 ROS 2 支持 Windows，但使用 Linux 系统可以更方便地完成安装和开发。安装 Linux 系统的方法有很多，比如可以在 Windows 上安装虚拟机，然后在虚拟机上安装 Linux，还可以直接在你的计算机上安装 Linux 系统并与 Windows 共存。对于本书前面部分内容，可以使用虚拟机，对于后期的机器人建模仿真和实体机器人开发，建议使用搭载 Linux 的实体机，以获得更好的性能。

使用 FISHROS2OS 工具可以快速在移动磁盘上安装 Linux 与 Windows 共存的双系统，大家可以访问 https://www.fishros.org.cn/forum/topic/1835 使用。下面将介绍在虚拟机上安装 Linux的方法。

1.2.1　准备所需软件

要在虚拟机上安装 Linux 系统，需要准备以下软件：

- VirtualBox。VirtualBox 是一款开源虚拟机软件，可以利用它在你的计算机上再安装其他操作系统，比如我们学习 ROS 2 所需的 Linux 操作系统。
- Linux 系统镜像。我们这里采用的是 Ubuntu 22.04 系统，一般把基于 Linux 内核的操作系统都称为 Linux 系统，而 Ubuntu 就是以桌面应用为主的 Linux 操作系统之一。
- ROS 2 安装包。ROS 2 安装包是由上百个安装包共同组成的，我们无须一个个下载安装，在 Ubuntu 系统上，只需通过指令即可从服务器自动下载和安装。

1.2.2　安装虚拟机 VirtualBox

VirtualBox 的安装包可以从其官方网站 https://www.virtualbox.org/wiki/Downloads 下载，下载界面如图 1-4 所示。单击"Windows hosts"即可开始下载 Windows 版本；如果你是 macOS 系统，也可选择对应的安装包。下载完成后，安装过程非常简单，一直单击"下一步"和"同意"就可以了。安装完成后，VirtualBox 将会自动启动。

图 1-4　VirtualBox 下载界面

看到如图 1-5 所示的界面，表示 VirtualBox 已经安装完成。

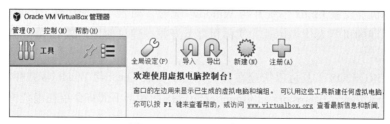

图 1-5　VirtualBox 主界面

1.2.3　在虚拟机中安装 Ubuntu 22.04

要安装系统，我们肯定需要一个系统镜像，因为 Ubuntu 的官方网站访问不太稳定，我们可以到国内的镜像网站进行下载，例如 http://mirrors.ustc.edu.cn/ubuntu-releases/22.04。访问该网址，然后单击 ubuntu-22.04.x-desktop-amd64.iso 即可开始下载，其中 x 是小版本代号，不同时间看到的可能不同。下载完成后你将得到一个后缀为 .iso 的系统镜像文件。

回到 VirtualBox，单击工具栏的"新建"按钮，就可以看到如图 1-6 所示的界面，输入名称，在文件夹栏选择你要放置虚拟机的位置，在虚拟光盘栏选择刚刚下载的后缀为 .iso 的镜像文件，最后记得勾选"跳过自动安装（S）"，完成后单击"下一步"。

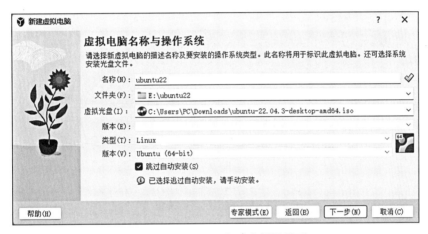

图 1-6　VirtualBox 新建虚拟机界面

接着可以看到如图 1-7 所示的虚拟机内存和处理器数量设置界面，可以根据你的机器配置给出，设置完成后单击"下一步"。

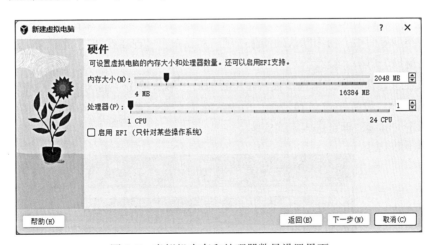

图 1-7　虚拟机内存和处理器数量设置界面

接着将看到如图 1-8 所示的虚拟硬盘设置界面，这里我们给到 120 GB。ROS 2 那么强大，占用的空间肯定不少。最后依次单击"下一步"和"完成"，虚拟机就创建好了。创建好后，选中虚拟机，单击如图 1-9 所示的"启动"按钮，即可启动。

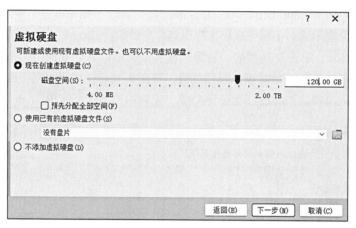

图 1-8   虚拟硬盘设置界面

图 1-9   虚拟机启动按钮

首次启动将看到如图 1-10 所示的选择界面，这里使用键盘方向键直接选择" *Try or Install Ubuntu"，按下回车键即可。接着你将看到如图 1-11 所示的安装程序界面。

如图 1-12 所示，在安装程序的语言选择界面选择"中文（简体）"，然后单击"安装 Ubuntu"，在键盘布局页面再次单击"继续"，进入如图 1-13 所示的界面，这里选择"最小安装"并取消"安装 Ubuntu 时下载更新"，接着单击"继续"，进入安装类型界面。

在安装类型界面中，使用默认的清除选项，然后单击"现在安装"，此时会跳出如图 1-14 所示的确认窗口，单击"继续"。

接下来在位置选择界面里选择你所在位置即可，然后单击"继续"，进入如图 1-15 所示的用户设置界面，设置用户名和密码，因为后续需要经常输入，密码可以简短些，避免输错，接着单击"继续"即可进入正式安装。

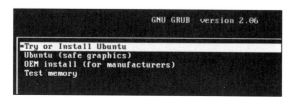

图 1-10   首次开机选择界面

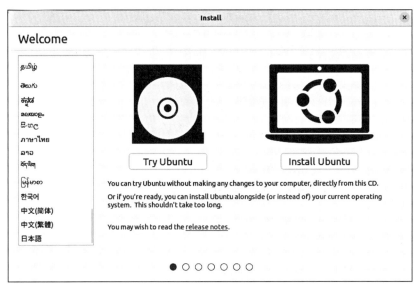

图 1-11 安装程序界面

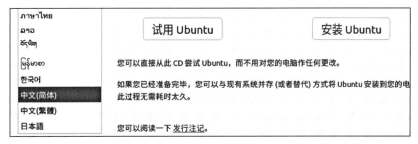

图 1-12 语言选择界面

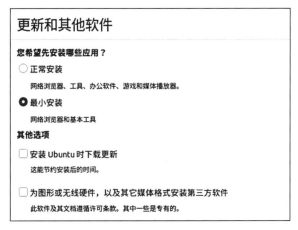

图 1-13 更新和其他软件界面

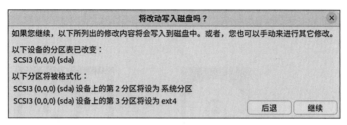

图 1-14   将改动写入磁盘的确认窗口

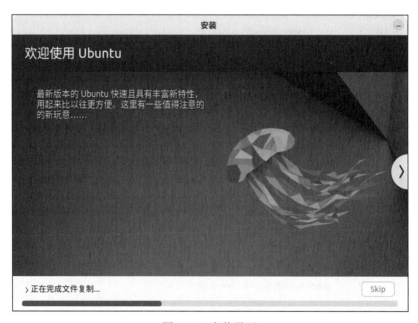

图 1-15   用户设置界面

接下来等待安装完成即可，若遇到需要安装很久的部分，则可以单击"Skip"，加快安装速度，安装界面如图 1-16 所示。

图 1-16   安装界面

看到安装完成的提示后，单击"现在重启"，即可进入如图1-17所示的系统登录界面。使用鼠标单击用户名，输入你刚刚设置的密码，按下回车键即可进入系统。初次启动会有一个提示页面，可以单击右上角的按钮关闭。

图 1-17　系统登录界面

至此，我们完成了 Ubuntu 22.04 虚拟机的安装。当然，在学习过程中也免不了因为各种问题需要卸载虚拟机，这时只需要在 VirtualBox 虚拟机列表对应的虚拟机上右击，选择"删除"即可。

1.2.4　安装 ROS 2

Ubuntu 安装完成后，我们就可以在该系统中安装 ROS 2 了，可以采用手动和安装工具两种方式安装 ROS 2 的二进制包。对于初学者来说，使用安装工具更为方便，所以这里我们直接使用安装工具进行安装。在 Ubuntu 系统中，使用鼠标在桌面空白处右击，选择"在终端中打开"即可打开如图 1-18 所示的终端。我们接下来的操作都将在这个黑框中完成，是不是和电影里的黑客有点像呢？

图 1-18　Ubuntu 终端

首先，在终端中输入 sudo apt update 命令，该命令会从默认的软件服务器拉取所有的软件列表。输入该命令后会提示你输入密码，因为在 Linux 中部分命令需要具备管理员权限才能执行。另外在终端输入密码时并不会将密码显示出来，但其实已经输入了，这是为了防止密码泄露。输入完成，按回车键即可，更新指令及结果如代码清单 1-1 所示。

代码清单 1-1　更新指令及结果

```
$ sudo apt update
---
[sudo] fishros 的密码:
命中 :1 http://cn.archive.ubuntu.com/ubuntu jammy InRelease
命中 :2 http://security.ubuntu.com/ubuntu jammy-security InRelease
命中 :3 http://cn.archive.ubuntu.com/ubuntu jammy-updates InRelease
命中 :4 http://cn.archive.ubuntu.com/ubuntu jammy-backports InRelease
正在读取软件包列表 ... 完成
正在分析软件包的依赖关系树 ... 完成
正在读取状态信息 ... 完成
有 85 个软件包可以升级。请执行 'apt list --upgradable' 来查看它们。
```

更新完成后，我们就可以运行安装工具了，在终端中输入代码清单 1-2 中的命令，等待片刻，你将看到选项清单。

代码清单 1-2　下载并运行安装工具

```
$ wget http://fishros.com/install -O fishros && bash fishros
---
...
ROS 相关 :
    [1]: 一键安装 ( 推荐 ):ROS( 支持 ROS/ROS2, 树莓派 Jetson)
    [4]: 一键配置 :ROS 环境 ( 快速更新 ROS 环境设置 , 自动生成环境选择 )
    [3]: 一键安装 :rosdep( 小鱼的 rosdepc, 又快又好用 )
    [9]: 一键安装 :Cartographer( 内测版易失败 )
    [11]: 一键安装 :ROS Docker 版 ( 支持所有版本 ROS/ROS2)
...
```

这里我们输入 1（安装 ROS），按下回车键，可以看到如代码清单 1-3 所示的选项提示。

代码清单 1-3　安装前换源相关选项

```
新手或首次安装一定要换源并清理第三方源，因为系统默认使用国外源容易失败。
[1]: 更换系统源再继续安装
[2]: 不更换继续安装
[0]:quit
请输入 [] 内的数字以选择 :1
    请选择换源方式 , 如果不知道选什么请选 2
[1]: 仅更换系统源
[2]: 更换系统源并清理第三方源
[0]:quit
请输入 [] 内的数字以选择 :1
```

如代码清单 1-3 所示，首先输入 1（更换系统源再继续安装）并按下回车键，接着继续选择 1（仅更换系统源）并按下回车键。

接着就可以看到如代码清单 1-4 所示的安装 ROS 相关选项。首先选择要安装的 ROS 版本代号，这里输入 1（选择 humble 版本），然后再次输入 1（选择桌面版）并按下回车键，接着等待安装工具自动根据我们的选择完成下载和安装。

代码清单 1-4　安装 ROS 相关选项

```
请选择你要安装的 ROS 版本名称 ( 请注意 ROS1 和 ROS2 的区别 ):
[1]:humble(ROS2)
[2]:iron(ROS2)
[3]:rolling(ROS2)
[0]:quit
请输入 [] 内的数字以选择:1
RUN Choose Task:[请输入括号内的数字]
请选择安装的具体版本 ( 如果不知道怎么选，请选 1 桌面版 ):
[1]:humble(ROS2) 桌面版
[2]:humble(ROS2) 基础版 ( 小 )
[0]:quit
请输入 [] 内的数字以选择:1
```

安装完成后直接关闭当前终端，按 Ctrl+Alt+T 键打开一个新的终端，在终端中输入代码清单 1-5 中的命令。如果可以看到对应的返回结果，就表示 ROS 2 已经正确安装完成。

代码清单 1-5　ros2 终端测试命令结果

```
$ ros2
---
usage: ros2 [-h] [--use-python-default-buffering] Call `ros2 <command> -h` for
    more detailed usage. ...
ros2 is an extensible command-line tool for ROS 2.
options:
    -h, --help              show this help message and exit
    --use-python-default-buffering
                        Do not force line buffering in stdout and instead use the
                        python default buffering, which might be affected by
                        PYTHONUNBUFFERED/-u and depends on whatever
                        stdout is interactive or not
Commands:
    action      Various action related sub-commands
    bag         Various rosbag related sub-commands
    component   Various component related sub-commands
    daemon      Various daemon related sub-commands
    doctor      Check ROS setup and other potential issues
    interface   Show information about ROS interfaces
    launch      Run a launch file
    lifecycle   Various lifecycle related sub-commands
    multicast   Various multicast related sub-commands
    node        Various node related sub-commands
    param       Various param related sub-commands
    pkg         Various package related sub-commands
    run         Run a package specific executable
```

```
security      Various security related sub-commands
service       Various service related sub-commands
topic         Various topic related sub-commands
wtf           Use `wtf` as alias to `doctor`

Call `ros2 <command> -h` for more detailed usage.
```

1.3　运行你的第一个机器人

说来也有意思，对于 ROS 来说，海龟具有特殊的意义，ROS 2 和 ROS 1 一样，每个版本都使用不同种类的海龟作为其吉祥物，如图 1-19 所示为 ROS 2 Humble Hawksbill 版本的 LOGO。就像学习编程语言时写出来的第一个程序是 Hello World 一样，学习 ROS 2 时我们运行的第一个例子就是海龟模拟器。

图 1-19　ROS 2 Humble Hawksbill 版本的 LOGO

1.3.1　启动海龟模拟器

ROS 2 中的海龟程序由一个简单的图形化界面构成，我们可以通过键盘控制海龟在界面中运动。让我们一起启动海龟模拟器和键盘控制程序，来一睹其风采吧！

按 Ctrl+Alt+T 键打开一个新的终端，输入如代码清单 1-6 所示的命令，就会启动如图 1-20 所示的海龟模拟器。在终端中，当输入命令时可以按 Tab 键进行自动补全，比如当输入下面的命令时，只需输入 ros2 r 后按下 Tab 键就会自动补全为 ros2 run，后面部分亦然。

代码清单 1-6　运行海龟模拟器节点

```
$ ros2 run turtlesim turtlesim_node
---
[INFO] [1698357677.019198100] [turtlesim]: Starting turtlesim with node name /
    turtlesim
[INFO] [1698357677.026135400] [turtlesim]: Spawning turtle [turtle1] at
    x=[5.544445], y=[5.544445], theta=[0.000000]
```

这里我们来简单分析一下海龟模拟器的启动指令，它一共由四个部分组成，其中 ros2 和 run 表示使用 ros2 运行程序，而 turtlesim 是一个程序包的名称，其下面包含多个可执行程序，turtlesim_node 就是其中之一。结合起来就是使用 ros2 运行 turtlesim 程序包下的 turtlesim_node 可执行文件。

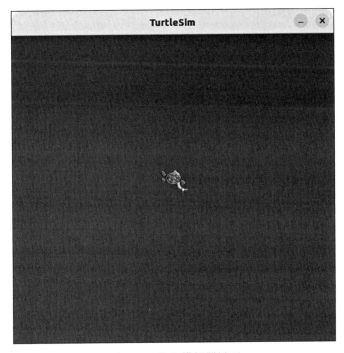

图 1-20　海龟模拟器界面

1.3.2　使用键盘控制海龟

不要关闭海龟模拟器的启动窗口，再次使用快捷键打开一个新的终端，输入代码清单 1-7 所示的命令。

代码清单 1-7　启动海龟键盘控制程序

```
$ros2 run turtlesim turtle_teleop_key
---
Reading from keyboard
---------------------------
Use arrow keys to move the turtle.
Use G|B|V|C|D|E|R|T keys to rotate to absolute orientations. 'F' to cancel a
    rotation.
'Q' to quit.
```

代码清单 1-7 中的命令的意思是使用 ros2 运行 turtlesim 程序包下的 turtle_teleop_key 键盘控制节点。运行之后，我们可以根据提示使用方向键移动海龟。

为了让键盘控制节点能够捕获键盘输入，需要用鼠标再次单击键盘控制节点所在的终端，接着按下方向键，就可以观察到海龟的运动路径，如图 1-21 所示。

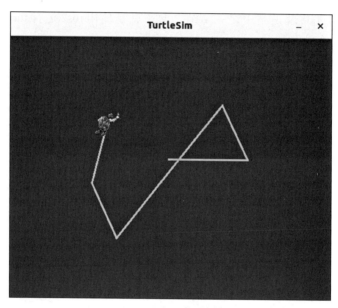

图 1-21　海龟的运动路径

1.3.3　海龟例子的简单分析

为什么我们在键盘控制窗口通过按键就可以实现对海龟模拟器窗口的控制呢？其背后肯定是通过某种机制联系在了一起，通过 ROS 2 提供的节点关系图工具可以快速查看其联系，我们来试试看。

不要关闭模拟器和键盘控制终端，再次打开一个新的终端，输入代码清单 1-8 中的命令，就可以打开如图 1-22 所示的默认 rqt 界面。

代码清单 1-8　打开 rqt 工具的命令

```
$ rqt
```

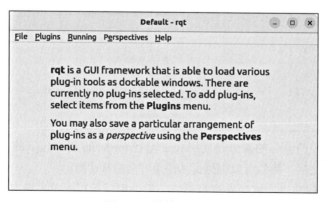

图 1-22　默认 rqt 界面

接着在 rqt 工具栏选择 Plugins → Introspection → Node Graph 选项，打开后单击左上角的刷新按钮，获取当前系统最新的节点关系，如图 1-23 所示。

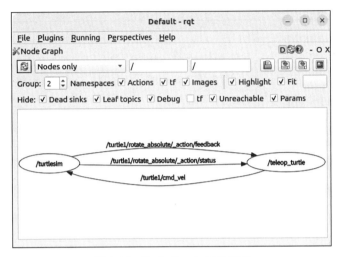

图 1-23 Node Graph 插件界面

从图 1-23 可以看出，有一条线从键盘控制节点 /teleop_turtle 指向海龟节点 /turtlesim，该线上标记着 /turtule1/cmd_vel。这个 /turtule1/cmd_vel 就是话题名称，这条线的起点（键盘控制节点）就是话题的发布者，终点（海龟节点）就是话题的订阅者，所以海龟节点和键盘控制节点就是通过四大通信机制之一的话题通信进行连接的。

通过 rqt 这一强大的调试工具，我们很快就完成"断案"，从这一点你也可以感受到 ROS 2 的工具之丰富。

1.4 ROS 2 基础之 Linux

都说机器人是一个复杂的学科，从 ROS 2 所涉及的知识广度即可看出，ROS 2 开发涉及计算机编程、计算机网络、操作系统和机器人运动学等知识。是不是有点被吓到了？别怕，在本书中，我将通过在各个章节中穿插讲解 ROS 2 常用的基础知识，带你在学习 ROS 2 的同时掌握这些基础内容。

1.4.1 Linux 终端基础操作

在 Linux 系统中，接触和使用最多的就是终端了，所以接下来我们的学习主要围绕着终端进行。首先，我们来了解一下如何在终端中进行文件相关的操作。

按 Ctrl+Alt+T 键打开一个新的终端，接着输入代码清单 1-9 中的命令，查看当前终端所在目录。

代码清单 1-9　查看终端目录命令

```
$ pwd # 查看终端当前目录
---
/home/fishros
```

pwd 命令用于查看当前终端所在目录，# 号后面的内容是终端注释。可以看到 pwd 命令的返回结果是 /home/fishros，这是使用快捷键打开终端默认进入的目录。你可能会好奇为什么没有 C 盘之类的磁盘编号，这是因为在 Linux 中，用斜杠" / "表示整个文件系统的根目录，其他目录和文件位置都是相对根目录而言的。

接着我们输入代码清单 1-10 中的 cd / 命令，进入根目录下看看当前目录是否发生变化。cd 命令用于切换当前终端的目录，进入后使用 pwd，可以发现当前目录已经变成了" / "。

代码清单 1-10　切换终端目录到根目录

```
$ cd / # 从当前进入根目录
$ pwd
---
    /
```

接着输入代码清单 1-11 中的命令，来查看当前目录下都有哪些文件。

代码清单 1-11　查看当前目录下的文件

```
$ ls # 查看当前目录下的文件
---
bin    dev   home  lib    lib64   lost+found  mnt   proc  run   snap  sys   usr
boot   etc   init  lib32  libx32  media       opt   root  sbin  srv   tmp   var
```

在使用快捷键打开终端时，会默认进入当前用户的主目录下，本例中的用户名是 fishros，所以主目录就是 /home/fishros。因为主目录经常用到，所以在 Linux 中可以使用符号 ~ 代替主目录，当我们想回到主目录时，直接输入代码清单 1-12 中的命令即可。接下来回到主目录下再看看都有些什么文件。

代码清单 1-12　查看主目录内容

```
$ cd ~
$ ls
---
公共的  模板  视频  图片  文档  下载  音乐  桌面  snap
```

学习完了切换目录和查看文件列表后，我们来学习如何在主目录下创建、编辑和删除一个文件，命令及结果如代码清单 1-13 所示。

代码清单 1-13　创建文件夹和文件

```
$ cd ~                       # 进入主目录
$ mkdir chapt1               # 在主目录下创建 chapt1 文件夹
$ cd chapt1                  # 从主目录进入 chapt1
$ touch hello_world.txt      # 创建空白文件
$ pwd                        # 查看当前路径
---
```

```
/home/fishros/chapt1
$ ls                                    # 查看 chapt1 目录下所有文件
---
hello_word.txt
```

我们用 mkdir 命令创建了一个叫作 chapt1 的文件夹，然后用 cd 命令进入这个文件夹，接着创建 hello_world.txt 文件，最后使用 pwd 和 ls 命令查看当前终端所在目录和文件。

下面我们使用工具 nano 来对 hello_world.txt 文件进行编辑，输入代码清单 1-14 中的命令，就可以看到如图 1-24 所示的编辑界面。

代码清单 1-14　使用 nano 编辑文件

```
$ nano hello_world.txt
```

图 1-24　编辑界面

nano 是安装 Ubuntu 时自带的文本编辑工具，输入 hello ros 2！后，按 Ctrl+O 键，然后按回车键将内容写入文件，再按 Ctrl+X 键退出编辑。

我们可以使用 cat 命令查看文件内容，使用 rm 命令删除文件，命令及结果如代码清单 1-15 所示。

代码清单 1-15　查看文件内容和删除文件

```
$ cat hello_world.txt
---
hello ros 2！
$ rm hello_world.txt
```

Linux 终端命令非常丰富，你可能会感到有些害怕，觉得无法记住那么多命令各自的使用方式。这里再教你一个小技巧，在命令后加上 --help，直接运行即可查看帮助信息，该命令的所有使用方法将会自动跳出。我们来测试两个命令。

第一个是本节学习的最后一个命令 rm，示例如代码清单 1-16 所示；第二个是 1.3.1 节中介绍的 ros2 run 命令，示例如代码清单 1-17 所示。

代码清单 1-16   rm 命令使用帮助

```
$ rm --help
---
用法: rm [选项]... [文件]...
删除 (unlink) 一个或多个 <文件>。
...
```

代码清单 1-17   ros2 run 命令使用帮助

```
$ ros2 run --help
---
usage: ros2 run [-h] [--prefix PREFIX] package_name executable_name ...
Run a package specific executable
positional arguments:
    package_name     Name of the ROS package
    executable_name  Name of the executable
    argv             Pass arbitrary arguments to the executable
options:
    -h, --help       show this help message and exit
    --prefix PREFIX  Prefix command, which should go before the executable.
                     Command must be wrapped in quotes if it contains spaces
                     (e.g. --prefix 'gdb -ex run --args').
```

学会了查看帮助信息的方法，相信你就不会再怕忘记某个命令的用法了。

1.4.2   在 Linux 中安装软件

在安装 ROS 2 时，我们使用安装工具快速完成了安装，但并不是所有的软件都有这样的安装工具，因此我们要掌握其他安装方法。这里我们尝试通过下载安装包来安装后续开发中要使用的编辑器 VS Code。

首先我们在 Linux 桌面的左上角打开 Firefox 浏览器，访问 VS Code 官方网址 https://code.visualstudio.com/，其下载界面如图 1-25 所示。

单击 .deb 按钮即可开始下载，文件会被默认下载到 "~/ 下载" 目录下，下载完可以看到 Ubuntu 上软件安装包的后缀是 deb。下面我们来安装它。

打开一个新的终端，输入代码清单 1-18 中的命令安装 VS Code，注意，文件的名称根据你下载的名称而定。这里我们使用 sudo dpkg -i 命令来安装软件，其中 dpkg 是 Ubuntu 中的包管理工具，可以用于安装、查看、卸载软件包，而 dpkg 命令前加上 sudo 表示以管理员权限执行 dpkg 命令，dpkg 后面的 -i 代表安装的意思。

代码清单 1-18   使用 dpkg 安装 VS Code

```
$ cd ~/ 下载              # 使用 Win+ 空格 可以切换中英文输入法
$ sudo dpkg -i ./code_1.77.0-1680085573_amd64.deb
---
[sudo] fishros 的密码:
(正在读取数据库 ... 系统当前共安装有 279532 个文件和目录。)
准备解压 .../code_1.77.3-1681292746_amd64.deb ...
...
```

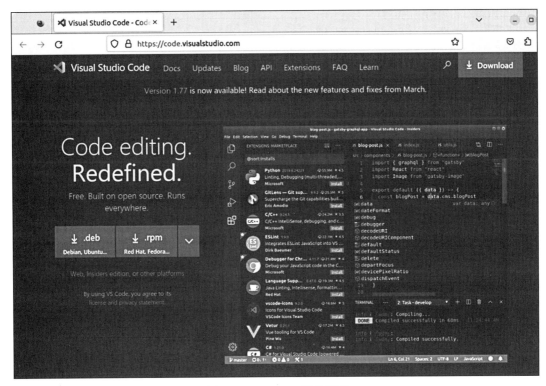

图 1-25　VS Code 下载界面

　　使用 dpkg 可以直接安装下载好的 deb 格式安装包，另外一个更高级的包管理工具 apt 则可以通过软件的名字自动下载然后进行安装，作为示例，我们来安装后续学习中会用到的版本管理工具 git。

　　在终端中输入 git 命令，如代码清单 1-19 所示，此时会显示找不到该命令，并提示你可以使用 apt 命令来安装它。

代码清单 1-19　git 命令测试

```
$ git
---
找不到命令 "git"，但可以通过以下软件包安装它：
sudo apt install git
```

　　根据代码清单 1-19 中的提示，输入代码清单 1-20 中的安装命令。

代码清单 1-20　使用 apt 安装 git

```
$ sudo apt install git
---
...
需要下载 3166 KB 的归档。
解压缩后会消耗 18.9 MB 的额外空间。
获取 :1 https://mirrors.ustc.edu.cn/ubuntu jammy-updates/main amd64 git amd64
```

```
    1:2.34.1-1ubuntu1.10 [3166 KB]
已下载 3166 KB，耗时 0s (16.6 MB/s)
正在选中未选择的软件包 git。
（正在读取数据库 ... 系统当前共安装有 291143 个文件和目录。）
准备解压 .../git_1%3a2.34.1-1ubuntu1.10_amd64.deb ...
正在解压 git (1:2.34.1-1ubuntu1.10) ...
正在设置 git (1:2.34.1-1ubuntu1.10) ...
```

安装完成后，我们再次输入 git 命令进行测试，此时就不会显示找不到该命令了，如代码清单 1-21 所示。

代码清单 1-21   安装完 git 后进行测试

```
$ git
---
用法: git [--version] [--help] [-C <path>] [-c <name>=<value>]
           [--exec-path[=<path>]] [--html-path] [--man-path] [--info-path]
           [-p | --paginate | -P | --no-pager] [--no-replace-objects] [--bare]
           [--git-dir=<path>] [--work-tree=<path>] [--namespace=<name>]
           [--super-prefix=<path>] [--config-env=<name>=<envvar>]
           <command> [<args>]
这些是各种场合常见的 Git 命令:
开始一个工作区 (参见: git help tutorial)
    clone     克隆仓库到一个新目录
    init      创建一个空的 Git 仓库或重新初始化一个已存在的仓库
```

除了使用 dpkg 和 apt 外，还可以直接运行脚本进行安装，我们以安装 Virtual Box 的增强功能为例来学习脚本安装，如果你使用的不是虚拟机，则可以跳过。在虚拟机工具栏，选择"设备"→"安装增强功能"选项，如图 1-26 所示。

图 1-26   选择"安装增强功能"

增强功能包括共享粘贴板、文件夹以及自动调整屏幕分辨率等。接着我们在虚拟机中双击如图 1-27 所示的文件管理器图标，打开文件管理器。

图 1-27   文件管理器图标

单击文件管理器左下角以 VBox_GAs开头的文件夹，然后在该文件夹的空白处右击，选择"在终端打开（E）"，如图 1-28 所示。

图 1-28　安装包虚拟光盘文件

在 Linux 中，终端脚本一般以 sh 结尾，在打开的终端里输入代码清单 1-22 中的命令，执行自动安装脚本。

代码清单 1-22　自动安装脚本

```
$ ./autorun.sh
---
Verifying archive integrity...  100%   MD5 checksums are OK. All good.
Uncompressing VirtualBox 7.0.6 Guest Additions for Linux  100%
VirtualBox Guest Additions installer
...
the system is restarted
Press Return to close this window...
```

按照提示安装完成后，关闭该窗口。如果要在 Linux 中安装一些常用的软件，可以直接通过 apt 命令一键完成，有时你会觉得这比在 Windows 下安装软件还要方便不少。

1.4.3　在 Linux 中编写 Python 程序

我们做机器人开发时最常用的两门语言就是 C++ 和 Python，它们也是在编程语言排行榜中位居前列的，如图 1-29 所示。所以接下来我将带你依次使用 Python 和 C++ 语言在 Linux 下编写 Hello World 程序。

在任意终端内输入 code，就可以打开如图 1-30 所示的 VS Code 主界面。

编程语言排行榜 TOP 50 榜单				
排名	编程语言	流行度	对比上月	年度明星语言
1	Python	12.74%	∨ 1.18%	2010, 2007, 2018, 2020, 2021
2	C	11.59%	∨ 1.12%	2017, 2008, 2019
3	Java	10.99%	∧ 0.17%	2015, 2005
4	C++	8.83%	∧ 0.55%	2003

图 1-29　编程语言排行榜

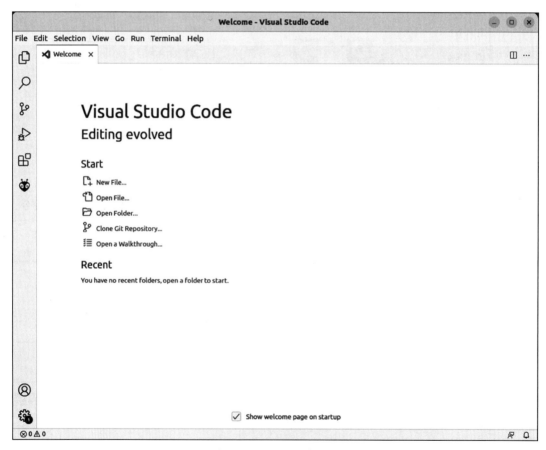

图 1-30　VS Code 主界面

接着我们通过安装汉化插件将 VS Code 的界面语言改成中文，如图 1-31 所示，在左侧
扩展界面输入"Chinese"，然后选择第一个中文（简体）插件，单击 Install，完成后重启 VS
Code 即可。

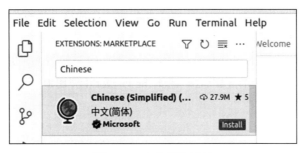

图 1-31 中文简体插件

然后，我们在 VS Code 中选择"文件"→"打开文件夹"选项，打开 1.4.1 节在主目录下建立的 chapt1 目录。如图 1-32 所示，在资源管理器空白处右击并选择"新建文件"选项，接着输入文件名 hello_world.py，然后按回车键。

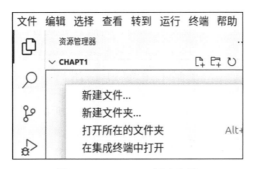

图 1-32 VS Code 新建文件

此时在 VS Code 界面右边就会出现如图 1-33 所示的文件编辑区域，在该区域输入代码清单 1-23 中的内容。

图 1-33 VS Code 编辑文件

代码清单 1-23 ~/chapt1/hello_world.py 文件内容

```
print('Hello World!')
```

输入完成后记得按 Ctrl+S 键保存，新手常常会忘记保存代码，可以在 VS Code 中选择"文件"→"自动保存"选项开启代码自动保存功能。再次在资源管理器空白处右击，选择

"在集成终端中打开"选项，这里的集成终端和我们之前的终端没有本质区别，只是换了个名字，集成到 VS Code 里了。

在终端中输入代码清单 1-24 中的命令，运行代码，结果如图 1-34 所示。

代码清单 1-24   执行 hello_world.py 脚本

```
$ python3 hello_world.py
---
Hello World!
```

图 1-34   在终端中运行代码

好了，你有没有发现，在 Ubuntu 和 VS Code 里编写和运行代码非常方便。

1.4.4   在 Linux 中编写 C++ 程序

有了编写 Python 程序的经验，编写 C++ 程序也轻而易举。在 chapt1 目录下新建 hello_world.cpp，并输入代码清单 1-25 中的内容，然后保存代码并运行。

代码清单 1-25   hello_world.cpp

```
#include "iostream"
int main()
{
    std::cout << "Hello World !" << std::endl;
    return 0;
}
```

可以直接使用命令行工具在 Ubuntu 中编译代码，这个工具就是 g++。打开集成终端，进入 chapt1 目录，然后输入代码清单 1-26 中的命令，使用 g++ 编译 hello_wolrd.cpp 代码。

代码清单 1-26   使用 g++ 编译 hello_world.cpp

```
$ g++ hello_world.cpp
$ ls
---
a.out hello_world.cpp hello_world.py
```

可以看到，编译完成后，文件夹下多出了一个 a.out 文件，并且该文件的名称是绿色的，表示它是可执行文件，使用代码清单 1-27 中的命令即可执行该文件。

代码清单 1-27　执行 a.out

```
./a.out
---
Hello World !
```

使用 g++ 来编译简单的代码文件非常方便，但对于需要各种依赖的复杂代码，使用 CMake
工具更加方便。在 chapt1 目录下新建 CMakeLists.txt 文件，然后输入代码清单 1-28 中的内容。

代码清单 1-28　CMakeLists.txt 文件

```
cmake_minimum_required (VERSION 3.8)
project (HelloWorld)
add_executable(learn_cmake hello_world.cpp)
```

CMakeLists.txt 中的指令一共有三行，第一行用于给出构建当前文件最低的 CMake 版
本，第二行用于声明工程的名字，第三行用于添加一个可执行文件。这里 learn_cmake 表示
可执行文件的名字，hello_world.cpp 是可执行文件相对 CMakeLists.txt 文件的路径。

编写好并保存后，在终端中进入 chapt1 目录，输入代码清单 1-29 中的命令就可以将
CMakeLists.txt 转换为 Makefile。

代码清单 1-29　使用 cmake 生成 Makefile

```
$ cmake .
---
-- The C compiler identification is GNU 11.4.0
-- The CXX compiler identification is GNU 11.4.0
-- Detecting C compiler ABI info
-- Detecting C compiler ABI info - done
-- Check for working C compiler: /usr/bin/cc - skipped
-- Detecting C compile features
-- Detecting C compile features - done
-- Detecting CXX compiler ABI info
-- Detecting CXX compiler ABI info - done
-- Check for working CXX compiler: /usr/bin/c++ - skipped
-- Detecting CXX compile features
-- Detecting CXX compile features - done
-- Configuring done
-- Generating done
-- Build files have been written to: /home/fishros/chapt1
```

cmake 命令用于构建 CMakeLists.txt，后面的参数"."表示 CMakeLists.txt 在当前终端
同级目录搜索 CMakeLists.txt 文件。构建完成后会在当前目录生成结果文件，其中 Makefile
文件可以被 make 命令读取并进行代码编译，继续在上面的终端中输入代码清单 1-30 中的命
令即可完成编译。

代码清单 1-30　使用 make 命令完成编译

```
$ make
---
[ 50%] Building CXX object CMakeFiles/learn_cmake.dir/hello_world.cpp.o
```

```
[100%] Linking CXX executable learn_cmake
[100%] Built target learn_cmake
```

make 命令会调用编译器将代码转换成可执行文件，所以运行完 make 命令后，查看 chapt1 目录下的文件，就可以看到生成的 learn_cmake 可执行文件。输入代码清单 1-31 中的命令就可以执行 learn_cmake。

代码清单 1-31　执行 learn_cmake

```
$ ./learn_cmake
---
Hello World !
```

1.4.5　Linux 基础之环境变量

Linux 的环境变量是一种全局变量，用于存储系统和用户级别的配置信息，例如，当前终端的 ROS 版本信息就存储在环境变量 ROS_DISTRO 中。使用代码清单 1-32 中的命令就可以查看该环境变量的值。

代码清单 1-32　查看当前终端配置的 ROS 版本

```
$ echo $ROS_DISTRO
---
humble
```

前面我们使用 ros2 run 运行 turtlesim 程序包下的 turtlesim_node 时，ros2 run 会先读取环境变量 AMENT_PREFIX_PATH 的值，然后到该环境变量下的 lib 目录内查找功能包和可执行文件。可以输入代码清单 1-33 中的命令，查看该环境变量的值。

代码清单 1-33　查看 AMENT_PREFIX_PATH 环境变量的值

```
$ echo $AMENT_PREFIX_PATH
---
/opt/ros/humble
```

要在 $AMENT_PREFIX_PATH/lib 下查找 turtlesim，命令及结果如代码清单 1-34 所示。

代码清单 1-34　查看 turtlesim 程序包位置

```
$ ls $AMENT_PREFIX_PATH/lib | grep turtlesim
---
turtlesim
...
```

在结果中就可以看到 turtlesim 目录确实存在。查看该目录下的所有内容，就可以看到 turtlesim_node 可执行文件，如代码清单 1-35 所示。

代码清单 1-35　查看 turtlesim 目录下的所有内容

```
$ ls $AMENT_PREFIX_PATH/lib/turtlesim
---
draw_square  mimic  turtlesim_node  turtle_teleop_key
```

你可以尝试使用环境变量拼接出可执行文件的路径，直接运行，运行命令如代码清单 1-36 所示。

代码清单 1-36 直接运行 turtlesim_node 可执行文件

```
$ $AMENT_PREFIX_PATH/lib/turtlesim/turtlesim_node
---
[INFO] [1698488208.170362529] [turtlesim]: Starting turtlesim with node name /
    turtlesim
[INFO] [1698488208.179445208] [turtlesim]: Spawning turtle [turtle1] at
    x=[5.544445], y=[5.544445], theta=[0.000000]
```

可以通过 export 命令在 Linux 中设置环境变量，我们修改 AMENT_PREFIX_PATH 环境变量为一个错误路径，再次尝试运行 turtlesim_node，就会发现找不到 turtlesim，测试命令及结果如代码清单 1-37 所示。

代码清单 1-37 设置环境变量测试

```
$ export AMENT_PREFIX_PATH=/opt/ros/
$ ros2 run turtlesim turtlesim_node
---
Package 'turtlesim' not found
```

不知不觉，我们已经学完了 Ubuntu 的所有基础操作，现在我们来总结和梳理一下吧。

1.5 小结与点评

看到这里，你的心情肯定很不错吧，因为你已经半只脚踏进了机器人开发的大门了。通过本章的学习，你对 ROS 2 有了更进一步的认识，并成功地搭建了虚拟机和 ROS 2 开发环境，接着通过海龟模拟器对 ROS 2 的通信机制和调试工具有了一定的了解。在本章的最后，还学习了 Linux 终端的基础操作和在 Linux 终端上进行编程的方法。学完这些，你一定会觉得非常充实吧。不过你也不要满足，了解 ROS 2 和掌握 ROS 2 还是有很大区别的，要想成为一名优秀的 ROS 2 开发者，你还需付出更多的时间和努力。现在我们准备进入第 2 章的学习。

第 2 章
ROS 2 基础入门——从第一个节点开始

通过第 1 章的学习，你已经掌握了如何安装 ROS 2 以及如何使用命令行来启动一个 ROS 2 的程序。不过，仅满足于此显然是不够的，因为掌握 ROS 2 的安装和启动程序只算入门了一半，是时候再学习一些新的东西了。今天我们来学习在哪里编写 ROS 2 的程序，以及如何编译代码生成可执行文件。

2.1 编写你的第一个节点

在第 1 章中，我们运行的海龟模拟器和键盘控制器都会生成一个相应的 ROS 2 节点，模拟器节点会订阅来自键盘控制节点的话题，实现控制指令的传递。所以，你可能会认为 ROS 2 的节点就是可以进行话题订阅或发布的可执行的程序。聪明如你，的确如此，但你还是低估了节点的作用，节点除了可以订阅和发布话题外，还可以使用服务、配置参数和执行动作等。

俗话说得好："千学不如一看，千看不如一练。"接下来我们将分别使用 Python 和 C++ 来编写第一个 ROS 2 节点。

2.1.1 Python 示例

ROS 2 提供了丰富的 Python 版本的客户端接口库，让你通过简单的调用即可完成节点的创建。

在主目录下创建 chapt2/ 文件夹，并用 VS Code 打开该文件夹，接着创建 ros2_python_node.py 文件，在文件中编写代码清单 2-1 的内容。

代码清单 2-1　一个最简单的 Python 节点

```
import rclpy
from rclpy.node import Node

def main():
    rclpy.init()
    node = Node("python_node")
    rclpy.spin(node)
```

```
    rclpy.shutdown()

if __name__=="__main__":
    main()
```

如代码清单 2-1 所示，首先导入 ROS 2 提供的 Python 版本客户端库 rclpy，从 rclpy 库的 node 模块中导入 Node 类。然后定义了一个 main 函数，在函数里调用 rclpy 的 init 方法为接下来的通信分配资源，接着创建一个名为 python_node 的 Node 类实例，有了 node 实例，就可以通过它来订阅或者发布话题了，通信并不是本节的重点，所以这里没有进行任何操作。

创建完节点后，使用 spin 方法启动该节点，spin 方法恰如其名，它会不断地循环检查被其运行的节点是否收到新的话题数据等事件，直到该节点被关闭为止。之后，rclpy.shutdown() 方法用于清理分配的资源并确认节点是否被关闭。

在了解了每一行代码的作用后，运行代码，按 Ctrl+Shift+~ 键可以快速地在 VS Code 内打开集成终端，输入代码清单 2-2 中的命令运行代码。

代码清单 2-2　使用 Python 执行节点

```
$ python3 ros2_python_node.py
```

运行后会发现终端并没有任何输出和提示，此时不要怀疑代码有问题，节点其实已经运行起来了。按 Ctrl+Shift+5 键可以在 VS Code 原有的终端旁添加一个新的终端，在终端中输入代码清单 2-3 所示的命令。

代码清单 2-3　使用命令行查询节点列表

```
$ ros2 node list
---
/python_node
```

代码清单 2-3 中的 ros2 node list 是 ROS 2 命令行工具的节点模块下的命令之一，用于查看当前的节点列表，看到 /python_node 就代表我们的第一个 ROS 2 节点启动成功了。但启动后没有一点提示显然不太友好，所以修改代码清单 2-1 中的 main 函数，加一句输出，如代码清单 2-4 所示。

代码清单 2-4　添加输出的节点代码

```
def main():
    rclpy.init()
    node = Node("python_node")
    node.get_logger().info('你好 Python 节点! ')
    rclpy.spin(node)
    rclpy.shutdown()
```

这里我们加了一句输出指令，但并没有使用你所熟悉的 print 函数，而是先通过 node 实例调用 get_logger() 获取日志记录器，接着调用日志记录器的 info 方法输出了一句话。

接着来运行测试一下，在刚刚运行节点的终端里，按 Ctrl+C 键，该命令可以打断当前终端运行的程序，输入代码清单 2-5 所示的命令并运行。

代码清单 2-5　　运行带日志输出的 Python 节点

```
$ python3 ros2_python_node.py
---
[INFO] [1699126891.009349500] [python_node]：你好 Python 节点！
```

可以看到这里不仅输出了我们想要的内容，还输出了日志的级别、时间和节点信息。如果你想查看更多日志信息，可以通过环境变量 RCUTILS_CONSOLE_OUTPUT_FORMAT 修改输出的日志格式，使用如代码清单 2-6 所示的设置就可以在输出消息的同时输出代码所在的函数和行号。

代码清单 2-6　　使用环境变量输出更多的信息

```
$ export RCUTILS_CONSOLE_OUTPUT_FORMAT=[{function_name}:{line_number}]:{message}
$ python3 ros2_python_node.py
---
[main:7]：你好 Python 节点！
```

使用 {} 包含特定单词就可以表示对应的消息，除了上面代码使用的三个外，还有表示日志级别的 severity、表示日志记录器名的 name、表示文件名字的 file_name、表示时间戳的 time 以及表示纳秒时间戳的 time_as_nanoseconds。

第一个 Python 节点到这里就算写完了，但在写代码的时候好像没有提示，这是因为没有安装 Python 插件。如图 2-1 所示，打开 VS Code 的扩展，搜索 Python，安装第一个插件即可。

图 2-1　安装插件

再次编辑代码时你会发现如图 2-2 所示的提示。把鼠标指针长时间悬停在某个函数上，函数注释就会随之跳出，如图 2-3 所示。

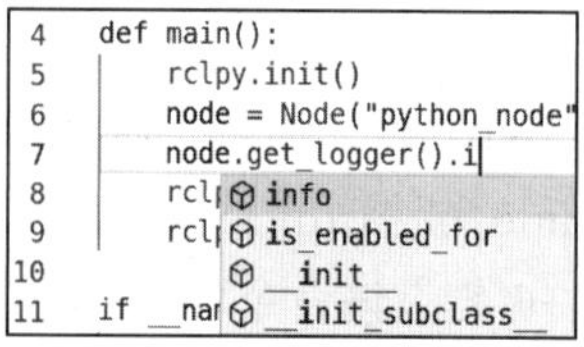

图 2-2　代码提示

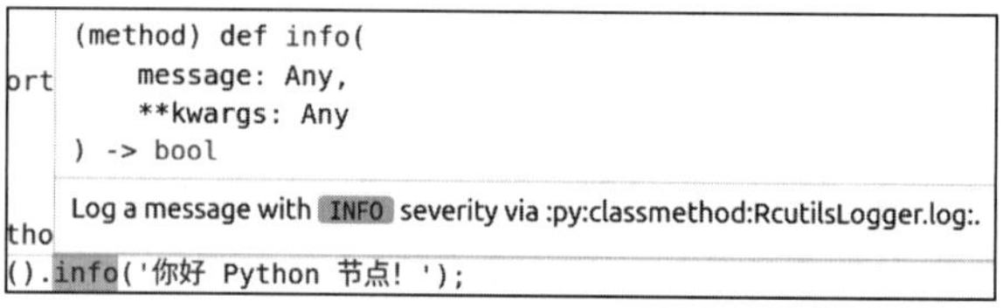

图 2-3　函数注释

2.1.2　C++ 示例

都说"人生苦短，我用 Python"，但 Python 作为解释型语言，因为运行效率问题，在实际的机器人产品开发中并不占优势。所以在学习如何使用 Python 编写节点的同时，还可以学习一下 C++ 的实现方式，互相取长补短。

用 VS Code 打开 chapt2/ 文件夹，新建 ros2_cpp_node.cpp 文件，在文件中编写如代码清单 2-7 所示的代码。

代码清单 2-7　一个最简单的 C++ 节点

```cpp
#include "rclcpp/rclcpp.hpp"

int main(int argc, char **argv)
{
    rclcpp::init(argc, argv);
    auto node = std::make_shared<rclcpp::Node>("cpp_node");
    RCLCPP_INFO(node->get_logger(), "你好 C++ 节点! ");
    rclcpp::spin(node);
    rclcpp::shutdown();
    return 0;
}
```

在代码清单 2-7 中，首先包含了 rclcpp 下的 rclcpp.hpp 这两个头文件。然后在主函数里调用 init 函数进行初始化并分配资源，为接下来的通信做好准备。接着调用 std::make_shared 传入节点名来构造一个名为 rclcpp::Node 的对象，并返回该对象的智能指针。其中 auto 是类型推导，会根据返回值推导 node 的类型。之后通过宏定义 RCLCPP_INFO 调用节点的日志记录器输出日志，再使用 spin 函数启动节点并不断循环检测处理事件。最后在结束时调用 rclcpp::shutdown() 清理资源。

如果你有 C 语言基础，看懂代码清单 2-7 中的内容并不困难，可能会让你产生困惑的是创建节点对象所用的智能指针，因为它是 C++ 11 中的一个新特性，这里你只需要简单了解即可，后续介绍 ROS 2 基础时会再次学习这部分内容。另外，"::"符号是作用域解析运算符，用于访问命名空间或类中的元素，比如 init、spin 和 shutdown 函数都在 rclcpp 这个命名空间下，所以需要使用 rclcpp:: 加函数名进行调用。

和普通 C++ 程序一样，需要对代码进行编译才能生成可执行文件。对于复杂的代码，我们使用 CMake 工具来构建，仿照 1.4.4 节的 CMakeLists.txt，在 chapt2/ 下编写同名文件，内容如代码清单 2-8 所示。

代码清单 2-8　chapt2/CMakeLists.txt

```cmake
cmake_minimum_required (VERSION 3.8)
project (ros2_cpp)
add_executable(ros2_cpp_node ros2_cpp_node.cpp)
```

依然使用 CMake 构建编译，打开终端，进入 chapt2/ 目录，接着输入如代码清单 2-9 所示的命令。

代码清单 2-9　生成可执行文件

```
$ cmake .
---
-- The C compiler identification is GNU 11.4.0
...
-- Build files have been written to: /home/fishros/chapt2

$ make
---
/home/fishros/chapt2/ros2_cpp_node.cpp:1:10: fatal error: rclcpp/rclcpp.hpp: 没有
    那个文件或目录
    1 | #include "rclcpp/rclcpp.hpp"
      |          ^~~~~~~~~~~~~~~~~~~
compilation terminated.
make[2]: *** [CMakeFiles/ros2_cpp_node.dir/build.make:76 : CMakeFiles/ros2_cpp_
    node.dir/ros2_cpp_node.cpp.o] 错误 1
make[1]: *** [CMakeFiles/Makefile2:83: CMakeFiles/ros2_cpp_node.dir/all] 错误 2
make: *** [Makefile:91: all] 错误 2
```

很抱歉，使用 make 命令进行编译时你将看到如代码清单 2-9 所示的报错信息，这是因为代码中包含了 rclcpp.hpp 头文件，但是这个头文件并不在系统默认头文件目录，而是在 ROS 2 的安装目录下，可以通过 CMake 指令来为 ros2_cpp_node 查找并添加依赖，在 chapt2/CMakeLists.txt 末尾追加代码清单 2-10 中的指令。

代码清单 2-10　查找并添加依赖

```
# 查找 rclcpp 头文件和库文件的路径
find_package(rclcpp REQUIRED)
# 给可执行文件包含头文件
target_include_directories(ros2_cpp_node PUBLIC ${rclcpp_INCLUDE_DIRS})
# 给可执行文件链接库文件
target_link_libraries(ros2_cpp_node ${rclcpp_LIBRARIES})
```

代码清单 2-10 中的三行指令完成了依赖库查找、头文件路径添加和动态库链接三个步骤，其中 find_package 指令会从更多的目录查找依赖，在查找到 rclcpp 的头文件和库文件后，还会嵌套查找 rclcpp 所需的依赖。

添加后再次执行 make 操作，就可以看到可执行文件 ros2_cpp_node 已经生成，命令及结果如代码清单 2-11 所示。

代码清单 2-11　运行节点

```
$ ./ros2_cpp_node
---
[INFO] [1698472590.755824396] [cpp_node]: 你好 C++ 节点！
```

再打开另外一个终端，依次输入代码清单 2-12 中的两条命令。

代码清单 2-12　查看节点列表及信息

```
$ ros2 node list
---
```

```
/cpp_node

$ ros2 node info /cpp_node
---
    Subscribers:
        /parameter_events: rcl_interfaces/msg/ParameterEvent
    Publishers:
        /parameter_events: rcl_interfaces/msg/ParameterEvent
        /rosout: rcl_interfaces/msg/Log
    Service Servers:
        /cpp_node/describe_parameters: rcl_interfaces/srv/DescribeParameters
        /cpp_node/get_parameter_types: rcl_interfaces/srv/GetParameterTypes
        /cpp_node/get_parameters: rcl_interfaces/srv/GetParameters
        /cpp_node/list_parameters: rcl_interfaces/srv/ListParameters
        /cpp_node/set_parameters: rcl_interfaces/srv/SetParameters
        /cpp_node/set_parameters_atomically: rcl_interfaces/srv/
            SetParametersAtomically
    Service Clients:

    Action Servers:

    Action Clients:
```

可以看到终端第一条节点列表命令返回了 /cpp_node，而第二条指令 ros2 node info 是 ROS 2 命令行工具节点模块下的另一个命令，用于查看指定节点信息，运行之后可以看到其返回了节点的订阅者、发布者和服务等相关信息。

到这里你的第一个 C++ 版的 ROS 2 节点就完成了，但上面的操作其实为接下来的学习留下了小陷阱，因为 CMakeLists.txt 文件会被接下来要学习的 ROS 2 构建工具搜索和误用，所以为了接下来的学习能够顺利进行，请你将 chapt2/CMakeLists.txt 文件删除或者换个名字。除此之外，你在写代码的过程中有没有发现居然没有代码提示？答案应该是没有，原因是我们没有给 VS Code 安装并配置 C++ 插件。打开 VS Code 扩展，搜索 C++ Extension，安装如图 2-4 所示的插件。

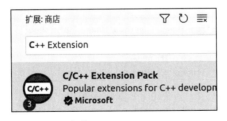

图 2-4　安装 C/C++ Extension Pack

安装完成后，回到代码文件。如图 2-5 所示，此时可以看到包含头文件那一行出现了红色的波浪线，单击该行，VS Code 会出现一个快速修复灯泡，单击"编辑'includePath'设置"，跳转到设置界面。

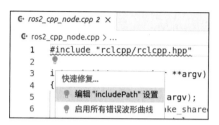

图 2-5　编辑头文件路径

在设置界面添加 ROS 2 头文件所在的目录 /opt/ros/${ROS_DISTRO}/include/**，如图 2-6 所示，然后单击输入框外的空白处即可保存。

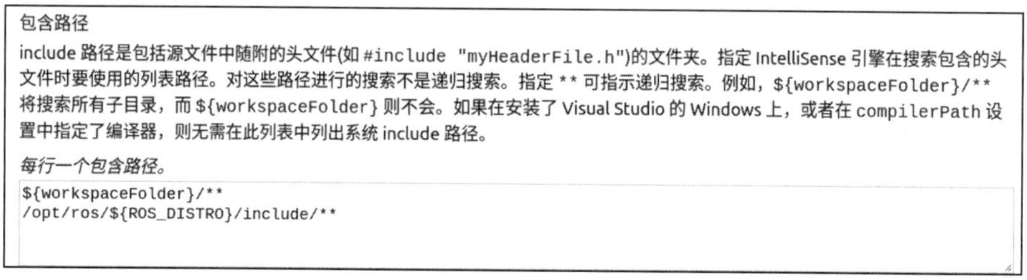

包含路径

include 路径是包括源文件中随附的头文件(如 #include "myHeaderFile.h")的文件夹。指定 IntelliSense 引擎在搜索包含的头文件时要使用的列表路径。对这些路径进行的搜索不是递归搜索。指定 ** 可指示递归搜索。例如，${workspaceFolder}/** 将搜索所有子目录，而 ${workspaceFolder} 则不会。如果在安装了 Visual Studio 的 Windows 上，或者在 compilerPath 设置中指定了编译器，则无需在此列表中列出系统 include 路径。

每行一个包含路径。

```
${workspaceFolder}/**
/opt/ros/${ROS_DISTRO}/include/**
```

图 2-6　包含 ROS 2 安装路径

再打开刚刚报错的代码，你会发现，头文件报错已经消失，如图 2-7 所示的代码提示和如图 2-8 所示的函数注释都可以正常使用了。

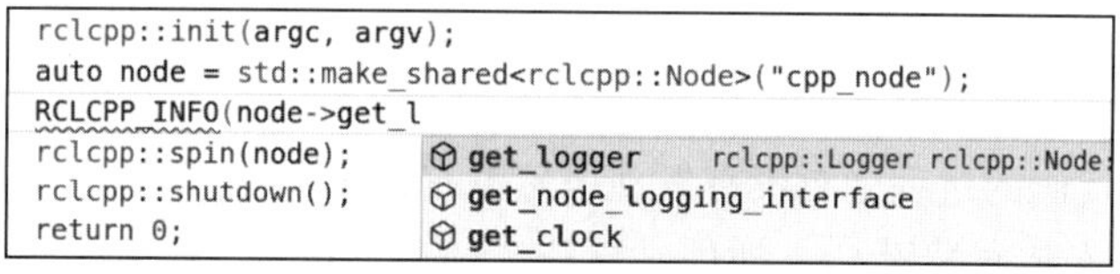

```
rclcpp::init(argc, argv);
auto node = std::make_shared<rclcpp::Node>("cpp_node");
RCLCPP_INFO(node->get_l
rclcpp::spin(node);              ⊙ get_logger        rclcpp::Logger rclcpp::Node::
rclcpp::shutdown();              ⊙ get_node_logging_interface
return 0;                        ⊙ get_clock
```

图 2-7　检查代码提示

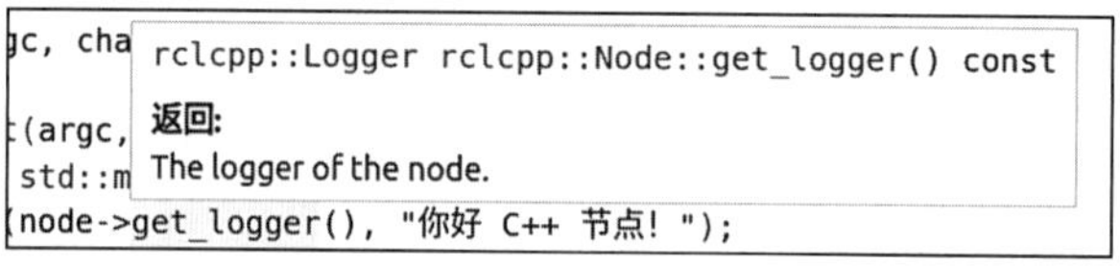

```
gc, cha    rclcpp::Logger rclcpp::Node::get_logger() const
           返回:
(argc,     The logger of the node.
std::m
node->get_logger(), "你好 C++ 节点! ");
```

图 2-8　查看函数注释

配置头文件目录后，会在 VS Code 当前的工作目录生成一个 .vscode/c_cpp_properties.json 文件，头文件配置会被写在这个文件里的 includePath 项下，所以直接编辑这个文件也可以添加头文件配置。需要注意的是，因为该文件只存在于当前目录，所以改变工作目录需要重新配置。

2.2　使用功能包组织 Python 节点

通过上一节的学习，你已经成功地编写了你的第一个 Python 节点和第一个 C++ 节点，ROS 2 为我们提供了更好的组织节点的方式。功能包（Package）是 ROS 2 中用于组织和管理节点的工具，在功能包内编写代码后，只需要配置几句指令，就可以使用 ROS 2 提供的构建指令对节点进行编译和安装，更加方便我们的开发。除了方便开发外，还可以将功能相关的节点放置于同一个功能包下，方便分享和使用，比如 1.3 节中的海龟模拟器和键盘控制节点就是属于同一功能包下的不同节点。

因为不同编程语言的构建方式不同，对于不同的开发语言，ROS 2 提供了不同构建类型的功能包，我们先来学习如何将 Python 节点放入功能包中。

2.2.1　在功能包中编写 Python 节点

首先用 VS Code 打开主目录下的 chapt2 文件，然后打开集成终端，输入如代码清单 2-13 所示的命令。

代码清单 2-13　创建 Python 功能包

```
$ ros2 pkg create demo_python_pkg --build-type ament_python --license Apache-2.0
---
going to create a new package
package name: demo_python_pkg
destination directory: /home/fishros/chapt2
package format: 3
version: 0.0.0
description: TODO: Package description
maintainer: ['fishros <fishros@todo.todo>']
licenses: ['Apache-2.0']
build type: ament_python
dependencies: []
...
```

代码清单 2-13 中的 ros2 pkg create 是 ROS 2 命令行工具 pkg 模块下用于创建功能包的命令，demo_python_pkg 是功能包的名字，后面的 --build-type ament_python 表示指定功能包的构建类型为 ament_python，最后的 --license Apache-2.0 用于声明功能包的开源协议。从日志不难看出，该命令运行后在当前终端目录下创建了 demo_python_pkg 文件夹，并在其下创建了一些默认的文件和文件夹，在 VS Code 左侧的资源管理器中展开该文件夹，可以看到如图 2-9 所示的内容。

关于这个功能包中的文件结构分析，下一小节再学习。我们先来学习如何在功能包里编写节点，在 demo_python_pkg/demo_python_pkg 目录下新建 python_node.py，在文件中输入如代码清单 2-14 所示的代码。

图 2-9　demo_python_pkg
功能包结构

代码清单 2-14   最简单的 Python 节点

```python
import rclpy
from rclpy.node import Node

def main():
    rclpy.init()
    node = Node("python_node")
    node.get_logger().info(' 你好 Python 节点! ')
    rclpy.spin(node)
    rclpy.shutdown()
```

这段代码来自 2.1.1 节中我们创建 Python 节点时所用的代码，不过细心些你会发现，这里只定义了 main 函数，去掉了调用部分的代码，那怎么运行 main 函数呢？答案就是告诉功能包 main 函数的位置，打开 demo_python_pkg/setup.py，添加 'python_node=demo_python_pkg.python_node:main'，到 console_scripts 下，添加的代码及位置如代码清单 2-15 所示。

代码清单 2-15   添加配置注册 Python 节点

```python
...
    tests_require=['pytest'],
    entry_points={
        'console_scripts': [
            'python_node = demo_python_pkg.python_node:main',
        ],
...
```

setup.py 是 Python 开发中常用的构建配置文件，添加的这句指令的含义是，当执行 python_node 时就相当于执行 demo_python_pkg 目录下 python_node 文件中的 main 函数。添加完成后打开 demo_python_pkg/package.xml，添加依赖信息，添加的内容和位置如代码清单 2-16 所示。

代码清单 2-16   在 demo_python_pkg/package.xml 中添加 rclpy 依赖声明

```xml
<?xml version="1.0"?>
<?xml-model href="http://download.ros.org/schema/package_format3.xsd"
    schematypens="http://www.w3.org/2001/XMLSchema"?>
<package format="3">
    ...
    <license>Apache-2.0</license>
    <depend>rclpy</depend>
    <test_depend>ament_copyright</test_depend>
    ...
</package>
```

package.xml 是 ROS 2 功能包的清单文件，下一小节会详细介绍。这里添加 <depend>rclpy</depend> 的原因是我们在代码里用到了 rclpy 库，所以需要通过清单文件进行声明。

接着就可以在 chapt2 目录下，使用如代码清单 2-17 所示的命令来构建功能包。

代码清单 2-17   在 chapt2 目录下使用 colcon 构建功能包

```
$ colcon build
---
Starting >>> demo_python_pkg
Finished <<< demo_python_pkg [0.58s]

Summary: 1 package finished [0.69s]
```

代码清单 2-17 中的 colcon 是 ROS 2 中用于构建功能包的工具，这里使用 colcon build 就可以构建当前及子目录下所有的功能包。

构建完成后，你会发现在 chapt2 文件夹中会多出 build、install 和 log 三个文件夹。其中 build 里面是构建过程中产生的中间文件；install 是放置构建结果的文件夹，打开 install 文件夹可以看到 demo_python_pkg 功能包，python_node 等可执行文件就放在目录的特定文件夹下；而 log 里面则放置着构建过程中所产生的各种日志信息。构建完成后该如何运行呢？类比运行海龟时的指令，用如代码清单 2-18 所示的命令即可。

代码清单 2-18   运行 python_node 节点

```
$ ros2 run demo_python_pkg python_node
---
Package 'demo_python_pkg' not found
```

运行代码清单 2-18 中的命令后，会提示找不到 demo_python_pkg 包，根据 1.4.5 节的介绍，ros2 run 通过 AMENT_PREFIX_PATH 环境变量的值来查找功能包，该值默认是 ROS 2 系统的安装目录，demo_python_pkg 的安装目录在 install 目录下，我们需要修改 AMENT_PREFIX_PATH 来帮助 ros2 run 找到该功能包，在 install 目录下有一个 setup.bash 的脚本，直接运行它就可以自动修改 AMENT_PREFIX_PATH 环境变量，命令如代码清单 2-19 所示。

代码清单 2-19   通过 source 设置环境变量

```
$ source install/setup.bash
$ echo $AMENT_PREFIX_PATH
---
/home/fishros/chapt2/install/demo_python_pkg:/opt/ros/humble
```

从代码清单 2-19 可以看到，执行完 source 后，在 AMENT_PREFIX_PATH 环境变量中就出现了刚刚构建的功能包路径，此时再次运行节点，就可以正常执行了，命令及结果如代码清单 2-20 所示。

代码清单 2-20   再次运行 python_node 节点

```
$ ros2 run demo_python_pkg python_node
---
[INFO] [1680635227.584828594] [python_node]: 你好 Python 节点!
```

需要注意的是，因为环境变量只对当前的终端上下文有效，所以打开新的终端后就要重新执行 source，才能找到节点。

至此你成功地创建了 Python 功能包，并在其中编写、构建和运行了一个 Python 节点，接下来我们一起分析一下 Python 功能包。

2.2.2 功能包结构分析

在 VS Code 中打开 demo_python_pkg 文件夹，可以看到如图 2-10 所示的目录结构。

第一眼看上去文件很多，你肯定会觉得有点头晕。不要担心，下面就对图 2-10 的内容进行讲解，之后你再看就不会感到那么吃力了。

图 2-10　Python 功能包结构

- demo_python_pkg

这个目录的名字默认和功能包名字保持一致，它是放置节点代码的目录，也是你以后开发 Python 节点的主战场。该文件夹下的 __init__.py 是 Python 包的标识文件，换句话说，如果一个文件夹下包含了该文件，则表示该文件夹是一个 Python 的包，该文件默认为空。

- resource

该目录可以放置一些资源，而在功能包中，该目录和其下的 demo_python_pkg 文件比较特殊，主要为了提供功能包标识，我们无须关心，也不用手动修改该文件。

- test

测试代码文件夹，用于放置代码单元测试文件，结合 colcon 构建工具中的测试相关指令，可以完成对代码的单元测试并形成报告。单元测试在大型项目开发中较为重要，目前用处不大，了解即可。

- LICENSE

该文件是功能包的许可证。你应该记得创建该功能包时所使用的 --license Apache-2.0 参数，这个文件内容就是 Apache-2.0 的协议内容。当我们将功能包开源或者分享给他人时，许可证可以帮助保护知识产权。许可证类型很多，Apache-2.0 是其中一种灵活的开源许可证，对商业支持较友好。

- package.xml

该文件是功能包的清单文件，每个 ROS 2 的功能包都会包含这个文件。在该文件内声明了功能包的名称、版本编号、功能包管理者、构建类型、许可证和依赖等信息。上一小节中构建代码前，我们在该文件中添加了 rclpy 的依赖，实际上不添加也可以正常构建和运行，但我更鼓励你在清单中声明代码所用到的依赖包，因为当我们分享或移植功能包时，通过该文件可以快速了解该功能包需要哪些依赖。同时，在构建时 ROS 2 也可以帮助你管理依赖关系，简化构建的过程。

- setup.cfg

该文件是一个普通的文本文件，用于放置构建 Python 包时的配置选项，这些配置在构建时会被读取和处理。

- setup.py

该文件是 Python 包的构建脚本文件，其中包含一个 setup() 函数，用于指定如何构建和安装 Python 包。在添加节点时，就需要在该文件中声明可执行文件名称及对应函数，上一小节我们已经添加过一次了，这里不再赘述。

除了上面的这些文件和文件夹外，在实际开发中也可以根据自己的需求添加文件或文件夹。

2.3　使用功能包组织 C++ 节点

成功把 Python 节点装进功能包后，我们再来把 C++ 节点装进功能包中。

2.3.1　在功能包中编写 C++ 节点

打开 VS Code 的集成终端，进入 chapt2 目录下，输入如代码清单 2-21 所示的命令。

代码清单 2-21　创建 C++ 功能包

```
$ ros2 pkg create demo_cpp_pkg --build-type ament_cmake --license Apache-2.0
---
going to create a new package
package name: demo_cpp_pkg
destination directory: /home/fishros/chapt2
package format: 3
version: 0.0.0
description: TODO: Package description
maintainer: ['fishros <fishros@todo.todo>']
licenses: ['Apache-2.0']
build type: ament_cmake
dependencies: []
creating folder ./demo_cpp_pkg
creating ./demo_cpp_pkg/package.xml
creating source and include folder
creating folder ./demo_cpp_pkg/src
creating folder ./demo_cpp_pkg/include/demo_cpp_pkg
creating ./demo_cpp_pkg/CMakeLists.txt
```

ros2 pkg create 是用于创建功能包的命令，其中 demo_cpp_pkg 是功能包的名字，后面的 --build-type ament_cmake 表示指定功能包的构建类型为 ament_cmake，最后的 --license Apache-2.0 用于声明功能包的开源协议。从日志不难看出，该命令在当前文件夹下创建了 demo_cpp_pkg 文件夹，并在其下创建了一些默认的文件和文件夹，在 VS Code 左侧的资源管理器中展开该文件夹，其目录结构如图 2-11 所示。

下一小节我们将对该功能包结构进行分析，这里你只需知

图 2-11　C++ 功能包目录结构

道在 src 下编写节点即可。在 demo_cpp_pkg/src 下添加 cpp_node.cpp，在文件中输入如代码清单 2-22 所示的代码。

代码清单 2-22　一个简单的 C++ 节点

```
#include "rclcpp/rclcpp.hpp"

int main(int argc, char **argv)
{
    rclcpp::init(argc, argv);
    auto node = std::make_shared<rclcpp::Node>("cpp_node");
    RCLCPP_INFO(node->get_logger(), "你好 C++ 节点！");
    rclcpp::spin(node);
    rclcpp::shutdown();
    return 0;
}
```

你没看错，代码清单 2-22 就是 2.1.2 节的代码，直接用即可，无须再添加多余代码。编写完后，还需要注册节点以及添加依赖，编辑 CMakeLists.txt，最终添加的内容及位置如代码清单 2-23 所示。

代码清单 2-23　chapt2/demo_cpp_pkg/CMakeLists.txt

```
cmake_minimum_required(VERSION 3.8)
...
find_package(ament_cmake REQUIRED)
# uncomment the following section in order to fill in
# further dependencies manually.
# 1. 查找 rclcpp 头文件和库
find_package(rclcpp REQUIRED)
# 2. 添加可执行文件 cpp_node
add_executable(cpp_node src/cpp_node.cpp)
# 3. 为 cpp_node 添加依赖
ament_target_dependencies(cpp_node rclcpp)
# 4. 将 cpp_node 复制到 install 目录
install(TARGETS
cpp_node
DESTINATION lib/${PROJECT_NAME}
)
...
ament_package()
```

在代码清单 2-23 中，首先添加了 find_package 和 add_executable 用于查找依赖以及添加可执行文件，然后采用 ament_cmake 提供的 ament_target_dependencies 指令来添加依赖，最后添加的是 install 指令，该指令将编译好的可执行文件复制到 install/demo_cpp_pkg/lib/demo_cpp_pkg 目录下，这样使用 ros2 run 才能找到该节点。

在创建 C++ 功能包时，选定的构建类型是 ament_cmake，ament_cmake 其实是 CMake 的超集。ament_cmake 在 CMake 的指令集之上，又添加了一些更加方便的指令。在代码清单 2-23 中，可以看到 find_package（ament_cmake REQUIRED）指令，该句指令是创建 ament_cmake 功能包时自动添加的，这样就可以在后面使用 ament 相关的指令，如 ament_target_dependencics 和 ament_package 等指令。

代码清单 2-23 的最后一行是 ament_package()，该指令会从 CMakeLists.txt 收集信息，生成索引和进行相关配置，所以该指令需要在每个 ament_cmake 类型的功能包的 CMakeLists. txt 的最后一行进行调用。

构建功能包前还需要在清单文件 packages.xml 中添加对 rclcpp 的依赖声明，完整声明如代码清单 2-24 所示。

代码清单 2-24　chapt2/demo_cpp_pkg/packages.xml

```
<?xml version="1.0"?>
...
<license>Apache-2.0</license>
<depend>rclcpp</depend>
<test_depend>ament_copyright</test_depend>
...
</package>
```

<depend>rclcpp</depend> 用于声明当前功能包依赖 rclcpp 库。完成这些后，我们就可以使用如代码清单 2-25 所示的命令来构建功能包。

代码清单 2-25　构建功能包

```
$ colcon build
---
Starting >>> demo_cpp_pkg
Starting >>> demo_python_pkg
Finished <<< demo_cpp_pkg [0.41s]
Finished <<< demo_python_pkg [0.73s]

Summary: 2 packages finished [0.85s]
```

代码清单 2-25 中的 colcon 是 ROS 2 中用于构建功能包的工具，这里使用 colcon build 可以构建当前及子目录下所有的功能包。若构建时当前目录下不存在 build、installl 和 log 这三个目录，则会自动创建，并将构建中间文件、结果和日志放入对应目录中。构建完成后，再查看 chapt2/install/demo_cpp_pkg/lib/demo_cpp_pkg/ 目录就可以看到 cpp_node 可执行文件了。接下来就可以运行该文件，依次输入代码清单 2-26 中的两条命令。

代码清单 2-26　运行节点

```
$ source install/setup.bash
$ ros2 run demo_cpp_pkg cpp_node
---
[INFO] [1680684100.228612032] [cpp_node]: 你好 C++ 节点!
```

在代码清单 2-26 中，source 指令的作用与 2.2.1 节中的 Python 示例相同，即让 ROS 2 能够找到 demo_cpp_pkg 和其下的节点。运行完指令后，可以看到节点已经成功启动了。至此，我们完成了在 C++ 功能包中编写节点，但你需要知道的是，colcon build 其实也是调用 cmake 和 make 完成对代码的编译的。

2.3.2　功能包结构分析

在 VS Code 中的资源管理器中打开 demo_cpp_pkg 文件夹，并将其子文件夹完全展开，可以看到如图 2-12 所示的目录结构。

该目录非常简洁，包含 2 个文件夹、3 个文件，下面将逐一介绍。

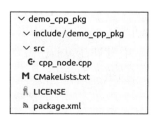

- include

该目录用于存放 C++ 的头文件，如果要编写头文件，一般都放置在这个目录下。

- src

代码资源目录，可以放置节点或其他相关代码。

图 2-12　C++ 功能包目录结构

- CMakeLists.txt

该文件是 C/C++ 构建系统 CMake 的配置文件，在该文件中添加指令，即可完成依赖查找、可执行文件添加、安装等工作。

- LICENSE

该文件是功能包的许可证。创建该功能包时使用了 --license Apache-2.0 参数，这个文件内容就是 Apache-2.0 的协议内容，在 2.2.2 节中有关于这个协议的简单介绍。

- package.xml

该文件是功能包的清单文件，每个 ROS 2 的功能包都会包含这个文件，和 2.2.2 节中 Python 功能包中的 package.xml 功能相同。它的更多用法会在下一小节进行讲解。

当然，除了上面这些文件和文件夹，在实际开发中还可以添加其他目录和文件，比如用于放置地图的 map 目录、用于放置参数的 config 目录等。

2.4　多功能包的最佳实践 Workspace

经过前面几节的学习，你成功创建了 ROS 2 的功能包，掌握了在功能包中编写并运行节点的方法。不过你应该会发现一些小问题，比如当前目录下有多个功能包时，明明只需要构建一个功能包，使用构建指令时却会将所有功能包都进行构建。再比如，功能包和编译产生的临时文件都在同一个目录，一旦功能包数量增加，就会变得混杂。该如何解决这些问题呢？本节我们就来学习多功能包组合的最佳实践。

一个完整的机器人往往由多个不同的功能模块组成，所以就需要对多个功能包进行组合。ROS 2 开发者约定了 Workspace（工作空间）这一概念。用 VS Code 打开 chapt2/，打开集成终端进入 chapt2 目录，输入代码清单 2-27 中的命令。

代码清单 2-27　创建工作空间

```
$ mkdir -p chapt2_ws/src
```

在上面的命令中，-p 参数表示递归创建，创建完 chapt2_ws 后并在该目录下创建 src 文件夹，这样就得到了一个工作空间。你可能会问，这不就是一个普通的文件夹吗，怎么就成工作空间了？原因是工作空间本身就是一个概念和约定。在开发过程中，我们会将所有的功能包放到 src 目录下，并在 src 同级目录运行 colcon 进行构建，此时构建出的 build、install 和 log 等目录则保持和 src 同级。接着在终端中进入 chapt2 目录下，依次输入代码清单 2-28 中的命令。

代码清单 2-28 移动功能包到 chapt2_ws/src/

```
$ mv demo_cpp_pkg/    chapt2_ws/src/
$ mv demo_python_pkg/    chapt2_ws/src/
$ rm -rf build/ install/ log/
```

代码清单 2-28 中的前两句用于将已有的功能包直接移动到 chapt2_ws/src/ 下，然后将前面编译产生的目录删掉。接着在终端中进入 chapt2/chapt2_ws/ 目录下，输入代码清单 2-29 中的命令来构建功能包。

代码清单 2-29 构建功能包

```
$ colcon build
---
Starting >>> demo_cpp_pkg
Starting >>> demo_python_pkg
Finished <<< demo_python_pkg [0.94s]
Finished <<< demo_cpp_pkg [4.19s]

Summary: 2 packages finished [4.34s]
```

colcon build 命令不负众望，扫描并构建了当前工作空间下的所有功能包。但如果想要构建指定的功能包，比如 demo_cpp_pkg，只需要使用 --packages-select 命令加上功能包的名字，测试命令如代码清单 2-30 所示。

代码清单 2-30 选择一个功能包进行构建

```
$ colcon build --packages-select demo_cpp_pkg
---
Starting >>> demo_cpp_pkg
Finished <<< demo_cpp_pkg [0.19s]

Summary: 1 package finished [0.29s]
```

使用 colcon build 构建时，在 CPU 允许的情况下，所有的功能包会同时开始构建，从代码清单 2-29 所示的构建日志中就可以看出，这里两个功能包就是同时开始构建的，demo_python_pkg 功能包先完成，之后是 demo_cpp_pkg。

但有时在同一个工作空间下，不同功能包之间会出现依赖情况，比如 demo_python_pkg 依赖 demo_cpp_pkg 的构建结果，此时就需要先构建 demo_cpp_pkg，完成后再构建 demo_python_pkg。要实现这个功能非常简单，只需要在功能包的清单文件中声明依赖关系即可，打开 demo_python_pkg/package.xml，添加对 demo_cpp_pkg 的依赖，完成后的内容如代码清单 2-31 所示。

代码清单 2-31　添加工作空间下的功能包依赖

```
<?xml version="1.0"?>
...
<depend>rclpy</depend>
<depend>demo_cpp_pkg</depend>
<test_depend>ament_copyright</test_depend>
...
</package>
```

保存后再次输入如代码清单 2-32 所示的构建命令。

代码清单 2-32　通过依赖控制构建顺序

```
$ colcon build
---
Starting >>> demo_cpp_pkg
Finished <<< demo_cpp_pkg [0.18s]
Starting >>> demo_python_pkg
Finished <<< demo_python_pkg [0.56s]

Summary: 2 packages finished [0.85s]
```

可以看到，运行命令后先完成了对 demo_cpp_pkg 的构建，然后 demo_python_pkg 才开始构建。

关于 ROS 2 功能包和工作空间的学习，到这里就算告一段落了，接下来的重点会放在代码上。所以稍事休息，一起来学习些 ROS 2 编程要用到的基础知识吧。

2.5　ROS 2 基础之编程

相比 ROS 1，ROS 2 在开发上采用了更新的版本和更现代化的特性，比如我们当前使用的 Humble 版本是 ROS 2，采用的就是 Python 3.10 版本，针对 C++ 则使用了 11、14 和 17 等版本的新特性。"万丈高楼平地起"，在学习新特性之前，我们先来学习现代高级语言最重要的一大特性：面向对象编程。

2.5.1　面向对象编程

关于面向对象编程，你在很多教程中都可以看到标准化的定义，但这些标准化的定义更多的是一些概念，只有本来就懂的人才能看懂，之前不了解的人很难理解。所以我打算用通俗易懂的语言和实际的程序来向你展示什么是面向对象编程。

和 C 语言这种面向过程的语言不同，面向对象的语言都可以创建类，所谓的类就是对事物的一种封装。人、手机、机器人等任何事物都可以封装成一个类。类中可以拥有自己的属性和方法，比如说人类都有身高、年龄，手机都有品牌和内存大小，这些都属于属性，不难发现，属性通常是类的描述。方法则表示类的行为，比如人都会吃和睡，手机都可以开机和关机等。

通过这种类的封装，在需要使用时便可以实例化一个类的对象，比如当需要吃东西时，可以创建一个名字叫"张三"的人，调用其所拥有的方法完成吃这个动作。除了将类实例化成一个具体的对象进行调用外，类还能被继承，这点稍后再讲，现在我们尝试创建一个类。

1. Python 示例

用 VS Code 打开 chapt2_ws/，接着在 src/demo_python_pkg/demo_python_pkg 目录下创建人类节点 person_node.py，接着添加如代码清单 2-23 所示的代码。

代码清单 2-33　定义一个最简单的 Python 类

```python
class PersonNode:
    def __init__(self) -> None:
        pass
```

这是一个空的类声明，我们在 Python 中使用 class 关键字声明了一个类，并为其添加了一个空的 __init__ 方法，__init__ 方法是 Python 类中的一个特殊方法，该方法在创建该类的对象时会被调用。当需要给该类添加属性时，一般都会通过 __init__ 方法的参数来传递初始值。现在我们给这个类添加一些属性和方法，如代码清单 2-34 所示。

代码清单 2-34　为 Python 类添加属性和方法

```python
class PersonNode:
    def __init__(self, name:str, age:int ) -> None:
        print('PersonNode 的 __init__ 方法被调用了')
        self.age = age
        self.name = name

    def eat(self, food_name: str):
        print(f'我叫 {self.name}，今年 {self.age} 岁，我现在正在吃 {food_name}')
```

我们在 __init__ 方法中创建了 age 和 name 这两个属性，并要求传入字符串类型的名字和整型的年龄，同时加了一个输出语句，用于判断该方法是否被调用。接着又定义了一个吃饭方法 eat()，调用该方法时要求提供字符串类型的食物名称 food_name 作为参数。需要注意的是，所有 Python 类内部的方法第一个参数默认都是 self，代表其本身。

PersonNode 节点类定义好了，接下来我们实例化这个类，并实现对它的调用。在 person_node.py 文件的最后添加节点实例代码，如代码清单 2-35 所示。

代码清单 2-35　定义 main 函数实例化 PersonNode

```python
class PersonNode:
    ...

def main():
    node = PersonNode('法外狂徒张三 ',18)
    node.eat('鱼香肉丝 ')
```

这里传入了姓名和年龄两个参数给 PersonNode，实例化了一个 PersonNode 类的对象 node，node 也可以称为 PersonNode 类的一个实例。实例化完成后调用它的 eat() 方法。

让我们尝试编译和运行代码，首先在 setup.py 中对当前节点进行注册，完成后编写 setup.py 中 entry_points 的内容，如代码清单 2-36 所示。

代码清单 2-36　setup.py

```
entry_points={
    'console_scripts': [
        'python_node = demo_python_pkg.python_node:main',
        'person_node = demo_python_pkg.person_node:main',
    ],
},
```

然后开始尝试构建，打开终端，输入如代码清单 2-37 所示的指令。

代码清单 2-37　构建单个功能包

```
$ colcon build --packages-select demo_python_pkg
---
Starting >>> demo_python_pkg
Finished <<< demo_python_pkg [0.60s]

Summary: 1 package finished [0.70s]
```

最后运行 person_node 节点，如代码清单 2-38 所示。

代码清单 2-38　运行 person_node 节点

```
$ source install/setup.bash
$ ros2 run demo_python_pkg person_node
---
PersonNode 的 __init__ 方法被调用了
我叫法外狂徒张三，今年 18 岁，我现在正在吃鱼香肉丝
```

结果符合我们的预期。学习完如何将属性和方法封装成一个类，我们再来学习面向对象编程的另一个重要特性——继承。

假设要定义一个作家类节点 WriterNode，作家都有自己的书，所以我们可以给 WriterNode 类添加一个 book 属性。但作家也是人，也有姓名和年龄，也要吃饭。如果再给作家添加 age 和 name 属性以及 eat 方法，会多做很多无意义的工作。相比之下，如果能让 WriterNode 直接继承 PersonNode 的属性和方法，那岂不省事？当然可以这样做，接下来编写代码，在 src/demo_python_pkg/demo_python_pkg 目录下创建作家节点 writer_node.py，然后添加如代码清单 2-39 所示的代码。

代码清单 2-39　创建作家节点 WriterNode，并继承 PersonNode

```
from demo_python_pkg.person_node import PersonNode

class WriterNode(PersonNode):
    def __init__(self, book:str) -> None:
        print('WriterNode 的 __init__ 方法被调用了')
```

```
        self.book = book

def main():
    node = WriterNode(' 张三自传 ')
    node.eat(' 鱼香肉丝 ')
```

在代码清单 2-39 中，我们先从 person_node 文件中导入了 PersonNode 类，定义了 WriteNode 类，并在类名后添加括号，在括号中写入 PersonNode，表示其继承自 PersonNode。然后在 __init__ 方法中添加 book 这一属性。接着实例化了一个 WriterNode 的对象 node，给其年龄、姓名和作品进行赋值，最后对 eat 方法进行调用。下面请你自行在 setup.py 中添加 writer_node 节点，并重新构建，你应该会看到如代码清单 2-40 所示的结果。

代码清单 2-40 writer_node 的运行结果

```
$ ros2 run demo_python_pkg writer_node
---
WriterNode 的 __init__ 方法被调用了
Traceback (most recent call last):
    File "/home/fishros/chapt2/chapt2_ws/install/demo_python_pkg/lib/demo_python_
        pkg/writer_node", line 33, in <module>
    sys.exit(load_entry_point('demo-python-pkg==0.0.0', 'console_scripts',
        'writer_node')())
    File "/home/fishros/chapt2/chapt2_ws/install/demo_python_pkg/lib/python3.10/
        site-packages/demo_python_pkg/writer_node.py", line 10, in main
    node.eat(' 鱼香肉丝 ')
File "/home/fishros/chapt2/chapt2_ws/install/demo_python_pkg/lib/python3.10/site-
    packages/demo_python_pkg/person_node.py", line 12, in eat
    print(f' 年龄 {self.age}，名字叫 {self.name} 的人此时正在吃 {food_name}')
AttributeError: 'WriterNode' object has no attribute 'age'
[ros2run]: Process exited with failure 1
```

出错了，不用着急，我将教你如何面对代码报错。这里的错误提示信息，从上到下，首先是错误的代码调用过程，我们调用了 node.eat 方法，eat 方法内调用了 print 才出的错，错误原因是 AttributeError: 'WriterNode' object has no attribute 'age'，明明我们已经让 WriterNode 继承了 PersonNode 了，为什么 WriterNode 会没有 age 属性？结合第一句输出信息你应该发现了，PersonNode 的 __init__ 方法并没有被调用，我们可以通过 super() 来调用父类的 __init__ 方法。修改 writer_node.py，如代码清单 2-41 所示。

代码清单 2-41 添加对父类 __init__ 方法的调用

```
class WriterNode(PersonNode):
    def __init__(self, name: str, age: int, book: str) -> None:
        super().__init__(name, age)
        ...

def main():
    node = WriterNode(' 法外狂徒张三 ', 18, ' 张三自传 ')
```

保存后，需要再次编译才能将代码复制到 install 目录下，重新编译运行并查看结果。再次运行 writer_node，结果如代码清单 2-42 所示。

代码清单 2-42　运行 writer_node

```
$ ros2 run demo_python_pkg writer_node
PersonNode 的 __init__ 方法被调用了
WriterNode 的 __init__ 方法被调用了
我叫法外狂徒张三，今年 18 岁，我现在正在吃鱼香肉丝
```

从代码清单 2-42 的运行结果可以看出，WriterNode 已经成功地继承了 PersonNode 的属性和方法。

学习完 Python 的类和继承机制，我们尝试把 PersonNode 和 WriterNode 变成真正的 ROS 2 节点。你应该还记得在编写第一个 Python 节点时，我们将 Node 类进行了实例化，如果让 PersonNode 继承 Node，那么 PersonNode 就可以拥有 Node 类所有的属性和方法，从而成为一个真正的 ROS 2 节点。下面一起来试试，修改 person_node.py，如代码清单 2-43 所示。

代码清单 2-43　继承 ROS 2 Node 的 PersonNode

```
import rclpy
from rclpy.node import Node

class PersonNode(Node):
    def __init__(self, node_name: str, name: str, age: int) -> None:
        super().__init__(node_name)
        self.age = age
        self.name = name

    def eat(self, food_name: str):
        self.get_logger().info(f'我叫{self.name}，今年{self.age}岁，我现在正在吃
            {food_name}')

def main():
    rclpy.init()
    node = PersonNode('person_node', '法外狂徒张三', '18')
    node.eat('鱼香肉丝')
    rclpy.spin(node)
    rclpy.shutdown()
```

这里首先导入了 rclpy 库和 Node 类，然后让 PersonNode 继承 Node，并在 __init__ 方法中要求传入节点名称以在调用父类的 __init__ 方法时使用。最后将 eat 方法的输出方式从 print 修改为 ROS 2 的 logger。再次构建和运行，结果如代码清单 2-44 所示。

代码清单 2-44　运行改造为节点后的 person_node

```
$ ros2 run demo_python_pkg person_node
---
[INFO] [1680891408.833994560] [person_node]: 我叫法外狂徒张三，今年18岁，我现在正在吃
    鱼香肉丝
```

在代码清单 2-43 中使用了属于 Node 类才有的 self.get_logger 方法，并成功输出，从这一点可以看到 PersonNode 成功继承了 ROS 2 的 Node 类。

WriterNode 继承自 PersonNode，此时应该也拥有了 Node 类所拥有的属性和方法。请你尝试将它也改造成一个 ROS 2 的节点并运行起来，当作你的课后作业。

一下子学习了这么多面向对象的概念，肯定让你感到有些头大，甚至觉得这样写有些烦琐。对于面向对象编程，需要在今后的学习和工作中不断实践才能体会到它的魅力。休息一下，下面节将学习 C++ 中面向对象的编程实现方法。

2. C++ 示例

在上一节学习了面向对象基本概念，并使用 Python 代码实现之后，再学习本节 C++ 面向对象编程你会觉得轻松一些。因为 C++ 作为和 Python 一样的高级语言，面向对象的特性是相同的，只是语法上有所不同。接下来还是使用上一节中的概念来创建一个 C++ 版本的 PersonNode 节点。

在 chapt2_ws/src/demo_cpp_pkg/src 下新建 person_node.cpp，在该文件中编写如代码清单 2-45 所示的代码。

代码清单 2-45　用 C++ 编写继承 Node 的 PersonNode

```cpp
#include <string>
#include "rclcpp/rclcpp.hpp"

class PersonNode : public rclcpp::Node
{
private:
    std::string name_;
    int age_;

public:
    PersonNode(const std::string &node_name,
        const std::string &name,
        const int &age) : Node(node_name)
    {
        this->name_ = name;
        this->age_ = age;
    };

    void eat(const std::string &food_name)
    {
        RCLCPP_INFO(this->get_logger(), "我是 %s，今年 %d 岁，我现在正在吃 %s",
            name_.c_str(), age_, food_name.c_str());
    };
};

int main(int argc, char **argv)
{
    rclcpp::init(argc, argv);
    auto node = std::make_shared<PersonNode>("cpp_node", "法外狂徒张三", 18);
    node->eat("鱼香 ROS");
    rclcpp::spin(node);
    rclcpp::shutdown();
```

```
        return 0;
    }
```

从上往下看，代码中首先包含了 string 和 rclcpp/rclcpp.hpp 两个头文件，包含 string 的原因是节点名称和姓名要用字符串表示。

接着使用 class 关键字定义了 PersonNode 类，使其继承 rclcpp::Node，在类的内部定义了 private 部分，即姓名和年龄两个属性。

在 public 部分定义了构造函数 PersonNode，并传入节点名称、姓名和年龄作为参数。需要注意的是，这里的参数传递采用的都是静态引用方式，在 std::string 后添加 & 表示传递引用，引用与指针类似，传递引用避免了不必要的数据复制，可以提高代码效率。std::string 前的 const 限制变量为只读，即不能修改，这可以避免它在方法内被意外修改，提高代码的安全性。在构造函数后添加 :Node(node_name) 用于调用父类的构造函数，传递节点名称参数，这一点和 Python 一致，但语法不同。

在构造函数内，通过 this（即指向自己的指针）对姓名和年龄进行赋值。

接下来是 eat 方法的实现，传递了食物名称的静态引用，方法体内调用了 ROS 2 的日志模块来输出数据，因为 RCLCPP_INFO 采用的是 C 风格的格式化输出，所以 name_ 和 food_name 需要调用 c_str() 将字符串类型转换成 C 风格类型的字符串。

在 main 函数里调用 std::make_shared，传入节点名、姓名和年龄，构造一个 PersonNode 的对象，并返回该对象的智能指针赋值给 node。然后调用 node 的 eat 方法和 ROS 2 的相关方法。

接下来修改 CMakeLists.txt，添加 person_node 节点，添加完成后完整的 CMakeLists.txt 如代码清单 2-46 所示。

代码清单 2-46　添加 person_node 节点

```
...
# find dependencies
find_package(ament_cmake REQUIRED)
...
add_executable(person_node src/person_node.cpp)
ament_target_dependencies(person_node rclcpp)

install(TARGETS
    cpp_node person_node
    DESTINATION lib/${PROJECT_NAME}
)
...
ament_package()
```

输入如代码清单 2-47 所示的命令来构建和运行 person_node 节点。

代码清单 2-47　编译和运行 person_node 节点

```
$ colcon build --packages-select demo_cpp_pkg
$ source install/setup.bash
```

```
$ ros2 run demo_cpp_pkg person_node
---
[INFO] [1680904724.328635258] [cpp_node]: 我是法外狂徒张三，今年 18 岁，我现在正在吃鱼香
    ROS
```

到这里，你应该会觉得很开心吧，因为你已经成功地使用面向对象的方式编写了一个 C++ 节点类。这些年来，C++ 语言的新特性在不断丰富，并在 ROS 2 中大量使用，比如智能指针中的 make_shared。稍作休息，下面一起来学习 ROS 2 开发中能用到的 C++ 新特性吧。

2.5.2　用得到的 C++ 新特性

从 1998 年发布 C++98 开始，C++ 标准经历了多次更新和修改，每次修改都会给 C++ 带来新的语法、语义和标准库的新特性。在 2000 年后，C++ 标准经历了几次重要修改，主要包括 2011 年发布的 C++11（这次修改引入了智能指针和 Lambda 表达式等新特性）、2014 年发布的 C++14、2017 年发布的 C++17 以及 2020 年发布的 C++20。

ROS 2 与 ROS 1 相比更加符合现代机器人开发的要求，从采用的 C++ 语言标准就可以看出。ROS 2 的源码中使用 C++11 及更高版本，同时很多 ROS 2 开源库及框架也都是采用 C++ 作为主要开发语言，所以在正式深入学习 ROS 2 之前，我们来学习几个用得到的 C++ 新特性。

在前面几个小节中，实例化 ROS 2 节点时的 auto node = std::make_shared<rclcpp::Node>("cpp_node")，这句代码就用到了两个 C++ 新特性：自动类型推导和智能指针。

1. 自动类型推导

自动类型推导体现在代码中就是 auto 关键字。我们在实例化 ROS 2 节点的对象时使用的就是 auto，它可以在给变量赋值时根据等号右边的类型自动推导变量的类型。下面编写代码来测试一下，在 chapt2_ws/src/demo_cpp_pkg/src/ 下新建 learn_auto.cpp，在该文件中编写如代码清单 2-48 所示的代码。

代码清单 2-48　自动类型推导测试 learn_auto.cpp

```cpp
#include <iostream>

int main()
{
    auto x = 5;
    auto y = 3.14;
    auto z = 'a';

    std::cout << x << std::endl;
    std::cout << y << std::endl;
    std::cout << z << std::endl;

    return 0;
}
```

代码清单 2-48 中定义了三个变量，分别赋值整型、浮点型和字符型三种类型的值，变量类型统一用 auto 修饰，再把变量逐一输出。在 CMakeLists.txt 中添加 learn_auto 节点配置，构建后运行，结果如代码清单 2-49 所示。

代码清单 2-49　运行测试命令及结果

```
$ ros2 run demo_cpp_pkg learn_auto
---
5
3.14
a
```

从运行结果可以看出，使用 auto 定义的变量和正常定义的没有区别，但在一些情况下可以大大简化代码。

2. 智能指针

智能指针是 C++11 引入的一种智能化指针，它可以管理动态分配的内存，避免内存泄漏和空指针等问题。C++11 提供了三种类型的智能指针：std::unique_ptr、std::shared_ptr 和 std::weak_ptr。在代码中使用 std::make_shared 就是创建一个 std::shared_ptr 智能共享指针，下面我们重点来学习 std::shared_ptr。

在 C 语言中，指针用于存储其他变量的地址，智能指针也是如此。当指针指向的动态内存不再使用时，需要手动地调用 free 进行释放，忘记或提前释放就会造成内存泄漏和空指针调用问题。智能共享指针的智能之处就在这里，该指针会记录指向同一个资源的指针数量，当数量为 0 时会自动释放内存，这样一来就不会出现提前释放或者忘记释放的情况。下面编写代码来测试一下，在 chapt2_ws/src/demo_cpp_pkg/src/ 下新建 learn_shared_ptr.cpp，在该文件中编写如代码清单 2-50 所示的代码。

代码清单 2-50　智能指针测试

```cpp
#include <iostream>
#include <memory>

int main()
{
    auto p1 = std::make_shared<std::string>("This is a str.");
    std::cout << "p1 的引用计数为: " << p1.use_count() << ", 指向内存的地址为: " <<
        p1.get() << std::endl;

    auto p2 = p1;
    std::cout << "p1 的引用计数为: " << p1.use_count() << ", 指向内存的地址为: " <<
        p1.get() << std::endl;
    std::cout << "p2 的引用计数为: " << p2.use_count() << ", 指向内存的地址为: " <<
        p2.get() << std::endl;

    p1.reset();
    std::cout << "p1 的引用计数为: " << p1.use_count() << ", 指向内存的地址为: " <<
        p1.get() << std::endl;
```

```
std::cout << "p2 的引用计数为: " << p2.use_count() << ",指向内存的地址为: " <<
    p2.get() << std::endl;
std::cout << "p2 指向资源的内容为: " << p2->c_str() << std::endl;
return 0;
}
```

智能指针是在头文件 <memory> 的 std 命名空间中定义的,所以代码里首先包含了
<memory>。然后在主函数里使用 std::make_shared 创建了一个指向 std::string 类型的智能指
针 p1,再输出 p1 所指向资源的被引用次数 p1.use_count() 和内存地址 p1.get(),此时 p1 所指
向的资源只被 p1 所引用,引用次数应该为 1。

接着我们将 p1 指向的资源分享给 p2,此时资源被 p1 和 p2 同时引用,资源的引用次数
应该为 2,资源地址不变。

最后调用了 p1.reset() 方法,将 p1 重置,此时 p1 不再指向原有的资源,p2 继续指向资
源,此时 p1 的引用次数变为了 0,p2 指向资源的引用次数变为了 1,输出的 p2 指向的资源
内容依然不变。

我们在 CMakeLists.txt 添加 learn_shared_ptr 节点配置,编译后运行,结果如代码清单 2-51
所示。

代码清单 2-51　智能指针测试结果

```
$ ros2 run demo_cpp_pkg learn_shared_ptr
---
p1 的引用计数为: 1,指向内存的地址为 0x5621fcb6cec0
p1 的引用计数为: 2,指向内存的地址为 0x5621fcb6cec0
p2 的引用计数为: 2,指向内存的地址为 0x5621fcb6cec0
p1 的引用计数为: 0,指向内存的地址为 0
p2 的引用计数为: 1,指向内存的地址为 0x5621fcb6cec0
p2 指向资源的内容为 This is a str.
```

从代码清单 2-51 中的指令运行结果可以看出,虽然重置了 p1,但因为 p2 依然持有资
源,所以资源并不会被释放,最后依然可以正常输出其值。试想一下,如果我们在同一个程
序中将某个资源使用智能共享指针进行管理,那么该数据无论在多少个函数内进行传递,都
不会发生资源的复制,运行效率会大大提高。当所有的程序使用完毕后,还会自动回收,不
会造成内存泄漏。以上就是 ROS 2 中大量采用智能指针的原因。

3. Lambda 表达式

你可能听说过匿名函数,Lambda 表达式是 C++11 引入的一种匿名函数,没有名字,但是
也可以像正常函数一样调用。Lambda 表达式有一套自己的语法,格式如代码清单 2-52 所示。

代码清单 2-52　Lambda 表达式的格式

```
[capture list](parameters) -> return_type { function body }
```

其中,capture list 表示捕获列表,可以用于捕获外部变量;parameters 表示参数列表;
return_type 表示返回值类型;function body 表示函数体。

在 chapt2_ws/src/demo_cpp_pkg/src/ 下新建 learn_lambda.cpp，在该文件中编写如代码清单 2-53 所示的代码。

代码清单 2-53   使用 Lambda 函数计算两数之和并输出

```cpp
#include <iostream>
#include <algorithm>

int main()
{
    auto add = [](int a, int b) -> int { return a + b; };
    int sum = add(3, 5);
    auto print_sum = [sum]()->void { std::cout << "3 + 5 = " << sum << std::endl; };
    print_sum();
    return 0;
}
```

在代码清单 2-53 中，首先定义了一个两数相加的函数，捕获列表为空，int a, int b 是其参数，返回值类型是 int，函数体是 return a+b；接着调用 add 计算了 3+5 并存储在 sum 中；然后又定义了一个函数 print_sum，此时捕获列表中传入了 sum；最后在函数体中输出 sum 的值。

在 CMakeLists.txt 添加 learn_lambda 节点配置，编译后运行，结果如代码清单 2-54 所示。

代码清单 2-54   运行 learn_lambda 可执行文件

```
$ ros2 run demo_cpp_pkg learn_lambda
---
3 + 5 = 8
```

运行结果符合预期。你现在可能还体会不到 Lambda 带来的好处，没关系，在后续的学习中你将会发现它的优势。

4. 函数包装器 std::function。

std::function 是 C++11 引入的一种通用函数包装器，它可以存储任意可调用对象（函数、函数指针、Lambda 表达式等）并提供统一的调用接口。听概念可能你会很懵，下面直接带你编写代码，然后结合代码来学习。在 chapt2_ws/src/demo_cpp_pkg/src/ 下新建 learn_function.cpp，在该文件中编写如代码清单 2-55 所示的代码。

代码清单 2-55   使用不同类型的函数创建函数包装器

```cpp
#include <iostream>
#include <functional>

void save_with_free_fun(const std::string &file_name)
{
    std::cout << "调用了自由函数，保存 :" << file_name << std::endl;
}


class FileSave
{
```

```cpp
public:
    void save_with_member_fun(const std::string &file_name)
    {
        std::cout << "调用了成员方法, 保存 :" << file_name << std::endl;
    };
};


int main()
{
    FileSave file_save;
        auto save_with_lambda_fun = [](const std::string &file_name) -> void
    {
        std::cout << "调用了 Lambda 函数, 保存 :" << file_name << std::endl;
    };
    // 将自由函数放进 function 对象中
    std::function<void(const std::string &)> save1 = save_with_free_fun;
    // 将 Lambda 函数放入 function 对象中
    std::function<void(const std::string &)> save2 = save_with_lambda_fun;
    // 将成员方法放入 function 对象中
    std::function<void(const std::string &)> save3 = std::bind(&FileSave::save_
        with_member_fun, &file_save, std::placeholders::_1);
    // 无论哪种函数都可以使用统一的调用方式
    save1("file.txt");
    save2("file.txt");
    save3("file.txt");
    return 0;
}
```

代码有点长，我们从上依次往下看，<functional>是函数包装器所在的头文件，所以要包含。接着在外部定义了一个名为 save 的函数，这种直接在外部定义的函数称为自由函数，其参数是文件名称。然后定义了一个文件保存类 FileSave，为其添加了一个成员方法 save_with_member_fun，参数同样是文件的名字。

在 main 里实例化了 FileSave 对象 file_save，创建了 Lambda 函数 save_with_lambda_fun。接着通过自由函数直接赋值、Lambda 表达式赋值和 std::bind 绑定赋值三种方式，创建了三个 std::function<void(const std::string &)> 对象，然后分别调用封装后的三个保存函数。

下面重点讲解 std::bind，它可以将一个成员函数变成一个 std::function 的对象，正常调用成员函数的方法是使用对象加函数的形式，如 file_save.save_with_member_fun，这里用 std::bind 将成员函数 FileSave::save_with_member_fun 与对象 file_save 绑定在一起，并使用 std::placeholders::_1 占位符预留一个位置传递函数的参数。

在 CMakeLists.txt 添加 learn_function 节点配置，编译后运行，结果如代码清单 2-56 所示。

代码清单 2-56　运行 learn_function

```
$ ros2 run demo_cpp_pkg learn_function
---
调用了自由函数, 保存 :file.txt
```

```
调用了 Lambda 函数, 保存 :file.txt
调用了成员方法, 保存 :file.txt
```

到这里你已经学习了很多 C++ 的新特性，相信有了本节的铺垫，下面再学习基于 C++ 的 ROS 2 机器人开发，你一定会轻松不少。接下来我们学习后续开发要用到的最后一个知识点——多线程与回调函数。

2.5.3 多线程与回调函数

如果你习惯了面向过程的开发方式，多线程对你来说一定很酷，多线程的魅力在于可以让程序并行运行。比如可以利用多线程同时下载多本小说，而不需要下载一个后再等待下一个。此外，本节的另外一个重点是回调函数。

1. Python 示例

我们将函数 A 作为参数传递给函数 B，并在函数 B 通过该参数调用函数 A，从而实现对执行结果的处理，比如下载完成后调用回调函数用于反馈下载结果。下面我们用 Python 来实现多线程下载小说。在 src/demo_python_pkg/demo_python_pkg 目录下中创建 learn_thread. py，在该文件中添加如代码清单 2-57 所示的代码。

代码清单 2-57　下载小说到本地

```python
import threading
import requests

class Download:
    def download(self, url, callback):
        print(f' 线程 :{threading.get_ident()} 开始下载: {url}')
        response = requests.get(url)
        response.encoding = 'utf-8'
        callback(url, response.text)

    def start_download(self, url, callback):
        thread = threading.Thread(target=self.download, args=(url, callback))
        thread.start()

def download_finish_callback(url, result):
    print(f'{url} 下载完成, 共: {len(result)} 字, 内容为: {result[:5]}...')

def main():
    d = Download()
    d.start_download('http://localhost:8000/novel1.txt', download_finish_
        callback)
    d.start_download('http://localhost:8000/novel2.txt', download_finish_
        callback)
    d.start_download('http://localhost:8000/novel3.txt', download_finish_
        callback)
```

在代码清单 2-57 中，首先导入了 Python 线程库 threading，接着导入了 HTTP 请求库

requests。若无法导入或导入时提示导入失败，则使用 apt 安装 Python3-requests 即可。然后定义了一个 Download 类，在该类中添加了 download 和 start_download 两个方法。

　　download 方法接收下载的 url 和回调函数 callback 作为参数，然后输出当前的线程 id 和下载的 url，接着调用 requests 请求数据，最后将 url 和数据文本通过回调函数传递出去。

　　start_download 函数同样接收 url 和回调函数两个参数，然后在函数里新建一个线程 thread 来运行目标函数 download，并将 url 和 callback 作为参数传递，最后调用 thread.start() 启动线程。

　　在代码清单 2-57 中创建完 Download 类后，又定义了一个函数 download_finish_callback 作为回调函数使用，用于处理下载完成的数据。最后是 main 函数，在该函数中先实例化了一个 Download 类的对象 d，分别调用下载小说的三个部分，并将 download_finish_callback 作为回调函数使用。

　　在编写测试代码前，先来准备要下载的小说和下载服务器。打开终端，进入 chapt2_ws 目录，使用如代码清单 2-58 所示的命令来创建三个章节的小说并启动一个本地的 HTTP 服务器。

代码清单 2-58　创建三个小说文件并运行服务

```
$ echo "第一章 少年踏上修仙路，因诛仙力量被驱逐。" > novel1.txt
$ echo "第二章 学习修仙，结交朋友，明白责任。" > novel2.txt
$ echo "第三章 张家杰回村庄，抵抗邪恶，成为守护者。" > novel3.txt
$ python3 -m http.server
---
Serving HTTP on 0.0.0.0 port 8000 (http://0.0.0.0:8000/) ...
```

　　在 setup.py 中添加 learn_thread 节点，编译后运行，结果如代码清单 2-59 所示。

代码清单 2-59　多线程下载小说

```
$ ros2 run demo_python_pkg learn_thread
---
线程:140385711027776 开始下载: http://localhost:8000/novel1.txt
线程:140385702635072 开始下载: http://localhost:8000/novel2.txt
线程:140385694242368 开始下载: http://localhost:8000/novel3.txt
http://localhost:8000/novel2.txt 下载完成，共: 20 字，内容为: 第二章 学 ...
http://localhost:8000/novel1.txt 下载完成，共: 22 字，内容为: 第一章 少 ...
http://localhost:8000/novel3.txt 下载完成，共: 23 字，内容为: 第三章 张 ...
```

　　从结果可以看出，一共启动了三个线程进行下载，首先下载完成的是字数最少的 novel2.txt，最后下载完成的是 novel3.txt。当然这个顺序也不是一定的，因为文件都比较小，很快就能下载完成。多线程有好处也有坏处，线程数量过多会影响系统调度，所以在 ROS 2 中，默认只在一个线程里进行数据处理和调度。

2. C++ 示例

　　和 Python 多线程一样，C++ 多线程也可以实现并行运行程序，只不过调用接口和语法有所不同。接下来我们直接通过代码来学习。在正式编写代码前，先下载一个 C++ 的 HTTP 请求库 cpp-httplib，该库只需要引入头文件即可使用。打开集成终端，进入 chapt2_ws/src/

demo_cpp_pkg/include 目录，输入如代码清单 2-60 所示的命令，使用 Git 下载。

代码清单 2-60　使用 Git 下载开源库

```
$ git clone https://gitee.com/ohhuo/cpp-httplib.git
---
正克隆到 'cpp-httplib'...
remote: Enumerating objects: 4527, done.
remote: Counting objects: 100% (4527/4527), done.
remote: Compressing objects: 100% (1422/1422), done.
remote: Total 4527 (delta 3057), reused 4527 (delta 3057), pack-reused 0
接收对象中 : 100% (4527/4527), 2.27 MB | 805.00 KB/s, 完成.
处理 delta 中 : 100% (3057/3057), 完成.
```

下载完成后，还需要在 CMakeLists.txt 中添加 include_directories(include) 指令，指定 include 文件夹为头文件目录。最终 CMakeLists.txt 的内容如代码清单 2-61 所示。

代码清单 2-61　使用 include_directories 添加依赖

```
...
find_package(rclcpp REQUIRED)
include_directories(include)
...
ament_package()
```

完成上面的操作后，在 chapt2_ws/src/demo_cpp_pkg/src 下新建 learn_thread.cpp，在该文件中编写如代码清单 2-62 所示的代码。

代码清单 2-62　chapt2_ws/src/demo_cpp_pkg/src/learn_thread.cpp

```cpp
#include <iostream>
#include <thread>
#include <chrono>
#include <functional>
#include <cpp-httplib/httplib.h>

class Download
{
public:
    void download(const std::string &host, const std::string &path, const
        std::function<void(const std::string &, const std::string &)> &callback)
    {
        std::cout << " 线程 ID: " << std::this_thread::get_id() << std::endl;
        httplib::Client client(host);
        auto response = client.Get(path);
        if (response && response->status == 200)
        {
            callback(path, response->body);
        }
    }

    void start_download(const std::string &host, const std::string &path, const
        std::function<void(const std::string &, const std::string &)> &callback)
    {
```

```
    auto download_fun = std::bind(&Download::download, this,
        std::placeholders::_1, std::placeholders::_2, std::placeholders::_3);
    std::thread download_thread(download_fun, host, path, callback);
    download_thread.detach();
    }
};

int main()
{
    Download download;
    auto download_finish_callback = [](const std::string &path, const std::string
        &result) -> void
    {
        std::cout << "下载完成:" << path << " 共:" << result.length() << "字,内容为:
            " << result.substr(0, 16) << std::endl;
    };

    download.start_download("http://localhost:8000", "/novel1.txt", download_
        finish_callback);
    download.start_download("http://localhost:8000", "/novel2.txt", download_
        finish_callback);
    download.start_download("http://localhost:8000", "/novel3.txt", download_
        finish_callback);
    std::this_thread::sleep_for(std::chrono::milliseconds(1000 * 10));
    return 0;
}
```

在上述代码中,首先包含了线程相关头文件 thread、时间相关头文件 chrono、函数包装器头文件 functional 和用于下载的 cpp-httplib/httplib.h 头文件。然后声明了 Download 类,并在其中添加了 download 函数和 start_download 函数。

download 函数有三个参数:第一个是主机地址 host;第二个是路径,其实是把完整的网址拆成前后两部分;第三个是回调函数,当请求成功后调用,传递请求结果。

start_download 函数的参数和 download 函数相同,在函数体内,首先将成员函数 download 变成一个 std::function 的对象,接着创建一个 thread 对象,传入函数、主机地址、路径和回调函数。C++ 的线程和 Python 不同,创建完成后就会直接运行。最后的 download_thread. detach 的作用是将线程与当前进程分离,使得线程可以在后台运行。

最后,在 main 函数中创建了 Download 类的一个实例,通过 Lambda 创建了回调函数,并三次调用 start_download 方法来下载文件。然后使用 std::this_thread::sleep_for 将当前线程延迟了 10s,防止程序直接退出,以便所有下载都有足够的时间完成。

在 CMakeLists.txt 中添加 learn_thread 节点相关配置,然后构建功能包,使用如代码清单 2-63 所示的终端命令运行代码。

代码清单 2-63 运行 learn_thread 节点

```
$ ros2 run demo_cpp_pkg learn_thread
---
```

```
线程 ID: 140551882073664
线程 ID: 140551873680960
线程 ID: 140551798126144
下载完成: /novel3.txt 共: 65 字, 内容为: 第三章 张家 ...
下载完成: /novel1.txt 共: 62 字, 内容为: 第一章 少年 ...
下载完成: /novel2.txt 共: 56 字, 内容为: 第二章 学习 ...
```

从结果可以看出，程序分别启动了三个线程完成文件下载，但因为 C++ 和 Python 的字符长度统计方式不同，这里显示的字数有所不同。

好了，关于用得到的 ROS 2 基础编程知识大概就这些了，只要你掌握了本节的知识点，后续就不用担心看不懂代码了。

2.6　小结与点评

本章给出了很多代码，通过本章的学习，我们首先掌握了使用 Python 和 C++ 编写 ROS 2 的节点，然后又学习了使用功能包和工作空间组织节点，在本章的最后，又学习了大量的编程知识，为接下来的学习打下了坚实的基础。毫不夸张地说，你现在已经成功入门了 ROS 2 开发。

不过，你的 ROS 2 机器人开发之旅才刚刚开始，我们还要继续努力，给自己安排一段休息时间，调整到最好的状态，继续踏上 ROS 2 的学习旅程吧！

第 3 章

订阅和发布——话题通信探索

记得我刚开始做"鱼香 ROS"公众号的时候没有人关注，自己就经常推荐朋友订阅我的公众号，我也会每天发布技术相关的文章、图片或视频，推送给我的订阅者。和公众号类似的订阅 – 发布机制用途非常广泛，比如在物联网等领域中常用到的 MQTT 协议也是一种基于订阅和发布的通信协议。

在机器人的世界中，为了能够感知环境信息和执行动作，往往装载了很多传感器和执行器，常见的传感器有摄像头、雷达和惯性测量单元等，常见的执行器有各种类型的底盘、机械臂关节电动机和电动夹爪等。为了方便各类传感器和执行器数据在机器人系统中传递，ROS 2 也引入了一套订阅发布机制，即话题通信。本章将针对话题通信进行详细的讲解。

3.1 话题通信介绍

ROS 2 的话题机制有四个关键点，分别是发布者、订阅者、话题名称和话题类型。如图 3-1 所示，发布者相当于公众号的作者，订阅者则是读者，话题名称相当于公众号名字，消息接口则相当于公众号的内容类型。

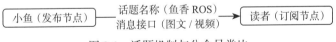

图 3-1　话题机制与公众号类比

在第 1 章运行海龟模拟器和键盘控制节点时，我们通过 rqt 工具看到，节点之间通过订阅和发布同名的话题来传输控制指令，但当时并未详细介绍。下面继续以海龟模拟器为例，进一步讲解话题通信。

打开终端，输入代码清单 3-1 中的命令，打开海龟模拟器。

代码清单 3-1　打开海龟模拟器

```
$ ros2 run turtlesim turtlesim_node
---
Warning: Ignoring XDG_SESSION_TYPE=wayland on Gnome. Use QT_QPA_PLATFORM=wayland
    to run on Wayland anyway.
```

```
[INFO] [1681383588.540304114] [turtlesim]: Starting turtlesim with node name /
    turtlesim
[INFO] [1681383588.548572512] [turtlesim]: Spawning turtle [turtle1] at
    x=[5.544445], y=[5.544445], theta=[0.000000]
```

打开后，使用命令行来查看 turtlesim 节点的信息，打开新的终端，输入代码清单 3-2 中的指令。

代码清单 3-2　使用命令行查看节点信息

```
$ ros2 node info /turtlesim
---
/turtlesim
    Subscribers:
        /parameter_events: rcl_interfaces/msg/ParameterEvent
        /turtle1/cmd_vel: geometry_msgs/msg/Twist
    Publishers:
        /parameter_events: rcl_interfaces/msg/ParameterEvent
        /rosout: rcl_interfaces/msg/Log
        /turtle1/color_sensor: turtlesim/msg/Color
        /turtle1/pose: turtlesim/msg/Pose
...
```

ros2 node info 指令用于查看节点的详细信息，其中 Subscribers 部分是 /turtlesim 节点订阅的所有话题，可以看出该节点订阅了名为 /turtle1/cmd_vel 的话题，用于接收控制指令，它的消息接口是 geometry_msgs/msg/Twist。

Publishers 部分下是该节点发布的所有话题，需要关注的话题是 /turtle1/pose，该话题用于发布当前海龟的位置和速度，它的消息接口是 turtlesim/msg/Pose，对于话题下面的服务和动作相关的信息，这里先忽略。尝试使用命令订阅 /turtle1/pose，实时输出海龟当前的位姿，在任意终端输入代码清单 3-3 中的命令。

代码清单 3-3　输出海龟当前的位姿

```
$ ros2 topic echo /turtle1/pose
---
x: 5.544444561004639
y: 5.544444561004639
theta: 0.0
linear_velocity: 0.0
angular_velocity: 0.0
...
```

ros2 topic echo 是 topic 模块下用于输出话题数据的命令，该命令运行后会输出收到的话题数据，其中，x 和 y 是海龟的位置；theta 是海龟的朝向；linear_velocity 是海龟的线速度，也就是海龟前进的速度，前进为正，后退为负；angular_velocity 是角速度，是海龟绕自身旋转的速度，逆时针为正，顺时针为负。

通过命令行工具可以很方便地查看话题数据，同样可以发布数据，但对某个话题发布数据前需要确定其消息接口，消息接口就像公众号发文时的内容类型一样，发布前需要确认要发图片、视频还是图文。使用代码清单 3-4 中的命令可以查看某个话题的具体信息。

代码清单 3-4　查看某个话题的具体信息

```
$ ros2 topic info /turtle1/cmd_vel -v
---
Type: geometry_msgs/msg/Twist
Publisher count: 0
Subscription count: 1
Node name: turtlesim
Node namespace: /
Topic type: geometry_msgs/msg/Twist
Endpoint type: SUBSCRIPTION
GID: 01.0f.65.91.4a.32.f1.d4.01.00.00.00.00.1b.04.00.00.00.00.00.00.00.00
QoS profile:
    Reliability: RELIABLE
    History (Depth): UNKNOWN
    Durability: VOLATILE
    Lifespan: Infinite
    Deadline: Infinite
    Liveliness: AUTOMATIC
    Liveliness lease duration: Infinite
```

可以看到其消息接口为 Topic type: geometry_msgs/msg/Twist，接着使用代码清单 3-5 中的指令来查看该消息接口的详细定义。

代码清单 3-5　查看消息接口的详细定义

```
$ros2 interface show geometry_msgs/msg/Twist
---
# This expresses velocity in free space broken into its linear and angular parts.
Vector3  linear
         float64 x
         float64 y
         float64 z
Vector31 angular
         float64 x
         float64 y
         float64 z
```

ros2 interface show 命令用于输出接口的定义内容，其格式后续在自定义消息接口时会进一步讲解。从结果可以看出，geometry_msgs/msg/Twist 接口包含了 6 个变量，其中，linear 是线速度，其下的 x、y 和 z 三个变量分别代表机器人在三个方向上的运动速度，单位为 m/s，因为 ROS 中规定机器人前进的方向为 x，所以 linear.x 就是机器人前进方向上的速度；angular 是角速度，其下的 x、y 和 z 三个变量分别表示机器人绕 x、y、z 三个轴的旋转速度，单位为 rad/s，因为海龟生活的是二维世界，所以它只能绕 z 轴（即垂直向上的方向）旋转。知道了消息接口的具体内容，就可以通过代码清单 3-6 中的命令进行发布了。

代码清单 3-6　使用命令行发布线速度

```
$ ros2 topic pub /turtle1/cmd_vel geometry_msgs/msg/Twist "{linear: {x: 1.0}}"
---
```

```
publisher: beginning loop
publishing #1: geometry_msgs.msg.Twist(linear=geometry_msgs.msg.Vector3(x=1.0,
    y=0.0, z=0.0), angular=geometry_msgs.msg.Vector3(x=0.0, y=0.0, z=0.0))
publishing #2: geometry_msgs.msg.Twist(linear=geometry_msgs.msg.Vector3(x=1.0,
    y=0.0, z=0.0), angular=geometry_msgs.msg.Vector3(x=0.0, y=0.0, z=0.0))
```

运行代码清单 3-6 中的命令时，需要注意格式。大括号用于区分消息结构层级，冒号后需要添加空格用于区分。命令运行后，就会看到不断输出的发布结果，这里给定线速度中 x 为 1.0m/s。观察海龟模拟器窗口，可以看到海龟向前移动了，如图 3-2 所示。

图 3-2　海龟移动轨迹

如果要发布角速度，则需要修改 angular 的 z 变量的值，比如给定海龟 1.0rad/s 的角速度，命令如代码清单 3-7 所示。

代码清单 3-7　通过命令行发布角速度控制海龟

```
$ ros2 topic pub /turtle1/cmd_vel geometry_msgs/msg/Twist "{angular: {z: 1.0}}"
```

虽然可以在命令行里轻松实现话题的发布和订阅，但要想更灵活地使用话题，还需要学习如何在程序中使用。

3.2　Python 话题订阅与发布

了解完话题，接下来通过一个具体的例子学习如何使用 Python 进行话题的发布和订阅。结合第 2 章中的小说示例，我将带你来做一个小说朗读器。首先创建一个小说发布节点，用来下载和发布 novel 话题；然后创建一个小说阅读节点，用于订阅 novel 话题，合成语音并进行播放。

3.2.1　通过话题发布小说

首先在主目录下创建 chapt3 文件夹，并用 VS Code 打开，在该文件夹下创建工作空间 topic_ws；然后在 topic_ws 下创建 src 目录；最后打开终端，进入 src，输入代码清单 3-8 中的命令，创建 demo_python_topic 功能包。

代码清单 3-8　创建 ament_python 类型功能包并添加依赖

```
$ ros2 pkg create demo_python_topic --build-type ament_python --dependencies
    rclpy example_interfaces  --license Apache-2.0
---
going to create a new package
package name: demo_python_topic
destination directory: /home/fishros/chapt3/topic_ws/src
package format: 3
version: 0.0.0
description: TODO: Package description
maintainer: ['fishros <fishros@todo.todo>']
licenses: ['Apache-2.0']
build type: ament_python
dependencies: ['rclpy', 'std_msgs']
...
```

代码清单 3-8 中创建功能包的指令和前面有所不同，通过 --dependencies rclpy example_interfaces 添加了 rclpy 和 example_interfaces 依赖，其中 example_interfaces 是接下来要用到的消息接口。此时打开功能包清单文件 package.xml，你会发现 rclpy 和 example_interfaces 依赖项目已经被自动添加。

创建完功能包以后，在 src/demo_python_topic/demo_python_topic 下创建 novel_pub_node.py 文件，在该文件中编写如代码清单 3-9 所示的代码。

代码清单 3-9　src/demo_python_topic/demo_python_topic/novel_pub_node.py

```
import rclpy
from rclpy.node import Node
import requests
from example_interfaces.msg import String
from queue import Queue

class NovelPubNode(Node):
    def __init__(self, node_name):
        super().__init__(node_name)
        self.novels_queue_ = Queue() # 创建队列，存放小说
        # 创建话题发布者，发布小说
        self.novel_publisher_ = self.create_publisher(String, 'novel', 10)
        self.timer_ = self.create_timer(5, self.timer_callback) # 创建定时器

    def download_novel(self, url):
        response = requests.get(url)
        response.encoding = 'utf-8'
        self.get_logger().info(f'下载完成: {url}')
        for line in response.text.splitlines(): # 按行分割，放入队列
            self.novels_queue_.put(line)

    def timer_callback(self):
        if self.novels_queue_.qsize() > 0: # 队列中有数据，取出发布一行
            msg = String() # 实例化一个消息
```

```
        msg.data = self.novels_queue_.get() # 对消息结构体进行赋值
        self.novel_publisher_.publish(msg) # 发布消息
        self.get_logger().info(f' 发布了一行小说: {msg.data}')

def main():
    rclpy.init()
    node = NovelPubNode('novel_pub')
    node.download_novel('http://localhost:8000/novel1.txt')
    rclpy.spin(node)
    rclpy.shutdown()
```

在代码清单 3-9 中，首先导入了 rclpy 相关库，然后导入了 http 请求库 requests 用于下载小说。因为小说是由文字组成的，所以从 example_interfaces 库中导入了 String 类型的接口。关于该接口的详细定义，可以通过命令行工具查看，命令及结果如代码清单 3-10 所示。

代码清单 3-10　查看 example_interfaces/msg/String 接口定义

```
$ ros2 interface show example_interfaces/msg/String
---
# This is an example message of using a primitive datatype, string.
# If you want to test with this that's fine, but if you are deploying
# it into a system you should create a semantically meaningful message type.
# If you want to embed it in another message, use the primitive data type instead.
string data
```

从代码清单 3-10 的结果可以看出，该接口包含一个类型为 string、名字为 data 的数据，我们可以使用它来表示文字。

代码清单 3-9 导入库之后，定义了一个 NovelPubNode 节点，在 __init__ 方法内创建了一个队列，用于存放要发布的小说段落。然后调用 self.create_publisher(String, 'novel', 10) 创建话题发布者，该方法传入了三个参数：第一个参数是话题的接口类型，用的是上面从 example_interfaces.msg 导入的 String；第二个参数是话题的名称；第三个参数和 ROS 2 的服务质量策略有关，在本书的第 10 章有详细的介绍，这里你只需要知道 10 是表示保存历史消息的队列长度。创建发布者后，调用 self.create_timer(5, self.timer_callback) 创建一个定时器，它的第一个参数为周期，第二个参数为回调函数。创建完成后，节点会每间隔 5s 调用一次回调函数 timer_callback。

该节点对外提供了一个 download_novel 方法，参数为小说地址，该方法会调用 requests 库下载小说，并按照行分割，然后调用 novels_queue_ 的 put 方法将其放入队列中。接下来是 timer_callback 方法，如果检测到小说队列长度大于 0，它就会创建一个 String 类型的对象 msg，再从队列中取一个数据，赋值给 msg 的属性 data，然后用发布者将 msg 发布出来。

在 main 函数中实例化节点。首先调用 download_novel 下载小说，然后调用 spin。

在 setup.py 中对 novel_pub_node 进行注册，运行 2.5.3 节介绍的 Python 本地服务器，并多给小说添加几行。重新构建工程，接着运行 novel_pub_node，命令及结果如代码清单 3-11 所示。

代码清单 3-11 运行 novel_pub_node

```
$ ros2 run demo_python_topic novel_pub_node
---
[INFO] [1681459937.288372889] [novel_pub]: 下载完成: http://localhost:8000/novel1.
    txt
[INFO] [1681459939.501703634] [novel_pub]: 发布了一行小说: 第一章 少年踏上修仙路，因诛仙
    力量被驱逐。
[INFO] [1681459944.507272228] [novel_pub]: 发布了一行小说: 在一个古老的村庄里有个少年。
```

可以看到小说已经被成功下载和发布了，但是否真的发布出来了，要通过命令行来测试，打开一个新的终端，输入代码清单 3-12 中的命令。

代码清单 3-12 查看话题列表

```
$ ros2 topic list -v
---
Published topics:
    * /novel [std_msgs/msg/String] 1 publisher
...
```

这里加上了 -v 表示详细信息，可以看到 /novel 这个话题。接着我们使用代码清单 3-13 中的命令行输出实时的话题内容。

代码清单 3-13 使用命令行输出 novel 话题数据

```
$ ros2 topic echo /novel
---
data: 这个古老的村庄位于一个幽静的山谷中，周围环绕着葱翠的森林和宁静的溪流。
---
data: 少年叫李明，他在这个村庄中已经生活了十六年。
---
```

可以看到，程序运行结果中正常输出了小说的内容。虽然在终端看小说很有意思，但如果能让计算机帮我们读出来就更好了，下面我们尝试订阅小说话题，并合成语音。

3.2.2 订阅小说并合成语音

在订阅小说话题之前，先来解决语音合成的问题。在 Python 中可以通过安装第三方库来合成语音。打开终端，依次输入代码清单 3-14 中的命令，安装语音合成引擎。

代码清单 3-14 安装语音合成引擎

```
$ sudo apt install python3-pip  -y
$ sudo apt install espeak-ng -y
$ pip3 install espeakng
```

代码清单 3-14 中的第一个命令是用 apt 安装 Python3 的包管理工具 pip3，第二个命令是用 apt 安装语音合成引擎 espeak-ng，最后一个命令是使用 pip3 安装 espeakng 的 Python 库，方便我们在代码中调用。安装好依赖后就可以编写节点代码了，在 src/demo_python_topic/demo_python_topic 下创建 novel_sub_node.py 文件，在该文件中编写如代码清单 3-15 所示的代码。

代码清单 3-15　src/demo_python_topic/demo_python_topic/novel_sub_node.py

```python
import rclpy
from rclpy.node import Node
from example_interfaces.msg import String
import threading
from queue import Queue
import time
import espeakng


class NovelSubNode(Node):
    def __init__(self, node_name):
        super().__init__(node_name)
        self.novels_queue_ = Queue()
        self.novel_subscriber_ = self.create_subscription(
            String, 'novel', self.novel_callback, 10)
        self.speech_thread_ = threading.Thread(target=self.speak_thread)
        self.speech_thread_.start()

    def novel_callback(self, msg):
        self.novels_queue_.put(msg.data)

    def speak_thread(self):
        speaker = espeakng.Speaker()
        speaker.voice = 'zh'
        while rclpy.ok():
            if self.novels_queue_.qsize() > 0:
                text = self.novels_queue_.get()
                self.get_logger().info(f' 正在朗读 {text}')
                speaker.say(text)
                speaker.wait()
            else:
                time.sleep(1)


def main(args=None):
    rclpy.init(args=args)
    node = NovelSubNode("novel_read")
    rclpy.spin(node)
    rclpy.shutdown()
```

在上面的代码中，导入库的部分和订阅节点并无太大不同，只是多导入了时间库 time 和语音合成库 espeakng。对于 NovelSubNode 类，在初始化方法中先创建一个用于存放接收到的小说的队列，因为朗读速度没有接收的速度快，所以使用队列存储接收到的数据。然后调用 self.create_subscription（String,'novel',self.novel_callback,10）创建一个话题订阅者，第一个参数 String 表示话题接口类型；第二个参数 novel 是话题的名称；第三个参数 novel_callback 是回调函数，当调用 spin 时接收 novel 话题事件，会自动调用该函数并将数据作为参数传入，novel_callback 函数将收到的数据放到队列的尾部；第四个参数是服务质量配置，10 表示历史消息队列长度。

创建完订阅者后，创建一个朗读线程 speech_thread_，该线程对应的方法是 speak_thread，在该方法中创建了一个 espeakng.Speaker 类的对象 speaker，设置 speaker 的声音为中文 'zh'，调用 rclpy.ok 实时检测 rclpy 的状态，如果正常，则不断循环判断队列中是否有数据，如果有，则通过 novels_queue_.get() 拿出一条队首的数据，接着调用 speaker.say 进行朗读，调用 wait 等待朗读结束，在没有数据的情况下，则调用 time.sleep(1) 使当前线程休眠 1s。

在 main 函数中实例化 NovelSubNode 节点，调用 spin。最后在 setup.py 中对 novel_sub_node 进行注册，编译后运行，如代码清单 3-16 所示。

代码清单 3-16 运行小说朗读节点

```
$ ros2 run demo_python_topic novel_sub_node
---
[INFO] [1681469282.747851102] [novel_read]：正在朗读 只要努力，一定可以掌握 ROS 2。
```

如果你没有看到任何输出，可能是因为没有发布话题，你可以手动通过命令行发布数据，或者直接启动小说发布节点即可。

至此，我们就完成了使用 Python 发布与订阅话题的学习，顺便学习了如何在代码中进行语音合成。稍事休息，接着来学习如何在 C++ 中使用话题。

3.3 C++ 话题订阅与发布

在实际的机器人开发项目中做运动控制时，C++ 用得比较多。本节我们就利用 C++ 和海龟模拟器，先通过话题发布速度，控制海龟画圆，接着通过话题订阅海龟的当前位置，根据当前位置和目标位置的差距来修正控制命令，实现对海龟位置的闭环控制。

3.3.1 发布速度控制海龟画圆

当海龟模拟器节点运行起来后，会自动生成一只海龟。模拟器节点会订阅名称为 /turtle1/cmd_vel 的话题用于接收控制命令，该话题的接口类型是 geometry_msgs/msg/Twist。订阅的同时，该节点会发布其当前位置，该话题的接口类型是 turtlesim/msg/Pose。为了能够在代码中订阅和发布对应的话题，在创建功能包时需要加入对 geometry_msgs 和 turtlesim 的依赖。打开终端，进入 chapt3/topic_ws/src 目录，输入代码清单 3-17 中的命令来创建 demo_cpp_topic 功能包。

代码清单 3-17 创建 demo_cpp_topic 功能包并添加依赖

```
$ ros2 pkg create demo_cpp_topic --build-type ament_cmake --dependencies rclcpp
    geometry_msgs turtlesim  --license Apache-2.0
---
going to create a new package
package name: demo_cpp_topic
destination directory: /home/fishros/chapt3/topic_ws/src
```

```
package format: 3
version: 0.0.0
description: TODO: Package description
maintainer: ['fishros <fishros@todo.todo>']
licenses: ['Apache-2.0']
build type: ament_cmake
dependencies: ['rclcpp', 'geometry_msgs', 'turtlesim']
...
```

创建完成功能包后，在 src/demo_cpp_topic/src 下创建 turtle_circle.cpp 文件，在该文件中编写如代码清单 3-18 所示的代码。

代码清单 3-18   src/demo_cpp_topic/src/turtle_circle.cpp

```cpp
#include "rclcpp/rclcpp.hpp"
#include "geometry_msgs/msg/twist.hpp"
#include <chrono> // 引入时间相关头文件
// 使用时间单位的字面量，可以在代码中使用 s 和 ms 表示时间
using namespace std::chrono_literals;

class TurtleCircle : public rclcpp::Node
{
private:
    rclcpp::TimerBase::SharedPtr timer_; // 定时器智能指针
    rclcpp::Publisher<geometry_msgs::msg::Twist>::SharedPtr publisher_; // 发布者
        智能指针

public:
    explicit TurtleCircle(const std::string& node_name) : Node(node_name)
    {
    // 调用继承而来的父类函数创建发布者
    publisher_ = this->create_publisher<geometry_msgs::msg::Twist>("/turtle1/cmd_
        vel", 10);
    // 调用继承而来的父类函数创建定时器
    timer_ = this->create_wall_timer(1000ms, std::bind(&TurtleCircle::timer_
        callback, this));
    }

private:
    void timer_callback()
    {
        auto msg = geometry_msgs::msg::Twist();
        msg.linear.x = 1.0;
        msg.angular.z = 0.5;
        publisher_->publish(msg);
    }

};
```

```
int main(int argc, char *argv[])
{
    rclcpp::init(argc, argv);
    auto node = std::make_shared<TurtleCircle>("turtle_circle");
    rclcpp::spin(node);
    rclcpp::shutdown();
    return 0;
}
```

在代码清单 3-18 中，首先包含了 ROS 2 客户端库 rclcpp 和消息接口 geometry_msgs/msg/twist.hpp，然后引入了时间库头文件，并使用 using 来声明使用时间单位字面量，字面量是 C++14 中的新特性，引入后可以直接使用数字加单位（s 或 ms 等）来表示时间，让代码更加直观。

导入头文件后，接着定义了一个 TurtleCircle 类，为其添加了定时器的共享指针 timer_ 和话题发布者的共享指针 publisher_ 两个属性，然后在构造函数中分别对这两个属性进行初始化。

this->create_publisher 方法是从父类继承而来的，用于初始化发布者。<> 是 C++ 的模板语法，被包裹的 geometry_msgs::msg::Twist 是话题的接口类型，该方法的第一个参数是话题的名称，和海龟订阅的话题名称要保持一致才能通信；第二个参数是 10，和 Python 中一样，与 ROS 2 的服务质量有关，在第 10 章中有详细讲解，这里的 10 表示历史队列长度。

this->create_wall_timer 同样来自父类节点，用于初始化定时器。该方法的第一个参数是调用周期，这里设置为 1000ms，表示间隔 1s 调用一次；第二个参数是回调函数，这里将成员方法 timer_callback 通过 std::bind 变成可以直接调用的回调函数。

在 timer_callback 方法内，首先创建了一个 geometry_msgs::msg::Twist 类型的消息对象，然后为前进方向的线速度 x 赋值 1m/s，接着将绕 z 轴的旋转角速度设置为 0.5rad/s，此时海龟的转弯半径应该是 2m（1m/s ÷ 0.5rad/s）。

代码完成后，在 CMakeLists.txt 中添加 turtle_circle 节点，并添加依赖，主要添加指令如代码清单 3-19 所示。

代码清单 3-19　src/demo_cpp_topic/CMakeLists.txt

```
add_executable(turtle_circle    src/turtle_circle.cpp)
ament_target_dependencies(turtle_circle rclcpp geometry_msgs)

install(TARGETS
    turtle_circle
    DESTINATION lib/${PROJECT_NAME}
)
ament_package()
```

保存并构建 demo_cpp_topic 功能包，运行海龟模拟器，然后运行 turtle_circle 节点。观察海龟模拟器，结果如图 3-3 所示。

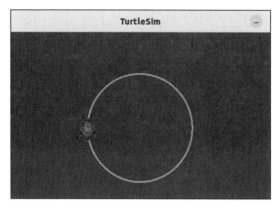

图 3-3 海龟模拟器画圆轨迹

3.3.2 订阅 Pose 实现闭环控制

通过发布速度控制命令到话题 /turtle1/cmd_vel 便可以控制海龟移动，通过订阅 /turtle1/pose 可以获取海龟的实时位置。实时位置和速度控制都有了，就可以闭环控制海龟移动到指定位置。所谓闭环控制是指通过对输出进行测量和反馈来调节系统的输入，使系统的输出更加接近期望值。在本节中，我们将通过不断检测海龟当前位置和目标位置之间的误差，来实时调整发布的指令，最终使海龟到达指定目标点。

在 src/demo_cpp_topic/src 中新建文件 turtle_control.cpp，编写如代码清单 3-20 所示的代码。

代码清单 3-20 turtle_control.cpp

```cpp
#include "geometry_msgs/msg/twist.hpp"
#include "rclcpp/rclcpp.hpp"
#include "turtlesim/msg/pose.hpp"

class TurtleController : public rclcpp::Node {
    public:
        TurtleController() : Node("turtle_controller") {
            velocity_publisher_ = this->create_publisher<geometry_
                msgs::msg::Twist>("/turtle1/cmd_vel", 10);
            pose_subscription_ = this->create_subscription<turtlesim::msg::Po
                se>("/turtle1/pose", 10,
                std::bind(&TurtleController::on_pose_received_, this,
                    std::placeholders::_1));
        }

    private:
        void on_pose_received_(const turtlesim::msg::Pose::SharedPtr pose) {
            // TODO: 收到位置计算误差，发布速度指令
        }

    private:
        rclcpp::Subscription<turtlesim::msg::Pose>::SharedPtr pose_subscription_;
```

```
rclcpp::Publisher<geometry_msgs::msg::Twist>::SharedPtr velocity_publisher_;
double target_x_{1.0}; // 目标位置 x，设置默认值 1.0
double target_y_{1.0}; // 目标位置 y，设置默认值 1.0
double k_{1.0}; // 比例系数，控制输出 = 误差 × 比例系数
double max_speed_{3.0}; // 最大线速度，设置默认值 3.0
};

int main(int argc, char **argv) {
    rclcpp::init(argc, argv);
    auto node = std::make_shared<TurtleController>();
    rclcpp::spin(node);
    rclcpp::shutdown();
    return 0;
}
```

在代码清单 3-20 中首先引入了 ROS 2 相关头文件。turtlesim/msg/Pose 是位置话题消息接口，在 3.1 节查看模拟器节点详细信息时曾看到过它，该消息的详细定义可以使用代码清单 3-21 中的命令查看。

代码清单 3-21　查看 turtlesim/msg/Pose 接口定义

```
$ ros2 interface show turtlesim/msg/Pose
---
float32 x
float32 y
float32 theta

float32 linear_velocity
float32 angular_velocity
```

接着代码清单 3-20 中定义了一个 TurtleController 类，让其继承 Node，并直接在构造函数中设置节点名称为 turtle_controller。在构造函数中，首先创建了话题发布者 velocity_publisher_，接着调用了 create_subscription 方法，通过模板语法 <> 设置话题消息接口为 turtlesim::msg::Pose。create_subscription 方法有三个入口参数，第一个参数 "/turtle1/pose" 是话题名称；第二个参数 10 是历史队列长度；第三个参数是通过成员方法封装的回调函数，当后台收到数据时，就会调用该回调函数进行处理。

为了能够在每次收到当前位置就做出反应，我们把核心处理逻辑放到回调函数中，接下来完善一下 on_pose_received_ 方法，填入代码清单 3-22 中的代码。

代码清单 3-22　turtle_control.cpp/on_pose_received_ 方法

```
void on_pose_received_(const turtlesim::msg::Pose::SharedPtr pose) {
auto message = geometry_msgs::msg::Twist();
// 1. 记录当前位置
double current_x = pose->x;
double current_y = pose->y;
RCLCPP_INFO(this->get_logger(), "当前位置：(x=%f,y=%f)", current_x, current_y);

// 2. 计算与目标之间的距离，以及与当前海龟朝向的角度差
```

```
double distance =
    std::sqrt((target_x_ - current_x) * (target_x_ - current_x) + (target_y_ -
        current_y) * (target_y_ - current_y));
double angle =
    std::atan2(target_y_ - current_y, target_x_ - current_x) - pose->theta;

// 3.控制策略：距离大于0.1继续运动，角度差大于0.2则原地旋转，否则直行
if (distance > 0.1) {
    if(fabs(angle)>0.2)
    {
        message.angular.z = fabs(angle);
    }else{
        // 通过比例控制器计算输出速度
        message.linear.x = k_ * distance;

    }
}

// 4.限制最大值并发布消息
if (message.linear.x > max_speed_) {
    message.linear.x = max_speed_;
}
velocity_publisher_->publish(message);
}
```

该回调函数的参数是收到数据的共享指针，所以第一步便是以指针的方式获取当前海龟的位置，并记录下来。第二步，通过欧式距离公式求出当前位置和目标位置之间的距离和角度，此时使用的 atan2 的函数原型为 double atan2(double y ,double x)，用于计算 y 比 x 的反正切，表现在几何上就是计算目标点位置相对当前位置的角度，将结果和当前的朝向做差，得出 angle。第三步就是核心的闭环控制策略，如果距离大于 0.1，则计算角速度和线速度；接着判断角度差是否大于 0.2，大于 0.2，则发送角速度控制海龟转向，否则根据距离和比例系数计算出线速度，不难看出，距离差越大，线速度越大。第四步则是限制线速度最大值后，将控制消息发布出去。

在 CMakeLists.txt 中添加代码清单 3-23 中的指令，对 turtle_control 节点进行注册。

代码清单 3-23   在 CMakeLists.txt 中注册节点

```
...
add_executable(turtle_control    src/turtle_control.cpp)
ament_target_dependencies(turtle_control rclcpp geometry_msgs turtlesim)

install(TARGETS
    turtle_control
    turtle_circle
    DESTINATION lib/${PROJECT_NAME}
)
...
ament_package()
```

完成后，先运行海龟模拟器，接着编译并运行 turtle_control 节点，如代码清单 3-24 所示。

代码清单 3-24　运行海龟控制节点

```
ros2 run demo_cpp_topic turtle_control
---
[INFO] [1681554826.220945971][turtle_controller]: 当前位置:(x=5.544445,y=5.544445)
[INFO] [1681554826.237126893][turtle_controller]: 当前位置:(x=5.544445,y=5.544445)
...
[INFO] [1699337616.177492400][turtle_controller]: 当前位置:(x=0.994040,y=1.098285)
...
```

观察海龟模拟器，可以看到海龟以一个优美的弧线成功移动到了目标位置，如图 3-4 所示。

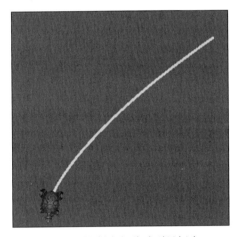

图 3-4　控制海龟移动到目标点

好了，到这里你已经掌握了如何在代码中使用话题订阅和发布数据，顺便又学了闭环控制。稍事休息，下一节我们来做个小项目进行实践。

3.4　话题通信最佳实践

既然学习了话题通信，相信你已经迫不及待想要小试一下身手，确实也是时候实战一下了。你可能觉得目前手头上并没有一台机器人可供实践使用，但你可能忽略了可以作为机器人大脑的核心组件——你的计算机。

在实际的项目中，对系统状态的监测非常重要。这次我们将利用前面学习的知识来制作一个系统状态监测与可视化工具。准备好了吗？准备好后请在 chapt3 下创建 topic_practice_ws 工作空间，方便继续开展下面的工作。

3.4.1　完成工程架构设计

这是你的第一个实战项目，作为你的导师，我有必要带你从头开始完成。当你接到一个任务或者项目时，首先要确定的就是需求，所以我作为该项目的提出者，现在再次明确对这个小工具的需求。

第一，通过这个小工具可以看到系统的实时状态信息，包括记录信息的时间、主机名称、CPU 使用率、内存使用率、内存总大小、剩余内存、网络接收数据量和网络发送数据量；第二，要有一个简单的界面，可以将系统信息显示出来；第三，要能在局域网内其他主机上查看数据。

看到上面的需求后，你可能会觉得不知道从哪里下手。没关系，现在我先简单概括一下这个小工具的主要功能：第一，要能获取系统状态信息；第二，要有一个展示界面；第三，要能共享数据。Python 中有很多有用的库，通过它们就可以方便地获取系统状态信息，C++ 也可以方便地调用 Qt 进行界面显示，而 ROS 2 在局域网内会自动发现其他节点，我们只需要把系统状态用话题发布出来就可以了。所以我们可以编写一个 Python 节点获取系统信息并通过话题发布出来，接着用 C++ 编写一个显示节点，订阅这个话题并进行显示。系统结构如图 3-5 所示。

图 3-5   小工具系统结构

确定了系统中每个节点的功能及节点之间的关系后，整个工程的结构就算确定下来了。但我们知道，每个话题都有对应的接口类型，ROS 2 中已有的接口并没有满足这一需求的，所以此时我们需要自己定义一个新的接口。那么在正式编写节点代码前，我们先学习如何自定义通信接口吧。

3.4.2　自定义通信接口

打开终端后，在 topic_practice_ws/src 目录下输入代码清单 3-25 中的命令。

代码清单 3-25　创建一个接口功能包

```
$ ros2 pkg create status_interfaces --build-type ament_cmake --dependencies
    rosidl_default_generators builtin_interfaces --license Apache-2.0
---
going to create a new package
package name: status_interfaces
destination directory: /home/fishros/chapt3/topic_practice_ws/src
package format: 3
version: 0.0.0
description: TODO: Package description
maintainer: ['fishros <fishros@todo.todo>']
licenses: ['Apache-2.0']
build type: ament_cmake
dependencies: ['rosidl_default_generators','builtin_interfaces']
...
```

上面的指令用于创建一个 status_interfaces 功能包（构建类型为 ament_cmake），并为其添加 builtin_interfaces 和 rosidl_default_generators 两个依赖。builtin_interfaces 是 ROS 2 中已有的一个消息接口功能包，可以使用其时间接口 Time，表示记录信息的时间。rosidl_default_generators 用于将自定义的消息文件转换为 C++、Python 源码的模块。

在 ROS 2 中，话题消息定义文件需要放置到功能包的 msg 目录下，文件名必须以大写字母开头且只能由大、小写字母及数字组成。接着在功能包下创建 msg 目录，并在该目录下新建文件 SystemStatus.msg，然后在文件中编写代码清单 3-26 的内容。

代码清单 3-26　src/status_interfaces/msg/SystemStatus.msg

```
builtin_interfaces/Time stamp  # 记录时间戳
string host_name               # 系统名称
float32 cpu_percent            # CPU 使用率
float32 memory_percent         # 内存使用率
float32 memory_total           # 内存总量
float32 memory_available       # 剩余有效内存
float64 net_sent               # 网络发送数据总量
float64 net_recv               # 网络接收数据总量
```

这样就得到了一个消息接口定义文件，可以看出，定义消息文件的语法类似于在 C++ 中定义变量，以类型加名称的方式进行定义，其中 # 后是注释。记录时间戳使用的是 builtin_interfaces 接口功能包下的 Time 类型。其余所有数据的类型，分别由 string、float32 和 float64 组成，这三种是 ROS 2 内置的基础类型，除了这三种之外，ROS 2 还定义了如代码清单 3-27 所示的 9 种数据类型。

代码清单 3-27　ROS 2 消息接口支持的 9 种数据类型

```
bool
byte
char
float32,float64
int8,uint8
int16,uint16
int32,uint32
int64,uint64
string
```

定义好数据接口文件后，需要在 CMakeLists.txt 中对该文件进行注册，声明其为消息接口文件，并为其添加 builtin_interfaces 依赖，完成后 CMakeLists.txt 中的主要代码如代码清单 3-28 所示。

代码清单 3-28　src/status_interfaces/CMakeLists.txt

```
...
# find dependencies
find_package(ament_cmake REQUIRED)
find_package(rosidl_default_generators REQUIRED)
find_package(builtin_interfaces REQUIRED)
```

```
rosidl_generate_interfaces(${PROJECT_NAME}
    "msg/SystemStatus.msg"
    DEPENDENCIES builtin_interfaces
)
...
ament_package()
```

因为自定义的消息接口中使用了 builtin_interfaces/Time 来表示时间，所以在上面的文件中，使用 find_package 查找 builtin_interfaces，并在 rosidl_generate_interfaces 中添加 builtin_interfaces 作为依赖。

除了修改 CMakeLists.txt 外，最好在功能包清单文件 package.xml 中添加声明，完成后，主要文件内容如代码清单 3-29 所示。

代码清单 3-29   topic_practice_ws/src/status_interfaces/package.xml

```
...
<license>Apache-2.0</license>
<member_of_group>rosidl_interface_packages</member_of_group>
<buildtool_depend>ament_cmake</buildtool_depend>
...
```

在 package.xml 中添加 member_of_group 是为了声明该功能包是一个消息接口功能包，方便 ROS 2 对其做额外处理。接着来构建功能包，构建完成后，可以使用代码清单 3-30 中的命令来确定消息接口是否构建成功。

代码清单 3-30   检查接口是否构建成功

```
$ source install/setup.bash
$ ros2 interface show status_interfaces/msg/SystemStatus
---
builtin_interfaces/Time stamp # 记录时间
    int32 sec
    uint32 nanosec
builtin_interfaces/Time stamp # 记录时间戳
string host_name              # 系统名称
float32 cpu_percent           # CPU 使用率
float32 memory_percent        # 内存使用率
float32 memory_total          # 内存总量
float32 memory_available      # 剩余有效内存
float64 net_sent              # 网络发送数据总量
float64 net_recv              # 网络接收数据总量
```

需要注意的是，在使用命令行查看前，同样使用 source 指令来告诉 ROS 2 功能包的安装位置。除了使用命令行工具来查看是否构建成功外，你还可以查看 install/status_interfaces/include/ 目录下是否生成了 C++ 头文件，以及 install/status_interfaces/local/lib/python3.10/dist-packages 目录下是否生成了 status_interfaces 的 Python 库。

到这里便完成了自定义消息接口的工作。有了消息接口，接下来我们就可以编写代码，使用接口来传递数据了。

3.4.3 系统信息获取与发布

在 src 目录下，使用代码清单 3-31 中的命令创建 status_publisher 功能包，并添加消息接口 status_interfaces 和客户端库 rclpy 作为其依赖。

代码清单 3-31 创建 status_publisher 功能包

```
$ ros2 pkg create status_publisher --build-type ament_python --dependencies rclpy
   status_interfaces  --license Apache-2.0
```

接着在功能包对应目录下创建文件 sys_status_pub.py，在该文件中编写如代码清单 3-32 所示的代码。

代码清单 3-32 status_publisher/status_publisher/sys_status_pub.py

```python
import rclpy
from rclpy.node import Node
from status_interfaces.msg import SystemStatus # 导入消息接口
import psutil
import platform

class SysStatusPub(Node):
    def __init__(self, node_name):
        super().__init__(node_name)
        self.status_publisher_ = self.create_publisher(
            SystemStatus, 'sys_status', 10)
        self.timer = self.create_timer(1, self.timer_callback)

    def timer_callback(self):
        cpu_percent = psutil.cpu_percent()
        memory_info = psutil.virtual_memory()
        net_io_counters = psutil.net_io_counters()

        msg = SystemStatus()
        msg.stamp = self.get_clock().now().to_msg()
        msg.host_name = platform.node()
        msg.cpu_percent = cpu_percent
        msg.memory_percent = memory_info.percent
        msg.memory_total = memory_info.total / 1024 / 1024
        msg.memory_available = memory_info.available / 1024 / 1024
        msg.net_sent = net_io_counters.bytes_sent / 1024 / 1024
        msg.net_recv = net_io_counters.bytes_recv / 1024 / 1024

        self.get_logger().info(f'发布:{str(msg)}')
        self.status_publisher_.publish(msg)


def main():
    rclpy.init()
    node = SysStatusPub('sys_status_pub')
    rclpy.spin(node)
    rclpy.shutdown()
```

在代码清单 3-32 中，首先导入 rclpy 和 Node，接着从 status_interfaces.msg 导入 SystemStatus 类，然后导入 psutil 和 platform。通过 psutil 可以获取系统的 CPU、内存以及网络信息，通过 platform 模块可以获取当前主机的名称。

定义 SysStatusPub 类，并让其继承 Node。然后在初始化函数中创建发布者 status_publisher_ 和定时器 timer，定时器会每隔 1s 调用一次 timer_callback 来发布数据。在 timer_callback 方法中，利用从 Node 继承而来的内置方法 get_clock().now() 获取当前节点时钟时间，并通过 to_msg() 转换成 builtin_interfaces.msg.Time 消息对象赋值给 stamp。然后利用 psutil 获取 CPU 占用率、内存信息和网络信息。下一步是构造 SystemStatus 消息，通过 platform.node 获取主机名称，依次对剩余数据进行赋值。因为默认的数据单位都是字节（B），连续除上两次 1024 后将单位改为 MB。最后将数据转成字符串输出，并调用 status_publisher_ 将数据发布出去。

main 函数中都是基础操作，这里不展开介绍。接下来在 setup.py 中对 sys_status_pub 节点进行注册，使用代码清单 3-33 中的命令进行编译运行。

代码清单 3-33　运行系统状态发布节点

```
$ ros2 run status_publisher sys_status_pub
---
[INFO] [1681661308.321525494] [sys_status_pub]: 发布 :status_interfaces.msg.
    SystemStatus(stamp=builtin_interfaces.msg.Time(sec=1681661308, nanosec=
    315946639), host_name='fishros-VirtualBox', cpu_percent=3.0, memory_percent=
    59.6, memory_total=3923.5078125, memory_available=1583.6796875, net_sent=
    2.044133186340332, net_recv=1.3831653594970703)
```

除了可以在终端中看到数据，还可以通过命令行工具查看。打开新的终端，依次输入代码清单 3-34 中的两个命令。

代码清单 3-34　使用命令行输出 /sys_status 话题数据

```
$ source  install/setup.bash # 输出话题需要的消息接口，使用 source 添加到环境变量
$ ros2 topic echo /sys_status
---
stamp:
    sec: 1681662249
    nanosec: 315808820
host_name: fishros-VirtualBox
cpu_percent: 16.799999237060547
memory_percent: 60.900001525878906
memory_total: 3923.5078125
memory_available: 1532.8125
net_sent: 2.4008235931396484
net_recv: 1.6205368041992188
---
```

到这里，我们便把系统状态获取以及发布部分完成了，接下来一起编写一个界面来将数据可视化。

3.4.4 在功能包中使用 Qt

Qt 是一个跨平台软件设计与开发工具。ROS 2 中的大量工具都使用 Qt 作为界面设计工具，比如海龟和可视化工具 rqt（ROS Qt-based Gui Toolkit，ROS 基于 Qt 的图形化工具集）都是基于 Qt 完成的，所以这里我们也使用 Qt 来完成界面显示功能。首先来学习下如何在功能包中使用 Qt。

打开终端，输入代码清单 3-35 中的命令，新建 status_display，并添加 status_interfaces 作为其依赖。

代码清单 3-35　创建 status_display 功能包

```
$ ros2 pkg create status_display --build-type ament_cmake --dependencies rclcpp
    status_interfaces  --license Apache-2.0
```

接着在该功能包的 status_display/src 目录下新建 hello_qt.cpp，编写代码清单 3-36 中的代码。

代码清单 3-36　简单的显示界面

```
#include <QApplication>
#include <QLabel>
#include <QString>

int main(int argc, char* argv[]) {
    QApplication app(argc, argv);
    QLabel* label = new QLabel();
    QString message = QString::fromStdString("Hello Qt!");
    label->setText(message);
    label->show();
    app.exec();
    return 0;
}
```

在代码清单 3-36 中分别引入了三个头文件，其中，QApplication 提供了 Qt 应用类 QApplication；QLabel 是 Qt 中用于显示文本的组件，下面我们将用它来显示数据；QString 是 Qt 中的字符串类，用于存储字符串。

接下来在主函数中创建了一个 QApplication 的对象 app< 然后又创建了一个 QLabel 类的对象指针，并使用 new 为其分配了一块动态内存。接着调用 QString::fromStdString 从字符串创建一个 QString 的对象 message，调用 lable 的 setText 方法，设置其显示内容为 message。设置完成后，使用 label->show(); 将该文本组件显示出来。调用 app.exec 进行事件循环，需要注意的是，app.exec 和 ROS 2 的 spin 有异曲同工之妙，都是在方法内不断循环处理事件，因此都会阻塞程序继续往下执行。

编写完代码，接着修改 CMakeLists.txt，添加 hello_qt 节点，并为其添加 Qt 相关依赖，最终 CMakeLists.txt 的主要内容如代码清单 3-37 所示。

代码清单 3-37   topic_practice_ws/src/status_display/CMakeLists.txt

```
cmake_minimum_required(VERSION 3.8)
...
find_package(status_interfaces REQUIRED)
find_package(Qt5 REQUIRED COMPONENTS Widgets)

add_executable(hello_qt src/hello_qt.cpp)
target_link_libraries(hello_qt Qt5::Widgets)

install(TARGETS hello_qt
    DESTINATION lib/${PROJECT_NAME})
...
ament_package()
```

因为 Qt 是由多个组件构成的，这里使用 find_packages 时，指定查找了 Qt5 下的图形用户界面组件 Widgets。需要注意的是，因为 Qt5 是和 ROS 2 无关的第三方库，所以没有使用 ament_target_dependencies 添加依赖，而是使用 target_link_libraries 进行添加，添加时同样指定组件为 Widgets。

完成代码编写以及配置后，在终端依次输入代码清单 3-38 中的命令来构建功能包并运行节点。

代码清单 3-38   运行 hello_qt

```
$ colcon build --packages-select status_display
$ source install/setup.bash
$ ros2 run status_display hello_qt
```

看到图 3-6 所示的界面，你的第一个 Qt 项目就完成了。趁热打铁，我们来学习如何结合 ROS 2 来使用 Qt 显示话题数据。

图 3-6   Qt 界面

3.4.5   订阅数据并用 Qt 显示

在 src/status_display/src 下新建 sys_status_display.cpp，编写代码清单 3-39 中的代码。

代码清单 3-39   使用 Qt 显示数据

```
#include <QApplication>
#include <QLabel>
#include <QString>
#include "rclcpp/rclcpp.hpp"
#include "status_interfaces/msg/system_status.hpp"
using SystemStatus = status_interfaces::msg::SystemStatus;
class SysStatusDisplay : public rclcpp::Node {
    public:
        SysStatusDisplay() : Node("sys_status_display") {
```

```
        subscription_ = this->create_subscription<SystemStatus>(
            "sys_status", 10, [&](const SystemStatus::SharedPtr msg) -> void {
                label_->setText(get_qstr_from_msg(msg));
            });
        // 创建一个空的 SystemStatus 对象，转化成 QString 进行显示
        label_ = new QLabel(get_qstr_from_msg(std::make_shared
            <SystemStatus>()));
        label_->show();
    }
    QString get_qstr_from_msg(const SystemStatus::SharedPtr msg) {
        // TODO: 将 msg 中的内容提取出来并组装成字符串
return QString::fromStdString("");
    }
    private:
        rclcpp::Subscription<SystemStatus>::SharedPtr subscription_;
        QLabel* label_;
};
```

这里首先引入了 Qt 相关头文件、rclcpp 和通过自定义接口生成的 system_status.hpp 头文件。为了使代码更易读且更简洁，这里使用了 using 指令，为 status_interfaces::msg::SystemStatus 建立了一个别名 SystemStatus。然后定义了一个 SysStatusDisplay 类，使其继承 rclcpp::Node。在构造函数中，直接给定了节点名称为 sys_status_display。接着调用了 create_subscription 对 subscription_ 进行初始化，这里使用 Lambda 表达式作为回调函数，Lambda 表达式的参数列表中的 & 符表示它可以通过引用的方式直接捕获外部变量，这也是可以在表达式中直接调用 label_ 设置文本的原因。初始化订阅者后，继续对 label_ 进行初始化，这里使用函数嵌套调用，创建了一个空的 SystemStatus 消息，最后调用 get_qstr_from_msg 将其转换为 QString 对象进行显示。

继续完善 get_qstr_from_msg 方法，在该方法中添加如代码清单 3-40 所示的代码。

代码清单 3-40　sys_status_display.cpp/get_qstr_from_msg 方法

```
QString get_qstr_from_msg(const SystemStatus::SharedPtr msg) {
    std::stringstream show_str;
    show_str
        << "========== 系统状态可视化显示工具 ============\n"
        << " 数 据 时 间 :\t" << msg->stamp.sec << "\ts\n"
        << " 用  户  名 :\t" << msg->host_name << "\t\n"
        << "CPU 使用率 :\t" << msg->cpu_percent << "\t%\n"
        << " 内存使用率 :\t" << msg->memory_percent << "\t%\n"
        << " 内存总大小 :\t" << msg->memory_total << "\tMB\n"
        << " 剩余有效内存 :\t" << msg->memory_available << "\tMB\n"
        << " 网络发送量 :\t" << msg->net_sent << "\tMB\n"
        << " 网络接收量 :\t" << msg->net_recv << "\tMB\n"
        << "=====================================";

    return QString::fromStdString(show_str.str());
}
```

在代码清单 3-40 中，我们使用了 stringstream 和其运算符 "<<"，分别提取了 msg 中的数据并进行组装，其中时间戳部分只用到了秒。接着通过其成员方法 str() 将其转换成 std::string 类型，然后给到 QString::fromStdString 函数，生成一个 QString 对象并返回。

最后来编写主函数，在代码清单 3-40 的最后，添加如代码清单 3-41 所示的代码。

代码清单 3-41 sys_status_display.cpp/main 函数

```cpp
int main(int argc, char* argv[]) {
    rclcpp::init(argc, argv);
    QApplication app(argc, argv);
    auto node = std::make_shared<SysStatusDisplay>();
    std::thread spin_thread([&]() -> void { rclcpp::spin(node); });
    spin_thread.detach();
    app.exec();
    rclcpp::shutdown();
    return 0;
}
```

我们知道 rclcpp::spin 和 app.exec 都会阻塞程序运行，如果先调用 rclcpp::spin，就会导致 app.exec 无法执行，进而无法处理 Qt 相关事件，最终导致无法正常显示。反之先调用 app.exec，就会导致 rclcpp::spin 无法执行，同样会导致 ROS 2 无法正常处理事件，最后无法正常接收和发送数据。所以在上面的代码中使用了多线程，将 spin 单独放到一个线程中进行处理，当界面退出后，app.exec 方法退出，此时调用 rclcpp::shutdown，spin_thread 会自动结束，程序正常退出。

写好代码，修改 CMakeLists.txt，添加代码清单 3-42 中的命令，对 sys_status_display 节点进行注册。

代码清单 3-42 topic_practice_ws/src/status_display/CMakeLists.txt

```
...
add_executable(sys_status_display src/sys_status_display.cpp)
target_link_libraries(sys_status_display Qt5::Widgets) # 对于非 ROS 功能包使用 Cmake
    原生指令进行链接库
ament_target_dependencies(sys_status_display rclcpp status_interfaces)

install(TARGETS
        hello_qt
        sys_status_display
    DESTINATION lib/${PROJECT_NAME})
...
ament_package()
```

接着构建并运行该节点，运行结果如图 3-7 所示。

因为没有启动发布者，所以没有数据，打开新的终端，启动发布者后，再次观察界面，结果如图 3-8 所示。

好了，看到界面中不断跳动的数据，你的内心一定很开心吧。是的，这个项目涉及了很多新的知识点，确实不容易。不过不管怎么说，你的第一个实践项目已经成功完成了，你肯定也想把它好好地保存起来吧，那么下一节就来学习代码版本管理工具 Git，帮助我们更好地管理代码。稍事休息，然后一口气完成本章剩余部分的学习吧。

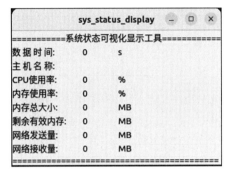

图 3-7 默认显示结果

图 3-8 接收话题数据显示结果

3.5 ROS 2 基础之 Git 入门

ROS 2 除了系统本身，另一个让人着迷的地方就是其强大的社区。在 Github 等代码托管平台上，有着无数的优秀开源程序供我们使用，而这些程序无一例外都是使用 Git 进行版本管理，所以掌握好 Git 才能更好地拥抱 ROS 2 的生态。

Git 是一个免费的开源分布式版本控制系统工具，它是由 Linux 内核开发者 Linus Torvalds 在 2005 年开发的。在前面的学习中，我们已经安装过 Git，下面直接来学习如何使用它。

3.5.1 新建代码仓库

在 2.5.3 节我们已经简单地使用了 Git，从网上下载了一个 C++ 网络库代码到本地。但下载代码只是 Git 最基本的功能。现在一起来学习如何在本地建立一个 Git 仓库。

在创建仓库之前，需要对 Git 进行一些配置，第一个需要配置的是你的用户名和邮箱，这样当你提交代码时，Git 就会把你的信息一起放到提交中，在多人协作开发同一仓库时，就可以用于区分哪些代码是谁提交的。打开任意一个终端，输入代码清单 3-43 中的命令进行配置。

代码清单 3-43 配置 Git 用户和邮箱

```
$ git config --global user.name "Fish" # 你的用户名
$ git config --global user.email "fish@fishros.com" # 配置你的邮箱
```

配置好用户信息后，接着来配置默认的分支名称，使用代码清单 3-44 中的命令将默认的分支名称修改为 master，分支概念后续会再次学习。

代码清单 3-44 配置默认分支

```
$ git config --global init.defaultBranch master
```

完成所有配置后，可以使用代码清单 3-45 中的命令查看所有的配置，以此确认对应项是否配置成功。

代码清单 3-45　查看 Git 配置

```
$ git config -l
---
user.name=Fish
user.email=fish@fishros.com
init.defaultbranch=master
core.repositoryformatversion=0
core.filemode=true
core.bare=false
core.logallrefupdates=true
```

接着在本地创建一个代码仓库，进入 chapt3/topic_practice_ws 目录，输入代码清单 3-46 中的命令进行创建。

代码清单 3-46　初始化仓库

```
$ git init
---
已初始化空的 Git 仓库于 /home/fishros/chapt3/topic_practice_ws/.git/
```

可以看到，终端提示已经在指定目录初始化了一个空的仓库。在 Linux 中以 "." 开头的文件和文件夹属于隐藏目录，使用 ls -a 才能查看，如代码清单 3-47 所示。

代码清单 3-47　查看所有文件（包含隐藏内容）

```
$ ls -a
---
.  ..  build  .git  install  log  src  .vscode
```

当我们提交代码时，所有更改都会保存到 .git 目录下，同样，如果你想删除仓库，直接运行 rm -rf .git 删除目录就可以了。

3.5.2　学会提交代码

有了仓库，接下来我们来提交代码。提交代码只需要用到 add 和 commit 两个命令，add 命令用于将修改的文件添加到 Git 的暂存区中，而 commit 命令则将暂存区中的修改提交到本地 Git 仓库中。比如我们想把文件 src/status_interfaces/package.xml 添加到暂存区，可以使用代码清单 3-48 中的命令。

代码清单 3-48　将 package.xml 添加到暂存区

```
$ git add src/status_interfaces/package.xml
```

一次添加一个文件太慢，可以一次性把整个目录添加到暂存区，比如添加 src 目录下的所有文件，可以使用代码清单 3-49 中的命令。

代码清单 3-49 添加一个目录到暂存区

```
$ git add src
```

如果工程目录比较多，一次添加一个目录还是太慢，在 add 指令后加上一个 "."，即可添加所有的文件，打开终端，运行代码清单 3-50 中的命令就可以了。

代码清单 3-50 添加当前终端目录所有文件到暂存区

```
$ git add .
```

运行完 add 指令，如果暂存区里有文件，其实就可以直接提交了。但我不建议你直接提交，因为在我们的工程中，install、build 和 log 这三个目录是编译产生的目录，并非工程代码，而使用 add . 就将所有文件都添加到暂存区了，现在直接提交就会把它们也提交进去。所以可以使用另外一个命令，将文件从暂存区都踢出来，这个命令就是 reset，在终端中输入代码清单 3-51 中的命令。

代码清单 3-51 将暂存区所有文件踢出

```
$ git reset
```

接着只添加 src 目录到暂存区，然后调用 commit 进行提交，依次输入代码清单 3-52 中的命令。

代码清单 3-52 添加 src 目录到暂存区并提交

```
$ git add src
$ git commit -m "完成状态发布与显示功能"
---
[master（根提交）243169b] 完成状态发布与显示功能
    19 files changed, 968 insertions(+)
    create mode 100644 src/status_display/CMakeLists.txt
    create mode 100644 src/status_display/LICENSE
    create mode 100644 src/status_display/package.xml
...
```

注意，我们在 commit 指令后加上了 -m 选项并附上了当前代码的描述信息，在提交时一定要添加上描述信息，否则就会提交失败。提交完成后，就可以使用 log 命令查看历史的提交记录，输入代码清单 3-53 中的命令。

代码清单 3-53 查看提交日志

```
$ git log
---
commit 243169b5b4bb18db534013340ca802b3954df55b (HEAD -> master)
Author: Fish <fish@fishros.com>
Date:   Tue Apr 18 00:52:27 2023 +0800

    完成状态发布与显示功能
```

可以看到历史的提交记录，其中包括编号、作者名字、邮箱、提交时间和描述信息。好了，到这里你已经成功地完成了第一次代码提交。

3.5.3 学会使用 Git 忽略文件

相比使用 add 加目录或文件进行添加，使用 git add . 命令显然更加方便，但在工程中存在不想被提交的文件或目录，又不想一个个手动添加，该怎么办呢？此时就可以使用 Git 忽略文件。在 topic_practice_ws 下新建文件 .gitignore，接着将想要忽略的目录或者文件名称写到文件中，这里我们将 ROS 2 构建过程中产生的目录添加进去，最终内容如代码清单 3-54 所示。

代码清单 3-54 topic_practice_ws/.gitignore

```
build/
install/
log/
```

完成之后，再把 .gitignore 文件提交，经常提交代码是一个好习惯，在终端中依次输入代码清单 3-55 中的命令。

代码清单 3-55 提交 .gitignore 文件

```
$ git add .gitignore
$ git commit -m " 添加 Git 忽略文件 "
---
[master 3071f21] 添加 Git 忽略文件
    3 files changed, 98 insertions(+)
    create mode 100644 .gitignore
```

提交完成后，再次使用 add . 和 commit 看看能否提交成功，在终端中输入代码清单 3-56 中的命令。

代码清单 3-56 测试 .gitignore 是否生效

```
$ git add .
$ git commit -m " 测试提交临时目录 "
---
位于分支 master
无文件要提交，干净的工作区
```

从提示可以看出，install、build 和 log 这三个目录已经被成功忽略掉了。.gitignore 除了可以对指定文件夹和文件进行忽略外，还可以使用通配符 "*" 来忽略某一类的文件，比如在 .gitignore 中添加 *.log，就会忽略所有以 .log 为后缀的文件。

好了，关于 Git 的学习到这里就先告一段落了。虽然只是简单的几个命令，但其实你已经掌握了 Git 的基本用法，后续我们也还会继续学习 Git 的更多用法。现在让我们对本章做一个小结吧。

3.6 小结与点评

本章可谓是干货满满，我们围绕着 ROS 2 话题这一通信机制，不仅学习了如何在 Python

和 C++ 中使用话题进行通信，还学习了语音合成和闭环运动控制。话题通信是 ROS 2 四大通信机制的第一个，也是在机器人开发中用得最多的一个。

在话题通信最佳实践环节，你一定收获颇丰。我们在话题实践的同时，不仅掌握了如何自定义通信接口，还学习了如何获取系统实时状态信息，以及在 ROS 2 中使用 Qt 制作界面的方法。通过最佳实践这一例子，相信你对话题通信以及 ROS 2 的使用已经有了更深的认识。

另外，在本章的最后，我们进一步学习了使用 Git 建立仓库和提交代码的方法。当然这也只是一个初步的学习，后续我们还会继续探讨更多 Git 的相关内容。

第 4 章

服务和参数——深入 ROS 2 通信

在机器人的世界里，除了需要用话题通信进行单向的数据传递，有时还需要进行双向的数据传递，比如一个节点发送图片请求另一节点进行识别，另一个节点识别完成后将结果返回给请求节点。服务通信就是 ROS 2 中针对这一场景的解决方案。

在第 3 章编写语音合成节点时，我们在代码中将发音设置成了中文，如果我们想更改发音的语言，就需要修改源码。在实际的机器人开发中，每个节点都会有很多参数需要动态调整，全部放到代码中既不好管理也不好动态修改。那该怎么解决这一问题呢？此时参数通信就派上用场了。

4.1　服务与参数通信介绍

服务是基于请求和响应的双向通信机制，而参数主要用于管理节点的设置，两者好像没有什么关系。但在 ROS 2 中，参数通信主要是基于服务通信实现的，所以把它们放到一起进行学习。接下来我们一起详细了解一下服务通信，以及参数通信和服务通信之间的关系。

4.1.1　服务通信介绍

海龟是 ROS 2 的吉祥物，下面我们就结合海龟模拟器先来了解一下服务。启动海龟模拟器后，打开终端，输入代码清单 4-1 中的命令。

代码清单 4-1　查询服务列表和对应接口

```
$ ros2 service list -t
---
/clear [std_srvs/srv/Empty]
/kill [turtlesim/srv/Kill]
/reset [std_srvs/srv/Empty]
/spawn [turtlesim/srv/Spawn]
/turtle1/set_pen [turtlesim/srv/SetPen]
/turtle1/teleport_absolute [turtlesim/srv/TeleportAbsolute]
/turtle1/teleport_relative [turtlesim/srv/TeleportRelative]
/turtlesim/describe_parameters [rcl_interfaces/srv/DescribeParameters]
/turtlesim/get_parameter_types [rcl_interfaces/srv/GetParameterTypes]
```

```
/turtlesim/get_parameters [rcl_interfaces/srv/GetParameters]
/turtlesim/list_parameters [rcl_interfaces/srv/ListParameters]
/turtlesim/set_parameters [rcl_interfaces/srv/SetParameters]
/turtlesim/set_parameters_atomically [rcl_interfaces/srv/SetParametersAtomically]
```

代码清单 4-1 中的命令用于查看服务列表，-t 参数表示显示服务的接口类型。在返回的结果内，每一行代表一个服务，每一行的前面是服务的名称，[] 内则是服务的接口类型。所以服务和话题一样，都是有名字和接口的；但服务的接口与话题不同，分为请求接口和响应接口两部分。以生成海龟服务 /spawn 的接口 turtlesim/srv/Spawn 为例，输入代码清单 4-2 中的命令可以查看该接口的定义。

代码清单 4-2　查看 turtlesim/srv/Spawn 的详细定义

```
$ ros2 interface show turtlesim/srv/Spawn
---
float32 x
float32 y
float32 theta
string name # Optional.  A unique name will be created and returned if this is
    empty
---
string name
```

在返回结果中，由"---"隔开的上半部分为请求接口的定义，下半部分为响应接口的定义。/spawn 服务的作用是产生一只新的海龟，请求接口中 x 、y 和 theta 表示新的海龟所在位置和朝向，name 是一个可选参数，表示新海龟的名字。响应接口定义中 name 表示生成的新海龟的名字。我们来尝试调用一下这个接口，在终端输入代码清单 4-3 中的命令。

代码清单 4-3　通过命令行调用服务生成新的海龟

```
$ ros2 service call /spawn turtlesim/srv/Spawn "{x: 1, y: 1}"
---
waiting for service to become available...
requester: making request: turtlesim.srv.Spawn_Request(x=1.0, y=1.0, theta=0.0,
    name='')

response:
turtlesim.srv.Spawn_Response(name='turtle2')
```

service call 命令用于调用指定的服务，其第一个参数是服务的名字，第二个参数是服务的接口类型，第三个参数是 Request 数据。上面的命令用于在 x 等于 1、y 等于 1 的位置产生一只新的海龟，结果返回新海龟的名字为 turtle2。产生新海龟后的模拟器如图 4-1 所示。

除了使用命令行工具来调用服务，ROS 2 还提供了一个可视化工具 rqt，在终端中输入代码清单 4-4 中的命令。

代码清单 4-4　打开 rqt

```
$ rqt
```

在打开的界面中选择 Plugins → Services → Service Caller 选项，如图 4-2 所示。

图 4-1　生成新海龟后的模拟器

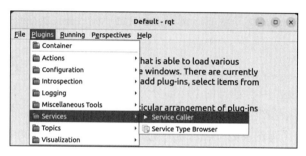

图 4-2　选择服务调用插件

在列表框中选择 /spawn 服务，修改 Request 中 x 和 y 的值，然后单击 Call 按钮，即可完成请求。Service Caller 配置如图 4-3 所示。

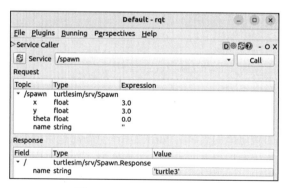

图 4-3　Service Caller 配置

好了，关于服务的介绍就到这里，后面你将会在代码中详细学习如何使用它。

4.1.2 基于服务的参数通信

在 ROS 2 中，参数被视为节点的设置，而参数通信机制是基于服务通信实现的。在运行海龟模拟器后，打开终端，输入代码清单 4-5 中的命令，查看名字包含 parameter 的服务。你会发现，藏在后面的几个服务的名字都带有 parameter，这些都是和参数相关的服务。

代码清单 4-5　查看名字包含 parameter 的服务

```
$ ros2 service list -t | grep parameter
---
/turtlesim/describe_parameters [rcl_interfaces/srv/DescribeParameters]
/turtlesim/get_parameter_types [rcl_interfaces/srv/GetParameterTypes]
/turtlesim/get_parameters [rcl_interfaces/srv/GetParameters]
/turtlesim/list_parameters [rcl_interfaces/srv/ListParameters]
/turtlesim/set_parameters [rcl_interfaces/srv/SetParameters]
/turtlesim/set_parameters_atomically [rcl_interfaces/srv/SetParametersAtomically]
```

从结果可以看到，一共有 6 个和参数相关的服务，这些服务对外提供了参数的查询以及设置接口。

虽然知道了参数基于服务，但使用服务的方式进行调用还是比较麻烦的，ROS 2 有一套关于参数的工具和库可供我们使用。打开终端，输入代码清单 4-6 中的命令。

代码清单 4-6　查看参数列表

```
$ ros2 param list
---
/turtlesim:
    background_b
    background_g
    background_r
    qos_overrides./parameter_events.publisher.depth
    qos_overrides./parameter_events.publisher.durability
    qos_overrides./parameter_events.publisher.history
    qos_overrides./parameter_events.publisher.reliability
    use_sim_time
```

代码清单 4-6 中的指令用于查看当前所有节点的参数列表。需要注意的是，在上面的参数列表中，以 background 开头的参数是在海龟模拟器中显式声明的，而后面的 use_sim_time 以及以 qos 开头的部分则是节点的默认参数。如果想知道某个参数的具体描述，可以通过代码清单 4-7 中的命令查看。

代码清单 4-7　查看指定节点的参数描述

```
$ ros2 param describe /turtlesim background_r
---
Parameter name: background_r
    Type: integer
    Description: Red channel of the background color
    Constraints:
        Min value: 0
```

```
Max value: 255
Step: 1
```

上面的命令用于查看 /turtlesim 节点下 background_r 参数的具体描述，其返回值包括参数的名字、类型、用途以及对其值的约束。从上面的结果可以看出，该参数用于设置背景色的红色分量的值，约束里则写着该参数最小值、最大值以及步长。查看该参数的具体值，可以使用代码清单 4-8 中的命令。

代码清单 4-8   获取节点的参数值

```
$ ros2 param get /turtlesim background_r
---
Integer value is: 69
```

如果想修改参数的值，可以使用代码清单 4-9 中的命令。

代码清单 4-9   通过命令行修改参数值

```
$ ros2 param set /turtlesim background_r 255
---
Set parameter successful
```

代码清单 4-9 中的命令将海龟模拟器节点的背景色红色部分设置成最大值 255，设置完成后，海龟模拟器的颜色随之改变，如图 4-4 所示。

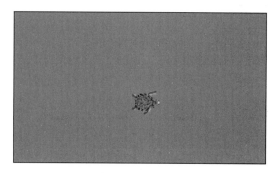

图 4-4   背景为红色的海龟模拟器

当系统中有多个节点和较多参数需要配置时，逐一使用命令行配置非常麻烦，ROS 2 提供了使用文件来配置参数的方式。首先可以将某个节点的配置导出为一个 yaml 格式的文件，使用代码清单 4-10 中的命令可以将海龟模拟器的参数导出到文件里。

代码清单 4-10   将参数导出到文件里

```
$ ros2 param dump /turtlesim > turtlesim_param.yaml
$ cat turtlesim_param.yaml
---
/turtlesim:
    ros__parameters:
        background_b: 255
        background_g: 86
```

```
        background_r: 255
        qos_overrides:
            /parameter_events:
                publisher:
                    depth: 1000
                    durability: volatile
                    history: keep_last
                    reliability: reliable
        use_sim_time: false
```

将参数保存到文件后，下次运行节点就可以通过代码清单 4-11 中的命令来指定参数文件，实现参数的自动配置。

代码清单 4-11　运行节点时指定参数文件

```
$ ros2 run turtlesim turtlesim_node --ros-args --params-file turtlesim_param.yaml
```

关于参数命令行工具的更多使用方法，可以通过代码清单 4-12 中的命令查看。

代码清单 4-12　查看参数使用帮助

```
$ ros2 param --help
---
usage: ros2 param [-h] Call `ros2 param <command> -h` for more detailed usage. ...
Various param related sub-commands

options:
    -h, --help              show this help message and exit

Commands:
    delete      Delete parameter
    describe    Show descriptive information about declared parameters
    dump        Dump the parameters of a node to a yaml file
    get         Get par
    list        Output a list of available parameters
    load        Load parameter file for a node
    set         Set parameter

    Call `ros2 param <command> -h` for more detailed usage.
```

在 rqt 工具中，插件 Configuration → DynamicReconfigure 提供了一个可视化的参数配置工具，你可以运行 rqt 自行尝试。

好了，关于服务和参数就介绍到这里，下面我们来看看如何在程序中使用服务和参数进行通信。

4.2　用 Python 服务通信实现人脸检测

了解完服务，下面通过具体的例子来学习如何在 Python 中创建服务端和客户端，完成请求和响应。人工智能近年来发展迅速，推动了视觉识别技术的进步，本节我们就结合视觉识别，做一个人脸检测服务。首先要创建一个服务消息接口，接着创建一个服务端节点，用来接收图片并进行识别，然后再创建一个客户端节点，请求服务并显示识别结果。

4.2.1　自定义服务接口

服务端要进行人脸检测，在客户端的请求中就需要带图片信息，而服务端完成人脸检测后，应该将人脸在图片中的位置信息返回给客户端，因为同一张图片中有多张人脸，所以需要用数组来表示人脸。在 ROS 2 已有的服务接口中，没有能满足这一要求的，所以需要自定义服务接口。

在主目录创建 chapt4/chapt4_ws/src 文件夹，接着在 src 下创建功能包 chapt4_interfaces，具体命令如代码清单 4-13 所示。

代码清单 4-13　创建接口功能包

```
$ ros2 pkg create chapt4_interfaces --build-type ament_cmake --dependencies
    rosidl_default_generators sensor_msgs --license Apache-2.0
```

在上面创建功能包的命令中，除了添加 rosidl_default_generators 作为依赖，还添加了 sensor_msgs 作为依赖，这是因为在 sensor_msgs 中定义了图像消息接口 sensor_msgs/msg/ Image，我们可以直接使用它作为服务接口的 Request。

创建好功能包，在 src/chapt4_interfaces 下创建目录 srv，接着在 srv 目录下创建文件 FaceDetector.srv，然后编写如代码清单 4-14 中的内容。

代码清单 4-14　src/chapt4_interfaces/srv/FaceDetector.srv

```
sensor_msgs/Image image    # 原始图像
---
int16 number        # 人脸数
float32 use_time    # 识别耗时
int32[] top         # 人脸在图像中的位置
int32[] right
int32[] bottom
int32[] left
```

在上面的接口定义中，"---"上为 Request 部分，定义了一个 sensor_msgs/Image 类型的 image 用于表示图像。"---"下为 Response 部分，number 表示人脸数，use_time 表示识别耗时，后面的四个数组表示每张人脸在图像中的位置信息，单位是像素。

在完成了服务接口后，在 CMakeLists.txt 中对该文件进行注册，声明其为服务接口文件，并为其添加 sensor_msgs 依赖，完成后，CMakeLists.txt 代码如代码清单 4-15 所示。

代码清单 4-15　chapt4_interfaces/CMakeLists.txt

```
...
# find dependencies
find_package(ament_cmake REQUIRED)
find_package(rosidl_default_generators REQUIRED)
find_package(sensor_msgs REQUIRED)
```

```
rosidl_generate_interfaces(${PROJECT_NAME}
    "srv/FaceDetector.srv"
    DEPENDENCIES sensor_msgs
)
...
ament_package()
```

除了修改 CMakeLists.txt 外，还需要修改功能包清单文件 package.xml，添加 <member_
of_group>rosidl_interface_packages</member_of_group>，声明该功能包是一个消息接口功能
包。接着就可以对该接口进行构建，使用命令行确认是否正确生成，在终端中依次输入如代
码清单 4-16 所示的命令。

代码清单 4-16　构建消息功能包

```
$ colcon build
$ source install/setup.bash
$ ros2 interface show chapt4_interfaces/srv/FaceDetector
---
sensor_msgs/Image image # 原始图像
    std_msgs/Header header #
        builtin_interfaces/Time stamp
                int32 sec
                uint32 nanosec
        string frame_id
                        # Header frame_id should be optical frame of camera
                        # origin of frame should be optical center of cameara
                        # +x should point to the right in the image
                        # +y should point down in the image
                        # +z should point into to plane of the image
                        # If the frame_id here and the frame_id of the CameraInfo
                        # message associated with the image conflict
                        # the behavior is undefined
    uint32 height       #
    uint32 width        #
    string encoding     #
                        # taken from the list of strings in  include/sensor_msgs/
                            image_encodings.hpp
    uint8 is_bigendian  #
    uint32 step         #
    uint8[] data        #
---
int16 number        # 人脸个数
float32 use_time    # 识别耗时
int32[] top         # 人脸在图像中的位置
int32[] right
int32[] bottom
int32[] left
```

好了，到这里接口定义就完成了，接下来学习如何使用 Python 实现人脸检测。

4.2.2　人脸检测

在正式编写服务节点之前，我们先来学习一下如何用 Python 实现人脸检测。在 Python 中有很多库可以实现人脸检测功能，这里我们使用 face_recognition 库。打开终端，输入代码清单 4-17 中的命令进行安装，若没有安装 pip3，请查阅 3.2.2 节的安装部分。

代码清单 4-17　安装人脸检测库

```
$ pip3 install face_recognition -i https://pypi.tuna.tsinghua.edu.cn/simple
---
Defaulting to user installation because normal site-packages is not writeable
Looking in indexes: https://pypi.tuna.tsinghua.edu.cn/simple
...
Installing collected packages: face_recognition
Successfully installed face_recognition-1.3.0
```

上面的命令调用了 pip3 安装 face_recognition 库，为了保证下载网络通畅，后面使用 -i 指定从清华大学的镜像地址进行下载。安装完成后创建一个 ament_python 类型的功能包，并添加依赖 chapt4_interfaces，最终命令如代码清单 4-18 所示。

代码清单 4-18　创建 demo_python_service 功能包

```
$ ros2 pkg create demo_python_service --build-type ament_python --dependencies
    rclpy chapt4_interfaces  --license Apache-2.0
```

要做人脸检测肯定需要图片，你可以从网上下载一张包含人脸的图片，然后放到 src/demo_python_service/resource 目录下。这里我准备了一张图片并命名为 default.jpg，修改 src/demo_python_service/setup.py，在 data_files 中添加该文件，添加的 setup.py 文件内容如代码清单 4-19 所示。

代码清单 4-19　在 setup.py 中添加图片复制配置

```
data_files=[
    ('share/ament_index/resource_index/packages',
        ['resource/' + package_name]),
    ('share/' + package_name, ['package.xml']),
    ('share/' + package_name+"/resource", ['resource/default.jpg']),
],
```

代码清单 4-19 中，添加的代码的前半部分 'share/' + package_name+"/resource" 为目标路径，['resource/default.jpg'] 为源文件路径。在构建功能包时，会在 install/demo_python_service/ 目录下创建目标路径，然后再将源文件路径对应的文件复制到目标路径。

保存好后，你可以再次构建功能包，接着检查 chapt4_ws/install/demo_python_service/ 目录下是否创建了 share/demo_python_service/resource/ 目录，同时检查该目录下是否存在 default.jpg，如果存在，则表示配置成功了。

完成这些工作后，在 src/demo_python_service/demo_python_service 下创建 learn_face_detect.py，然后编写如代码清单 4-20 所示的代码。

代码清单 4-20　人脸检测测试代码

```python
import face_recognition
import cv2
from ament_index_python.packages import get_package_share_directory

def main():
    # 获取图片真实路径
    defaut_image_path = get_package_share_directory(
        'demo_python_service')+'/resource/default.jpg'
    # 使用 opencv 加载图像
    image = cv2.imread(defaut_image_path)
    # 查找图像中的所有人脸
    face_locations = face_recognition.face_locations(
        image, number_of_times_to_upsample=1, model='hog')
    # 绘制每个人脸的边框
    for top, right, bottom, left in face_locations:
        cv2.rectangle(image, (left, top), (right, bottom), (255, 0, 0), 4)
    # 显示结果图像
    cv2.imshow('Face Detection', image)
    cv2.waitKey(0)
```

在代码清单 4-20 中，首先导入了人脸识别库 face_recognition，接着导入了 opencv 库 cv2，然后从 ROS 2 提供的 ament_index_python 库中导入 get_package_share_directory 函数，该函数可以通过功能包的名字获取该功能包的安装目录，最终返回安装目录下的 share 目录绝对路径。

在主函数中，首先调用 get_package_share_directory 函数，获取功能包的 share 目录地址，然后与 /resource/default.jpg 拼接，得到图片的真实路径，该路径与 setup.py 中配置的安装目录一致。接着调用 cv2 从文件读取图像，之后调用 face_recognition.face_locations 并传入图像进行识别，其中 number_of_times_to_upsample=1 用于设置图像上采样的次数，次数越多，就越能发现图像中更小的人脸。而参数 model='hog' 用于设置人脸检测模型，hog 模型的优势是计算速度快，但准确度没那么高。除此之外，还可以设置成 cnn 模型，这样会更加准确，但用 CPU 检测，速度会变慢。

检测完人脸，接着循环读取每个人脸的位置，在循环中调用 cv2.rectangle，在指定位置画一个矩形框，(255, 0, 0) 表示颜色，4 表示线的粗细。最后调用 cv2.imshow 传入名字和图像进行显示，调用 cv2.waitKey 进行绘制。

保存代码，在 setup.py 中对 learn_face_detect 进行注册，接着构建和运行这个节点。最终测试结果如图 4-5 所示。

图 4-5　人脸检测测试结果

在学习完如何进行人脸检测后，下面我们来编写人脸检测服务。

4.2.3　人脸检测服务实现

在 src/demo_python_service/demo_python_service 目录下创建 face_detect_node.py 文件，在该文件中编写代码清单 4-21 所示的代码。

代码清单 4-21　src/demo_python_service/demo_python_service/face_detect_node.py

```python
import rclpy
from rclpy.node import Node
from chapt4_interfaces.srv import FaceDetector
from ament_index_python.packages import get_package_share_directory
from cv_bridge import CvBridge # 用于转换格式
import cv2
import face_recognition
import time


class FaceDetectorionNode(Node):
    def __init__(self):
        super().__init__('face_detection_node')
        self.bridge = CvBridge()
        self.service = self.create_service(FaceDetector, '/face_detect', self.
            detect_face_callback)
        self.defaut_image_path = get_package_share_directory('demo_python_
            service')+'/resource/default.jpg'
        self.upsample_times = 1
        self.model = "hog"

    def detect_face_callback(self, request, response):
        # TODO 完成人脸检测
        return response


def main(args=None):
    rclpy.init(args=args)
    node = FaceDetectorionNode()
    rclpy.spin(node)
    rclpy.shutdown()
```

代码清单 4-21 首先导入了相关的依赖库，其中需要注意的有两个，第一个是从 chapt4_interfaces.srv 中导入自定义接口 FaceDetector，第二个是从 cv_bridge 导入 CvBridge 类。因为 opencv 和 ROS 2 的 Image 格式并不兼容，所以 ROS 2 提供了工具类 CvBridge，用于将 opencv 格式的图像和 ROS 2 的图像进行转换。

接着在代码中定义了 FaceDetectorionNode 类，并使其继承 Node。在 __init__ 方法中，将节点名字直接设置为 face_detection_node，接着创建了一个 CvBridge 类的对象 bridge，用于后续的图像格式转换。然后调用 create_service 方法创建了一个服务，该方法有三个参数，第一个 FaceDetector 是消息接口，第二个参数是服务的名称，第三个参数是处理请求的回调函数。在 __init__ 方法的最后，获取了默认图片所在路径，并声明了人脸检测的默认采样次数和模型。

main 函数中的代码都是基本操作，重点放在服务处理回调函数 detect_face_callback 上，该回调函数的参数是 request 和 response，request 就是来自客户端的请求数据，而 response 用于放置处理结果，最后要通过 return 进行返回。接下来我们对该函数进行完善，该函数完整代码如代码清单 4-22 所示。

代码清单 4-22　face_detect_node.py 的 detect_face_callback 方法实现

```
def detect_face_callback(self, request, response):
    if request.image.data:
        cv_image = self.bridge.imgmsg_to_cv2(
            request.image)
    else:
        cv_image = cv2.imread(self.defaut_image_path)
    start_time = time.time()
    self.get_logger().info('加载完图像，开始检测')
    face_locations = face_recognition.face_locations(cv_image, number_of_times_
        to_upsample=self.upsample_times, model=self.model)
    end_time = time.time()
    self.get_logger().info(f'检测完成，耗时 {end_time-start_time}')
    response.number = len(face_locations)
    response.use_time = end_time - start_time
    for top, right, bottom, left in face_locations:
        response.top.append(top)
        response.right.append(right)
        response.bottom.append(bottom)
        response.left.append(left)
    return response
```

在代码清单 4-22 中，首先判断请求的图像数据中是否为空，如果不为空，则使用 bridge 的方法 imgmsg_to_cv2，将图像接口消息格式转换成 opencv 的格式。如果图像为空，则直接从默认文件路径读取图像。接着记录开始时间并输出日志。然后进行检测，完成后记录结束时间，输出日志和耗时。最后对 response 各个数据分别赋值后返回。

完成了检测部分的代码后，在 setup.py 中对 face_detect_node 进行注册，接着构建和运行这个节点。然后打开另一个终端，依次输入代码清单 4-23 中的命令进行调用服务。

代码清单 4-23　使用命令行调用人脸检测服务

```
$ source install/setup.bash
$ ros2 service call  /face_detect chapt4_interfaces/srv/FaceDetector
---
requester: making request: chapt4_interfaces.srv.FaceDetector_Request
    (image=sensor_msgs.msg.Image(header=std_msgs.msg.Header(stamp=builtin_
    interfaces.msg.Time(sec=0, nanosec=0), frame_id=''), height=0, width=0,
    encoding='', is_bigendian=0, step=0, data=[]))
```

```
response:
chapt4_interfaces.srv.FaceDetector_Response(number=1, use_time=0.31830644607543945,
    top=[116], right=[1061], bottom=[270], left=[906])
```

上面的命令发送了一个空的 Request 给服务端，可以看到，服务端正确地返回了默认图片中人脸的数量、识别时间和位置。命令行发送请求只能看到识别结果，所以我们编写一个客户端来实现这一功能。

4.2.4 人脸检测客户端的实现

开始编写前，可以再给客户端准备一张含有人脸的图片，这里我准备了一张包含三张人脸的图像，放到了 resource 目录下并命名为 test1.jpg，接着在 setup.py 文件的 data_files 参数中对其进行注册。完成后的代码如代码清单 4-24 所示。

代码清单 4-24　添加多个图像文件

```
data_files=[
    ('share/ament_index/resource_index/packages',
        ['resource/' + package_name]),
    ('share/' + package_name, ['package.xml']),
    ('share/' + package_name+"/resource",['resource/default.jpg', 'resource/
        test1.jpg']),
],
```

接着在 src/demo_python_service/demo_python_service 目录下创建 face_detect_client_node.py 文件，在该文件中编写代码清单 4-25 中的代码。

代码清单 4-25　face_detect_client_node.py

```
import rclpy
from rclpy.node import Node
from chapt4_interfaces.srv import FaceDetector
from sensor_msgs.msg import Image
from ament_index_python.packages import get_package_share_directory
import cv2
from cv_bridge import CvBridge

class FaceDetectorClient(Node):
    def __init__(self):
        super().__init__('face_detect_client')
        self.client = self.create_client(FaceDetector, '/face_detect')
        self.bridge = CvBridge()
        self.test1_image_path = get_package_share_directory(
            'demo_python_service')+'/resource/test1.jpg'
        self.image = cv2.imread(self.test1_image_path)

    def send_request(self):
        # TODO：发送请求并处理结果

    def show_face_locations(self, response):
```

```
            for i in range(response.number):
                top = response.top[i]
                right = response.right[i]
                bottom = response.bottom[i]
                left = response.left[i]
                cv2.rectangle(self.image, (left, top), (right, bottom), (255, 0, 0), 2)
        cv2.imshow('Face Detection Result', self.image)
        cv2.waitKey(0)

def main(args=None):
    rclpy.init(args=args)
    face_detect_client = FaceDetectorClient()
    face_detect_client.send_request()
    rclpy.shutdown()
```

在代码清单 4-25 中，首先导入相关库，接着定义 FaceDetectorClient 类，在该类 __init__
方法中调用 create_client 方法创建了一个客户端，该方法的两个参数分别是服务接口类型和
服务名称。然后定义一个 send_request 方法用于发送请求，再定义 show_face_locations 方法，
用于根据响应绘制并显示。需要注意的是，在 main 函数中，我们调用了 send_request 方法，
并没有使用 rclpy.spin。那在哪里进行事件处理呢？留着疑问，继续完善 send_request 方法，
编写代码清单 4-26 中的代码。

代码清单 4-26　发送服务请求 send_request 方法实现

```
def send_request(self):
    # 1. 判断服务是否上线
    while self.client.wait_for_service(timeout_sec=1.0) is False:
        self.get_logger().info(f' 等待服务端上线 ...')
    # 2. 构造 Request
    request = FaceDetector.Request()
    request.image = self.bridge.cv2_to_imgmsg(self.image)
    # 3. 发送并 spin 等待服务处理完成
    future = self.client.call_async(request)
    rclpy.spin_until_future_complete(self, future)
    # 4. 根据处理结果
    response = future.result()
    self.get_logger().info(
        f' 接收到响应：图像中共有: {response.number} 张脸, 耗时 {response.use_time}')
    self.show_face_locations(response)
```

在代码清单 4-26 中，第一步使用 while 循环判断服务端是否上线，client.wait_for_service
用于判断服务是否有效，如果有效，则返回 True；如果在给定的超时时间 timeout_sec=1 内，
服务端依然无效，则返回 False。第二步构造了 Request 对象，然后调用 bridge 的 cv2_to_
imgmsg 将 opencv 格式的图片转化成 ROS 2 的 Image 消息格式。第三步首先调用 client.call_
async 发送异步请求，该方法返回一个 Future 类型的对象，可以用它检测请求进度，当请求
完成时，也可以用于获取请求结果。发送完请求后调用 rclpy.spin_until_future_complete，该
方法内部会在执行 spin 的同时检测 future 是否完成，当请求完成时，该方法会自动退出。第

四步首先通过 future.result 获取请求结果，接着输出数据并使用 show_face_locations 显示人脸图像。

保存代码，在 setup.py 中对 face_detect_client_node 进行注册，接着构建和运行这个节点，然后运行服务端，人脸检测结果如图 4-6 所示。

图 4-6　人脸检测结果

到这里，我们成功地把客户端完成了。但这次我们把事件处理 spin 放到了节点内部，其实我们也可以把 spin 放到 main 函数中，只需要修改 send_request 方法即可，如代码清单 4-27 所示。

代码清单 4-27　发送异步请求并在回调函数中进行结果处理

```
def send_request(self):
    ...
    # 发送异步请求
    future = self.client.call_async(request)
    def request_callback(result_future):
        response = result_future.result()
        self.get_logger().info(
            f' 接收到响应：图像中共有：{response.number} 张脸，耗时 {response.use_time}')
        self.show_face_locations(response)
    future.add_done_callback(request_callback)
```

此时在 main 函数中添加 rclpy.spin(face_detect_client) 即可，你可以自行修改尝试。不难看出，这两种请求服务的方法的区别在于，结构是同步还是异步，以及是否使用回调函数。

好了，关于 Python 使用服务的学习就到这里。稍微休息下，下面我们来看如何在 C++ 中使用服务。

4.3　用 C++ 服务通信做一个巡逻海龟

对于 ROS 2，服务通信的概念在不同的编程语言中是相同的，只是语法有所不同。本节我们将结合第 3 章中的闭环控制，通过做一个巡逻的海龟来学习如何使用 C++ 创建服务端和客户端。首先我们创建一个服务接口，然后基于第 3 章中的闭环控制节点创建一个服务，用来接收目标位置，最后再创建一个客户端节点，随机生成位置并请求服务。

4.3.1　自定义服务接口

由于服务端要接收来自客户端的目标位置，并返回对目标点的处理状态，在 ROS 2 已有的接口中并没有符合这一要求的接口，所以我们要自定义一个服务接口。

在 src/chapt4_interfaces/srv 目录下创建文件 Patrol.srv，然后编写如代码清单 4-28 所示的内容。

代码清单 4-28　src/chapt4_interfaces/srv/Patrol.srv

```
float32 target_x    # 目标 x 值
float32 target_y    # 目标 y 值
---
int8 SUCCESS = 1    # 定义常量，表示成功
int8 FAIL = 0       # 定义常量，表示失败
int8 result         # 处理结果
```

在上面的定义中，Request 部分表示目标点的位置，Response 部分使用类型加大写名称等于值的形式定义成功和失败的常量，最后定义的 result 表示处理结果。

完成后在 src/chapt4_interfaces/CMakeLists.txt 中对该接口进行注册，主要修改的内容如代码清单 4-29 所示。

代码清单 4-29　修改 Patrol.srv

```
rosidl_generate_interfaces(${PROJECT_NAME}
    "srv/FaceDetector.srv"
    "srv/Patrol.srv"
    DEPENDENCIES sensor_msgs
)
```

保存后，重新构建功能包并进行测试，测试指令与结果如代码清单 4-30 所示。

代码清单 4-30　检测 Patrol.srv 是否构建成功

```
$ ros2 interface show chapt4_interfaces/srv/Patrol
---
float32 target_x    # 目标 x 值
float32 target_y    # 目标 y 值
---
int8 SUCCESS = 1    # 定义常量，表示成功
int8 FAIL = 0       # 定义常量，表示失败
int8 result         # 处理结果
```

好了，定义好接口后，接下来编写服务端的程序。

4.3.2　服务端代码实现

在 chapt4_ws 工作空间下，创建名称为 demo_cpp_service、构建类型为 ament_cmake 的功能包，并添加 chapt4_interfaces 及海龟控制相关依赖，完整命令如代码清单 4-31 所示。

代码清单 4-31　创建 demo_cpp_service 功能包

```
$ ros2 pkg create demo_cpp_service --build-type ament_cmake --dependencies
    chapt4_interfaces rclcpp geometry_msgs turtlesim --license Apache-2.0
```

创建好功能包后，在 src/demo_cpp_service/src 下新建文件 turtle_control.cpp，接着将
3.3.2 节闭环控制海龟的代码直接复制到该文件中。复制完成后，在 TurtleController 类中添加
代码清单 4-32 所示的代码。

代码清单 4-32　在 TurtleController 类中添加服务

```
// 1. 添加服务头文件并创建别名
#include "chapt4_interfaces/srv/patrol.hpp"
using Patrol = chapt4_interfaces::srv::Patrol;

class TurtleController : public rclcpp::Node {
    public:
        TurtleController() : Node("turtle_controller") {
                ...
            // 3. 创建服务
            patrol_server_ = this->create_service<Patrol>(
                "patrol",
                [&](const std::shared_ptr<Patrol::Request> request,
                        std::shared_ptr<Patrol::Response> response) -> void {
                    // 判断巡逻点是否在模拟器边界内
                    if ((0 < request->target_x && request->target_x < 12.0f)
                        && (0 < request->target_y && request->target_y < 12.0f)) {
                            target_x_ = request->target_x;
                            target_y_ = request->target_y;
                            response->result = Patrol::Response::SUCCESS;
                    }else{
                            response->result = Patrol::Response::FAIL;
                    }
                });
        }
    private:
        // 2. 添加 Patrol 类型服务共享指针 patrol_server_ 为成员变量
        rclcpp::Service<Patrol>::SharedPtr patrol_server_;
}
```

基于 3.3.2 节闭环控制海龟的代码，这里首先添加服务头文件，接着为 TurtleController
添加一个成员变量 patrol_server_，最后在构造函数中调用 create_service 方法创建服务。
create_service 方法是通过模板定义的，<> 内的 Patrol 表示服务的接口类型，该方法的第一个
参数是服务的名称，第二个参数是回调函数。这里使用 Lambda 表达式作为回调函数，它的
参数是请求和响应对象的共享指针，在回调函数体里，首先判断目标点是否超过给定的巡逻
边界，若超过，则给 response 的 result 赋值失败常量；若不超过，则获取并设置目标点，给
response 的 result 赋值成功常量。

保存好代码，接着在 CMakeLists.txt 对 turtle_control 节点进行注册，不要忘记为其添

加 chapt4_interfaces 依赖。注册完成后，重新构建并运行节点，然后启动海龟模拟器，使用
命令行工具或者 rqt 插件来请求服务进行测试。采用命令行方法的测试命令及结果如代码清
单 4-33 所示。

代码清单 4-33　使用命令发送请求来移动海龟

```
$ ros2 service call /patrol chapt4_interfaces/srv/Patrol "{target_x: 10.0,
    target_y: 10.0}"
---
waiting for service to become available...
requester: making request: chapt4_interfaces.srv.Patrol_Request(target_x=10.0,
    target_y=10.0)
response:
chapt4_interfaces.srv.Patrol_Response(result=1)
```

可以看到服务端正常返回，此时海龟也能动起来前往目标位置。但要实现自动巡逻功
能，还需要用代码才行，接着我们来编写客户端。

4.3.3　客户端代码实现

服务端提供控制海龟到目标点的服务，客户端只需随机生成目标点，请求服务端进行处
理即可。在 src/demo_cpp_service/src 下添加 patrol_client.cpp，接着编写代码清单 4-34 中的
代码。

代码清单 4-34　src/demo_cpp_service/src/patrol_client.cpp

```
#include <cstdlib>
#include <ctime>
#include "rclcpp/rclcpp.hpp"
#include "chapt4_interfaces/srv/patrol.hpp"
#include <chrono> // 引入时间相关头文件
using namespace std::chrono_literals; // 使用时间单位的字面量
using Patrol = chapt4_interfaces::srv::Patrol;
class PatrolClient : public rclcpp::Node {
    public:
        PatrolClient() : Node("patrol_client") {
            patrol_client_ = this->create_client<Patrol>("patrol");
            timer_ = this->create_wall_timer(10s, std::bind(&PatrolClient::timer_
                callback, this));
            srand(time(NULL)); // 初始化随机数种子，使用当前时间作为种子
        }
        void timer_callback() {
                # TODO 生成随机目标点，请求服务端
        }
    private:
        rclcpp::TimerBase::SharedPtr timer_;
        rclcpp::Client<Patrol>::SharedPtr patrol_client_;
};

int main(int argc, char **argv) {
```

```
rclcpp::init(argc, argv);
auto node = std::make_shared<PatrolClient>();
rclcpp::spin(node);
rclcpp::shutdown();
return 0;
}
```

在上面的代码中，首先引入时间以及随机数相关的头文件，接着包含了 ROS 2 客户端库 rclcpp.hpp 和服务接口 patrol.hpp，然后使用 using 给服务接口创建了一个别名 Patrol。

接着创建 PatrolClient 类，添加了 patrol_client_ 和 timer_ 两个成员变量。其中定时器前面我们用到过，就不再介绍了，这里使用它来定时请求服务端。客户端依然是先定义一个共享指针，在构造函数里调用 create_client 进行初始化。客户端初始化用的是和服务端一样的模板函数和接口类型，但参数只有一个，表示服务的名字。然后调用 create_wall_timer 创建一个定时器，每 10s 调用一次 timer_callback 函数发送请求。在构造函数的最后，调用 srand(time(NULL)) 使用当前时间作为种子初始化随机数。主函数部分是基本操作，接下来完善 timer_callback 函数，完成后的代码如代码清单 4-35 所示。

代码清单 4-35　定时发送服务请求

```
void timer_callback() {
    // 1.等待服务端上线
    while (!patrol_client_->wait_for_service(std::chrono::seconds(1))) {
        // 等待时检测 rclcpp 的状态
        if (!rclcpp::ok()) {
            RCLCPP_ERROR(this->get_logger(), "等待服务的过程中被打断...");
            return;
        }
        RCLCPP_INFO(this->get_logger(), "等待服务端上线中");
    }
    // 2.构造请求的对象
    auto request = std::make_shared<Patrol::Request>();
    request->target_x = rand() % 15;
    request->target_y = rand() % 15;
    RCLCPP_INFO(this->get_logger(), "请求巡逻: (%f,%f)", request->target_x, request->target_y);
    // 3.发送异步请求，然后等待返回，返回时调用回调函数
    patrol_client_->async_send_request(
            request,
            [&](rclcpp::Client<Patrol>::SharedFuture result_future) -> void {
                auto response = result_future.get();
                if (response->result == Patrol::Response::SUCCESS) {
                    RCLCPP_INFO(this->get_logger(), "目标点处理成功");
                } else if (response->result == Patrol::Response::FAIL) {
                    RCLCPP_INFO(this->get_logger(), "目标点处理失败");
                }
            });
}
```

在该函数中，第一步利用 wait_for_service 检测服务端是否有效，有效则返回 true，若超过指定时间依然无效，则返回 false，在 while 内同时判断客户端库是否正常，不正常则直接退出。第二步是构造请求对象，使用 rand 产生随机数，并使其在 0 ~ 15 之间。第三步则是调用 async_send_request 发送异步请求，该方法有两个参数，第一个参数是请求对象共享指针，第二个参数是处理完成后的回调函数，这里使用 Lambda 作为回调函数，该函数的参数是 SharedFuture 类型的对象。SharedFuture 主要用于获取异步处理的结果，所以在该函数内，可以使用 result_future.get 获取 Response 对象的共享指针，从而获取结果，根据结果输出服务端的处理情况。

编写好代码，在 CMakeLists.txt 中对 patrol_client 节点进行注册，注册完成后构建功能包，接着分别启动 turtle_control 和海龟。最后启动 patrol_client，运行命令及终端输出如代码清单 4-36 所示，可以看出第一个超出 12 的目标位置处理失败了。

代码清单 4-36　运行巡逻服务客户端

```
$ ros2 run demo_cpp_service patrol_client
---
[INFO] [1682515998.077551863] [patrol_client]: 请求巡逻: (13.000000,11.000000)
[INFO] [1682515998.078330370] [patrol_client]: 目标点处理失败
[INFO] [1682516008.077239671] [patrol_client]: 请求巡逻: (4.000000,10.000000)
[INFO] [1682516008.078150809] [patrol_client]: 目标点处理成功
```

海龟巡逻路线如图 4-7 所示。

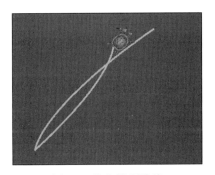

图 4-7　海龟巡逻路线

好了，到这里我们就把 C++ 服务通信学习完了。稍微休息一下，接下来学习参数通信。

4.4　在 Python 节点中使用参数

参数的概念在本章开头介绍过了，但并没有介绍如何在代码中使用参数。ROS 2 的参数支持通过代码进行声明、查询、设置和删除。但常用的就是参数声明和设置。本节将结合参数通信机制，将 4.2 节人脸检测服务中的采样次数和检测模型进行参数化。

4.4.1　参数声明与设置

在人脸检测服务中有两个重要参数，第一个是采样次数 face_locations_upsample_times，第二个是检测模型 model。在前面的代码中，我们直接给定了默认的参数值。下面我们来尝试把它们变成人脸检测服务节点的参数。

修改 src/demo_python_service/demo_python_service/face_detect_node.py 文件，在 Face-DetectorionNode 的 __init__ 方法中添加代码清单 4-37 中的代码。

代码清单 4-37　添加参数声明

```
def __init__(self):
    ...
    # 声明和获取参数
    self.declare_parameter('face_locations_upsample_times', 1)
    self.declare_parameter('face_locations_model', "hog")
    self.model = self.get_parameter("face_locations_model").value
    self.upsample_times = self.get_parameter("face_locations_upsample_times").
        value
```

这里一次性用到了两个方法。第一个方法是 declare_parameter，用于声明参数。该方法的第一个参数是要声明的参数名称，第二个参数是默认值。所以这里同时声明了 face_locations_upsample_times 和 face_locations_model 两个参数，并设置其默认值。第二个方法是 get_parameter，用于获取参数的值，该方法的参数是参数名称，之后通过 .value 获取其真实值并将该值赋给对应属性。

完成后重新构建功能包，运行节点，接着在新的终端使用代码清单 4-38 中的命令查看参数。

代码清单 4-38　查看参数列表

```
$ ros2 param list
---
/face_detection_node:
    face_locations_model
    face_locations_upsample_times
    use_sim_time
```

可以看到，在代码中声明的两个参数已经被检测到了，接着可以使用代码清单 4-39 中的命令来设置参数值。

代码清单 4-39　设置人脸检测算法参数

```
$ ros2 param set /face_detection_node face_locations_model cnn
---
Set parameter successful
```

从反馈可以看出参数设置成功。除了启动节点后通过命令行设置参数，还可以在启动节点时指定参数的值，只需要使用 --ros-args 和 -p 来指定就可以了，比如启动人脸检测节点时指定检测模型为 cnn，可以用代码清单 4-40 中的启动命令实现。

代码清单 4-40　启动节点时指定参数

```
$ ros2 run demo_python_service face_detect_node --ros-args -p face_locations_
    model:=cnn
```

4.4.2　订阅参数更新

在参数被设置后，要想第一时间获取参数更新并赋值给对应的属性，就需要订阅参数设置事件。继续修改 src/demo_python_service/demo_python_service/face_detect_node.py 文件，添加代码，如代码清单 4-41 所示。

代码清单 4-41　添加参数更新回调

```
...
from rcl_interfaces.msg import SetParametersResult

class FaceDetectorionNode(Node):

    def __init__(self):
        ...
        self.add_on_set_parameters_callback(self.parameter_callback)

    def parameter_callback(self, parameters):
            for parameter in parameters:
                self.get_logger().info(
                    f'参数 {parameter.name} 设置为: {parameter.value}')
                if parameter.name == 'face_locations_upsample_times':
                    self.upsample_times = parameter.value
                if parameter.name == 'face_locations_model':
                    self.model = parameter.value
            return SetParametersResult(successful=True)


                ...
```

在代码清单 4-41 中，首先从 rcl_interfaces.msg 导入 SetParametersResult 消息接口，用于构建参数处理结果。

接着在 __init__ 函数中，使用 self.add_on_set_parameters_callback 添加一个参数设置回调函数，当参数被更新时，ROS 2 就会自动调用这个回调函数，并传入更新的参数数组进行处理。

然后在 parameter_callback 方法中，先对传入的参数数组进行遍历，输出参数的名称和值，再根据参数名称分别更新对应的属性值，返回参数设置结果对象，并将其 successful 设置成 True。

添加完上面的代码后，重新构建功能包并运行，再次使用命令更新参数 face_locations_model 的值为 cnn，可以看到 face_detection_node 节点输出了代码清单 4-42 所示的信息。

代码清单 4-42　参数更新回调日志

```
[INFO] [1682611539.814611753] [face_detection_node]: 参数 face_locations_model 设
    置为: cnn
```

此时节点已经能够收到参数更新的事件了。但在实际开发中，有时还需要通过代码来改变节点的参数。改变自身节点的参数非常简单，只需要通过代码清单 4-43 中的代码就可以完成。

代码清单 4-43　设置自身参数

```
self.set_parameters([rclpy.Parameter('face_locations_model', rclpy.Parameter.
    Type.STRING, 'cnn')])
```

但要在其他节点修改本节点的参数，就需要用到服务通信了，下一小节我们来学习在人脸检测客户端动态修改服务端检测的模型参数。

4.4.3　修改其他节点的参数

在介绍参数时我们了解到，参数是基于服务实现的，所以在人脸检测节点运行起来后，就会对外提供参数查询和设置等服务，根据这一原理，我们可以编写一个服务的客户端来修改其他节点的参数。在 src/demo_python_service/demo_python_service/face_detect_client_node.py 中添加代码清单 4-44 中的代码。

代码清单 4-44　通过调用服务设置其他节点的参数

```
from rcl_interfaces.srv import SetParameters
from rcl_interfaces.msg import Parameter, ParameterValue, ParameterType

class FaceDetectorClient(Node):
    def send_request(self):
        ...
        # 注释 show_face_locations，防止显示堵塞无法多次请求
        # self.show_face_locations(response)

    def call_set_parameters(self, parameters):
        # 1. 创建一个客户端，并等待服务上线
        client = self.create_client(
            SetParameters, '/face_detection_node/set_parameters')
        while not client.wait_for_service(timeout_sec=1.0):
            self.get_logger().info('等待参数设置服务端上线 ...')
        # 2. 创建请求对象
        request = SetParameters.Request()
        request.parameters = parameters
        # 3. 异步调用、等待并返回响应结果
        future = client.call_async(request)
        rclpy.spin_until_future_complete(self, future)
        response = future.result()
        return response

    def update_detect_model(self,model):
        # 1. 创建一个参数对象
        param = Parameter()
        param.name = "face_locations_model"
        # 2. 创建参数值对象并赋值
        new_model_value = ParameterValue()
```

```
new_model_value.type = ParameterType.PARAMETER_STRING
new_model_value.string_value = model
param.value = new_model_value
# 3.请求更新参数并处理
response = self.call_set_parameters([param])
for result in response.results:
    if result.successful:
        self.get_logger().info(f' 参数 {param.name} 设置为 {model}')
    else:
        self.get_logger().info(f' 参数设置失败,原因为: {result.reason}')
```

在代码清单 4-44 中,首先从 rcl_interfaces 中导入服务和消息相关的接口,这里主要需要了解的接口是 rcl_interfaces/srv/SetParameters,使用代码清单 4-45 中的命令行工具来查看其接口定义。

代码清单 4-45 参数设置接口

```
$ ros2 interface show rcl_interfaces/srv/SetParameters
---
# A list of parameters to set.
Parameter[] parameters
    string name
    ParameterValue value
        uint8 type
        bool bool_value
        int64 integer_value
        float64 double_value
        string string_value
        byte[] byte_array_value
        bool[] bool_array_value
        int64[] integer_array_value
        float64[] double_array_value
        string[] string_array_value
---

# Indicates whether setting each parameter succeeded or not and why.
SetParametersResult[] results
    bool successful
    string reason
```

可以看到该接口接收的是一个参数数组,返回的是参数设置结果数组,两者的数据是一一对应的。

在代码清单 4-44 的 FaceDetectorClient 类中,首先将 send_request 方法中绘制和显示人脸的代码注释掉,以防止显示堵塞,无法进行多次请求。接着添加 call_set_parameters 方法,该方法传入用于发送设置参数的请求,该部分代码和发送人脸检测请求部分类似,只是接口以及服务名称不同。

该类中的 update_detect_model 方法用于更新检测模式,该方法的参数是模型名称。在该方法中,第一步创建了一个参数对象,并对其 name 属性进行赋值。第二步则创建参数值的对象，将参数值的类型设置成 ParameterType.PARAMETER_STRING（即字符串类型），然后对字符串进行赋值，最后将参数值对象赋值给参数对象的 value 属性。第三步则调用 call_set_parameters 更新参数，使用 [param] 将 param 转换成一个数组，遍历响应结果。如果结果中 successful 属性为 True，则表示设置成功；否则表示设置失败，然后输出失败的原因。

最后修改 main 函数，修改不同参数并发送请求，如代码清单 4-46 所示。

代码清单 4-46　更新检测模型

```
def main(args=None):
    rclpy.init(args=args)
    face_detect_client = FaceDetectorClient()
    face_detect_client.update_detect_model('hog')
    face_detect_client.send_request()
    face_detect_client.update_detect_model('cnn')
    face_detect_client.send_request()
    rclpy.spin(face_detect_client)
    rclpy.shutdown()
```

在上面的 main 函数中，首先调用 update_detect_model 方法更新服务端检测模型为 hog，接着发送检测请求，然后修改检测模型为 cnn，再次发送检测请求。

再次构建功能包，运行人脸检测服务端，然后运行客户端，客户端运行命令及结果如代码清单 4-47 所示。

代码清单 4-47　运行人脸检测客户端

```
$ ros2 run demo_python_service face_detect_client_node
---
[INFO] [1682617409.497532963] [face_detect_client]: 参数 face_locations_model 设置
    为 hog
[INFO] [1682617409.763817490] [face_detect_client]: 接收到响应：图像中共有：3 张脸，耗
    时 0.23881101608276367
[INFO] [1682617409.848686984] [face_detect_client]: 参数 face_locations_model 设置
    为 cnn
[INFO] [1682617442.451341096] [face_detect_client]: 接收到响应：图像中共有：3 张脸，耗
    时 29.150156021118164
```

从上面的检测结果可以看出，当检测模型参数设置为 hog 时，只需 0.2s 左右就可以检测完成；当检测模型参数设置成 cnn 时，则需要 29s。

除了可以通过服务设置其他节点的参数，还可以通过服务获取其他节点的参数列表和值，原理和方法相同，这里就不再赘述。好了，通过本节的学习，相信你已经掌握在 Python 节点中声明和设置参数的方法，下一节我们来学习如何在 C++ 节点中使用参数。

4.5　在 C++ 节点中使用参数

在 C++ 节点的代码中使用参数的方式和 Python 节点基本一致。所以本节将结合 4.3 节的巡逻海龟项目，将服务端中控制器的比例系数 k_ 和最大速度 max_speed_ 参数化。

4.5.1 参数声明与设置

在 src/demo_cpp_service/src/turtle_control.cpp 文件中添加代码清单 4-48 中的代码。

代码清单 4-48 添加参数声明

```
...
class TurtleController : public rclcpp::Node {
    public:
        TurtleController() : Node("turtle_controller") {
            // 声明和获取参数初始值
            this->declare_parameter("k", 1.0);
            this->declare_parameter("max_speed", 1.0);
            this->get_parameter("k", k_);
            this->get_parameter("max_speed", max_speed_);
    }
        ...
};
```

在上面的代码中，首先调用 declare_parameter 声明参数，该方法的第一个参数是参数名，第二个参数是参数的值。接着调用 get_parameter 方法获取当前参数值，该方法的第一个参数是参数名，第二个参数是用于接收参数值的变量。

添加完成后重新构建和运行节点，使用命令行查看参数，结果如代码清单 4-49 所示。

代码清单 4-49 查询参数列表

```
$ ros2 param list
---
/turtle_controller:
    k
    max_speed
    qos_overrides./parameter_events.publisher.depth
    qos_overrides./parameter_events.publisher.durability
    qos_overrides./parameter_events.publisher.history
    qos_overrides./parameter_events.publisher.reliability
    use_sim_time
```

可以看出，在节点中声明的参数已经被检测到了。此时可以使用如代码清单 4-50 所示的命令行工具设置参数的值。

代码清单 4-50 设置参数的值

```
$ ros2 param set /turtle_controller k 2.0
---
Set parameter successful
```

参数的值已经被重新设置了，但此时节点中属性 k_ 的值并没有被更新，要实现动态更新，还需要订阅参数更新事件。

4.5.2 接收参数事件

在 src/demo_cpp_service/src/turtle_control.cpp 文件中添加代码清单 4-51 中的代码。

代码清单 4-51   订阅话题接收参数更新事件

```
...
#include "rcl_interfaces/msg/set_parameters_result.hpp"
using SetParametersResult = rcl_interfaces::msg::SetParametersResult;

class TurtleController : public rclcpp::Node {
    public:
        TurtleController() : Node("turtle_controller") {
            ...
            // 添加参数设置回调
            parameters_callback_handle_ = this->add_on_set_parameters_
                callback(
                [&](const std::vector<rclcpp::Parameter> &params)
                -> SetParametersResult {
                    // 遍历参数
                    for (auto param : params) {
                        RCLCPP_INFO(this->get_logger(), "更新参数 %s 值为:
                            %f",param.get_name().c_str(), param.as_double());
                        if (param.get_name() == "k") {
                            k_ = param.as_double();
                        } else if (param.get_name() == "max_speed") {
                            max_speed_ = param.as_double();
                        }
                    }
                    auto result = SetParametersResult();
                    result.successful = true;
                    return result;
                });
        }
    private:
        OnSetParametersCallbackHandle::SharedPtr parameters_callback_handle_;
    ...
};
```

代码清单 4-51 中首先通过包含头文件 rcl_interfaces/msg/set_parameters_result.hpp 头文件，导入了 rcl_interfaces::msg::SetParametersResult 消息接口，用于返回参数设置结果，和 Python 中用到的消息接口一致。

然后在类中添加了 OnSetParametersCallbackHandle 的共享指针 parameters_callback_handle_，接着在构造函数中调用 add_on_set_parameters_callback 进行定义。add_on_set_parameters_callback 方法只有一个参数，就是回调函数。该回调函数的返回值是 SetParametersResult 消息接口对象，回调函数的参数是 rclcpp::Parameter 数组的静态引用，在函数体内对数组中所有参数进行遍历和输出，再根据参数的名称更新对应属性，构造一个 SetParametersResult 的对象，将其属性 successful 设置成 true，表示设置参数成功，然后返回。

完成上面的代码后，重新构建和运行节点，再次使用命令行设置参数，可以看到节点终端输出了如代码清单 4-52 所示的日志。

代码清单 4-52　参数更新日志

```
[INFO] [1682655332.415002376] [turtle_controller]: 更新参数 k 值为: 2.000000
```

此时节点已经能够收到参数设置的事件了。除了能够通过命令行设置参数外，还可以通过代码改变自身的参数，只需要用代码清单 4-53 所示的一行代码就可以完成。

代码清单 4-53　设置自身节点参数

```
this->set_parameter(rclcpp::Parameter("k", 2.0));
```

除了上面介绍的两种参数设置方式，还可以在其他节点中通过服务接口来设置参数。下一小节我们尝试在巡逻海龟客户端中，通过服务修改控制器的比例系数。

4.5.3　修改其他节点的参数

ROS 2 的参数机制是基于服务通信实现的，所以通过请求服务的方式就可以实现对节点参数的设置。在 4.4.3 节，我们在 Python 节点中验证过了，这一节我们来尝试在 C++ 节点实现这一功能。

在 src/demo_cpp_service/src/patrol_client.cpp 中添加和修改代码，如代码清单 4-54 所示。

代码清单 4-54　通过服务设置其他节点参数

```
...
#include "rcl_interfaces/msg/parameter.hpp"
#include "rcl_interfaces/msg/parameter_value.hpp"
#include "rcl_interfaces/msg/parameter_type.hpp"
#include "rcl_interfaces/srv/set_parameters.hpp"
using SetP = rcl_interfaces::srv::SetParameters;

class PatrolClient : public rclcpp::Node {
    ...
    std::shared_ptr<SetP::Response> call_set_parameters(
            rcl_interfaces::msg::Parameter &parameter)
    {
        // 1. 创建客户端等待服务上线
        auto param_client = this->create_client<SetP>("/turtle_controller/
            set_parameters");
        while (!param_client->wait_for_service(std::chrono::seconds(1)))
        {
            if (!rclcpp::ok())
            {
                RCLCPP_ERROR(this->get_logger(), "等待服务的过程中被打断 ...");
                return nullptr;
            }
            RCLCPP_INFO(this->get_logger(), "等待参数设置服务端上线中 ");
        }
        // 2. 创建请求对象
        auto request = std::make_shared<SetP::Request>();
        request->parameters.push_back(parameter);
        // 3. 异步调用、等待并返回响应结果
```

```
        auto future = param_client->async_send_request(request);
        rclcpp::spin_until_future_complete(this->get_node_base_interface(),
            future);
        auto response = future.get();
        return response;
    }

    void update_server_param_k(double k) {
        // TODO 更新服务参数
    }

};
```

在头文件部分引入了消息和服务相关接口的头文件并为接口建立别名 SetP，接着在 PatrolClient 中定义两个方法：call_set_parameters（用于发送参数请求并接收响应）和 update_server_param_k（用于发送请求更新参数 k）。

在 call_set_parameters 方法中，首先创建一个客户端，等待服务上线，服务上线后则创建请求对象，将参数放到对象数组中，然后发送异步请求，等待响应并将结果返回。

下面来完善 update_server_param_k 方法，如代码清单 4-55 所示。

代码清单 4-55　更新服务端参数方法 update_server_param_k

```
void update_server_param_k(double k) {
    // 1. 创建一个参数对象
    auto param = rcl_interfaces::msg::Parameter();
    param.name = "k";
    // 2. 创建参数值对象并赋值
    auto param_value = rcl_interfaces::msg::ParameterValue();
    param_value.type = rcl_interfaces::msg::ParameterType::PARAMETER_DOUBLE;
    param_value.double_value = k;
    param.value = param_value;
    // 3. 请求更新参数并处理
    auto response = call_set_parameters(param);
    if (response == nullptr) {
        RCLCPP_WARN(this->get_logger(), "参数修改失败");
        return;
    } else {
        for (auto result : response->results) {
            if (result.successful) {
                RCLCPP_INFO(this->get_logger(), "参数 k 已修改为: %f", k);
            }else{
                RCLCPP_WARN(this->get_logger(), "参数 k  失败原因: %s", result.
                    reason.c_str());
            }
        }
    }
}
```

在代码清单 4-55 中，首先创建一个参数对象，对参数名称进行赋值，然后创建参数值对象，对参数值的类型以及对应类型数据进行赋值，最后调用 call_set_parameters 请求服务，根据结果判断参数是否修改成功。

完成后，在 main 函数中添加对 update_server_param_k 方法的调用，如代码清单 4-56 所示。

代码清单 4-56　update_server_param_k 调用方法

```
...
auto node = std::make_shared<PatrolClient>();
node->update_server_param_k(1.5);
...
```

保存代码，重新构建功能包，先运行服务端节点，接着运行客户端，客户端运行命令和日志如代码清单 4-57 所示。

代码清单 4-57　运行巡逻客户端查看参数更新日志

```
$ ros2 run demo_cpp_service patrol_client
---
[INFO] [1682693986.955034704] [patrol_client]: 参数 k 已修改为: 1.500000
```

好了，关于参数的内容就讲到这里，我相信现在你已经掌握管理节点参数的方法了。

4.6　使用 launch 启动脚本

在 4.3 节的示例中，想让海龟开始巡逻，就需要启动 turtlesim_node、turtle_control 和 patrol_client 这三个节点，每个节点都需要单独的终端和命令，每次启动都需要花上一点时间。那么有没有办法可以简化节点的启动过程呢？

launch 就是 ROS 2 中用于启动和管理 ROS 2 节点与进程的工具，使用它可以简化节点的启动以及配置。下面便使用它来帮我们启动多个节点。

4.6.1　使用 launch 启动多个节点

ROS 2 支持使用 Python、XML 和 YAML 三种格式编写 launch 脚本，其中 Python 作为编程语言，更加灵活，所以我推荐你使用 Python 来编写。

在 src/demo_cpp_service/ 下新建 launch 文件夹，接着在该文件夹下新建 demo.launch.py 文件，并在该文件中编写如代码清单 4-58 所示的代码。

代码清单 4-58　src/demo_cpp_service/launch/demo.launch.py

```
import launch
import launch_ros

def generate_launch_description():
    action_node_turtle_control = launch_ros.actions.Node(
        package='demo_cpp_service',
        executable='turtle_control',
        output='screen',
```

```
)
action_node_patrol_client = launch_ros.actions.Node(
    package='demo_cpp_service',
    executable='patrol_client',
    output='log',
)
action_node_turtlesim_node = launch_ros.actions.Node(
    package='turtlesim',
    executable='turtlesim_node',
    output='both',
)
# 合成启动描述并返回
launch_description = launch.LaunchDescription([
    action_node_turtle_control,
    action_node_patrol_client,
    action_node_turtlesim_node
])
return launch_description
```

在代码清单 4-58 中，首先导入 launch 和 launch_ros 这两个依赖库。因为 launch 工具在运行 Python 格式的启动脚本时，会在文件中搜索名称为 generate_launch_description 的函数来获取对启动内容的描述，所以上面的代码中就定义了这样一个函数。

在 generate_launch_description 函数中，依次创建三个 launch_ros.actions.Node 类的对象。在创建对象时，package 参数用于指定功能包名称，executable 参数指定可执行文件名称，output 参数用于指定日志输出的位置，screen 表示屏幕，log 表示日志，both 表示前两者同时输出。最后将三个节点的启动对象合成数组，调用 launch.LaunchDescription 创建启动描述对象 launch_description，并将其返回。launch 工具在拿到启动描述对象后，会根据其内容完成启动。

在 src/demo_cpp_service/CMakeLists.txt 中添加代码清单 4-59 所示的命令。

代码清单 4-59   src/demo_cpp_service/CMakeLists.txt

```
install(DIRECTORY launch
    DESTINATION share/${PROJECT_NAME}
)
    ...
ament_package()
```

该指令用于将 launch 目录复制到 install 目录中对应功能包的 share 目录下，这样在运行时才能找到对应文件。

添加完成后，重新构建功能包。启动 launch 脚本和启动节点的方法类似，在终端中先执行 source 命令再运行启动命令即可，具体命令及结果如代码清单 4-60 所示。

代码清单 4-60   启动 demo.launch.py 文件

```
$ source install/setup.bash
$ ros2 launch demo_cpp_service demo.launch.py
```

```
---
[INFO] [launch]: All log files can be found below /home/fishros/.ros/log/2023-04-
    30-23-10-38-278937-fishros-VirtualBox-13831
[INFO] [launch]: Default logging verbosity is set to INFO
[INFO] [turtle_control-1]: process started with pid [13832]
[INFO] [patrol_client-2]: process started with pid [13834]
[INFO] [turtlesim_node-3]: process started with pid [13837]
[turtlesim_node-3] qt.qpa.plugin: Could not find the Qt platform plugin "wayland"
    in ""
[turtle_control-1] [INFO] [1682867438.498985420] [turtle_controller]: 更新参数 k
    值为: 1.500000
[patrol_client-2] [INFO] [1682867438.499909033] [patrol_client]: 参数 k 已修改为:
    1.500000
[turtlesim_node-3] [INFO] [1682867438.520881654] [turtlesim]: Starting turtlesim
    with node name /turtlesim
[turtlesim_node-3] [INFO] [1682867438.529585821] [turtlesim]: Spawning turtle
    [turtle1] at x=[5.544445], y=[5.544445], theta=[0.000000]
[patrol_client-2] [INFO] [1682867448.387563614] [patrol_client]: 请求巡逻:
    (6.000000,9.000000)
[patrol_client-2] [INFO] [1682867448.388869123] [patrol_client]: 目标点处理成功
```

此时打开海龟模拟器界面，可以看到海龟已经正常巡逻了。如果想要关闭三个节点，那么可以直接在启动终端中按 Ctrl+C 键打断。

除了在 ament_cmake 类型功能包里使用 launch，还可以在 ament_python 类型功能包下创建 launch 文件夹并编写文件，之后在 setup.py 文件中添加如代码清单 4-61 所示的配置。

代码清单 4-61　在 ament_python 功能包的 setup.py 中使用 launch

```
from glob import glob
    ...
        data_files=[
            ...
            ('share/' + package_name+'/launch', glob('launch/*.launch.py')),
        ]
```

4.6.2　使用 launch 传递参数

在启动节点时，launch 还可以将参数传递给节点，我们以给 turtle_control 传递 max_speed 参数为例。修改 demo.launch.py，在 generate_launch_description 函数中添加内容，如代码清单 4-62 所示。

代码清单 4-62　使用 launch 将参数传递给节点

```
def generate_launch_description():
    # 创建参数声明 action, 用于解析 launch 命令后的参数
    action_declare_arg_max_spped = launch.actions.DeclareLaunchArgument('launch_
        max_speed', default_value='2.0')

    action_node_turtle_control = launch_ros.actions.Node(
        package="demo_cpp_service",
```

```
      executable="turtle_control",
      # 使用 launch 中参数 launch_max_speed 值替换节点中的 max_speed 参数值
      parameters=[{'max_speed': launch.substitutions.LaunchConfiguration(
'launch_max_speed', default='2.0')}],
  )
  ...
  launch_description = launch.LaunchDescription([
      action_declare_arg_max_speed,
      action_node_turtle_control,
      action_node_patrol_client,
      action_node_turtlesim_node
  ])

  return launch_description
```

在代码清单 4-62 中，首先添加一个参数声明的动作 action_declare_arg_max_speed，然后在 action_node_turtle_control 中添加 parameters=[{'max_speed': launch.substitutions.LaunchConfiguration('launch_max_speed', default='2.0')}]，表示使用 launch 中的 max_speed 值替换节点中的 max_speed 参数值。最后在 launch_description 中添加参数声明动作。

重新构建工作空间并运行 launch，然后使用命令行工具查询 max_speed 参数值，命令如代码清单 4-63 所示。

代码清单 4-63　使用命令行工具查询 max_speed 参数值

```
$ ros2 param get /turtle_controller max_speed
---
Double value is: 2.0
```

可以发现此时参数值为 2.0，2.0 是我们在启动脚本中设置的默认值，在启动时也可以指定 launch 参数值，命令如代码清单 4-64 所示。

代码清单 4-64　运行 launch 时配置参数

```
$ ros2 launch demo_cpp_service demo.launch.py launch_max_speed:=3.0
```

启动命令后的 launch_max_speed:=3.0 会被动作 action_declare_arg_max_spped 所解析，然后将 max_speed 作为启动脚本的参数，而 parameters=[{'max_speed': launch.substitutions.LaunchConfiguration('launch_max_speed', default='2.0')}] 则将节点 max_speed 的值替换为启动脚本中的 max_speed 值，以此实现从启动命令到节点的传递。

4.6.3　launch 使用进阶

要掌握 launch 并灵活使用，你需要了解动作、条件和替换这三个 launch 组件的使用。下面我将为你提供示例代码，请你逐一编写，自行运行测试。

首先来看动作，前面用的 launch_ros.actions.Node 就属于动作，动作除了是一个节点外，还可以是一句输出、一段终端命令，甚至是另外一个 launch 文件。launch 中动作的更多使用方法（比如包含其他 launch、执行进程、输出日志、组合和定时启动）如代码清单 4-65 所示。

代码清单 4-65　动作的更多使用方法

```
import launch
import launch_ros
from ament_index_python.packages import get_package_share_directory

def generate_launch_description():
    # 利用 IncludeLaunchDescription 动作包含其他 launch 文件
    action_include_launch = launch.actions.IncludeLaunchDescription(
        launch.launch_description_sources.PythonLaunchDescriptionSource(
[get_package_share_directory("turtlesim"), "/launch","/multisim.launch.py"]))

    # 利用 ExecuteProcess 动作执行命令行
    action_executeprocess = launch.actions.ExecuteProcess(
cmd=['ros2','service','call','/turtlesim1/spawn','turtlesim/srv/Spawn','{x: 1, y:
1}'])

    # 利用 LogInfo 动作输出日志
    action_log_info = launch.actions.LogInfo(msg='使用 launch 来调用服务生成海龟')

# 利用定时器动作实现依次启动日志输出和进程执行，并使用 GroupAction 封装成组合
    action_group = launch.actions.GroupAction([
        launch.actions.TimerAction(period=2.0,actions=[action_log_info]),
     launch.actions.TimerAction(period=3.0,actions=[action_executeprocess]),])
    # 合成启动描述并返回
    launch_description = launch.LaunchDescription([action_include_launch, action_
        group])
    return launch_description
```

在 4.6.2 节我们用过替换，首先声明 launch 文件的参数，然后使用 launch 的参数替换节点的参数值。下面我们结合替换来学习一下条件，利用条件可以决定哪些动作启动，哪些动作不启动。代码清单 4-66 演示了通过 launch 参数 spawn_turtle 控制是否生成新的海龟。

代码清单 4-66　使用条件控制是否生成新的海龟

```
import launch
import launch_ros
from launch.conditions import IfCondition

def generate_launch_description():
    # 声明参数，是否创建新的海龟
    declare_spawn_turtle = launch.actions.DeclareLaunchArgument(
        'spawn_turtle', default_value='False', description='是否生成新的海龟')
    spawn_turtle = launch.substitutions.LaunchConfiguration("spawn_turtle")

    action_turtlesim = launch_ros.actions.Node(
        package="turtlesim", executable="turtlesim_node", output="screen"
    )
    # 给日志输出和服务调用添加条件
    action_executeprocess = launch.actions.ExecuteProcess(
        condition=IfCondition(spawn_turtle),
        cmd=['ros2','service','call','/spawn','turtlesim/srv/Spawn','{x: 1, y: 1}']
```

```
)
action_log_info = launch.actions.LogInfo(condition=IfCondition(spawn_turtle),
    msg=" 使用 executeprocess 来调用服务生成海龟 ")
# 利用定时器动作实现依次启动
action_group = launch.actions.GroupAction([
    launch.actions.TimerAction(period=2.0,actions=[action_log_info]),
    launch.actions.TimerAction(period=3.0,actions=[action_executeprocess]),
])
# 合成启动描述并返回
launch_description = launch.LaunchDescription([
    declare_spawn_turtle,
    action_turtlesim,
    action_group
])
return launch_description
```

在原有的动作上加入 condition 即可使用条件，在运行 launch 时，通过追加参数 spawn_turtle:=true 或者 spawn_turtle:=false 就可以控制是否运行生成海龟。

4.7   小结与点评

本章的内容很多，ROS 2 的四个通信机制一口气就学了两个，而且还学习了 launch 工具，但学习起来应该挺快乐的吧，毕竟收获了那么多新的知识。不同于上一章，本章并没有最佳实践环节，因为参数机制本身就是对服务通信的最佳实践。下面我们来回顾本章介绍了哪些内容。

首先介绍了服务和参数通信的基本概念，然后基于人脸检测介绍了 Python 服务通信，又基于巡逻海龟介绍了 C++ 实现服务通信的方法。接着是参数部分，分别介绍了如何使用 Python 和 C++ 声明和设置参数，其中在讲解如何修改其他节点参数时，再次使用了服务通信。最后介绍了如何使用 launch 进行多节点的启动。通过本章的学习，相信你已经将这些知识点掌握得非常好了。

到目前为止，ROS 2 的四大通信机制我们已经学习了三个了。对于最后一个动作通信我并不准备在本书中讲解，一个原因是后续的实践中我们几乎不会用到动作通信，另一个原因是动作通信是基于话题和服务的。所以对于 ROS 2 的通信机制，介绍到这里就算告一段落了。在下面的章节，我会带你学习 ROS 2 的常用工具。

第5章

ROS 2 常用开发工具

让 ROS 2 成为机器人开发利器的，不仅仅是前面介绍过的通信机制，还有各种强大易用的工具。前面我们用到过的 rqt 就是 ROS 2 常用的可视化工具之一，本章将着重介绍 ROS 2 机器人开发过程中的常用工具。

在机器人的开发过程中，坐标变换非常重要且不好处理，ROS 2 就基于话题通信设计了一套库和工具，用于管理机器人坐标变换。那么本章就让我们从坐标变换工具入手，学习使用 ROS 2 的常用工具吧。

5.1 坐标变换工具介绍

坐标变换（Coordinate Transformation，TF）在机器人开发中应用颇多，比如计算机器人不同组件与障碍物间的距离，如图 5-1 所示。

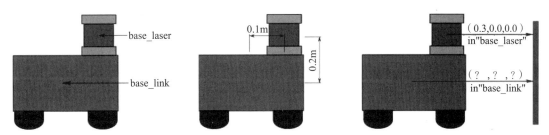

图 5-1　计算机器人不同组件与障碍物间的距离

图 5-1 中描述的问题是，已知机器人基坐标系 base_link 和雷达坐标系 base_laser 之间的位置关系为（0.1，0.0，0.2），雷达检测到坐标（0.3，0.0，0.0）处有障碍物，此时对于机器人基坐标系 base_link 来说，障碍物的坐标是什么？

问题似乎很简单，稍微算一下就可以得出答案。但对于一个真的机器人来说，除了位置关系还有旋转关系，同时传感器数量很多，需要更高的时效性，问题就变得复杂起来。ROS 2 基于话题通信设计了一套 TF 工具，可以帮助我们解决坐标变换的相关问题。

5.1.1 通过命令行使用 TF

在 ROS 2 中，可以使用 tf2 进行坐标变换的相关处理，tf2 就是第二代坐标变换工具，我们试着用 tf2 来解决图 5-1 的问题。打开终端，输入代码清单 5-1 中的命令。

代码清单 5-1　通过命令行发布 base_link 和 base_laser 之间的坐标关系

```
$ ros2 run tf2_ros static_transform_publisher --x 0.1 --y 0.0 --z 0.2 --roll 0.0
    --pitch 0.0 --yaw 0.0 --frame-id base_link --child-frame-id base_laser
---
[INFO] [1682877518.663103434] [static_transform_publisher_1a9Z8yw3Yshmd40J]:
    Spinning until stopped - publishing transform
translation: ('0.100000', '0.000000', '0.200000')
rotation: ('0.000000', '0.000000', '0.000000', '1.000000')
from 'base_link' to 'base_laser'
```

代码清单 5-1 中的命令用于运行 tf2_ros 下发布的静态坐标变换可执行文件 static_transform_publisher。

参数 --x 0.1 --y 0.0 --z 0.2 指定 base_link 到 base_laser 的平移量，其中 x、y、z 分别代表子坐标系在父坐标系下的 *x*、*y*、*z* 坐标轴上的平移距离，单位为 m。

而参数 --roll 0.0 --pitch 0.0 --yaw 0.0 指定子坐标系相对于父坐标系的旋转量，roll、pitch、yaw 分别代表绕子坐标系的 *x*、*y*、*z* 轴旋转的欧拉角，单位为 rad。最后两个参数分别用于指定父坐标系和子坐标系的名称。

运行之后可以看到，已经发布了从 base_link 到 base_laser 之间的静态坐标变换。但你应该会发现平移（translation）部分和我们指定的一样，但旋转（rotation）则变成了四个数字，最后一个还是 1。这是因为在 ROS 2 中旋转量一般都使用四元数表示，而我们给的是欧拉角形式，本质上它们表示的姿态都是相同的，就像同一温度可以用华氏度和摄氏度表示一样。

除了四元数和欧拉角，还有其他用于表示姿态的方式，通过 ROS 2 中的 mrpt2 工具，可以方便地获取不同姿态表示之间的对应关系和可视化，在新的终端中里依次输入代码清单 5-2 中的命令。

代码清单 5-2　安装使用 mrpt2 工具

```
$ sudo apt install ros-humble-mrpt2 -y
$ 3d-rotation-converter
```

接着打开如图 5-2 所示的工具。左上角是旋转输入，默认为欧拉角格式，全部输入 0，然后单击下方的 Apply 按钮，此时可以观察左下角输出部分，其中四元数（Quaternion）部分和代码清单 5-1 变换的旋转部分（rotation）数据是相同的，只是顺序不同，你可以拖动旋转输入部分的进度条，观察下方输出和右边视图的变化。

发布完 base_link 到 base_laser 的坐标变换之后，接着我们发布 base_laser 到 wall_point 之间的坐标变换，输入如代码清单 5-3 所示的命令。

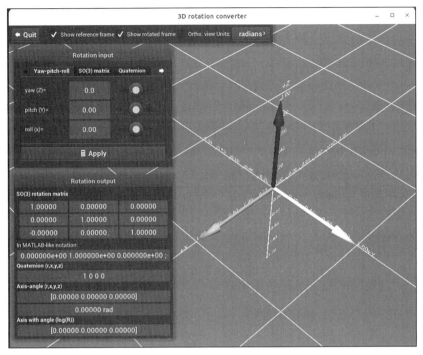

图 5-2 使用 3D rotation converter 进行旋转姿态转换

代码清单 5-3 发布 base_laser 到 wall_point 之间的变换关系

```
$ ros2 run tf2_ros static_transform_publisher --x 0.3 --y 0.0 --z 0.0 --roll 0.0
    --pitch 0.0 --yaw 0.0 --frame-id base_laser --child-frame-id wall_point
```

注意，这里我们发布的依然是静态坐标变换。在真实的机器人中，固定不变的坐标关系才会使用静态坐标变换，而对于障碍物信息应该使用动态的坐标变换。但因为动态坐标使用命令行不好发布，所以依然采用了静态坐标变换进行发布。

发布完成后，就可以利用 tf2 帮我们计算 base_link 到 wall_point 之间的关系了。打开新的终端，输入代码清单 5-4 中的命令。

代码清单 5-4 使用命令行计算坐标系之间的变换关系

```
$ ros2 run tf2_ros tf2_echo base_link wall_point
---
[INFO] [1682879830.002911842] [tf2_echo]: Waiting for transform base_link ->
    wall_point: Invalid frame ID "base_link" passed to canTransform argument
    target_frame - frame does not exist
At time 0.0
- Translation: [0.400, 0.000, 0.200]
- Rotation: in Quaternion [0.000, 0.000, 0.000, 1.000]
- Rotation: in RPY (radian) [0.000, -0.000, 0.000]
- Rotation: in RPY (degree) [0.000, -0.000, 0.000]
- Matrix:
```

```
1.000    0.000    0.000    0.400
0.000    1.000    0.000    0.000
0.000    0.000    1.000    0.200
0.000    0.000    0.000    1.000
```

tf2_echo 用于输入两个坐标之间的平移和旋转关系，第一个参数是父坐标系名称，第二个参数是子坐标系名称。

除了可以通过命令行计算坐标之间的关系外，还可以使用工具查看所有坐标系之间的连接关系，在新的终端中输入代码清单 5-5 中的命令。

代码清单 5-5   使用 view_frames 查看坐标系连接关系

```
$ ros2 run tf2_tools view_frames
---
[INFO] [1682880162.696720147] [view_frames]: Listening to tf data for 5.0
    seconds...
[INFO] [1682880167.704678718] [view_frames]: Generating graph in frames.pdf
    file...
[INFO] [1682880167.707500436] [view_frames]: Result:tf2_msgs.srv.FrameGraph_
    Response(frame_yaml="wall: \n  parent: 'base_laser'\n  broadcaster: 'default_
    authority'\n  rate: 10000.000\n  most_recent_transform: 0.000000\n  oldest_
    transform: 0.000000\n  buffer_length: 0.000\nbase_laser: \n  parent: 'base_
    link'\n  broadcaster: 'default_authority'\n  rate: 10000.000\n  most_recent_
    transform: 0.000000\n  oldest_transform: 0.000000\n  buffer_length: 0.000\n")
```

该命令会将当前所有广播的坐标关系通过图形的方式表示出来，并在当前目录生成一个 PDF 文件和 GV 格式文件。生成的 PDF 文件内容如图 5-3 所示。

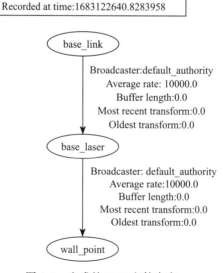

图 5-3   生成的 PDF 文件内容

5.1.2　对 TF 原理的简单探究

保持 5.1.1 节的静态坐标变换广播不要退出，在新的终端里输入查看话题命令，命令及其结果如代码清单 5-6 所示。

代码清单 5-6　查看话题列表

```
$ ros2 topic list
---
/tf_static
    ...
```

从上面的结果可以看到一个叫作 /tf_static 的话题，当发布静态广播时，广播的数据就会通过话题通信发布到 /tf_static 话题上。继续输入命令查看话题的具体信息，命令及结果如代码清单 5-7 所示。

代码清单 5-7　查看 /tf_static 话题信息

```
$ ros2 topic info /tf_static
---
Type: tf2_msgs/msg/TFMessage
Publisher count: 2
Subscription count: 0
```

可以看到该话题有两个发布者，就是前面两个静态广播发布器。是话题就有接口，该话题的消息接口类型是 tf2_msgs/msg/TFMessage，该接口定义查询指令及结果如代码清单 5-8 所示。

代码清单 5-8　查看 tf2_msgs/msg/TFMessage 消息接口定义

```
$ ros2 interface show tf2_msgs/msg/TFMessage
---
geometry_msgs/TransformStamped[] transforms
    #
    #
    std_msgs/Header header
        builtin_interfaces/Time stamp
            int32 sec
            uint32 nanosec
        string frame_id
    string child_frame_id
    Transform transform
        Vector3 translation
            float64 x
            float64 y
            float64 z
        Quaternion rotation
            float64 x 0
            float64 y 0
            float64 z 0
            float64 w 1
```

从代码清单 5-8 的结果可以看出，tf2_msgs/msg/TFMessage 主要由 geometry_msgs/ TransformStamped 的数组构成。接着我们用代码清单 5-9 中的命令行输出话题的内容。

代码清单 5-9　查看 /tf_static 话题内容

```
$ ros2 topic echo /tf_static
---
transforms:
- header:
      stamp:
          sec: 1683337537
          nanosec: 402403833
      frame_id: base_link
    child_frame_id: base_laser
    transform:
      translation:
          x: 0.1
          y: 0.0
          z: 0.2
      rotation:
          x: 0.0
          y: 0.0
          z: 0.0
          w: 1.0
---
transforms:
- header:
      stamp:
          sec: 1683337542
          nanosec: 867765888
      frame_id: base_laser
    child_frame_id: wall_point
    transform:
      translation:
          x: 0.3
          y: 0.0
          z: 0.0
      rotation:
          x: 0.0
          y: 0.0
          z: 0.0
          w: 1.0
---
```

可以看出话题的输出内容与在命令行中发布的数据一致。需要注意当发布动态 TF 时，数据将发布到名称为 /tf 的话题上。当需要查询坐标变换关系时，则会订阅 /tf 和 /tf_static 话题，通过数据中坐标之间的关系计算要查询的坐标之间的关系，这就是 TF 的工作原理。

接下来我们就尝试通过代码进行静态与动态坐标发布并监听坐标变换。

5.2　Python 中的手眼坐标变换

在做机器人视觉抓取时，常常会遇到手眼坐标转换问题，其中的手指的是机械臂，眼指的是相机。手眼坐标变换如图 5-4 所示。

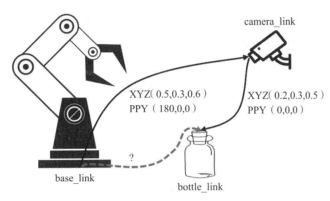

图 5-4　手眼坐标变换

在图 5-4 中，相机固定在右上方的 camera_link 处，机械臂的底座固定在 base_link 处。从 base_link 到 camera_link 的位置是固定不变的，图中已经给出了变换关系，平移分量（0.5,0.3,0.6），旋转分量（180,0,0）。相机通过识别得到瓶子 bottle_link 的坐标，其中平移分量为（0.2,0.3,0.5），旋转分量为（0,0,0）。如果机械臂想夹取瓶子，就需要知道 base_link 到 bottle_link 之间的坐标关系。接下来我们尝试用代码解决这一问题。

5.2.1　通过 Python 发布静态 TF

图 5-4 中机械臂底座和相机一般是固定起来的，它们之间的坐标关系固定不变，可以采用静态的 TF 进行发布。接着我们用 Python 编写节点来进行静态的 TF 发布。

因为 TF 发布时，旋转表示要使用四元数，所以要使用代码将欧拉角转换成四元数形式，ROS 2 中 tf_transformations 库提供这一功能，打开终端依次输入代码清单 5-10 中的命令，安装该库。

代码清单 5-10　安装 transforms3d 库

```
$ sudo apt install ros-$ROS_DISTRO-tf-transformations
$ sudo pip3 install transforms3d
```

安装完成后，在主目录下新建 chapt5/chapt5_ws/src，接着在终端中进入 src 目录，输入代码清单 5-11 中的命令创建功能包。

代码清单 5-11　创建 demo_python_tf 功能包

```
$ ros2 pkg create demo_python_tf --build-type ament_python --dependencies rclpy
  geometry_msgs tf_ros tf_transformations --license Apache-2.0
```

上面的命令创建了 demo_python_tf 功能包。依赖 tf_ros 用于发布广播，geometry_msgs 是发布坐标变换所需要的消息接口，tf_transformations 用于提供姿态转换相关函数。

创建完成后，在 chapt5_ws/src/demo_python_tf/demo_python_tf 下新建 static_tf_broadcaster. py，编写代码清单 5-12 中的代码。

代码清单 5-12   chapt5_ws/src/demo_python_tf/demo_python_tf/static_tf_broadcaster.py

```
import math
import rclpy
from rclpy.node import Node
from tf2_ros import StaticTransformBroadcaster
from geometry_msgs.msg import TransformStamped
from tf_transformations import quaternion_from_euler


class StaticTFBroadcaster(Node):

    def __init__(self):
        super().__init__('static_tf2_broadcaster')
        self.static_broadcaster_ = StaticTransformBroadcaster(self)
        self.publish_static_tf()

    def publish_static_tf(self):
        transform = TransformStamped()
        transform.header.stamp = self.get_clock().now().to_msg()
        transform.header.frame_id = "base_link"
        transform.child_frame_id = "camera_link"
        transform.transform.translation.x = 0.5
        transform.transform.translation.y = 0.3
        transform.transform.translation.z = 0.6
        # 欧拉角转四元数
        rotation_quat = quaternion_from_euler(math.radians(180), 0, 0)
        transform.transform.rotation.x = rotation_quat[0]
        transform.transform.rotation.y = rotation_quat[1]
        transform.transform.rotation.z = rotation_quat[2]
        transform.transform.rotation.w = rotation_quat[3]
        # 发布静态坐标变换
        self.static_broadcaster_.sendTransform(transform)
        self.get_logger().info(f'发布 TF:{transform}')


def main():
    rclpy.init()
    static_tf_broadcaster = StaticTFBroadcaster()
    rclpy.spin(static_tf_broadcaster)
    rclpy.shutdown()
```

在代码清单 5-12 中，首先导入 math 库用于提供角度和弧度转换函数，接着导入客户端库和节点，然后从 tf2_ros 中导入静态坐标广播类 StaticTransformBroadcaster，从 geometry_ msgs.msg 导入消息接口 TransformStamped，从 tf_transformations 导入函数 quaternion_from_euler，用于将欧拉角转换成四元数。

接下来，定义 StaticTFBroadcaster 节点类，在其 __init__ 函数中创建了静态广播发布对象，这里传入了 self 表示将自身节点对象作为参数。调用 publish_static_tf 方法进行 tf 的发布。需要注意的是，静态坐标变换只需发布一次，ROS 2 会为订阅者保留数据，当出现新的订阅者时，可以直接获取到保留的数据。

在 publish_static_tf 方法中，创建消息接口 TransformStamped对象 transform，通过 self. get_clock().now().to_msg() 获取当前时间并转换成消息对象，然后分别对父子坐标系名称进行赋值，对于平移部分按照 xyz 的顺序依次赋值。对于旋转部分，调用 quaternion_from_euler(math.radians(180), 0, 0) 将欧拉角转成四元数，由于该函数的输入是弧度制的欧拉角，所以使用 math.radians 将角度值转成弧度值，转换结果是一个数组，分别对应四元数的 xyzw。最后调用 self.static_broadcaster_.sendTransform 发布坐标消息。

在 VS Code 中按 Ctrl 键并用鼠标单击 sendTransform 可以跳到该方法的源码，如代码清单 5-13 所示。

代码清单 5-13　　sendTransform 函数源码

```
def sendTransform(self, transform: Union[TransformStamped, List[TransformStamped]])
    -> None:
  if not isinstance(transform, list):
      if hasattr(transform, '__iter__'):
          transform = list(transform)
      else:
          transform = [transform]
  self.pub_tf.publish(TFMessage(transforms=transform))
```

可以看到，在这个方法里通过 transform 构造了一个 TFMessage 对象，然后调用 self. pub_tf.publish 将话题数据发布出去。

保存好代码，在 setup.py 函数中对 static_tf_broadcaster 进行注册，接着构建并运行该节点，然后打开新的终端，使用 tf2_echo 查看 base_link 和 camera_link 之间的关系，命令以及结果如代码清单 5-14 所示。

代码清单 5-14　　查看变换结果

```
$ ros2 run tf2_ros tf2_echo base_link camera_link
---
[INFO] [1683362939.694436958] [tf2_echo]: Waiting for transform base_link ->
    camera_link: Invalid frame ID "base_link" passed to canTransform argument
    target_frame - frame does not exist
At time 0.0
- Translation: [0.500, 0.300, 0.600]
- Rotation: in Quaternion [1.000, 0.000, 0.000, 0.000]
- Rotation: in RPY (radian) [3.142, -0.000, 0.000]
- Rotation: in RPY (degree) [180.000, -0.000, 0.000]
- Matrix:
```

```
1.000    0.000    0.000    0.500
0.000   -1.000   -0.000    0.300
0.000    0.000   -1.000    0.600
0.000    0.000    0.000    1.000
```

至此，完成静态坐标发布，接着我们学习发布动态坐标。

5.2.2 通过 Python 发布动态 TF

在 chapt5_ws/src/demo_python_tf/demo_python_tf 下新建 dynamic_tf_broadcaster.py，然后编写代码，如代码清单 5-15 所示。

代码清单 5-15 chapt5_ws/src/demo_python_tf/demo_python_tf/dynamic_tf_broadcaster.py

```python
import rclpy
from rclpy.node import Node
from tf2_ros import TransformBroadcaster
from geometry_msgs.msg import TransformStamped
from tf_transformations import quaternion_from_euler

class DynamicTFBroadcaster(Node):
    def __init__(self):
        super().__init__('dynamic_tf_broadcaster')
        self.tf_broadcaster_ = TransformBroadcaster(self)
        # 动态 TF 需要持续发布，这里发布频率设置为 100 Hz
        self.timer_ = self.create_timer(0.01, self.publish_transform)

    def publish_transform(self):
        transform = TransformStamped()
        transform.header.stamp = self.get_clock().now().to_msg()
        transform.header.frame_id = 'camera_link'
        transform.child_frame_id = 'bottle_link'
        transform.transform.translation.x = 0.2
        transform.transform.translation.y = 0.0
        transform.transform.translation.z = 0.5
        rotation_quat = quaternion_from_euler(0, 0, 0)
        transform.transform.rotation.x = rotation_quat[0]
        transform.transform.rotation.y = rotation_quat[1]
        transform.transform.rotation.z = rotation_quat[2]
        transform.transform.rotation.w = rotation_quat[3]
        self.tf_broadcaster_.sendTransform(transform)


def main():
    rclpy.init()
    tf_node = DynamicTFBroadcaster()
    rclpy.spin(tf_node)
    rclpy.shutdown()
```

代码清单 5-15 的代码和静态发布类似，在 __init__ 函数中，首先创建了一个坐标广播器 TransformBroadcaster 类的对象，接着创建了一个定时器，间隔 0.01s 调用一次 publish_ transform 方法发布动态坐标变换。publish_transform 方法和静态坐标发布相同，都是先合成消息对象，然后调用 sendTransform 进行发布。需要注意的是，动态坐标变换需要持续地发布才有效。

保存好代码，在 setup.py 函数中对 dynamic_tf_broadcaster 进行注册，接着构建并运行该节点，然后打开新的终端，使用 tf2_echo 查看 camera_link 和 bottle_link 之间的关系，命令以及结果如代码清单 5-16 所示。

代码清单 5-16　查看动态坐标发布的结果

```
$ ros2 run tf2_ros tf2_echo camera_link bottle_link
---
[INFO] [1683461427.860072777] [tf2_echo]: Waiting for transform camera_link ->
    bottle_link: Invalid frame ID "camera_link" passed to canTransform argument
    target_frame - frame does not exist
At time 1683461428.846430235
- Translation: [0.200, 0.000, 0.500]
- Rotation: in Quaternion [0.000, 0.000, 0.000, 1.000]
- Rotation: in RPY (radian) [0.000, -0.000, 0.000]
- Rotation: in RPY (degree) [0.000, -0.000, 0.000]
- Matrix:
    1.000   0.000   0.000   0.200
    0.000   1.000   0.000   0.000
    0.000   0.000   1.000   0.500
    0.000   0.000   0.000   1.000
```

从结果可以看出，每一帧数据前都有对应的时间，比如 At time 1683461428.846430235，表示 TF 变换对应的时间，而静态的 TF 变换的时间都是 0.0。

完成动态的坐标发布，接下来就可以用代码来监听 TF 了。

5.2.3　通过 Python 查询 TF 关系

在 chapt5_ws/src/demo_python_tf/demo_python_tf 下新建 tf_listener.py，然后编写代码清单 5-17 所示的代码。

代码清单 5-17　chapt5_ws/src/demo_python_tf/demo_python_tf/tf_listener.py

```python
import rclpy
from rclpy.node import Node
from tf2_ros import TransformListener, Buffer
from tf_transformations import euler_from_quaternion


class TFListener(Node):

    def __init__(self):
        super().__init__('tf2_listener')
        self.buffer_ = Buffer()
        self.listener_ = TransformListener(self.buffer_, self)
        self.timer_ = self.create_timer(1, self.get_transform)
```

```
    def get_transform(self):
        try:
            result = self.buffer_.lookup_transform('base_link', 'bottle_link',
                rclpy.time.Time(seconds=0), rclpy.time.Duration(seconds=1))
            transform = result.transform
            rotation_euler = euler_from_quaternion([
                transform.rotation.x,
                transform.rotation.y,
                transform.rotation.z,
                transform.rotation.w
            ])
            self.get_logger().info(f' 平移 :{transform.translation}, 旋转四元数 :
                {transform.rotation}: 旋转欧拉角 :{rotation_euler}')
        except Exception as e:
            self.get_logger().warn(f' 不能够获取坐标变换, 原因 : {str(e)}')


def main():
    rclpy.init()
    node = TFListener()
    rclpy.spin(node)
    rclpy.shutdown()
```

在代码清单 5-17 中，首先导入了 TransformListener 类（用于订阅 TF 数据）、缓冲类 Buffer（用于存储 TF 数据帧），导入 euler_from_quaternion 函数用于将四元数转换成欧拉角。

在 TFListener 类的 __init__ 方法中，首先创建了 Buffer 对象 self.buffer_，然后将 self. buffer_ 传递给 TransformListener 创建一个 TF 监听器，监听器会订阅 /tf 和 /tf_static 话题，然后将收到的数据放到 buffer_ 中。最后则创建定时器，每隔 1s 调用 self.get_transform 查询 TF 变换。

在 get_transform 方法中，因为查询失败会抛出异常，所以代码中用 try except 语句块捕获并处理异常。核心 TF 查询方法是 self.buffer_.lookup_transform，该方法有四个参数，第一个参数是目标坐标系名称；第二个参数是源坐标系名称；第三个参数表示查询哪一时刻的 TF，传入 rclpy.time.Time(seconds=0) 表示获取最近的 TF；第四个参数 rclpy.time. Duration(seconds=1) 是最长等待时间。所以 buffer_.lookup_transform('base_link','bottle_link', rclpy.time.Time(seconds=0), rclpy.time.Duration(seconds=1)) 表示查询缓冲区最近的数据中，base_link 到 bottle_link 之间的 TF 关系。

查询完成后则调用 euler_from_quaternion 将四元数转换成欧拉角，进行输出。

setup.py 函数中对 tf_listener 进行注册，接着构建功能包，再运行静态与动态 TF 发布节点，最后运行 tf_listener，运行命令及结果如代码清单 5-18 所示。

代码清单 5-18   tf_listener 运行命令与结果

```
$ ros2 run demo_python_tf tf_listener
---
[INFO] [1683470313.629993600] [tf2_listener]: 平移 :geometry_msgs.msg.Vector3(x=0.7,
```

```
y=0.2999999999999993, z=0.09999999999999998),旋转四元数:geometry_msgs.msg.
Quaternion(x=1.0, y=0.0, z=0.0, w=6.123233995736766e-17):旋转欧拉角:
(3.141592653589793, -0.0, 0.0) 0.00015044212341308594 Time(nanoseconds=0,
clock_type=SYSTEM_TIME)
```

好了，到这里我们就使用 Python 调用 TF 完成了手眼转换功能，接下来我们学习如何在 C++ 中使用 TF。

5.3 C++ 中的地图坐标系变换

在移动机器人控制过程中，会遇到如图 5-5 所示的目标点在地图与移动机器人之间坐标系转换的问题。

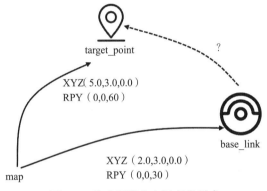

图 5-5 移动机器人坐标变换需求

在图 5-5 中，地图坐标系为 map，机器人坐标系为 base_link，目标点为 target_point，已知 map 到 base_link 之间的关系，map 到 target_point 之间的关系，要控制机器人到达目标点，就需要知道目标点 target_point 和机器人 base_link 之间的关系。接下来我们尝试用代码解决这一问题。

5.3.1 通过 C++ 发布静态 TF

目标点的位置确定下来后就不会改变，所以我们采用静态 TF 发布 map 与 target_point 之间的关系。在 chapt5/chapt5_ws/src 目录下输入代码清单 5-19 所示的命令。

代码清单 5-19 创建 demo_cpp_tf 功能包

```
$ ros2 pkg create demo_cpp_tf --build-type ament_cmake --dependencies rclcpp tf2
    tf2_ros geometry_msgs tf2_geometry_msgs --license Apache-2.0
```

代码清单 5-19 中的命令用于创建 demo_cpp_tf 功能包，并添加相关依赖，其中，tf2 和 tf2_ros 是使用 tf 的基础依赖，geometry_msgs 提供消息接口依赖，tf2_geometry_msgs 依赖则用于提供消息类型的转换函数。

接着在 src/demo_cpp_tf/src 下新建 static_tf_broadcaster.cpp 文件，然后编写如代码清单 5-20
所示的代码。

代码清单 5-20　src/demo_cpp_tf/src/static_tf_broadcaster.cpp

```cpp
#include <memory>
#include "geometry_msgs/msg/transform_stamped.hpp"  // 提供消息接口
#include "rclcpp/rclcpp.hpp"
#include "tf2/LinearMath/Quaternion.h"  // 提供 tf2::Quaternion 类
#include "tf2_geometry_msgs/tf2_geometry_msgs.hpp"  // 提供消息类型转换函数
#include "tf2_ros/static_transform_broadcaster.h"  // 提供静态坐标广播器类

class StaticTFBroadcaster : public rclcpp::Node {
    public:
        StaticTFBroadcaster() : Node("tf_broadcaster_node") {
            // 创建静态广播发布器并发布
            broadcaster_ = std::make_shared<tf2_ros::StaticTransformBroadcaster>
                (this);
            this->publish_tf();
        }

        void publish_tf() {
            geometry_msgs::msg::TransformStamped transform;
            transform.header.stamp = this->get_clock()->now();
            transform.header.frame_id = "map";
            transform.child_frame_id = "target_point";
            transform.transform.translation.x = 5.0;
            transform.transform.translation.y = 3.0;
            transform.transform.translation.z = 0.0;
            tf2::Quaternion quat;
            quat.setRPY(0, 0, 60 * M_PI / 180);  // 弧度制欧拉角转四元数
            transform.transform.rotation = tf2::toMsg(quat);  // 转成消息接口类型
            broadcaster_->sendTransform(transform);
        }

    private:
        std::shared_ptr<tf2_ros::StaticTransformBroadcaster> broadcaster_;
};

    int main(int argc, char** argv) {
        rclcpp::init(argc, argv);
        auto node = std::make_shared<StaticTFBroadcaster>();
        rclcpp::spin(node);
        rclcpp::shutdown();
        return 0;
    }
}
```

在代码清单 5-20 中，首先引入相关头文件，接着定义 StaticTFBroadcaster 节点类，在类
中声明了一个静态坐标广播器类的共享指针，然后在构造函数中进行初始化，初始化完成后
在构造函数中调用 publish_tf 方法进行静态 TF 的发布。

在 publish_tf 方法中，首先创建一个 TransformStamped 消息接口对象 transform，接着使用 this->get_clock()->now() 获取当前时间，并对 transform 中的时间戳进行赋值。然后依次对坐标系名称、平移部分赋值，对于旋转部分则先定义了一个 tf2::Quaternion 类的对象 quat，然后使用 quat.setRPY 将欧拉角转成四元数并放入 quat 中，接着调用 tf2::toMsg(quat) 将 quat 转换成 rotation 的对应类型并赋值，最后调用 broadcaster_ 的 sendTransform 方法将坐标变换发布出去，静态变换只需要发布一次，因为 ROS 2 会为订阅者保留数据，当出现新的订阅者时，可以直接获取保留的数据。

在 CMakeLists.txt 中对 static_tf_broadcaster 节点进行注册及安装，主要添加命令如代码清单 5-21 所示。

代码清单 5-21　CMakeLists.txt

```
add_executable(static_tf_broadcaster src/static_tf_broadcaster.cpp)
ament_target_dependencies(static_tf_broadcaster rclcpp tf2 tf2_ros geometry_msgs
    tf2_geometry_msgs)
...
install(TARGETS
    static_tf_broadcaster
    DESTINATION lib/${PROJECT_NAME}
)
ament_package()
```

重新构建功能包并运行节点，接着使用 tf2_echo 查看 map 和 target_point 之间的关系，命令以及结果如代码清单 5-22 所示。

代码清单 5-22　查询坐标关系

```
$ ros2 run tf2_ros tf2_echo map target_point
---
At time 0.0
- Translation: [5.000, 3.000, 0.000]
- Rotation: in Quaternion [0.000, 0.000, 0.500, 0.866]
- Rotation: in RPY (radian) [0.000, -0.000, 1.047]
- Rotation: in RPY (degree) [0.000, -0.000, 60.000]
- Matrix:
    0.500 -0.866  0.000  5.000
    0.866  0.500  0.000  3.000
    0.000  0.000  1.000  0.000
    0.000  0.000  0.000  1.000
```

可以看到，坐标系 map 到 target_point 之间的关系已经被正确地发布出来了。完成静态坐标发布，接着我们学习动态的坐标发布的方法。

5.3.2　通过 C++ 发布动态 TF

发布动态 TF 和发布静态 TF 相比，最大的不同在于动态 TF 需要不断向外发布。在 src/demo_cpp_tf/src 下新建 dynamic_tf_broadcaster.cpp，在该文件中编写代码清单 5-23 中的代码。

代码清单 5-23   src/demo_cpp_tf/src/dynamic_tf_broadcaster.cpp

```cpp
#include <memory>
#include "geometry_msgs/msg/transform_stamped.hpp" // 提供消息接口
#include "rclcpp/rclcpp.hpp"
#include "tf2/LinearMath/Quaternion.h"              // 提供 tf2::Quaternion 类
#include "tf2_geometry_msgs/tf2_geometry_msgs.hpp"  // 提供消息类型转换函数
#include "tf2_ros/transform_broadcaster.h"          // 提供坐标广播器类
#include <chrono>                                    // 引入时间相关头文件
// 使用时间单位的字面量，可以在代码中使用 s 和 ms 表示时间
using namespace std::chrono_literals;

class DynamicTFBroadcaster : public rclcpp::Node
{
public:
    DynamicTFBroadcaster() : Node("dynamic_tf_broadcaster")
    {
        tf_broadcaster_ = std::make_shared<tf2_ros::TransformBroadcaster>(this);
        timer_ = create_wall_timer(10ms, std::bind(&DynamicTFBroadcaster::publis-
            hTransform, this));
    }

    void publishTransform()
    {
        geometry_msgs::msg::TransformStamped transform;
        transform.header.stamp = this->get_clock()->now();
        transform.header.frame_id = "map";
        transform.child_frame_id = "base_link";
        transform.transform.translation.x = 2.0;
        transform.transform.translation.y = 3.0;
        transform.transform.translation.z = 0.0;
        tf2::Quaternion quat;
        quat.setRPY(0, 0, 30 * M_PI / 180);                 // 弧度制欧拉角转四元数
        transform.transform.rotation = tf2::toMsg(quat); // 转成消息接口类型
        tf_broadcaster_->sendTransform(transform);
    }

private:
    std::shared_ptr<tf2_ros::TransformBroadcaster> tf_broadcaster_;
    rclcpp::TimerBase::SharedPtr timer_;
};

int main(int argc, char **argv)
{
    rclcpp::init(argc, argv);
    auto node = std::make_shared<DynamicTFBroadcaster>();
    rclcpp::spin(node);
    rclcpp::shutdown();
    return 0;
}
```

在上面的代码中，为了使用坐标广播器类，包含了头文件 tf2_ros/transform_broadcaster.

h。接着定义了 DynamicTFBroadcaster 类，在类中声明了广播器的共享指针和定时器对象，然后在构造函数中进行初始化，其中定时器初始化周期为 10ms，这是因为动态坐标变换需要持续的发布，否则订阅端将无法收到最新的变换消息。

在 publishTransform 方法中，首先构造了消息接口对象 transform，然后分别对数据进行赋值，最后调用 sendTransform 发布数据。

在 CMakeLists.txt 对 static_tf_broadcaster 节点进行注册，重新构建后运行动态发布节点以及静态发布节点。接着就可以使用命令行查看 base_link 到 target_point 之间的关系了，如代码清单 5-24 所示。

代码清单 5-24　查看 base_link 和 target_point 之间的关系

```
$ ros2 run tf2_ros tf2_echo base_link target_point
---
[INFO] [1683569702.390546264] [tf2_echo]: Waiting for transform base_link ->
    target_point: Invalid frame ID "base_link" passed to canTransform argument
    target_frame - frame does not exist
At time 1683569703.358561984
- Translation: [2.598, -1.500, 0.000]
- Rotation: in Quaternion [0.000, 0.000, 0.259, 0.966]
- Rotation: in RPY (radian) [0.000, -0.000, 0.524]
- Rotation: in RPY (degree) [0.000, -0.000, 30.000]
- Matrix:
    0.866  -0.500   0.000   2.598
    0.500   0.866   0.000  -1.500
    0.000   0.000   1.000   0.000
    0.000   0.000   0.000   1.000
```

虽然可以通过命令行输出相对关系，但在实际项目中，通常要根据结果进行运动控制等操作，所以接下来我们还要学习如何在代码中实现对 TF 变换的查找。

5.3.3　通过 C++ 查询 TF 关系

在 src/demo_cpp_tf/src 下新建 tf_listener.cpp，在该文件中编写代码清单 5-25 中的代码。

代码清单 5-25　src/demo_cpp_tf/src/tf_listener.cpp

```
#include <memory>
#include "geometry_msgs/msg/transform_stamped.hpp"    // 提供消息接口
#include "rclcpp/rclcpp.hpp"
#include "tf2/LinearMath/Quaternion.h"                 // 提供 tf2::Quaternion 类
#include "tf2/utils.h"                                 // 提供 tf2::getEulerYPR 函数
#include "tf2_geometry_msgs/tf2_geometry_msgs.hpp"     // 提供消息类型转换函数
#include "tf2_ros/buffer.h"                            // 提供 TF 缓冲类 Buffer
#include "tf2_ros/transform_listener.h"                // 提供坐标监听器类
#include <chrono>                                      // 引入时间相关头文件
using namespace std::chrono_literals;

class TFListener : public rclcpp::Node {
    public:
```

```cpp
    TFListener() : Node("tf_listener") {
        buffer_ = std::make_shared<tf2_ros::Buffer>(this->get_clock());
        listener_ = std::make_shared<tf2_ros::TransformListener>(*buffer_);
        timer_ = this->create_wall_timer(5s, std::bind(&TFListener::getTrans
            form, this));
    }

    void getTransform() {
        try {
            // 等待变换可用
            const auto transform = buffer_->lookupTransform(
                "base_link", "target_point", this->get_clock()->now(),
                rclcpp::Duration::from_seconds(1.0f));
            // 转换结果及输出
            const auto &translation = transform.transform.translation;
            const auto &rotation = transform.transform.rotation;
            double yaw, pitch, roll;
            tf2::getEulerYPR(rotation, yaw, pitch, roll);    // 四元数转欧拉角
            RCLCPP_INFO(get_logger(), "平移分量：(%f, %f, %f)", translation.x,
                translation.y, translation.z);
            RCLCPP_INFO(get_logger(), "旋转分量：(%f, %f, %f)", roll, pitch,
                yaw);
        } catch (tf2::TransformException &ex) {
            RCLCPP_WARN(get_logger(), "异常：%s", ex.what());    // 处理异常
        }
    }

private:
    std::shared_ptr<tf2_ros::Buffer> buffer_;
    std::shared_ptr<tf2_ros::TransformListener> listener_;
    rclcpp::TimerBase::SharedPtr timer_;
};

int main(int argc, char **argv) {
    rclcpp::init(argc, argv);
    auto node = std::make_shared<TFListener>();
    rclcpp::spin(node);
    rclcpp::shutdown();
    return 0;
}
```

代码清单 5-25 中包含了头文件 transform_listener.h，用于提供 TransformListener 类，该类用于订阅 TF 变换；同时包含了 tf2_ros/buffer.h 类，该类用于存储订阅到的 TF 数据；又包含了 tf2/utils.h，提供将四元数转换成欧拉角的函数。

在 TFListener 类中，声明了一个定时器 timer_，用于定时调用查询函数，接着声明了 TransformListener 类和 Buffer 类的共享智能指针。

在构造函数中，首先通过 make_shared 传入当前节点的 clock，创建了 Buffer 类对象并返

回其独占指针，接着创建了 TransformListener 类的对象，该类的初始化参数是 Buffer 对象的引用，注意不是指针，所以代码中先使用 *buffer_ 获取到指针指向的原始对象再传入。最后则创建了一个定时器，每隔 5s 调用一次 getTransform 方法。

在 getTransform 方法中，因为查询失败会出现异常，所以使用了 try-catch 语句对异常进行捕获。接着再通过 buffer_->lookupTransform 查询从 base_link 到 target_point 之间的坐标变换，该方法的最后两个参数表示查询的数据开始时间以及超时时间，这里设置为从当前开始，超时时间为 1s。查询完成后则分别获取坐标之间的平移和旋转部分，并调用 getEulerYPR 将四元数转换成欧拉角形式，最后进行输出。

保存代码，在 CMakeLists.txt 对 tf_listener 节点进行注册，重新构建后运行，运行命令及结果如代码清单 5-26 所示。

代码清单 5-26　运行 tf_listener 并输出监听结果

```
$ ros2 run demo_cpp_tf tf_listener
---
[INFO] [1683576529.580338053] [tf_listener]: 平移分量：(2.598076, -1.500000, 0.000000)
[INFO] [1683576529.580732127] [tf_listener]: 旋转分量：(0.000000, -0.000000, 0.523599)
```

可以看出其结果和上一小节最后使用 tf2_echo 的查询结果一致。

好了，关于 ROS 2 坐标变换工具 tf2 的学习到这里就告一段落，但在后面的学习过程中我们还将使用到它。

5.4　常用可视化工具 rqt 与 RViz

早期的计算机并没有用户界面，所有的操作都是在终端中进行，虽然有些场景终端很好用，但无法否认图形化界面所带来的便利，而 ROS 2 也提供了一系列数据可视化与调试工具，掌握这些工具可以帮助我们提高开发调试效率。本节我们就来学习 rqt 和 RViz 这两个工具。

5.4.1　GUI 框架 rqt

我们在前面章节中使用过 rqt，比如使用它查看节点关系、请求服务等。在任意终端输入 rqt 命令就可以启动 rqt，启动成功后可以看到如图 5-6 所示的界面。

在图 5-6 中，关闭所有插件后，可以看到图中有对 rqt 的介绍，即 rqt 是一个 GUI 框架，可以将各种插件工具加载为可停靠的窗口。目前没有选择插件，要添加插件，请从 Plugins 菜单中选择项目。从这段介绍中不难看出，rqt 并不是指某一个工具，而是一个框架，基于这个框架可以编写新的工具。

我并不打算带你学习如何编写一个 rqt 工具，因为目前 ROS 2 提供的工具已经足够满足我们的开发需求了，但掌握如何安装新的 rqt 插件则很有必要。这里我们以安装 tf 查看工具

rqt-tf-tree 为例进行学习，打开终端，输入代码清单 5-27 中的命令。

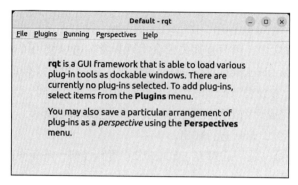

图 5-6　rqt 默认界面

代码清单 5-27　安装 rqt-tf-tree 插件

```
$ sudo apt install ros-humble-rqt-tf-tree -y
```

上面的命令用于安装 rqt-tf-tree 这一工具，该工具将安装到 ROS 2 的默认安装目录下，安装完成后需要删除 rqt 的默认配置文件，才能让 rqt 重新扫描和加载到这个工具，继续在终端中输入代码清单 5-28 中的命令，删除 rqt 配置文件。

代码清单 5-28　删除 rqt 配置文件

```
$ rm -rf ~/.config/ros.org/rqt_gui.ini
```

重新启动 rqt，然后选择 Plugins → Visualization → TF Tree 选项，即可打开 TF Tree 插件，运行 5.3 节的 TF 发布节点，单击左上角的 Refresh 按钮，即可看到如图 5-7 所示的坐标关系。

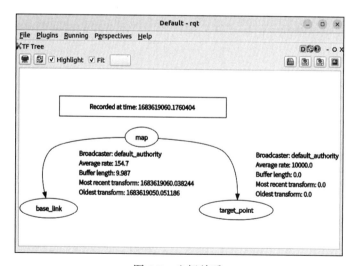

图 5-7　坐标关系

除了 TF Tree 外，ROS 2 还提供了很多可以安装使用的插件，使用代码清单 5-29 中的命令一次性安装。

代码清单 5-29 安装 rqt 所有相关组件

```
$ sudo apt install ros-$ROS_DISTRO-rqt-*
```

你可以打开 rqt 依次探索其他插件的功能，接下来我们看一下数据可视化工具 RViz。

5.4.2 数据可视化工具 RViz

在学习 TF 时，虽然可以通过 tf2_tools 或 rqt-tf-tree 查看 TF 数据帧之间的关系，但并不能直观地看到它们在空间中的关系，而 RViz 不仅可以帮助我们实现坐标变换可视化，还可以实现机器人的传感器数据、3D 模型、点云、激光雷达数据等数据的可视化与交互。

在任意终端输入 rviz2 即可打开 RViz，打开后界面如图 5-8 所示。

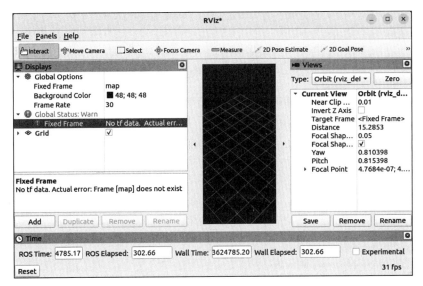

图 5-8 RViz 界面

RViz 窗口左侧的 Displays 部分用于控制显示的数据。当需要显示某个数据时，可以单击 Displays 窗口下方的 Add 按钮添加要显示的视图。现在我们就尝试使用 RViz 来可视化 TF 数据，先运行 5.3 节的 TF 发布节点，单击 Add 按钮，可以看到如图 5-9 所示的界面。

在 By display type 选项卡中选择 TF，然后单击右下方的 OK 按钮。接着观察图 5-8 中间的网格，即可看到 TF 的显示结果，此时可以使用鼠标拖动显示视图，调整观察角度，显示效果如图 5-10 所示。

选中 TF 视图选项下的 Show Names，在坐标系中添加对应的坐标系名称，接着修改 Marker Scale 选项为 6，放大坐标轴和名字，修改后的显示效果如图 5-11 所示。

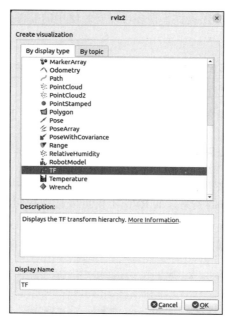

图 5-9　RViz 组件添加界面

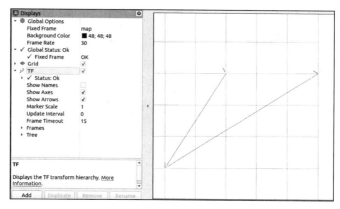

图 5-10　查看 TF 显示结果

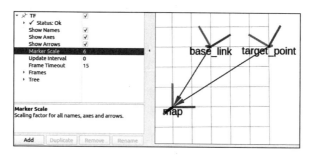

图 5-11　修改 Marker Scale

此时就可以直观地看到坐标系之间的位置关系了。通过观察不难发现，此时 map 坐标系固定在原点，base_link 和 target_point 都是以 map 相对坐标系的视角进行显示的。如果想从机器人的视角 base_link 来观察目标点 target_point，只需要将机器人固定在原点即可，Displays 窗口中全局选项 Global Options 下的 Fixed Frame 就是用于显示右侧视图原点的坐标系名称的，我们修改为 base_link，观察显示结果如图 5-12 所示。

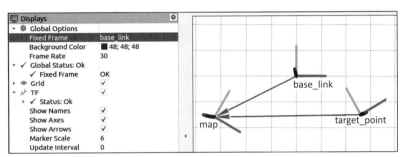

图 5-12　以 base_link 为原点的视图

在图 5-12 的显示网格中，默认的宽度为 1m，修改 Grid 下 Cell Size 的值，就可以修改网格宽度。

除此之外，RViz 还支持将当前的配置保存到文件中，方便下次直接加载使用，单击标题栏的 File → Save Config As 或者直接按 Ctrl+Shift+S 键即可弹出如图 5-13 所示的保存窗口。

图 5-13　保存 RViz 配置

选择保存到 chapt5 文件夹下，在名称栏输入保存的配置名称为 rviz_tf，然后单击右上角的 Save 按钮即可保存完成。在下次启动时，可以直接指定配置文件，具体命令如代码清单 5-30 所示。

代码清单 5-30　启动 RViz 并指定配置文件

```
$ rviz2 -d ~/chapt5/rviz_tf.rviz
```

好了，关于 RViz 的探索就到这里，本节虽然只介绍了一个 TF 显示，但相信你对 RViz 的基础功能已经了解了。关于 RViz 的更多使用方法，在下面的章节中我们还会继续学习。

5.5　数据记录工具 ros2 bag

机器人开发过程中的问题往往出在数据上，而数据一般都通过话题进行传递，如果能够记录话题上发布的数据并保存下来，需要时就重新播放数据，然后进行数据分析和多次实验就好了。ros2 bag 就是提供这一功能的工具。

接下来我们使用这一工具对海龟的轨迹进行录制与重放。首先在新的终端运行海龟模拟器，接着再打开新的终端，启动海龟键盘控制节点。

然后在 chapt5 文件夹下新建 bags 目录，再打开一个新的终端，进入 bags 目录，由于海龟控制命令所在的话题是 /turtle1/cmd_vel，所以在终端中输入代码清单 5-31 中的命令，进行话题的录制。

代码清单 5-31　录制 /turtle1/cmd_vel 话题

```
$ ros2 bag record /turtle1/cmd_vel
---
[INFO] [1702231038.301493462] [rosbag2_recorder]: Press SPACE for pausing/
    resuming
    [INFO] [1702231038.305498627] [rosbag2_storage]: Opened database
        'rosbag2_2023_12_11-01_57_18/rosbag2_2023_12_11-01_57_18_0.db3' for READ_
        WRITE.
    [INFO] [1702231038.307043501] [rosbag2_recorder]: Listening for topics...
    [INFO] [1702231038.307740658] [rosbag2_recorder]: Event publisher thread:
        Starting
    [INFO] [1702231038.308923835] [rosbag2_recorder]: Recording...
    [INFO] [1702231038.516133473] [rosbag2_recorder]: Subscribed to topic '/
        turtle1/cmd_vel'
    [INFO] [1702231038.516193748] [rosbag2_recorder]: All requested topics are
        subscribed. Stopping discovery...
```

代码清单 5-31 中的命令用于录制 /turtle1/cmd_vel 话题上的数据，如果直接使用 ros2 bag record 将录制所有的话题数据，不过我并不推荐这样做，有些数据并不是必需的，我们只需要将自己关心的话题名称依次放到命令后，进行录制即可。

接着在键盘控制节点窗口使用方向箭头移动海龟，然后在话题录制终端按 Ctrl+C 键打断录制，ros2 bag record 在收到打断指令后就会停止录制并将数据保存到文件中。

在终端 bags 目录下使用 ls 命令，可以看到录制数据存放的目录名，如代码清单 5-32 所示。

代码清单 5-32　查看文件列表

```
$ ls
---
rosbag2_2023_12_11-01_57_18
```

这个文件夹是按照时间命名的，文件夹中存放了两个文件，其中以 .db3 结尾的是存储话题数据的数据库文件，metadata.yaml 是记录的描述文件，使用 cat 查看该文件内容的命令及内容如代码清单 5-33 所示。

代码清单 5-33　查看录制包的描述文件

```
$ cat rosbag2_2023_05_09-20_26_50/metadata.yaml
---
rosbag2_bagfile_information:
    version: 5
    storage_identifier: sqlite3
```

```
duration:
    nanoseconds: 0
starting_time:
    nanoseconds_since_epoch: 9223372036854775807
message_count: 0
topics_with_message_count:
    - topic_metadata:
          name: /turtle1/cmd_vel
          type: geometry_msgs/msg/Twist
          serialization_format: cdr
          offered_qos_profiles: "- history: 3\n    depth: 0\n    reliability:
              1\n    durability: 2\n    deadline:\n        sec: 9223372036\n
              nsec: 854775807\n    lifespan:\n        sec: 9223372036\n    nsec:
              854775807\n    liveliness: 1\n    liveliness_lease_duration:\n
              sec: 9223372036\n        nsec: 854775807\n    avoid_ros_namespace_
              conventions: false"
      message_count: 0
compression_format: ""
compression_mode: ""
relative_file_paths:
    - rosbag2_2023_12_11-01_57_18_0.db3
files:
    - path: rosbag2_2023_12_11-01_57_18_0.db3
      starting_time:
          nanoseconds_since_epoch: 9223372036854775807
      duration:
          nanoseconds: 0
      message_count: 0
```

可以看到，该文件中描述了被记录的话题名称和类型等信息，还保存了开始记录时间、持续时间、消息的数量等信息。

关闭键盘控制节点，然后重启海龟模拟器，现在来重新播放海龟的控制命令，对话题数据进行重播。在记录的终端下输入代码清单 5-34 中的命令。

代码清单 5-34 播放数据包

```
$ ros2 bag play rosbag2_2023_12_11-01_57_18/
---
[INFO] [1683636011.099161172] [rosbag2_storage]: Opened database '
    rosbag2_2023_12_11-01_57_18/ rosbag2_2023_12_11-01_57_18_0.db3' for READ_ONLY.
[INFO] [1683636011.099241153] [rosbag2_player]: Set rate to 1
[INFO] [1683636011.104757375] [rosbag2_player]: Adding keyboard callbacks.
[INFO] [1683636011.104812702] [rosbag2_player]: Press SPACE for Pause/Resume
[INFO] [1683636011.104818453] [rosbag2_player]: Press CURSOR_RIGHT for Play Next
    Message
[INFO] [1683636011.104822208] [rosbag2_player]: Press CURSOR_UP for Increase Rate 10%
[INFO] [1683636011.104825505] [rosbag2_player]: Press CURSOR_DOWN for Decrease
    Rate 10%
[INFO] [1683636011.105206461] [rosbag2_storage]: Opened database '
    rosbag2_2023_12_11-01_57_18/ rosbag2_2023_12_11-01_57_18_0.db3' for READ_ONLY.
```

bag play 加文件夹名称，用于播放对应文件夹里的话题数据。运行完命令观察海龟窗口，海龟按照刚刚的控制轨迹移动，如图 5-14 所示。

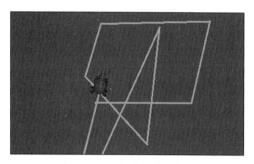

图 5-14   海龟移动路径复现

在重新播放话题时还有很多其他操作，例如按空格键可以暂停和继续播放，按上下键可以加快和减慢播放速度，按右键可以播放下一个消息。还有很多操作可以在启动时使用，你可以使用如代码清单 5-35 所示的 help 命令进行查看。

代码清单 5-35   查看 ros2 bag 的更多使用方法

```
$ ros2 bag play --help
---
usage: ros2 bag play [-h] [-s] {my_read_only_test_plugin,my_test_plugin,sqlite3}]
                        [--read-ahead-queue-size READ_AHEAD_QUEUE_SIZE] [-r RATE]
                        [--topics TOPICS [TOPICS ...]]
                        [--qos-profile-overrides-path QOS_PROFILE_OVERRIDES_PATH]
                        [-l] [--remap REMAP [REMAP ...]]
                        [--storage-config-file STORAGE_CONFIG_FILE] [--clock
                        [CLOCK]] [-d DELAY]
                        [--disable-keyboard-controls] [-p] [--start-offset START_
                        OFFSET]
                        [--wait-for-all-acked TIMEOUT] [--disable-loan-message],
                        bag_path
Play back ROS data from a bag
positional arguments:
    bag_path                Bag to open
options:
    -h, --help              show this help message and exit
    -s {my_read_only_test_plugin,my_test_plugin,sqlite3}, --storage {my_read_
        only_test_plugin,my_test_plugin,sqlite3} Storage implementation of bag.
        By default attempts to detect automatically - use this argument to
        override.
    --read-ahead-queue-size READ_AHEAD_QUEUE_SIZE size of message queue rosbag
        tries to hold in memory to help deterministic playback. Larger size
        will result in larger memory needs but might prevent delay of message
        playback.
    -r RATE, --rate RATE  rate at which to play back messages. Valid range > 0.0.
    ...
```

　　掌握如何录制和播放话题数据，就算基本掌握了 ros2 bag 工具了。好了，关于 ROS 2 的常用开发工具，就先学习到这里。

5.6　ROS 2 基础之 Git 进阶

　　在上一次的 Git 入门中，我们学习了建立代码仓库、提交代码和使用忽略文件。既然之前主要学习了提交代码，那么本节我们先来学习下如何撤销更改和提交，再学习关于 Git 的另外一个重要概念——分支。开始之前，请在 chapt5 目录下新建 learn_git 功能包，并将该功能包目录初始化为一个 Git 仓库，使用的命令如代码清单 5-36 所示。

代码清单 5-36　创建功能包

```
$ ros2 pkg create learn_git
$ cd learn_git
$ git init
---
已初始化空的 Git 仓库于 /home/fishros/chapt5/learn_git/.git/
```

　　做好了准备后，让我们继续 Git 学习之旅吧。

5.6.1　查看修改内容

　　现在已经建立好了一个仓库，接下来我们练习提交代码，在终端 learn_git 目录下，依次输入代码清单 5-37 中的命令，提交代码。

代码清单 5-37　使用 git 提交代码

```
$ git add .
$ git commit -m "first commit"
---
[master（根提交）9ef03dc] first commit
    2 files changed, 44 insertions(+)
    create mode 100644 CMakeLists.txt
    create mode 100644 package.xml
```

　　完成第一次代码提交后，我们有可能在后面会对该功能包添加更多的代码和配置等。因此这里推荐你每完成一个节点或小模块后就可以执行一次提交。有些时候可能会出现某个节点涉及了非常多的代码的情况，于是很容易忘记哪些是自己修改过的代码，但不用担心，因为 Git 可以帮助你记录每一行的更改。

　　如代码清单 5-38 所示，这里我们修改 learn_git/package.xml 文件中的功能包描述，然后保存。

代码清单 5-38　learn_git/package.xml

```
<package format="3">
    ...
    <description>Git 练习使用功能包 </description>
```

```
    ...
</package>
```

这里我们将功能包的描述从未编写改成了"Git 练习使用功能包"，接着在终端中输入代码清单 5-39 中的命令。

代码清单 5-39　查看 git 状态

```
$ git status
---
位于分支 master
尚未暂存以备提交的变更：
    (使用 "git add <文件>..." 更新要提交的内容)
    (使用 "git restore <文件>..." 丢弃工作区的改动)
        修改：      package.xml
修改尚未加入提交 (使用 "git add" 和/或 "git commit -a")
```

status 命令可以查看文件的修改情况，但并不会显示具体的修改内容。使用 diff 指令则可以，在终端中输入代码清单 5-40 中的命令。

代码清单 5-40　查看 git 具体修改内容

```
$ git diff
---
diff --git a/package.xml b/package.xml
index 010d106..2c8a900 100644
--- a/package.xml
+++ b/package.xml
@@ -3,7 +3,7 @@
    <package format="3">
        <name>learn_git</name>
        <version>0.0.0</version>
-       <description>TODO: Package description</description>
+       <description>Git 练习使用功能包 </description>
        <maintainer email="fish@fishros.com">fishros</maintainer>
        <license>TODO: License declaration</license>
```

diff 指令可以查看所有被修改文件的具体修改情况，代码左侧加号表示新增，减号则表示删除。被修改的文件可能有很多，但我们往往只需要查看某一个文件的更改内容，比如 package.xml，此时可以使用代码清单 5-41 中的指令。

代码清单 5-41　查看单个文件的修改内容

```
$ git diff package.xml
```

5.6.2　学会撤销代码

在写代码时有时会不小心把原本正常的功能修改出各种问题，如果你遇到了这样的情况，不用着急，使用 Git 可以快速地撤销更改。此时根据代码的提交状态，可以分为三种情况。

第一种是代码并没有提交，也没有添加到缓冲区，使用 checkout 指令就可以进行撤销，但是这会删掉所有更改，需要谨慎使用。比如 5.6.1 节我们修改的 package.xml，使用代码清单 5-42 中的命令即可撤销。

代码清单 5-42　使用 checkout 回退文件更改

```
$ git checkout package.xml
---
从索引区更新了 1 个路径
```

此时再使用 status 可以看到，当前的代码已经没有任何更改了，查询命令及结果如代码清单 5-43 所示。

代码清单 5-43　查看 git 状态

```
$ git status
---
位于分支 master
无文件要提交，干净的工作区
```

第二种是已经放到缓冲区的更改，此时直接使用 checkout 就无法撤销了。再次修改 package.xml，然后使用代码清单 5-44 中的命令。

代码清单 5-44　添加所有文件

```
$ git add .
```

代码清单 5-44 中的命令用于将所有的修改添加到缓冲区，然后输入 status 指令查询一下状态，命令及结果如代码清单 5-45 所示。

代码清单 5-45　查看 git 状态

```
$ git status
---
位于分支 master
要提交的变更：
    (使用 "git restore --staged < 文件 >..." 以取消暂存)
        修改：    package.xml
```

可以看到 package.xml 已经被修改了，并放到缓冲区中了。此时再执行 checkout 指令，package.xml 依然在缓冲区中，并没有被撤销。那该怎么办？我们可以使用 reset 指令将文件从缓冲区内移除，依次输入代码清单 5-46 中的命令后，可以看到此时文件已经被还原了。

代码清单 5-46　从缓冲区移除数据

```
$ git reset package.xml
$ git checkout package.xml
$ git status
---
位于分支 master
无文件要提交，干净的工作区
```

第三种则是已经被提交的更改，如果你的代码已经提交到本地的 Git 了，发现有问题，只要不将代码推送到服务器，及时地撤销还是来得及的。再次更改 package.xml，然后直接提交，命令如代码清单 5-47 所示。

代码清单 5-47　提交更改

```
$ git add .
$ git commit -m "update package.xml"
---
[master c8ee28e] update package.xml
    1 file changed, 1 insertion(+), 1 deletion(-)
```

此时使用 log 命令就可以看到有两个提交记录，命令及结果如代码清单 5-48 所示。

代码清单 5-48　查看提交记录

```
$ git log
---
commit c8ee28e387d3366f89f76b0bb0d91dbe4806ad35 (HEAD -> master)
Author: Fish <fish@fishros.com>
Date:   Tue May 9 22:22:25 2023 +0800


    update package.xml

commit 9ef03dc815b66aca3860597efb5265fc0728a25b
Author: Fish <fish@fishros.com>
Date:   Tue May 9 21:48:09 2023 +0800


    first commit
```

此时如果想撤销对 package.xml 的更改，依然可以使用 reset 指令，不过需要指定回退的提交 id，这里我们回退到 first commit 时的代码状态，命令如代码清单 5-49 所示。

代码清单 5-49　撤销已经提交的更改

```
$ git reset 9ef03dc815b66aca3860597efb5265fc0728a25b
---
重置后取消暂存的变更:
M       package.xml
```

运行完上面的命令，first commit 之后的记录都将消失，若再次使用 status，你会发现 package.xml 已经变成了待添加到缓冲区的状态了。再次对 package.xml 使用 chekout，就可以实现对其更改的撤销。

5.6.3　进阶掌握 Git 分支

分支是 Git 版本控制中一个核心且比较重要的概念，分支的主要作用是在当前现有的提交上分出一个新的支线，这样代码就可以在原有干线和分支线上同时开发，且两者之间互不影响。分支关系如图 5-15 所示。

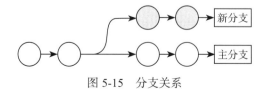

图 5-15　分支关系

好好地在主分支写代码不舒服吗，为什么要建立新的分支呢？其实，在正常情况下只使用一个分支确实没有什么问题，甚至还很省事。不过如果涉及代码的版本需要发布的情况，不采用分支则会带来很多令人头疼的问题。

我们以 ROS 2 的版本发布为例，假如你是 ROS 2 某个官方功能包的维护者，在 2022 年5 月 humble 版本发布后，你就开始开发下一版本代号为 rolling 的 ROS 2 了。在 humble 版本发布一段时间后，rolling 版本的新功能已经开发了一半了，但此时你突然收到反馈，已经发布的 humble 版本存在几个非常重大的 bug，触发后会直接导致程序崩溃。此时你需要抓紧时间修复这些 bug，然后再次更新 humble 版本的功能包。此时你会发现，如果在现在的 rolling 版本的基础上修复这些 bug，将会导致更新的 humble 版本功能包带有 rolling 版本开发一半的功能，如果直接将代码回退到 humble 版本发布时的提交，那么后续的 rolling 版本开发的工作就白做了。

针对上面的问题，如果在开发时使用分支功能，这一问题便不会发生了。在 humble 版本发布后，建立一个新的分支开发 rolling 版本的功能。当需要修改 humble 版本的 bug 时，直接在 humble 版本的分支上进行修改，然后重新发布即可，完全不会影响到 rolling 分支的开发。

相信你通过上面的例子已经认识到了分支的重要性，在今后使用任何 ROS 2 功能包源码时，请一定要确认该代码所对应的分支版本，不同分支的代码有时并不兼容。接下来我们来学习如何在 Git 中对分支进行操作。

分支在 Git 中的名称是 branch，使用代码清单 5-50 中的命令可以查看当前仓库中所有分支的名称，命令及运行结果如代码清单 5-50 所示。

代码清单 5-50　查看分支列表

```
$ git branch
---
* master
```

我们并没有创建过分支，这里却出现了一个 master 分支，因为该分支是默认的分支，接着我们来创建一个新的分支，命令如代码清单 5-51 所示。

代码清单 5-51　创建新的分支

```
$ git branch rolling
```

这里我们创建了一个名为 rolling 的分支，此时再次输入 git branch 即可看到该分支，命令及运行结果如代码清单 5-52 所示。

代码清单 5-52　查看分支列表

```
$ git branch
---
* master
  rolling
```

可以看到，master 分支前有一个 "*" 号，这表示当前我们的代码在 master 分支上，如果要切换到 rolling 分支，只需要一句命令即可，在终端中输入代码清单 5-53 中的命令。

代码清单 5-53   切换分支

```
$ git checkout rolling
---
切换到分支 'rolling'
```

此时再使用 git branch 就可以看到当前的分支已经变成了 rolling 了。现在我们再次尝试修改 package.xml 中的描述并提交，命令如代码清单 5-54 所示。

代码清单 5-54   在新的分支上提交代码

```
$ git add .
$ git commit -m "update package.xml"
---
[rolling a7ab1d0] update package.xml
    1 file changed, 1 insertion(+), 1 deletion(-)
```

可以看到代码被提交到 rolling 分支上，这个提交并不会影响 master 分支。同样 master 分支的修改也不会影响到 rolling 分支。但有的时候我们还需要将一个分支的更改与另外一个分支合并，比如我们在 rolling 分支上修复了一个漏洞，因为 master 分支上的漏洞并没有被修改，如果在 master 分支上重新改一遍，一点也不优雅，这时最好是使用 merge 命令来进行分支合并。在终端中输入代码清单 5-55 中的命令。

代码清单 5-55   切换和合并分支

```
$ git checkout master
$ git merge rolling
---
更新 9ef03dc..a7ab1d0
Fast-forward
    package.xml | 2 +-
    1 file changed, 1 insertion(+), 1 deletion(-)
```

运行完代码清单 5-55 的两个命令后，你会发现 master 分支中的 package.xml 已经被修改了。但有时合并分支时会出现代码冲突的情况，因为 Git 也不知道哪些该保留，所以就需要你自己慢慢地、细心地解决这些冲突。

除了学习如何创建分支以外，我们有时还需要删除某些临时分支，使用代码清单 5-56 中的命令进行删除即可。

代码清单 5-56   删除分支

```
$ git branch -D rolling
```

好了，关于 Git 的相关知识我们先学习到这里，在后面的实践章节中，我们还会学习如何将本地的 Git 仓库与服务器上的相关联，以及如何发布自己的开源库。

5.7   小结与点评

不知不觉你已经完成了第 5 章的学习，学习完本章，关于本书的学习之旅也已经走了一半了。在本章中，我们集中学习了 ROS 2 常用的开发工具，在本章的前半部分重点学习了

TF 机制以及在代码中的使用方法，后半部分又学习了常用可视化工具和数据记录工具的使用方法。

　　在本章的最后，我们继续学习了 ROS 2 基础中 Git 进阶篇的相关内容，相信你已经对如何管理提交和使用分支都有了一定的了解。

　　关于 ROS 2 的常用开发工具的内容我们就讲到这里，更多的使用方法还需要你在实践中进一步探索。下一章节我们将尝试利用机器人建模，搭建一个机器人。

第 6 章
建模与仿真——创建自己的机器人

在实际开发中，将算法和程序部署到真实的机器人之前，往往会采用仿真的机器人进行验证。毕竟不用担心仿真机器人没电或者磕碰到。在没有实体机器人时，仿真依然是一个不错的选择。但仿真前需要先对我们要仿真的机器人进行建模。

本章我们就从机器人建模学起，先动手来创建一个机器人，然后在软件中完成该机器人硬件的仿真。相信你已经开始摩拳擦掌，跃跃欲试了。先别急，我们先来进一步了解一下机器人建模和仿真。

6.1　机器人建模与仿真概述

不知道你认为的机器人是什么样子的，在我没有接触真实的机器人前，我一直以为机器人是像《超能陆战队》中的大白那个样子。但目前，实际的机器人并不能做到那样的外观和智能，目前的机器人结构往往是根据其应用场景设计的，比如快递机器人一般都是由轮子和货舱组成的，而工业机器人则有像人一样的手臂，方便进行组装焊接等工作。

6.1.1　移动机器人的结构介绍

要说现如今走进千家万户最多的机器人，这个头衔一定归扫地机器人莫属。要打扫卫生便要有轮子能到处跑，所以扫地机器人也是移动机器人的一员。本章的机器人建模仿真，就以常见的移动机器人为例来学习。

对扫地机器人来说，要完成清扫工作，首先要有执行器来完成动作，比如依靠轮子移动，依靠刷子清扫，然后还需要有传感器来感知环境，比如通过相机来识别地毯，通过距离传感器规避障碍物。

对于一个移动机器人来说，常用的执行器就是轮子，依靠轮子才能完成移动。而常用的传感器种类颇多，比如可以测量距离的激光雷达、超声波和深度相机传感器，测量轮子转动速度的轮式编码器，测量加速度信息的惯性传感器，除此之外还有图像、电量和红外等常见传感器。

但机器人只有传感器和执行器还不够，还需要一个控制系统，其根据传感器数据，进行决策后控制执行器来完成工作，比如控制系统通过超声波传感器获取到前方有障碍物的信息，此时就可以控制轮子停下并转向，控制系统工作流程如图 6-1 所示。

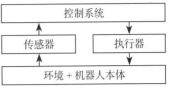

图 6-1　机器人控制系统工作流程

除了控制系统、执行器和传感器外，机器人还有一些其他的装置，比如电源和外壳等。这些装置之间协调工作，才能使机器人自主完成各种任务。因为控制系统通常是由计算机或者微控制器来实现的，所以对于仿真机器人来说，只需要对机器人的传感器、执行器以及环境进行仿真即可。接着来看一下 ROS 2 能够支持哪些平台完成仿真任务。

6.1.2　常用机器人仿真平台

我们所说的机器人仿真就是利用软件来模拟硬件，在机器人中指的就是各种执行器、传感器以及环境。环境仿真指的是机器人的作业场景和作业对象的仿真，常见的场景有工厂、居住环境，甚至水底等。本节将对支持 ROS 2 且常用的机器人仿真平台进行介绍。

第一个要介绍的仿真平台是 Gazebo，它是由 ROS 社区开源的一款机器人仿真软件。Gazebo 不仅支持多种传感器和执行器，还可以模拟机器人和各种常用环境的运动和交互。因为 Gazebo 是 ROS 社区出身，所以 Gazebo 对 ROS 的支持无疑是非常友好的。随着 ROS 的发展，Gazebo 也分出了两个不同的分支：第一个是早期的稳定分支 Gazebo Classic，界面如图 6-2 所示；第二个则是技术更为先进和经过优化的 Gazebo Harmonic，但截至本文编写时，Gazebo Harmonic 的资料较少且不稳定，不适合入门使用。

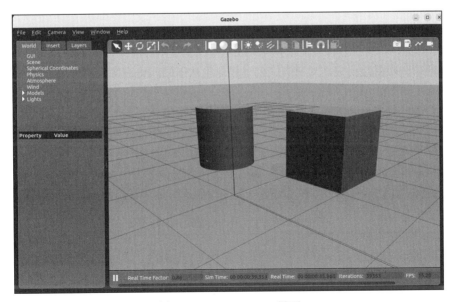

图 6-2　Gazebo Classic 界面

第二个要介绍的仿真平台是 WeBots，它是由 Cyberbotics 维护的机器人仿真软件，WeBots 不仅支持多个操作系统和编程语言，比如 C++、Python、Java 等，还提供了大量的开箱即用的机器人模型和场景资源，WeBots 提供的自动驾驶仿真机器人以及场景如图 6-3 所示。

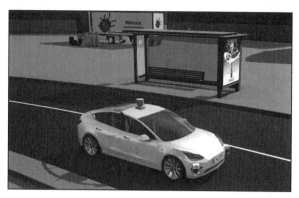

图 6-3   WeBots 提供的自动驾驶仿真机器人以及场景

第三个要介绍的仿真平台是 CoppeliaSim，它的前身是 V-REP（Virtual Robot Experimentation Platform）。CoppeliaSim 和 WeBots 相似，都支持多个平台和编程语言，对多种传感器和执行器的支持也非常友好。

除了上面的三个仿真平台外，ROS 2 还支持 Unity3D 和 MATLAB/Simulink 等平台。虽然仿真平台很多且各有利弊，但从入门角度考虑，Gazebo 对 ROS 的支持最为友好，而 Gazebo Classic 也较为稳定，所以本书后续就将使用 Gazebo Classic 来完成机器人的仿真。

6.2   使用 URDF 创建机器人

仿真的第一步就是要完成对机器人的建模，虽然不同的仿真平台有不同的建模语言，但它们几乎都支持 URDF（Unified Robot Description Format，通用的机器人描述文件格式）。本节我们就利用 URDF 完成一个移动机器人模型。

6.2.1   帮机器人创建一个身体

URDF 使用 XML（Extensible Markup Language，可扩展标记语言）来描述机器人的几何结构、传感器和执行器等信息。代码清单 6-1 所示就是一个非常简单的 URDF 文件。

代码清单 6-1   一个简单的 URDF 文件

```
<?xml version="1.0"?>
<robot name="first_robot">
        <!-- XML 注释 -->
    <link name="base_link"></link>
</robot>
```

第一行 <?xml version="1.0"?> 是声明当前文件符合 XML 1.0 规范，是一个 XML 格式的文件。而下面的 <robot></robot> 则被称为一个标签，name="first_robot" 则是该标签的属性，而 <link></link> 被 <robot></robot> 所包含，所以 link 被称为 robot 标签的子标签。在 XML 格式中，注释则使用 <!-- --> 包含，<!-- XML 注释 --> 就是一个注释。对于一个 XML 标签来说，如果没有子标签，则可以进行简写，比如 <link name="base_link"></link> 可以简写为 <link name="base_link" />。所以上面这段 URDF 的意思是，定义了一个名称为 first_robot 的机器人，该机器人有一个名为 base_link 的部件。

好了，了解完 XML 格式，接着我们来创建一个机器人的身体，并在身体中放置一个惯性测量传感器。在主目录下新建 chapt6，并在该目录下新建 chapt6_ws 目录，接着创建 src 目录，并创建一个 fishbot_description 功能包，功能包的类型可以使用默认的 ament_cmake。由于使用 URDF 并不需要使用客户端库，因此没有添加 rclcpp 作为其依赖，最终完整的命令如代码清单 6-2 所示。

代码清单 6-2　创建 fishbot_description 功能包

```
$ ros2 pkg create fishbot_description --build-type ament_cmake  --license
    Apache-2.0
```

一般我们会把机器人模型放到功能包的 urdf 文件夹下，所以接着在 fishbot_description 下创建 urdf 目录，并在 urdf 目录下创建 first_robot.urdf，编写如代码清单 6-3 所示的代码。

代码清单 6-3　fishbot_description/urdf/first_robot.urdf

```xml
<?xml version="1.0"?>
<robot name="first_robot">
    <!-- 机器人身体部分 -->
    <link name="base_link">
        <!-- 部件外观描述 -->
        <visual>
            <!-- 沿自己几何中心的偏移与旋转量 -->
            <origin xyz="0 0 0" rpy="0 0 0" />
            <!-- 几何形状 -->
            <geometry>
                <!-- 圆柱体，半径为 0.10m，高度为 0.12m -->
                <cylinder length="0.12" radius="0.10" />
            </geometry>
            <!-- 材质子标签 - 白色 -->
            <material name="white">
                <color rgba="1.0 1.0 1.0 0.5" />
            </material>
        </visual>
    </link>

    <!-- 机器人 IMU 部件 -->
    <link name="imu_link">
        <visual>
            <origin xyz="0 0 0" rpy="0 0 0" />
```

```
                <geometry>
                    <box size="0.02 0.02 0.02" />
                </geometry>
            </visual>
            <material name="black">
                <color rgba="0 0 0 0.5" />
            </material>
        </link>

        <!-- 机器人关节 -->
        <joint name="imu_joint" type="fixed">
            <!-- 父部件 -->
            <parent link="base_link" />
            <!-- 子部件 -->
            <child link="imu_link" />
            <!-- 子部件相对父部件的平移和旋转 -->
            <origin xyz="0 0 0.03" rpy="0 0 0" />
        </joint>

    </robot>
```

在上面的 URDF 文件中，定义了一个叫作 first_robot 的机器人，并添加了两个部件和一个关节。

其中定义的第一个部件名字叫作 base_link，用于表示机器人的身体，同时为其添加了 visual 子标签。在 visual 子标签中，通过 geometry 标签定义其几何形状为半径 0.10m、高度 0.12m 的圆柱体；通过 material 来指定材质，color 表示颜色，rgba 指的是红、绿、蓝和不透明度，每一项颜色值的范围都在 0 ～ 1 之间；通过 origin 标签来指定其中心位置和方向，其中 xyz 是其中心位置沿几何中心的平移分量，rpy 是旋转分量，一般情况下，我们都将中心位置和几何中心位置保持一致。

第二个部件 imu_link 的定义和 base_link 类似，只不过几何形状采用了 box，材料颜色采用了黑色。

最后定义的是机器人关节，名字为 imu_joint，关节的类型为 fixed 即固定关节，关节连接的父部件为 base_link，子部件为 imu_link，子部件的中心位置相对父部件的中心位置的平移量为 "0 0 0.03"，无旋转分量。

编写完成后，便得到了一个基础的 URDF 文件了，此时我们可以使用 ROS 2 提供的 urdf_to_graphviz 将 URDF 结构进行可视化，在 URDF 文件同级终端使用代码清单 6-4 中的命令。

代码清单 6-4　使用 urdf_to_graphviz 将 URDF 结构转换为可视图像

```
$ urdf_to_graphviz first_robot.urdf first_robot
---
Created file first_robot.gv
Created file first_robot.pdf
```

可以看到，运行该命令后，会在当前目录创建一个 pdf 和 gv 格式的文件，其中 first_robot.pdf 文件内容如图 6-4 所示。

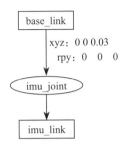

图 6-4　fisrt_robot.pdf 文件内容

仅仅看到 URDF 的结构还不够，我们如果能直观地看到机器人的样子就更好了，接下来我们尝试在 RViz 中将机器人显示出来。

6.2.2　在 RViz 中显示机器人

在第 5 章中我们学习了数据可视化工具 RViz，在 RViz 中，可以直接使用 RobotModel 模块从文件加载 URDF 并显示。

首先在终端中输入 rviz2，接着在 RViz 的 Display 模块中添加 RobotModel 模块，修改资源描述来源 Description Source 为 File，然后在 Description File 中选择我们刚刚编写的 first_robot.urdf 文件，最后修改 Fixed Frame 为 base_link，将 base_link 固定在原点位置。修改后的配置及显示结果如图 6-5 所示。

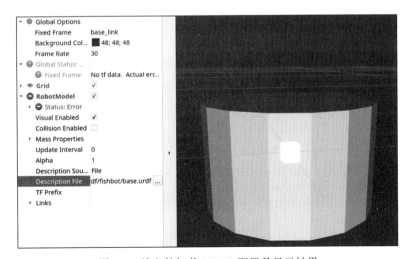

图 6-5　从文件加载 URDF 配置及显示结果

虽然可以通过加载文件的方式来显示机器人模型，但可以看到会出现 TF 错误，这是因为 RViz 要显示机器人模型，除了需要 URDF 之外，还需要通过 TF 输入各个部件之间的位姿关系。在 ROS 2 中，使用 robot_state_publisher 和 joint_state_publisher 可以将 URDF 文件转化为话题并将部件之间的位姿关系通过 TF 发布出来。使用前我们需要安装这两个依赖，安装命令如代码清单 6-5 所示。

代码清单 6-5　安装依赖

```
$ sudo apt install ros-$ROS_DISTRO-robot-state-publisher
$ sudo apt install ros-$ROS_DISTRO-joint-state-publisher
```

安装完成后不要忘记在功能包清单文件 package.xml 中进行依赖声明。

为了方便运行，我们使用 launch 文件组织节点，在 fishbot_description 目录下新建 launch 目录，接着创建 display_robot.launch.py，然后编写代码清单 6-6 中的代码。

代码清单 6-6　fishbot_description/launch/display_robot.launch.py

```
import launch
import launch_ros
from ament_index_python.packages import get_package_share_directory


def generate_launch_description():
    # 获取默认路径
    urdf_tutorial_path = get_package_share_directory('fishbot_description')
    default_model_path = urdf_tutorial_path + '/urdf/first_robot.urdf'
    # 为 launch 声明参数
    action_declare_arg_mode_path = launch.actions.DeclareLaunchArgument(
        name='model', default_value=str(default_model_path),
        description='URDF 的绝对路径')
    # 获取文件内容生成新的参数
    robot_description = launch_ros.parameter_descriptions.ParameterValue(
        launch.substitutions.Command(
            ['cat ', launch.substitutions.LaunchConfiguration('model')]),
        value_type=str)
    # 状态发布节点
    robot_state_publisher_node = launch_ros.actions.Node(
        package='robot_state_publisher',
        executable='robot_state_publisher',
        parameters=[{'robot_description': robot_description}]
    )
    # 关节状态发布节点
    joint_state_publisher_node = launch_ros.actions.Node(
        package='joint_state_publisher',
        executable='joint_state_publisher',
    )
    # RViz 节点
    rviz_node = launch_ros.actions.Node(
        package='rviz2',
        executable='rviz2',
    )
```

```
return launch.LaunchDescription([
    action_declare_arg_mode_path,
    joint_state_publisher_node,
    robot_state_publisher_node,
    rviz_node
])
```

代码清单 6-6 的代码并不复杂，和第 4 章中的 launch 文件相似，不同的是这里使用了 get_package_share_directory 获取了功能包的安装路径，接着通过拼接完成了对默认 URDF 目录的获取。又因为 robot_state_publisher 节点需要通过参数输入 URDF 文件内容，所以就使用了 Command 替换，Command 运行 cat 加模型文件路径指令，得到文件的内容，创建了一个新的参数值 ParameterValue 对象，最后在运行 robot_state_publisher 节点时通过 parameters 对参数值进行替换。

代码完成后，在 CMakeLists.txt 中将 urdf 和 launch 文件复制到 install 目录下，指令如代码清单 6-7 所示。

代码清单 6-7　复制 urdf 目录到 install 下

```
install(DIRECTORY  launch urdf
    DESTINATION share/${PROJECT_NAME}
)
```

接着在工作空间下构建功能包，接着 source 并启动 launch 文件，启动命令及日志，如代码清单 6-8 所示。

代码清单 6-8　运行显示 display_robot.launch.py

```
$ ros2 launch fishbot_description display_robot.launch.py
---
[INFO] [launch]: All log files can be found below /home/fishros/.ros/log/2023-05-
    14-02-00-37-017396-fishros-VirtualBox-48156
[INFO] [launch]: Default logging verbosity is set to INFO
[INFO] [joint_state_publisher-1]: process started with pid [48159]
[INFO] [robot_state_publisher-2]: process started with pid [48161]
[INFO] [rviz2-3]: process started with pid [48163]
[rviz2-3] qt.qpa.plugin: Could not find the Qt platform plugin "wayland" in ""
[robot_state_publisher-2] [INFO] [1684000837.232685152] [robot_state_publisher]:
    got segment base_link
[robot_state_publisher-2] [INFO] [1684000837.232901566] [robot_state_publisher]:
    got segment imu_link
[joint_state_publisher-1] [INFO] [1684000837.507099079] [joint_state_publisher]:
    Waiting for robot_description to be published on the robot_description
    topic...
[rviz2-3] [INFO] [1684000837.619703737] [rviz2]: Stereo is NOT SUPPORTED
[rviz2-3] [INFO] [1684000837.619810520] [rviz2]: OpenGl version: 4.5 (GLSL 4.5)
[rviz2-3] [INFO] [1684000837.678569738] [rviz2]: Stereo is NOT SUPPORTED
[rviz2-3] Warning: Invalid frame ID "camera_link" passed to canTransform argument
    target_frame - frame does not exist
[rviz2-3]                at line 93 in ./src/buffer_core.cpp
```

可以看到，运行后终端会出现 TF 错误，我们需要将 RViz 的 Displays 模块中的 Fixed Frame 修改为 base_link，添加 RobotModel 并修改 Description Source 为 Topic，接着在 Description Topic 处选择 /robot_description，配置如图 6-6 所示。

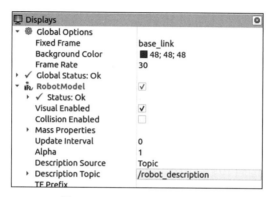

图 6-6   RobotModel 插件配置

你也可以添加 TF 进来，最终显示效果如图 6-7 所示。

图 6-7   URDF 模型在机器人中的显示效果

此时打开 rqt，选择 Plugins → Introspection → Node Graph 选项，取消对 tf 的隐藏显示后刷新，最终配置和机器人节点关系如图 6-8 所示。

从图 6-8 中可以看出 robot_state_publisher 节点通过话题 /robot_description 发布了 URDF 文件内容，通过 /tf 和 /tf_static 话题发布了 TF 信息。

对于关节类型为 fixed 的固定关节，则由 robot_state_publisher 通过静态广播直接发布，而对于可以移动的关节，robot_state_publisher 会先订阅 /joint_states 话题，获取关节的实时数据，然后通过动态 TF 发布，joint_state_publisher 就是负责发布这一话题的节点。

为了方便下次运行时不用手动添加组件，可以将当前 RViz 的配置保存为一个文件，建议放到 fishbot_description 功能包的 config/rviz 目录下，这里我保存的文件名为 display_model.rviz。我们可以修改 launch 文件，读取这个配置文件并传递给 rviz 节点，在 launch 中添加启动 rviz2 命令如代码清单 6-9 所示。

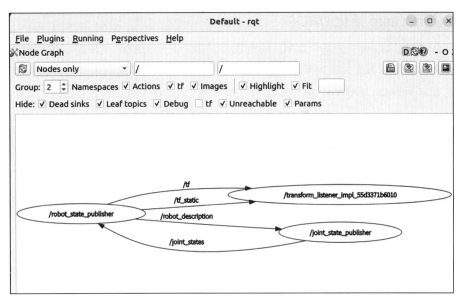

图 6-8 最终配置和机器人节点关系

代码清单 6-9 在 launch 中添加启动 rviz2 命令

```
...
def generate_launch_description():
    ...
    default_rviz_config_path = urdf_tutorial_path + '/config/rviz/display_model.
        rviz'
    ...
    # RViz 节点
    rviz_node = launch_ros.actions.Node(
        package='rviz2',
        executable='rviz2',
        arguments=['-d', default_rviz_config_path]
    )
        ...
```

代码清单 6-9 中首先通过拼接获取到了默认的配置文件路径，接着在节点中通过 arguments 将配置传递给 rviz2，这是我们第一次在 launch 的节点中使用 arguments，它和 parameters 的区别在于——parameters 将参数数据传递给节点的键值对，而 arguments 传递命令行参数，所以使用 arguments=['-d', default_rviz_config_path] 传递命令行参数和在 5.4.2 节介绍的使用命令行启动 RViz 并加载配置文件有一样的效果。

完成修改后，还需要修改 CMakeLists.txt，将 config 目录复制到 install 对应的目录下，否则会在运行时会找不到该配置文件。

修改后重新构建功能包并运行 launch 文件，此时你会发现，可以直接显示出机器人的模型了。相比直接写死的 URDF 文件，ROS 2 还提供了一个工具，用于动态地生成 URDF。

6.2.3 使用 Xacro 简化 URDF

Xacro（XML Macro）是基于 XML 的宏语言，用于简化 URDF 文件的创建和维护。使用它可以将部件等定义为宏，在需要的时候调用即可。接下来通过代码来进行测试，在 urdf 目录下创建 first_robot.urdf.xacro，然后编写代码清单 6-10 中的代码。

代码清单 6-10　first_robot.urdf.xacro

```xml
<?xml version="1.0"?>
<robot xmlns:xacro="http://www.ros.org/wiki/xacro" name="first_robot">
    <!-- 声明 base 模块 -->
    <xacro:macro name="base_link" params="length radius">
        <link name="base_link">
            <visual>
                <origin xyz="0 0 0" rpy="0 0 0" />
                <geometry>
                    <cylinder length="${length}" radius="${radius}" />
                </geometry>
                <material name="white">
                    <color rgba="1.0 1.0 1.0 0.5" />
                </material>
            </visual>
        </link>
    </xacro:macro>
    <!-- 声明 IMU 模块 -->
    <xacro:macro name="imu_link" params="imu_name xyz">
        <link name="${imu_name}_link">
            <visual>
                <origin xyz="0 0 0" rpy="0 0 0" />
                <geometry>
                    <box size="0.02 0.02 0.02" />
                </geometry>
            </visual>
            <material name="black">
                <color rgba="0 0 0 0.5" />
            </material>
        </link>
        <joint name="${imu_name}_joint" type="fixed">
            <parent link="base_link" />
            <child link="${imu_name}_link" />
            <origin xyz="${xyz}" />
        </joint>
    </xacro:macro>
    <!-- 传递参数调用 base_link 模块 -->
    <xacro:base_link length="0.12" radius="0.1" />
    <!-- 传递参数调用 imu 模块 -->
    <xacro:imu_link imu_name="imu_up" xyz="0 0 0.02" />
    <xacro:imu_link imu_name="imu_down" xyz="0 0 -0.02" />

</robot>
```

代码清单 6-10 中，在 robot 标签中增加了属性 <robot xmlns:xacro="http://www.ros.org/wiki/xacro" name="first_robot">，表示该 URDF 中使用了 Xacro 宏语言。接着使用 xacro:macro 标签声明名字为 base_link，参数为 length 和 radius 的宏，定义结构如代码清单 6-11 所示。

代码清单 6-11 Xacro 宏定义的结构

```
<xacro:macro name="base_link" params="length radius">
...
</xacro:macro>
```

在宏的内部，可以使用 ${参数名称} 获取替换参数值，比如在 base_link 宏定义里，使用 ${length} 和 ${radius} 获取长度和半径参数的值。

使用宏定义的时候，使用 xacro: 宏名称标签，并传递参数即可，比如使用 base_link 宏创建一个半径为 0.1、高度为 0.12 的宏 base_link 部件对应代码为 <xacro:base_link length="0.12" radius="0.1" />。

代码清单 6-10 中，还定义了 imu_link 宏，将 link 和 joint 都放入宏里，然后将 imu_name 和关节位置信息进行参数化，这样便可以实现对 imu_link 宏的复用。在 URDF 的最后，分别调用了 imu_link 宏，传入了不同的名称和位置，生成了两个 imu 部件。

Xacro 不能直接作为 URDF 使用，需要通过工具将 Xacro 解析成 URDF 格式，可以使用代码清单 6-12 中的命令安装该工具。

代码清单 6-12 使用命令安装 xacro

```
$ sudo apt install ros-$ROS_DISTRO-xacro
```

安装完成后，在终端进入 fishbot_description/urdf 目录，然后使用代码清单 6-13 中的命令就可以实现将 Xacro 解析成 URDF。

代码清单 6-13 使用命令将 xacro 转换成 URDF 格式

```
$ xacro first_robot.urdf.xacro
---
<?xml version="1.0" ?>
<!-- ================================================================= -->
<!-- | This document was autogenerated by xacro from first_robot.urdf.xacro| -->
<!-- |    EDITING THIS FILE BY HAND IS NOT RECOMMENDED|                -->
<!-- ================================================================= -->
<robot name="first_robot">
    <link name="base_link">
        <visual>
            <origin rpy="0 0 0" xyz="0 0 0"/>
            <geometry>
                <cylinder length="0.12" radius="0.12"/>
            </geometry>
            <material name="white">
                <color rgba="1.0 1.0 1.0 0.5"/>
            </material>
        </visual>
    </link>
```

```
<link name="imu_up_link">
    <visual>
        <origin rpy="0 0 0" xyz="0 0 0"/>
        <geometry>
            <box size="0.02 0.02 0.02"/>
        </geometry>
    </visual>
    <material name="black">
        <color rgba="0 0 0 0.5"/>
    </material>
</link>
<joint name="imu_up_joint" type="fixed">
    <parent link="base_link"/>
    <child link="imu_up_link"/>
    <origin xyz="0 0 0.02"/>
</joint>
<link name="imu_down_link">
    <visual>
        <origin rpy="0 0 0" xyz="0 0 0"/>
        <geometry>
            <box size="0.02 0.02 0.02"/>
        </geometry>
    </visual>
    <material name="black">
        <color rgba="0 0 0 0.5"/>
    </material>
</link>
<joint name="imu_down_joint" type="fixed">
    <parent link="base_link"/>
    <child link="imu_down_link"/>
    <origin xyz="0 0 -0.02"/>
</joint>
</robot>
```

可以看到，此时所有关于 Xacro 的定义都消失了，取而代之的是对应的 URDF 格式的文件。接着我们在 RViz 中对该文件进行显示。

由于使用 xacro 命令 + 空格 + 文件路径，便可以转换为 URDF 格式，所以我们只需要将 display_robot.launch.py 中，将获取文件内容的 'cat' 命令替换成 'xacro' 即可，修改完成的代码如代码清单 6-14 所示。

代码清单 6-14　修改 cat 获取文件内容为 xacro 转换格式

```
def generate_launch_description():
    ...
    # 获取文件内容生成新的参数
    robot_description = launch_ros.parameter_descriptions.ParameterValue(
        launch.substitutions.Command(
            ['xacro ', launch.substitutions.LaunchConfiguration('model')]),
        value_type=str)
    ...
```

在工作空间下重新构建和启动 launch 文件，并修改 model 参数为对应的文件地址，可以直接在 VS Code 对应文件上右击复制路径，命令如代码清单 6-15 所示，显示结果如图 6-9 所示。

代码清单 6-15　修改 model 参数为对应的文件地址

```
# 需要将 ... 替换为你的文件所在路径
$ ros2 launch fishbot_description display_robot.launch.py model:=.../first_robot.
    urdf.xacro
```

图 6-9　Xacro 定义机器人的显示结果

从上面的例子就可以看出，Xacro 除了可以通过定义宏来复用代码，还可以进行嵌套调用，接下来我们就尝试利用 Xacro 完善机器人模型。

6.2.4　创建机器人及传感器部件

FishBot 是鱼香 ROS 工作室设计的一款开源移动机器人，从本节开始，我们就来尝试创建一个 FishBot 机器人模型。

在 chapt6_ws/src/fishbot_description/urdf/ 目录下新建 fishbot 目录，然后在该目录下新建 base.urdf.xacro，编写如代码清单 6-16 所示的代码。

代码清单 6-16　fishbot/base.urdf.xacro

```
<?xml version="1.0"?>
<robot xmlns:xacro="http://www.ros.org/wiki/xacro">
    <xacro:macro name="base_xacro" params="length radius">
        <link name="base_link">
            <visual>
                <origin xyz="0 0 0.0" rpy="0 0 0" />
                <geometry>
                    <cylinder length="${length}" radius="${radius}" />
                </geometry>
                <material name="white">
                    <color rgba="1.0 1.0 1.0 0.5"/>
                </material>
            </visual>
        </link>
    </xacro:macro>

</robot>
```

代码清单 6-16 的代码和 6.2.3 节中的类似，定义了一个名为 base_xacro 的宏，并将半径和长度设置成参数，方便调整。创建完身体组件，接着我们来创建传感器组件，在 fishbot 目录下新建 sensor 子目录，然后在 sensor 下新建 imu.urdf.xacro，编写代码清单 6-17 中的代码。

代码清单 6-17　fishbot/sensor/imu.urdf.xacro

```xml
<?xml version="1.0"?>
<robot xmlns:xacro="http://www.ros.org/wiki/xacro">
    <xacro:macro name="imu_xacro" params="xyz">
        <link name="imu_link">
            <visual>
                <origin xyz="0 0 00" rpy="0 0 0" />
                <geometry>
                    <box size="0.02 0.02 0.02" />
                </geometry>
                <material name="black">
                    <color rgba="0 0 0 0.8" />
                </material>
            </visual>
        </link>

        <joint name="imu_joint" type="fixed">
            <parent link="base_link" />
            <child link="imu_link" />
            <origin xyz="${xyz}" />
        </joint>
    </xacro:macro>
</robot>
```

代码清单 6-17 中，定义了一个 imu_xacro 的宏，在宏内定义了一个部件和关节，关节 imu_joint 将 imu_link 和 base_link 固定连接，固定的位置通过参数 xyz 进行传递。接着在 sensor 目录下新建 camera.urdf.xacro，然后编写代码清单 6-18 中的代码。

代码清单 6-18　fishbot/sensor/camera.urdf.xacro

```xml
<?xml version="1.0"?>
<robot xmlns:xacro="http://www.ros.org/wiki/xacro">
    <xacro:macro name="camera_xacro" params="xyz">
        <!-- =========== 相机模块 ============== -->
        <link name="camera_link">
            <visual>
                <origin xyz="0 0 0.0" rpy="0 0 0" />
                <geometry>
                    <box size="0.02 0.10 0.02" />
                </geometry>
                <material name="green">
                    <color rgba="0.0 1.0 0.0 0.8"/>
                </material>
            </visual>
        </link>
```

```
        <joint name="camera_joint" type="fixed">
            <parent link="base_link" />
            <child link="camera_link" />
            <origin xyz="${xyz}" />
        </joint>
    </xacro:macro>

</robot>
```

上面的代码和代码清单 6-17 类似，代码中定义了一个名为 camera_xacro 的宏，相机部件固定的位置通过参数 xyz 进行传递。接着在 sensor 目录下新建 laser.urdf.xacro，然后编写代码清单 6-19 中的代码。

代码清单 6-19　fishbot/sensor/laser.urdf.xacro

```
<?xml version="1.0"?>
<robot xmlns:xacro="http://www.ros.org/wiki/xacro">
    <xacro:macro name="laser_xacro" params="xyz">
        <!-- =========== 雷达支撑杆 =============== -->
        <link name="laser_cylinder_link">
            <visual>
                <origin xyz="0 0 0" rpy="0 0 0" />
                <geometry>
                    <cylinder length="0.10" radius="0.01" />
                </geometry>
                <material name="green">
                    <color rgba="0.0 1.0 0.0 0.8" />
                </material>
            </visual>
        </link>

        <joint name="laser_cylinder_joint" type="fixed">
            <parent link="base_link" />
            <child link="laser_cylinder_link" />
            <origin xyz="${xyz}" />
        </joint>
        <!-- =========== 雷达 =============== -->
        <link name="laser_link">
            <visual>
                <origin xyz="0 0 0" rpy="0 0 0" />
                <geometry>
                    <cylinder length="0.02" radius="0.02" />
                </geometry>
                <material name="green">
                    <color rgba="0.0 1.0 0.0 0.8" />
                </material>
            </visual>
        </link>
```

```
<joint name="laser_joint" type="fixed">
    <parent link="laser_cylinder_link" />
    <child link="laser_link" />
    <origin xyz="0 0 0.05" />
</joint>

</xacro:macro>

</robot>
```

上面的代码用于描述一个雷达传感器组件宏 laser_xacro，在宏内定义了一个雷达支撑杆和一个雷达，并将雷达固定在雷达支撑杆的顶端。创建完机器人身体和各个传感器的宏之后，接下来就是组装环节了，在 urdf/fishbot/ 下新建 fishbot.urdf.xacro，然后编写如代码清单 6-20 所示的代码。

代码清单 6-20   urdf/fishbot/fishbot.urdf.xacro

```
<?xml version="1.0"?>
<robot xmlns:xacro="http://www.ros.org/wiki/xacro" name="fishbot">
    <xacro:include filename="$(find fishbot_description)/urdf/fishbot/base.urdf.
        xacro" />
    <!-- 传感器组件 -->
    <xacro:include filename="$(find fishbot_description)/urdf/fishbot/sensor/imu.
        urdf.xacro" />
    <xacro:include filename="$(find fishbot_description)/urdf/fishbot/sensor/
        laser.urdf.xacro" />
    <xacro:include filename="$(find fishbot_description)/urdf/fishbot/sensor/
        camera.urdf.xacro" />

    <xacro:base_xacro length="0.12" radius="0.1" />
    <!-- 传感器 -->
    <xacro:imu_xacro xyz="0 0 0.02" />
    <xacro:laser_xacro xyz="0 0 0.10" />
    <xacro:camera_xacro xyz="0.10 0 0.075" />
</robot>
```

代码清单 6-20 中，通过 xacro:include 标签来包含其他的 Xacro 文件，通过该标签的filename 属性可以指定要包含的 Xacro 文件的文件名称，需要注意的是，通过 $(find fishbot_description) 可以查找功能包的安装目录。关于传感器位置值的设定，代码清单中的设置值可作为参考，你也可以根据显示效果进行调整。完成后我们重新构建并运行 display_robot.launch.py，并指定模型为 fishbot.urdf.xacro，最终显示效果如图 6-10 所示。

只有传感器没有执行器，机器人不会动可不行，接下来我们给机器人添加执行器。

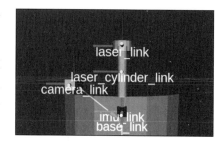

图 6-10   机器人本体及传感器建模显示效果

6.2.5　完善机器人执行器部件

FishBot 分为多个系列,其中最基础的系列为拥有两个驱动轮的差速模型,只有两个轮子没办法保持直立,一般都会采用万向轮作为支撑轮子来使用。我们采用圆柱表示驱动轮,采用球体表示万向轮,接下来分别创建驱动轮和万向轮。

在 fishbot 目录下新建 actuator 子目录,然后在 actuator 下新建 wheel.urdf.xacro,编写如代码清单 6-21 所示的代码。

代码清单 6-21　fishbot/actuator/wheel.urdf.xacro

```
<?xml version="1.0"?>
<robot xmlns:xacro="http://www.ros.org/wiki/xacro">
    <xacro:macro name="wheel_xacro" params="wheel_name xyz">
        <link name="${wheel_name}_wheel_link">
            <visual>
                <origin xyz="0 0 0" rpy="1.57079 0 0" />
                <geometry>
                    <cylinder length="0.04" radius="0.032" />
                </geometry>
                <material name="yellow">
                    <color rgba="1.0 1.0 0.0 0.8"/>
                </material>
            </visual>
        </link>

        <joint name="${wheel_name}_wheel_joint" type="continuous">
            <parent link="base_link" />
            <child link="${wheel_name}_wheel_link" />
            <origin xyz="${xyz}" />
            <axis xyz="0 1 0" />
        </joint>
    </xacro:macro>
</robot>
```

代码清单 6-21 中,声明了名称为 wheel_xacro 的宏,参数是轮子名称和固定位置。因为默认轮子是躺平状态,所以这里调整了轮子部件中 rpy 的值,将 r 部分调整成了 1.57079 rad,即 90°,将轮子竖起来。除此之外,在关节定义部分,关节类型采用连续关节 continuous,该类型关节可以绕着某个轴进行无限制的旋转。除了固定和连续关节,还有旋转、浮动和平面关节。在关节标签中添加了 axis 子标签,用于表示旋转轴和方向,<axis xyz="0 1 0" /> 则表示绕 y 轴正方向旋转。

完成驱动轮的定义,接着定义万向轮部分,在 actuator 中新建 caster.urdf.xacro 文件,然后编写代码清单 6-22 中的代码。

代码清单 6-22　fishbot/actuator/caster.urdf.xacro

```
<?xml version="1.0"?>
<robot xmlns:xacro="http://www.ros.org/wiki/xacro">
    <xacro:macro name="caster_xacro" params="caster_name xyz">
```

```
<link name="${caster_name}_caster_link">
    <visual>
        <origin xyz="0 0 0" rpy="0 0 0" />
        <geometry>
            <sphere radius="0.016" />
        </geometry>
        <material name="yellow">
            <color rgba="1.0 1.0 0.0 0.8"/>
        </material>
    </visual>
</link>

<joint name="${caster_name}_caster_joint" type="fixed">
    <parent link="base_link" />
    <child link="${caster_name}_caster_link" />
    <origin xyz="${xyz}" />
    <axis xyz="0 0 0" />
</joint>

    </xacro:macro>
</robot>
```

万向轮的定义和驱动轮类似，万向轮的几何形状采用的是圆球形状，半径为 0.016，关节部分采用的是固定的类型。完成后再次修改 fishbot.urdf.xacro，主要添加内容如代码清单 6-23 所示。

代码清单 6-23   fishbot/actuator/fishbot.urdf.xacro

```
<?xml version="1.0"?>
<robot xmlns:xacro="http://www.ros.org/wiki/xacro" name="fishbot">
        ...
        <!-- 执行器组件 -->
    <xacro:include filename="$(find fishbot_description)/urdf/fishbot/actuator/
        wheel.urdf.xacro" />
    <xacro:include filename="$(find fishbot_description)/urdf/fishbot/actuator/
        caster.urdf.xacro" />
    ...
    <!-- 执行器主动轮 + 从动轮 -->
    <xacro:wheel_xacro wheel_name="left" xyz="0 0.10 -0.06" />
    <xacro:wheel_xacro wheel_name="right" xyz="0 -0.10 -0.06" />
    <xacro:caster_xacro caster_name="front" xyz="0.08 0.0 -0.076" />
    <xacro:caster_xacro caster_name="back" xyz="-0.08 0.0 -0.076" />

</robot>
```

这里分别定义了左、右两个驱动轮和前、后两个万向轮，形成一个四轮的结构。保存之后重新构建并运行，结果如图 6-11 所示。

整个机器人的所有部件建模到这里就完成了，但仔细观察应该会发现一个问题，如果 RViz 的坐标系固定在 base_link 上，机器人的轮子便跑到了地面之下。这个问题可以通过添加一个刚好在地面的虚拟部件来解决。

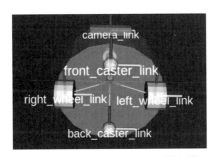

图 6-11　添加了执行器后的机器人模型

6.2.6　贴合地面，添加虚拟部件

在 RViz 中水平观察机器人，你会发现机器人的轮子陷入到了地面之下，通过添加虚拟关节可以解决这一问题，在 src/fishbot_description/urdf/fishbot/base.urdf.xacro 中添加代码清单 6-24 中的代码。

代码清单 6-24　fishbot/base.urdf.xacro

```
<?xml version="1.0"?>
<robot xmlns:xacro="http://www.ros.org/wiki/xacro">
    <xacro:macro name="base_xacro" params="length radius">
        <link name="base_footprint" />

        <joint name="base_joint" type="fixed">
            <parent link="base_footprint" />
            <child link="base_link" />
            <origin xyz="0.0 0.0 ${length/2.0+0.032-0.001}" rpy="0 0 0" />
        </joint>

        ...

    </xacro:macro>
</robot>
```

这里首先声明了名称为 base_footprint 的空部件，然后将 base_link 固定在这个部件的上方，高度则设置为机器人身体高度的一半加上轮子的半径，再稍微减去 1 mm，让轮子可以贴紧地面。

保存好后，重新运行，修改 fixed frame 为 base_footprint，最终效果如图 6-12 所示，可以看到机器人的轮子已经刚好贴着地面了。

好了，到这里便完成了对 FishBot 的身体传感器以及执行器的基本建模。但在正式仿真前，我们还需要给机器人添加物理属性。

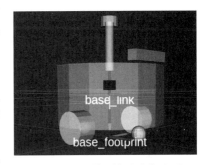

图 6-12　机器人轮子贴合地面

6.3   添加物理属性让机器人更真实

虽然上一节我们完成了对机器人各组件的建模，让机器人看起来像那么回事，但总觉得还少了点什么。没错，少的就是物理属性，真正的机器人部件一定是有重量和惯性的，机器人关节也是有力矩的。接着我们来一起给机器人添加这些属性。

6.3.1   为机器人部件添加碰撞属性

在实际仿真中，当机器人与其他物体进行接触时，难免会发生碰撞，比如轮子和地面接触，也可以视为一种碰撞。所以为了能让机器人和其他物体交互时更加准确和安全，就需要给机器人部件添加碰撞属性。

在 URDF 中，可以直接在 link 标签下添加 collision 子标签来添加碰撞属性。collision 标签的内容可以和 visual 相同，也可以根据实际需要设置，比如对于 base_link 部件，collision 的几何形状可以设置为 visual 的圆柱形，也可以设置成盒状。

接着我们来修改 base.urdf.xacro，将 visual 子标签复制粘贴一份，然后修改标签名称为 collision 即可完成碰撞属性的添加，完成后的代码如代码清单 6-25 所示。

代码清单 6-25   fishbot/base.urdf.xacro

```xml
<?xml version="1.0"?>
<robot xmlns:xacro="http://www.ros.org/wiki/xacro">
    <xacro:macro name="base_xacro" params="length radius">
        <link name="base_link">
            <visual>
            ...
            </visual>
            <collision>
                <origin xyz="0 0 0.0" rpy="0 0 0" />
                <geometry>
                    <cylinder length="${length}" radius="${length}" />
                </geometry>
                <material name="white">
                    <color rgba="1.0 1.0 1.0 0.5"/>
                </material>
            </collision>
        </link>
    </xacro:macro>
</robot>
```

继续来修改其他部件，使用同样的方法，把其他部件都添加上碰撞属性。完成后再次构建并运行 launch，在 RViz 中显示机器人模型。

接着修改 RobotModel 配置，如图 6-13 所示，去掉 Visual Enabled 的勾选即可隐藏 Visual 外观，然后勾选 Collsion Enabled 即可显示出碰撞模型。

由于我们将碰撞属性设置成与外观属性相同，最终碰撞显示效果和外观一致，如图 6-14 所示。

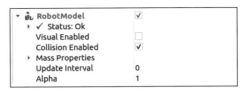

图 6-13　碰撞外观显示配置

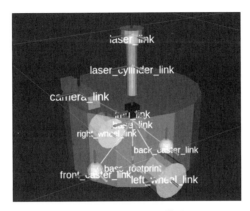

图 6-14　碰撞显示效果

完成碰撞属性后，我们来给机器人添加质量和惯性。

6.3.2　为机器人部件添加质量与惯性

真实的机器人部件肯定是有质量的，既然有质量，那么在运动的时候就会有惯性。质量可以直接使用多少千克表示，而旋转惯性则需要使用一个 3×3 的矩阵表示。该矩阵的形式如图 6-15 所示。

ixx	ixy	ixz
ixy	iyy	iyz
ixz	iyz	izz

图 6-15　旋转矩阵格式

从图中不难看出，该矩阵是对称的，所以只需要 6 个数据就可以表示机器人部件的旋转惯性。一般这 6 个数据都可以从建模工具中导出来，不过针对质量分布均匀的几何体来说，可以通过公式计算出惯性矩阵。

对于一个质量为 m，宽为 w，高为 h，长为 d 的长方体来说，其惯性矩阵如下所示。

$$I = \begin{pmatrix} m(h^2 + d^2)/12 & 0 & 0 \\ 0 & m(w^2 + d^2)/12 & 0 \\ 0 & 0 & m(w^2 + h^2)/12 \end{pmatrix}$$

对于一个质量为 m，半径为 r，高度为 h 的圆柱体来说，其惯性矩阵如下所示。

$$I = \begin{pmatrix} m(3r^2 + h^2)/12 & 0 & 0 \\ 0 & m(3r^2 + h^2)/12 & 0 \\ 0 & 0 & mr^2/2 \end{pmatrix}$$

对于一个质量为 m，半径为 r 的球体来说，其惯性矩阵如下所示。

$$I = \begin{pmatrix} 2mr^2/5 & 0 & 0 \\ 0 & 2mr^2/5 & 0 \\ 0 & 0 & 2mr^2/5 \end{pmatrix}$$

使用 Xacro 结合上面的惯性公式，可以编写一个惯性和质量专用的宏定义，在 urdf/fishbot 目录下新建 common_inertia.xacro 文件，编写代码清单 6-26 中的代码。

代码清单 6-26   fishbot/common_inertia.xacro

```xml
<?xml version="1.0"?>
<robot xmlns:xacro="http://ros.org/wiki/xacro">
    <xacro:macro name="box_inertia" params="m w h d">
        <inertial>
            <mass value="${m}" />
            <inertia ixx="${(m/12) * (h*h + d*d)}" ixy="0.0" ixz="0.0" iyy="${(m/12)
                * (w*w + d*d)}" iyz="0.0" izz="${(m/12) * (w*w + h*h)}" />
        </inertial>
    </xacro:macro>

    <xacro:macro name="cylinder_inertia" params="m r h">
        <inertial>
            <mass value="${m}" />
            <inertia ixx="${(m/12) * (3*r*r + h*h)}" ixy="0" ixz="0"
                iyy="${(m/12) * (3*r*r + h*h)}" iyz="0" izz="${(m/2) * (r*r)}" />
        </inertial>
    </xacro:macro>

    <xacro:macro name="sphere_inertia" params="m r">
        <inertial>
            <mass value="${m}" />
            <inertia ixx="${(2/5) * m * (r*r)}" ixy="0.0" ixz="0.0" iyy="${(2/5)
                * m * (r*r)}" iyz="0.0" izz="${(2/5) * m * (r*r)}" />
        </inertial>
    </xacro:macro>

</robot>
```

代码清单 6-26 中，依次定义了长方体、圆柱体和球体相关的宏，在宏中，使用标签 inertial 描述机器人的惯量，其中子标签 mass 用于描述质量，子标签 inertia 用于描述惯量。

编写完成后，我们就可以在其他 Xacro 文件导入并使用该宏了，修改 base.urdf.xacro，添加导入及对该宏的调用，如代码清单 6-27 所示。

代码清单 6-27   fishbot/base.urdf.xacro

```xml
<?xml version="1.0"?>
<robot xmlns:xacro="http://www.ros.org/wiki/xacro">
    <xacro:include filename="$(find fishbot_description)/urdf/fishbot/common_
        inertia.xacro" />
    <xacro:macro name="base_xacro" params="length radius">
```

```
<link name="base_link">
    ...
    <xacro:cylinder_inertia m="1.0" r="${radius}" h="${length}"/>
</link>
</xacro:macro>
</robot>
```

部件的质量大小可以根据日常经验给定。使用同样的方法，依次修改其他部件的内部参数，再次构建并运行 launch，在 RViz 中显示机器人模型。

接着修改 RobotModel 配置，取消 Visual Enabled 的勾选，隐藏 Visual 外观，然后勾选 Mass Properties 选项中的 Mass，可以看到如图 6-16 所示的质量配置视图。

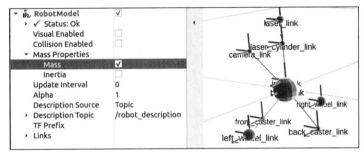

图 6-16 机器人质量配置视图

取消 Mass 勾选，勾选 Inertia 视图，即可看到如图 6-17 所示的惯性视图。

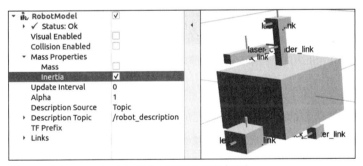

图 6-17 机器人惯性视图

好了，到这里便成功地将机器人的模型建立完成了，下一步我们就将机器人导入仿真软件中进行仿真。

6.4 在 Gazebo 中完成机器人仿真

ROS 2 本身是不提供仿真功能的，所以要完成仿真就需要结合其他软件实现。前面介绍的仿真软件中，Gazebo 对 ROS 2 的支持相对更加友好，所以我们就使用 Gazebo 完成接下来的机器人仿真学习。首先我们来看如何安装 Gazebo 并将机器人放到 Gazebo 中。

6.4.1　安装与使用 Gazebo 构建世界

类似于 Gazebo 的仿真软件一般对显示和内存有一定要求，所以我推荐你使用真机来完成下面的学习，不过虚拟机通过调整设置也可以勉强使用。

以我们在第 1 章安装的 VirtualBox 虚拟机为例，关闭状态下，在对应的虚拟机上右击，选择"设置"选项，在"设置"界面的左侧选择"显示"，将显存大小调整为最大，勾选"扩展特性中启动 3D 加速"，完成后的设置如图 6-18 所示。

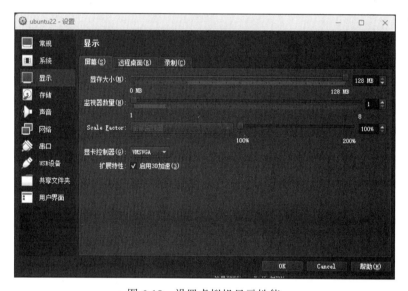

图 6-18　设置虚拟机显示性能

单击 OK 按钮后，重新启动虚拟机就完成了对虚拟机显示性能的优化。接着来安装 Gazebo，使用代码清单 6-28 中的命令即可完成安装。

代码清单 6-28　安装 Gazebo

```
$ sudo apt install gazebo
```

除了安装 Gazebo 外，我们还可以下载一些模型文件到系统的 gazebo 配置目录下，文件可以直接从 github 克隆，命令如代码清单 6-29 所示。

代码清单 6-29　下载 Gazebo 模型

```
$ mkdir -p ~/.gazebo
$ cd ~/.gazebo
$ git clone https://gitee.com/ohhuo/gazebo_models.git ~/.gazebo/models
  $ rm -rf ~/.gazebo/models/.git # 删掉 .git 防止误识别为模型
```

完成安装和下载模型后就可以启动 Gazebo 了，在终端里输入代码清单 6-30 中的命令，启动 Gazebo。

代码清单 6-30　启动 Gazebo

```
$ gazebo
```

启动后 Gazebo 默认加载了空世界模型，界面如图 6-19 所示。

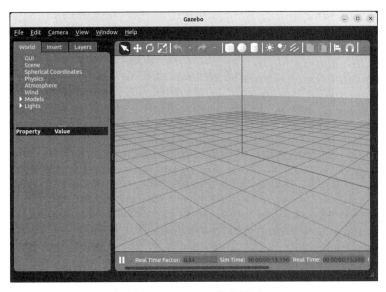

图 6-19　Gazebo 仿真界面

我们可以在 Gazebo 左上方单击 Insert 选项卡，然后选择 Ambulance，再次单击右边的空区域，就可以插入一个救护车模型，结果如图 6-20 所示。

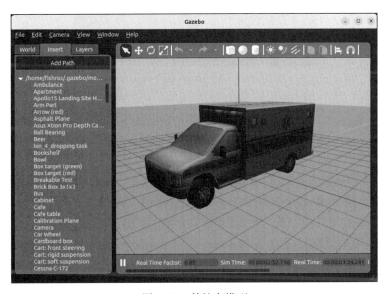

图 6-20　救护车模型

从当前世界移除模型也很简单，在救护车上右击，选择 Delete，即可移除救护车模型，操作如图 6-21 所示。

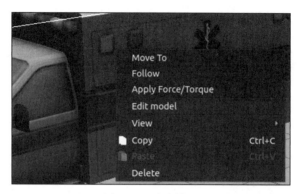

图 6-21   移除模型

除了可以直接使用下载好的模型，Gazebo 还支持手动地画墙，现在我们来尝试设计一个小房间。

如图 6-22 所示，在工具栏选择 Edit → Building Editor 选项。

图 6-22   建立墙体模型

接着将打开建筑编辑界面，在左边选择 Create Walls 下的 Wall，然后在右上方的空白处画墙，完成的三室一厅实际效果如图 6-23 所示，需要注意的是可以通过鼠标滚轮调整实际地图的比例尺。

简单地画一个闭环的墙体和房间后，选择 File → Exit Building Editor 选项，会弹出如图 6-24 所示的对话框，提示是否保存墙体编辑文件。

单击 Save and Exit 按钮，就会弹出如图 6-25 所示的保存模型的对话框。

首先输入模型的名字，这里命名为 room，然后选择保存的位置，单击 Browse，选择 fishbot_description 功能包所在目录，接着在目录下新建 world 文件夹，单击 Choose 即可。最后单击 Save 按钮即可在 Gazebo 界面中看到我们建好的房间模型，如图 6-26 所示。

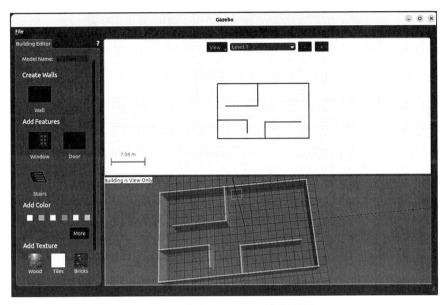

图 6-23　完成的三室一厅实际效果

图 6-24　退出编辑选项

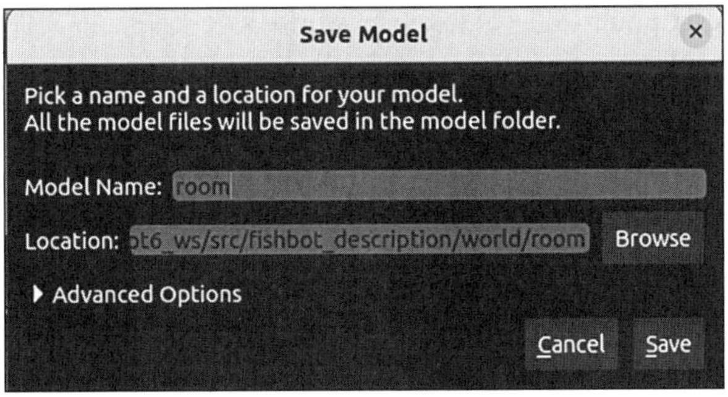

图 6-25　保存模型到指定文件夹

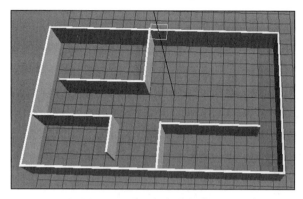

图 6-26　建立好的房间模型

空空的房间显得有些单调，你可以在 Gazebo 中插入一些家具，也可以使用如图 6-27 所示的工具栏按钮，直接插入标准的几何体。

图 6-27　标准几何体

完成后，我们就可以将当前世界保存起来，选择标题栏 File → Save World As 选项，就会弹出如图 6-28 所示的保存界面。

图 6-28　保存当前世界

保存在 fishbot_description 功能包目录下的 world 文件夹中，将文件命名为 custom_room.world，然后单击 Save 即可。下次启动 Gazebo 时，直接使用 gazebo 命令加世界文件路径即可直接加载世界模型。

用 VS Code 打开 src/fishbot_description/world/custom_room.world 文件，该文件部分内容如代码清单 6-31 所示。

代码清单 6-31　src/fishbot_description/world/custom_room.world

```
<sdf version='1.7'>
    <world name='default'>
            ...
        <link name='link'>
            <collision name='collision'>
```

```
            <geometry>
                ...
            </geometry>
            ...
        </collision>
        <visual name='visual'>
            <geometry>
                ...
            </geometry>
            <material>
                ...
            </material>
        </visual>
        ...
    </link>
    ...
</sdf>
```

再打开房间模型文件 src/fishbot_description/world/room/model.sdf，不难发现 Gazebo 模型文件和世界文件跟 URDF 一样都是 XML 格式的。同时还可以看到一些熟悉的标签，比如 link、visual 和 collision 等。

Gazebo 所使用的模型文件格式为 sdf 格式，它继承并扩展了 URDF，这也是为什么 Gazebo 的模型文件在细节上和 URDF 相似的原因。

6.4.2 在 Gazebo 中加载机器人模型

Gazebo 使用的是 sdf 格式，而我们的机器人建模使用的是 URDF，所以要想在 Gazebo 中显示机器人模型，就需要将 URDF 转换成 sdf。不用操心如何转换，因为 ROS 2 提供了一些功能包，可以帮助我们直接实现这一转换。

在终端中输入代码清单 6-32 中的命令，安装 gazebo-ros-pkgs 依赖。

代码清单 6-32 安装 gazebo-ros-pkgs 插件

```
$ sudo apt install ros-$ROS_DISTRO-gazebo-ros-pkgs
```

安装完成后，在 src/fishbot_description/launch 下新建 gazebo_sim.launch.py，编写如代码清单 6-33 所示的内容。

代码清单 6-33 src/fishbot_description/launch/gazebo_sim.launch.py

```python
import launch
import launch_ros
from ament_index_python.packages import get_package_share_directory
from launch.launch_description_sources import PythonLaunchDescriptionSource

def generate_launch_description():
    # 获取默认路径
    robot_name_in_model = "fishbot"
    urdf_tutorial_path = get_package_share_directory('fishbot_description')
```

```
default_model_path = urdf_tutorial_path + '/urdf/fishbot/fishbot.urdf.xacro'
default_world_path = urdf_tutorial_path + '/world/custom_room.world'
# 为 launch 声明参数
action_declare_arg_mode_path = launch.actions.DeclareLaunchArgument(
    name='model', default_value=str(default_model_path),
    description='URDF 的绝对路径')
# 获取文件内容生成新的参数
robot_description = launch_ros.parameter_descriptions.ParameterValue(
    launch.substitutions.Command(
        ['xacro ', launch.substitutions.LaunchConfiguration('model')]),
    value_type=str)

robot_state_publisher_node = launch_ros.actions.Node(
    package='robot_state_publisher',
    executable='robot_state_publisher',
    parameters=[{'robot_description': robot_description}]
)


# 通过 IncludeLaunchDescription 包含另外一个 launch 文件
launch_gazebo = launch.actions.IncludeLaunchDescription(
    PythonLaunchDescriptionSource([get_package_share_directory(
            'gazebo_ros'), '/launch', '/gazebo.launch.py']),
        # 传递参数
    launch_arguments=[('world', default_world_path),('verbose','true')]
)
# 请求 Gazebo 加载机器人
spawn_entity_node = launch_ros.actions.Node(
    package='gazebo_ros',
    executable='spawn_entity.py',
    arguments=['-topic', '/robot_description',
                '-entity', robot_name_in_model, ])

return launch.LaunchDescription([
    action_declare_arg_mode_path,
    robot_state_publisher_node,
    launch_gazebo,
    spawn_entity_node
])
```

代码清单 6-33 的前半部分我们已经很熟悉了，通过路径拼接获取了 world 文件所在的路径，使用 robot_state_publisher_node 加载 URDF 并通过 /robot_description 发布话题。

后半部分使用了 IncludeLaunchDescription，用于在当前的 launch 中包含另外一个 launch 文件。首先通过拼接路径的方式，获取了 gazebo.launch.py 文件路径，接着使用 Python-LaunchDescriptionSource 转换成一个 launch 的描述资源。

gazebo.launch.py 是由 gazebo_ros 功能包提供的用于启动 Gazebo 的 launch 文件，可以通过参数传递相关配置，这里我们就使用 launch_arguments 传递了两个参数，第一个是世界模型参数 world 的路径，第二个 verbose 表示是否显示详细日志，这里设置为 true。

我们还创建了 spawn_entity_node，调用 gazebo_ros 功能包下的 spawn_entity.py 节点，指定从话题 /robot_description 获取机器人模型，同时设置显示的机器人模型名称为 fishbot。该节点启动后会先从话题获取 URDF，接着将 URDF 转换成 sdf 格式，最后调用 Gazebo 的相关接口完成显示。

保存好文件，记得在 CMakeLists.txt 中添加复制指令，用于将 world 目录复制到 install 目录对应功能包下。接着重新构建功能包，启动 gazebo_sim.launch.py，正确启动后将看到在 Gazebo 中加载机器人模型，如图 6-29 所示。

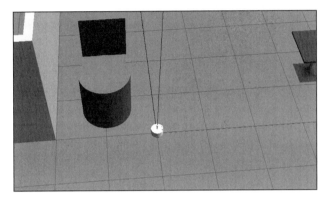

图 6-29　在 Gazebo 中加载机器人模型

可以看到，机器人的颜色变成了白色，这是因为从 URDF 转成 SDF 时部分标签并没有被处理和转换，不过我们可以通过在 URDF 中添加 gazebo 标签，来将配置传递给 Gazebo。

6.4.3　使用 Gazebo 标签扩展 URDF

在 URDF 中，gazebo 标签是比较特殊的，这一类标签是写给 Gazebo 看的，所以它们都是和 Gazebo 仿真相关的配置。比如将雷达在 Gazebo 中的颜色改为黑色，修改 src/fishbot_description/urdf/fishbot/sensor/laser.urdf.xacro，在宏定义 laser_xacro 中添加代码清单 6-34 中的内容。

代码清单 6-34　修改雷达颜色

```
<xacro:macro name="laser_xacro" params="xyz">
    <gazebo reference="laser_cylinder_link">
        <material>Gazebo/Black</material>
    </gazebo>
    <gazebo reference="laser_link">
        <material>Gazebo/Black</material>
    </gazebo>
    ...
</xacro:macro>
```

代码清单 6-34 中，在雷达的宏定义中添加了两个 gazebo 标签，该标签的 reference 属性表示参考的部件，标签内是对材质的定义，直接使用了 Gazebo 内置的黑色 Gazebo/Black。重新构建并启动仿真，如图 6-30 所示，可以看到雷达的颜色已经变成黑色了。

图 6-30   修改颜色后的雷达仿真

使用同样的方法，你可以修改轮子和相机的颜色，除了 Black，还可以使用 Blue、Red 和 Green 等几十种颜色，具体可以参考 http://wiki.ros.org/simulator_gazebo/Tutorials/ListOfMaterials。

Gazebo 标签除了可以改变仿真时部件的颜色外，还可以通过改变物理属性让机器人更真实。比如轮胎一般是橡胶材质，摩擦力会比一般材质更大，而万向轮则是支撑作用，理论上摩擦力应该为零。我们可以通过 gazebo 标签配置轮子和万向轮的摩擦力，修改 src/fishbot_description/urdf/fishbot/actuator/wheel.urdf.xacro，在宏定义中添加如代码清单 6-35 所示的内容。

代码清单 6-35   fishbot/actuator/wheel.urdf.xacro

```
<xacro:macro name="wheel_xacro" params="wheel_name xyz">
...
    <gazebo reference="${wheel_name}_wheel_link">
        <mu1 value="20.0" />
        <mu2 value="20.0" />
        <kp value="1000000000.0" />
        <kd value="1.0" />
    </gazebo>
</xacro:macro>
```

代码清单 6-35 中 gazebo 的四个子标签分别表示摩擦系数、刚度系数和阻尼系数。其中 mu1 表示切向摩擦系数，mu2 表示法向摩擦系数，kp 表示接触刚度系数，kd 则表示阻尼系数。gazebo 默认 mu1 和 mu2 为 1.0，kp 为 1000000000000.0，kd 为 1.0，这里我们提高摩擦力配置，减小刚度系数配置。

修改 src/fishbot_description/urdf/fishbot/actuator/caster.urdf.xacro，添加如代码清单 6-36 所示的内容。

代码清单 6-36   fishbot/actuator/caster.urdf.xacro

```
<xacro:macro name="wheel_xacro" params="wheel_name xyz">
    <gazebo reference="${caster_name}_caster_link">
```

```
        <mu1 value="0.0" />
        <mu2 value="0.0" />
        <kp value="1000000000.0" />
        <kd value="1.0" />
    </gazebo>
        ...
</xacro:macro>
```

因为万向轮仅起到支撑作用，这里将摩擦力设置成零。

除了设置颜色和摩擦力外，通过 gazebo 标签还可以添加各种插件，插件可以用于控制机器人运动或者对传感器进行仿真等。下一小节我们来添加两轮差速插件，让机器人在仿真世界中运动。

6.4.4　使用两轮差速插件控制机器人

在 src/fishbot_description/urdf/fishbot 目录下新建 plugins 目录，接着在目录下新建 gazebo_control_plugin.xacro，然后编写如代码清单 6-37 所示的内容。

代码清单 6-37　fishbot/plugins/gazebo_control_plugin.xacro

```
<?xml version="1.0"?>
<robot xmlns:xacro="http://www.ros.org/wiki/xacro">
    <xacro:macro name="gazebo_control_plugin">
        <gazebo>
            <plugin name='diff_drive' filename='libgazebo_ros_diff_drive.so'>
                <ros>
                    <namespace>/</namespace>
                    <remapping>cmd_vel:=cmd_vel</remapping>
                    <remapping>odom:=odom</remapping>
                </ros>
                <update_rate>30</update_rate>
                <!-- wheels -->
                <left_joint>left_wheel_joint</left_joint>
                <right_joint>right_wheel_joint</right_joint>
                <!-- kinematics -->
                <wheel_separation>0.2</wheel_separation>
                <wheel_diameter>0.064</wheel_diameter>
                <!-- limits -->
                <max_wheel_torque>20</max_wheel_torque>
                <max_wheel_acceleration>1.0</max_wheel_acceleration>
                <!-- output -->
                <publish_odom>true</publish_odom>
                <publish_odom_tf>true</publish_odom_tf>
                <publish_wheel_tf>true</publish_wheel_tf>

                <odometry_frame>odom</odometry_frame>
                <robot_base_frame>base_footprint</robot_base_frame>
            </plugin>
        </gazebo>
    </xacro:macro>
</robot>
```

　　代码清单 6-37 中，定义了一个 gazebo_control_plugin 宏，在宏内定义了一个 gazebo 标签。在 gazebo 标签内使用了 plugin 子标签表示插件，plugin 标签有名字和对应的库名字两个属性，插件加载后会新建一个节点，而 plugin 设置的名字最终则成为节点名。

　　这里我们使用的是 libgazebo_ros_diff_drive.so 库，该库调用后会订阅 ROS 2 的控制指令话题 /cmd_vel，并发布机器人的里程计位置信息话题 /odom 和 /tf。该节点的订阅和发布如图 6-31 所示。

图 6-31　/diff_drive 节点订阅发布话题

　　在 plugin 子标签中，第一个 ros 标签定义了节点的命名空间和话题名称映射，这里将命名空间 namespace 设置为 "/"，将节点默认的控制话题 cmd_vel 映射为 cmd_vel，odom 映射为 odom，相当于没有映射，这里写出来方便后续根据需求修改。

　　由于里程计数据是测量轮子转速时计算出来的，因此需要知道轮子关节的名称、轮子的半径和轮子的安装距离等信息，这些都可以通过该插件的子标签进行设置，对应的标签及含义如表 6-1 所示。

表 6-1　diff_drive 标签的含义

标签	含义
\<update_rate\>	发布信息的更新频率（以 Hz 为单位）
\<left_joint\>	左轮关节的名称
\<right_joint\>	右轮关节的名称
\<wheel_separation\>	轮子之间的距离
\<wheel_diameter\>	轮子的直径
\<max_wheel_torque\>	可应用于轮子的最大扭矩
\<max_wheel_acceleration\>	轮子的最大加速度
\<publish_odom\>	是否发布里程计信息
\<publish_odom_tf\>	是否将里程计信息以 TF 变换的形式发布
\<publish_wheel_tf\>	是否将轮子的变换以 TF 形式发布
\<odometry_frame\>	里程计计算所使用的坐标系名称
\<robot_base_frame\>	机器人基座坐标系的名称

　　在 fishbot.urdf.xacro 中加入代码清单 6-38 中的代码，引入并调用 gazebo_control_plugin 宏。

代码清单 6-38　fishbot/fishbot.urdf.xacro

```
<!-- Gazebo 插件 -->
<xacro:include filename="$(find fishbot_description)/urdf/fishbot/plugins/gazebo_
```

```
control_plugin.xacro" />
<xacro:gazebo_control_plugin />
```

完成后重新构建并启动仿真，接着使用命令查看话题列表，命令及结果如代码清单 6-39
所示。

代码清单 6-39　机器人仿真提供的话题

```
$ ros2 topic list
---
/clock
/cmd_vel
/joint_states
/odom
/parameter_events
/performance_metrics
/robot_description
/rosout
/tf
/tf_static
```

可以看到控制话题 /cmd_vel 和里程计话题 /odom，如果此时使用 rqt_tf_tree 你将看到如
图 6-32 所示的结构。

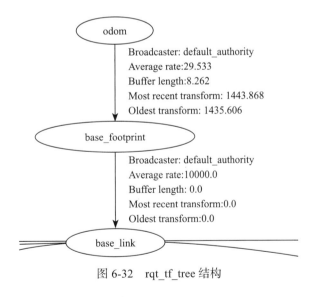

图 6-32　rqt_tf_tree 结构

里程计是记录机器人行走位置的传感器数据，可以通过 RViz 显示其位置。打开 RViz，
首先修改 Fixed Frame 为 odom，将显示原点固定在里程计坐标系上，接着单击 Add，弹出里
程计话题显示选项界面，如图 6-33 所示，选择 By Topic → Odometry 选项，单击 OK 按钮。

接着在左侧的 Display 面板中单击 Odometry，取消对 Covariance 的勾选，最终配置如
图 6-34 所示。

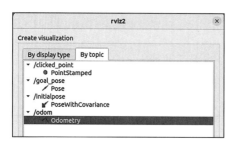

图 6-33 里程计话题显示选项   图 6-34 Odometry 配置

将机器人模型和 TF 都添加到显示中来，最终显示效果如图 6-35 所示，红色箭头就是里程计的位置和方向。

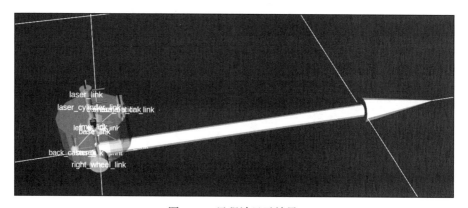

图 6-35 里程计显示效果

下面我们来尝试使用键盘控制机器人移动，运行代码清单 6-40 中的命令，打开键盘控制节点。

代码清单 6-40　键盘控制节点

```
$ ros2 run teleop_twist_keyboard teleop_twist_keyboard
---
This node takes keypresses from the keyboard and publishes them as Twist
    messages. It works best with a US keyboard layout.
--------------------------
Moving around:
    u    i    o
    j    k    l
    m    ,    .
For Holonomic mode (strafing), hold down the shift key:
--------------------------
    U    I    O
    J    K    L
    M    <    >
t : up (+z)
b : down (-z)
```

```
anything else : stop

q/z : increase/decrease max speeds by 10%
w/x : increase/decrease only linear speed by 10%
e/c : increase/decrease only angular speed by 10%

CTRL-C to quit
currently:          speed 0.5          turn 1.0
```

根据提示，按 w/x 键可以实现速度的增加或减少，按 i/j/k 等键可以发送对应的速度数据到默认的 /cmd_vel 话题，可以自行尝试控制。除了使用键盘控制节点，也可以使用代码发送话题数据控制机器人移动，可以参考 3.3.1 节的海龟画圆代码，修改话题名称和速度，再次运行就可以控制仿真的 fishbot 画圆了。

机器人走过的路径也可以通过 RViz 实现可视化，如图 6-36 所示。

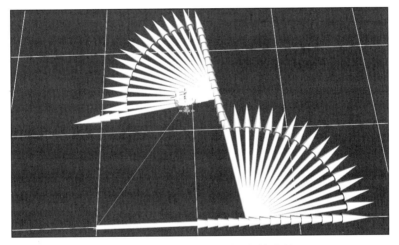

图 6-36　通过 RViz 显示里程计路径

只有里程计传感器还不够，想要完成复杂的交互，还需各种传感器来感知环境，下一步我们来添加常用的传感器插件。

6.4.5　激光雷达传感器仿真

激光雷达是一种可以测量距离的传感器，它可以准确提供机器人周围的环境距离信息。使用 Gazebo 插件可以方便地对激光雷达进行仿真。

在 src/fishbot_description/urdf/fishbot/plugins/ 下新建 gazebo_sensor_plugin.xacro，输入代码清单 6-41 中的代码。

代码清单 6-41　fishbot/plugins/gazebo_sensor_plugin.xacro

```xml
<?xml version="1.0"?>
<robot xmlns:xacro="http://www.ros.org/wiki/xacro">
```

```xml
<xacro:macro name="gazebo_sensor_plugin">
    <gazebo reference="laser_link">
        <sensor name="laserscan" type="ray">
            <plugin name="laserscan" filename="libgazebo_ros_ray_sensor.so">
                <ros>
                    <namespace>/</namespace>
                    <remapping>~/out:=scan</remapping>
                </ros>
                <output_type>sensor_msgs/LaserScan</output_type>
                <frame_name>laser_link</frame_name>
            </plugin>
            <always_on>true</always_on>
            <visualize>true</visualize>
            <update_rate>5</update_rate>
            <pose>0 0 0 0 0</pose>
                <!-- 激光传感器配置 -->
            <ray>
                <!-- 设置扫描范围 -->
                <scan>
                    <horizontal>
                        <samples>360</samples>
                        <resolution>1.000000</resolution>
                        <min_angle>0.000000</min_angle>
                        <max_angle>6.280000</max_angle>
                    </horizontal>
                </scan>
                <!-- 设置扫描距离 -->
                <range>
                    <min>0.120000</min>
                    <max>8.0</max>
                    <resolution>0.015000</resolution>
                </range>
                <!-- 设置噪声 -->
                <noise>
                    <type>gaussian</type>
                    <mean>0.0</mean>
                    <stddev>0.01</stddev>
                </noise>
            </ray>
        </sensor>
    </gazebo>
</xacro:macro>

</robot>
```

代码清单 6-41 中，首先定义了名称为 gazebo_sensor_plugin 的宏，在宏内使用 gazebo 标签，参考 laser_link。接着定义了一个 sensor 子标签表示传感器，然后在该标签下配置插件和传感器的相关信息。

plugin 标签用于定义插件配置，插件的名字设置为 laserscan，插件对应的文件设置为

libgazebo_ros_ray_sensor.so。在 ros 子标签中，将插件节点话题 ~/out 映射为 /scan，因为 libgazebo_ros_ray_sensor.so 不仅可以作为雷达使用，还可以作为其他激光类型的传感器使用，所以要使用 output_type 标签设置话题的消息接口，这里设置为 sensor_msgs/LaserScan，用于表示雷达消息。最后则通过 frame_name 标签设置发布话题中的 frame 名称，这里名称要和雷达部件名称保持一致，TF 才能对该雷达数据做出正确的坐标变换。

除了 plugin 外，我们还设置了其他 5 个标签，其名称和对应含义如表 6-2 所示。

表 6-2　sensor 子标签的名称及对应含义

标签	含义
<always_on>	指定设备是否始终处于开启状态
<visualize>	指定是否可视化设备的输出
<update_rate>	指定设备更新的频率
<pose>	指定设备的位置和方向
<ray>	包含与射线扫描相关的设置

这里详细说一下 <ray> 标签的子标签配置，scan 标签用于设置扫描的角度范围，range 标签用于设置扫描的距离和最小的分辨率，<noise> 标签用于设置噪声，这里使用标准差为 0.01 的高斯噪声，使传感器更加真实。

完成声明后，在 fishbot.urdf.xacro 中添加代码清单 6-42 中的代码，引入并使用传感器插件宏。

代码清单 6-42　fishbot/fishbot.urdf.xacro

```
<xacro:include filename="$(find fishbot_description)/urdf/fishbot/plugins/gazebo_
    sensor_plugin.xacro" />
<xacro:gazebo_sensor_plugin />
```

重新构建和启动仿真，打开 RViz，通过话题添加 LaserScan 后，将 LaserScan 的 Size(m) 配置从 0.01 修改为 0.1，就可以看到雷达点云信息，如图 6-37 所示。

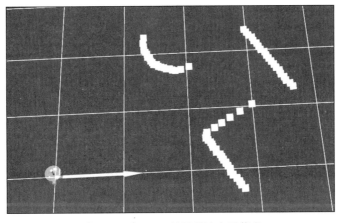

图 6-37　在 RViz 显示雷达点云信息

6.4.6　惯性测量传感器仿真

IMU（Inertial Measurement Unit）是一种集成了多个惯性传感器的设备，通过该传感器可以测量三轴角速度和线加速度数据。通过对角速度进行积分和计算，可以得到设备的姿态变化信息。

在 src/fishbot_description/urdf/fishbot/plugins/gazebo_sensor_plugin.xacro 中添加如代码清单 6-43 所示的代码。

代码清单 6-43　fishbot/plugins/gazebo_sensor_plugin.xacro

```xml
<gazebo reference="imu_link">
<sensor name="imu_sensor" type="imu">
    <plugin name="imu_plugin" filename="libgazebo_ros_imu_sensor.so">
        <ros>
            <namespace>/</namespace>
            <remapping>~/out:=imu</remapping>
        </ros>
<initial_orientation_as_reference>false</initial_orientation_as_reference>
    </plugin>
    <update_rate>100</update_rate>
    <always_on>true</always_on>
    <!-- 六轴噪声设置 -->
    <imu>
        <angular_velocity>
            <x>
                <noise type="gaussian">
                    <mean>0.0</mean>
                    <stddev>2e-4</stddev>
                    <bias_mean>0.0000075</bias_mean>
                    <bias_stddev>0.0000008</bias_stddev>
                </noise>
            </x>
            <y>
                <noise type="gaussian">
                    <mean>0.0</mean>
                    <stddev>2e-4</stddev>
                    <bias_mean>0.0000075</bias_mean>
                    <bias_stddev>0.0000008</bias_stddev>
                </noise>
            </y>
            <z>
                <noise type="gaussian">
                    <mean>0.0</mean>
                    <stddev>2e-4</stddev>
                    <bias_mean>0.0000075</bias_mean>
                    <bias_stddev>0.0000008</bias_stddev>
                </noise>
            </z>
        </angular_velocity>
        <linear_acceleration>
```

```
        <x>
            <noise type="gaussian">
                <mean>0.0</mean>
                <stddev>1.7e-2</stddev>
                <bias_mean>0.1</bias_mean>
                <bias_stddev>0.001</bias_stddev>
            </noise>
        </x>
        <y>
            <noise type="gaussian">
                <mean>0.0</mean>
                <stddev>1.7e-2</stddev>
                <bias_mean>0.1</bias_mean>
                <bias_stddev>0.001</bias_stddev>
            </noise>
        </y>
        <z>
            <noise type="gaussian">
                <mean>0.0</mean>
                <stddev>1.7e-2</stddev>
                <bias_mean>0.1</bias_mean>
                <bias_stddev>0.001</bias_stddev>
            </noise>
        </z>
        </linear_acceleration>
        </imu>
    </sensor>
</gazebo>
```

上面的代码看起来非常多，但大部分是重复的。在代码中我们首先定义了一个新的
gazebo 标签，并指定参考关节为 imu_link，通过 plugin 标签设置命名空间和话题重映射，然
后在插件中设置了 initial_orientation_as_reference 为 false，表示不使用初始方向作为参考系。
除此之外我们通过 <imu> 标签分别对角加速度和线速度六个轴设置了高斯噪声，让传感器数
据更加真实。

保存后重新构建和启动仿真，使用代码清单 6-44 中的命令就可以查看 IMU 数据。

代码清单 6-44　查看 IMU 数据

```
$ ros2 topic echo /imu
---
header:
    stamp:
        sec: 1907
        nanosec: 177000000
    frame_id: base_footprint
orientation:
    x: 3.323854734032508e-07
    y: 9.614017614319119e-10
    z: 0.0008323161689190708
```

```
        w: 0.9999996536247823
orientation_covariance:
- 0.0
- 0.0
- 0.0
- 0.0
- 0.0
- 0.0
- 0.0
- 0.0
- 0.0
angular_velocity:
        x: 4.7149947552302334e-05
        y: -0.0003279363730818559
        z: 6.827762943485664e-05
angular_velocity_covariance:
- 4.0e-08
- 0.0
- 0.0
- 0.0
- 4.0e-08
- 0.0
- 0.0
- 0.0
- 4.0e-08
linear_acceleration:
        x: -0.05703073847742614
        y: -0.11417743396430446
        z: 9.90764042915139
linear_acceleration_covariance:
- 0.00028900000000000003
- 0.0
- 0.0
- 0.0
- 0.00028900000000000003
- 0.0
- 0.0
- 0.0
- 0.00028900000000000003
---
```

上面显示的数据中以 covariance 结尾的是协方差矩阵，用于描述测量数据的相关性。角速度部分是 angular_velocity，线加速度部分是 linear_acceleration。

由于 IMU 固定在机器人上，所以当机器人姿态发生变化时，IMU 数据就会发生变化。当机器人原地打滑时，轮子转动，虽然里程计发生变化，但 IMU 数据未发生变化，这样就可以确认机器人发生了打滑。

IMU 除了可以结合轮子判断机器人是否打滑，也可以结合相机做融合和定位，下面我们来尝试对相机进行仿真。

6.4.7　深度相机传感器仿真

深度相机是一种可以获取深度信息的特殊相机，往往会配合彩色相机使用，彩色相机可以通过图像识别获取物体的像素坐标，结合深度就可以得到识别对象的三维坐标，机器人就可以针对目标做出相应操作。

因为深度相机坐标系默认前方是 z 轴，所以我们先在 URDF 中添加一个虚拟部件来调整方位，在 camera.urdf.xacro 文件的 camera_xacro 中添加代码清单 6-45 中的代码。

代码清单 6-45　fishbot/sensor/camera.urdf.xacro

```
<link name="camera_optical_link"></link>
<joint name="camera_optical_joint" type="fixed">
    <parent link="camera_link" />
    <child link="camera_optical_link" />
    <origin xyz="0 0 0" rpy="${-pi/2} 0 ${-pi/2}" />
</joint>
```

代码清单 6-45 中定义了一个相机矫正部件 camera_optical_link，通过修改关节的 rpy 实现对相机关节的矫正。

接着在 gazebo_sensor_plugin.xacro 文件的 gazebo_sensor_plugin 宏定义中添加代码清单 6-46 中的代码。

代码清单 6-46　gazebo_sensor_plugin.xacro

```
<gazebo reference="camera_link">
    <sensor type="depth" name="camera_sensor">
        <plugin name="depth_camera" filename="libgazebo_ros_camera.so">
            <frame_name>camera_optical_link</frame_name>
        </plugin>
        <always_on>true</always_on>
        <update_rate>10</update_rate>
        <camera name="camera">
            <horizontal_fov>1.5009831567</horizontal_fov>
            <image>
                <width>800</width>
                <height>600</height>
                <format>R8G8B8</format>
            </image>
            <distortion>
                <k1>0.0</k1>
                <k2>0.0</k2>
                <k3>0.0</k3>
                <p1>0.0</p1>
                <p2>0.0</p2>
                <center>0.5 0.5</center>
            </distortion>
        </camera>
    </sensor>
</gazebo>
```

代码清单 6-46 中定义了一个类型为深度的相机传感器，子标签 plugin 定义了插件节点的名称为 depth_camera，使用的动态库为 libgazebo_ros_camera.so。

在 plugin 子标签中，<frame_name> 是指发布话题数据的 frame 名称，设置为刚刚定义的虚拟相机部件的名称，以便能够进行正确的 TF 变换。

<sensor> 的子标签 <camera> 用于设置与相机相关的配置，<horizontal_fov> 表示相机的水平视场，<image> 子标签定义了图像的宽度、高度和像素格式，<distortion> 则表示相机的畸变系数配置。

保存好后，构建并重新启动仿真，使用代码清单 6-47 中的命令可以查看所有和 camera 相关的话题。

代码清单 6-47　查看 camera 相关话题

```
$ ros2 topic list | grep camera
---
/camera_sensor/camera_info
/camera_sensor/depth/camera_info
/camera_sensor/depth/image_raw
/camera_sensor/image_raw
/camera_sensor/points
```

其中点云信息 /camera_sensor/points 可以在 RViz 中，通过选择 Add → By Topic → PointCloud2 选项进行显示，最终效果如图 6-38 所示。

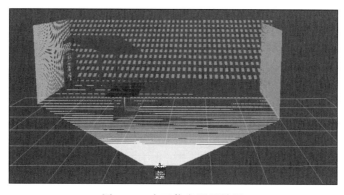

图 6-38　点云信息显示效果

而深度图像信息可以通过执行 rqt 工具的 Plugins → Visualization → Image View 命令，选择对应话题进行显示，最终效果如图 6-39 所示。

好了，到这里你已经得到了一个拥有各种传感器的移动机器人平台，这就是仿真的魅力所在。

虽然使用 Gazebo 插件可以方便地配置各种传感器和执行器来完成仿真，但如果你想要的功能并没有 Gazebo 插件可以满足该怎么办？比如你要做一个自行车模型的机器人，甚至是挖掘机那样的机器人。

这时你可能想到，自己编写一个插件不就行了，确实可以这样做，但这样编写出来的插件只适用于 Gazebo，如果想迁移到其他平台和真实的机器人上，你在插件中编写的运动学和控制算法都要重来一遍，这一点都不符合我们优雅的气质。下一节我们将学习到的通用机器人控制框架 ros2_control 就可以帮助我们解决这一问题。

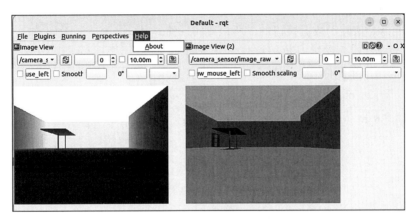

图 6-39　使用 rqt 查看彩色和深度图像

6.5　使用 ros2_control 驱动机器人

ROS 的一大宗旨是拒绝重复造轮子，但拿前面创建的移动机器人来说，当使用仿真完成理论验证后，需要移植到真机调试时，真机上并没有像两轮差速控制插件供你使用，这时候就需要从头编写运动控制算法。显然这种重复造轮子的行为是被 ROS 所拒绝的。

ros2_control 是一个使用 ROS 2 进行（实时）机器人控制的框架，它的目标是简化硬件的集成。通过它就可以避免上述例子中的重复造轮子，让机器人对硬件移植更加友好。在使用它之前我们先来对它进行一个简单的介绍，再安装它。

6.5.1　ros2_control 介绍与安装

假如你是 ros2_control 的设计者，你的目的是通过它来减少重复造轮子，简化硬件集成，你该怎么做？

第一步我认为应该找出重复在哪里，以 Gazebo 的两轮差速插件为例，该插件至少包含了两部分逻辑。第一部分是数据收发部分，即从 Gazebo 拿到两个轮子速度传感器的当前转速，并将目标速度发送过去。第二部分是控制器部分，控制器的组成有两个：第一个是控制器负责根据轮子反馈的转速，结合轮子直径和轮距计算里程计；第二个是根据收到的机器人控制命令，计算轮子的目标速度。Gazebo 插件工作流程如图 6-40 所示。

对于一个真实的两轮差速结构的机器人来说，控制器和数据接口两部分都不能少，只不过数据接口是用来和真实硬件进行交互的。由于数据接口要对接的硬件不同，并不算重复，所以说控制器部分是重复造轮子的部分。

了解了是哪里在重复造轮子以后，下一步就是考虑如何设计才能避免重复造轮子。你可能会想，既然控制器重复了，那把控制器抽出来不就行了，让真实硬件和Gazebo都用同一个控制器，这确实是正确的思路，但控制器是依赖于数据接口的，所以要实现使用同一个控制器，就要先统一数据接口。有趣的是，ros2_control的设计和我们想到一块了，而且它比我们想的更强大。ros2_control的框架如图6-41所示，我们一起来看一下。

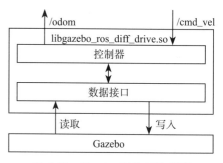

图6-40　Gazebo插件工作流程

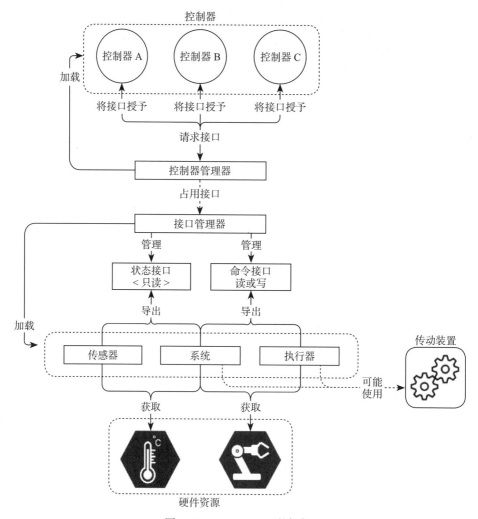

图6-41　ros2_control的框架

从下往上看，下面是数据接口部分，ros2_control 将硬件资源分为传感器、执行器和系统三类。传感器和执行器你已经很熟悉了，比如温度测量装置就是传感器，电动机则是执行器，但有时你可能会买到一个包含传感器和执行器的设备，比如一个机械臂，不仅可以控制关节转动，还可以读取关节的角度信息，这种复杂的设备就可以用系统来表示。从图 6-41 可以看出，这三种类型的资源的数据接口，根据用途分成只读的状态接口和用于控制的命令接口，最终使用资源管理器管理这三种类型的资源。

接着来看图 6-41 的上半部分，控制器是可以有多个的，不同控制器可能会使用不同的数据接口，所以 ros2_control 使用控制器管理器来实现对各个控制器的管理。

好了，关于 ros2_control 的相关概念就介绍到这里，相信通过接下来的实践，你对它会有更深的了解。

现在我们可以很简单地完成 ros2_control 的安装，使用 apt 就可以完成，在终端中输入代码清单 6-48 中的命令。

代码清单 6-48 安装 ros2_control

```
$ sudo apt install ros-$ROS_DISTRO-ros2-control
```

安装完成后，在终端中就可以使用对应的命令行工具了，可以通过命令查询该工具的使用方式，命令及结果如代码清单 6-49 所示。

代码清单 6-49 使用 ros2 control 命令行工具

```
$ ros2 control --help
---
usage: ros2 control [-h] Call `ros2 control <command> -h` for more detailed
usage. ...

Various control related sub-commands

options:
    -h, --help              show this help message and exit

Commands:
    list_controller_types      Output the available controller types and their
        base classes
    list_controllers           Output the list of loaded controllers, their
        type and status
    list_hardware_components    Output the list of available hardware components
    list_hardware_interfaces    Output the list of available command and state
        interfaces
    load_controller            Load a controller in a controller manager
    reload_controller_libraries Reload controller libraries
    set_controller_state       Adjust the state of the controller
    switch_controllers         Switch controllers in a controller manager
    unload_controller          Unload a controller in a controller manager
    view_controller_chains     Generates a diagram of the loaded chained
        controllers

    Call `ros2 control <command> -h` for more detailed usage.
```

可以看到 ros2_control 提供的命令行工具主要是对硬件接口和控制器的操作。和参数机制很像，ros2 control 这一系列命令行工具也是通过服务实现通信的，你现在可以随意使用一个指令进行测试，命令行工具都会报不能连接服务的错误。ros2_control 既然通过控制器机制来减少重复造轮子，ROS 2 肯定也提供了很多常用的控制器，通过代码清单 6-50 中的命令行来查看。

代码清单 6-50   查看 ROS 2 控制器

```
$ sudo apt info ros-$ROS_DISTRO-ros2-controllers
---
Package: ros-humble-ros2-controllers
Version: 2.26.0-1jammy.20231003.233039
Priority: optional
Section: misc
Maintainer: Bence Magyar <bence.magyar.robotics@gmail.com>
Installed-Size: 44.0 kB
Depends: ros-humble-ackermann-steering-controller, ros-humble-admittance-
    controller, ros-humble-bicycle-steering-controller, ros-humble-diff-drive-
    controller, ros-humble-effort-controllers, ros-humble-force-torque-sensor-
    broadcaster, ros-humble-forward-command-controller, ros-humble-imu-sensor-
    broadcaster, ros-humble-joint-state-broadcaster, ros-humble-joint-trajectory-
    controller, ros-humble-position-controllers, ros-humble-range-sensor-
    broadcaster, ros-humble-steering-controllers-library, ros-humble-tricycle-
    controller, ros-humble-tricycle-steering-controller, ros-humble-velocity-
    controllers, ros-humble-ros-workspace
Download-Size: 6490 B
APT-Sources: http://mirrors.tuna.tsinghua.edu.cn/ros2/ubuntu jammy/main amd64
    Packages
Description: Metapackage for ROS2 controllers related packages
```

apt info 指令用于查看某个包的具体信息，其中 Depends 部分是这个包的依赖列表，当安装这个包的时候其依赖也会被安装。可以看到 ROS 2 提供的控制器都被放到了这个包的依赖中，其中包括了两轮差速机器人的控制器 diff-drive-controller，用于关节状态发布控制器 joint-state-broadcaster，用于发布 IMU 数据的 imu-sensor-broadcaster 和用于关节位置控制的 position-controllers 等。

我们现在来安装这些控制器，使用代码清单 6-51 中的命令即可。

代码清单 6-51   安装控制器

```
$ sudo apt install ros-$ROS_DISTRO-ros2-controllers
```

安装完成，运行控制器管理器后，可以使用命令行查看当前系统所有有效的控制器类型和对应的接口，命令及结果如代码清单 6-52 所示。

代码清单 6-52   查看所有控制器类型和对应接口

```
$ ros2 control list_controller_types
---
controller_manager/test_controller controller_interface::ControllerInterface
controller_manager/test_controller failed_init controller_interface::
```

```
    ControllerInterface
controller_manager/test_controller_with_interfaces controller_interface::
    ControllerInterface
diff_drive_controller/DiffDriveController controller_interface::
    ControllerInterface
effort_controllers/JointGroupEffortController controller_interface::
    ControllerInterface
force_torque_sensor_broadcaster/ForceTorqueSensorBroadcaster controller_
    interface::ControllerInterface
forward_command_controller/ForwardCommandController controller_interface::
    ControllerInterface
forward_command_controller/MultiInterfaceForwardCommandController controller_
    interface::ControllerInterface
imu_sensor_broadcaster/IMUSensorBroadcaster controller_interface::
    ControllerInterface
joint_state_broadcaster/JointStateBroadcaster controller_interface::
    ControllerInterface
joint_trajectory_controller/JointTrajectoryController controller_interface::
    ControllerInterface
position_controllers/JointGroupPositionController controller_interface::
    ControllerInterface
tricycle_controller/TricycleController controller_interface::ControllerInterface
velocity_controllers/JointGroupVelocityController controller_interface::
    ControllerInterface
admittance_controller/AdmittanceController controller_interface::ChainableControl-
    lerInterface
controller_manager/test_chainable_controller controller_interface::ChainableCont-
    rollerInterface
```

可以看到，上面的控制器中有一组关节的力控制、速度控制、位置控制和轨迹控制等，有了这些控制器，可以轻松实现对各个关节的精细化控制。因为没有硬件，所以下一步我们就尝试使用 Gazebo 中的仿真硬件接入 ros2_control。

6.5.2　使用 Gazebo 接入 ros2_control

使用 Gazebo 接入 ros2_control，其实就是让 Gazebo 按照 ros2_control 指定的接口提供数据。在 ROS 2 中利用相应的 Gazebo 插件，可以方便地实现 Gazebo 和 ros2_control 的对接，在终端中输入代码清单 6-53 中的命令来安装 gazebo-ros2-control 插件。

代码清单 6-53　安装 gazebo-ros2-control 插件

```
$ sudo apt install ros-$ROS_DISTRO-gazebo-ros2-control
```

gazebo_ros2_control 对硬件资源的描述使用的也是 XML 格式，所以我们可以将配置写到 URDF 中，在 src/fishbot_description/urdf/fishbot/ 中新建 fishbot.ros2_control.xacro，在该文件中编写代码清单 6-54 中的代码。

代码清单 6-54　fishbot/fishbot.ros2_control.xacro

```
<?xml version="1.0"?>
<robot xmlns:xacro="http://www.ros.org/wiki/xacro">
```

```
<xacro:macro name="fishbot_ros2_control">
    <ros2_control name="FishBotGazeboSystem" type="system">
        <hardware>
            <plugin>gazebo_ros2_control/GazeboSystem</plugin>
        </hardware>
        <joint name="left_wheel_joint">
            <command_interface name="velocity">
                <param name="min">-1</param>
                <param name="max">1</param>
            </command_interface>
            <command_interface name="effort">
                <param name="min">-0.1</param>
                <param name="max">0.1</param>
            </command_interface>
            <state_interface name="position" />
            <state_interface name="velocity" />
            <state_interface name="effort" />
        </joint>
        <joint name="right_wheel_joint">
            <command_interface name="velocity">
                <param name="min">-1</param>
                <param name="max">1</param>
            </command_interface>
            <command_interface name="effort">
                <param name="min">-0.1</param>
                <param name="max">0.1</param>
            </command_interface>
            <state_interface name="position" />
            <state_interface name="velocity" />
            <state_interface name="effort" />
        </joint>
    </ros2_control>
</xacro:macro>
</robot>
```

在代码清单 6-54 中定义了一个名为 fishbot_ros2_control 的宏，在宏内部使用了 <ros2_control> 标签描述硬件资源，通过 name 属性设置当前硬件资源的名称，通过 type 指定硬件资源的类型，这里 system 表示系统类型。在 <ros2_control> 的子标签中，<hardware> 子标签用于设置与硬件相关的配置，其中子标签 <plugin> 用于设置驱动库的名称。

接着定义了两个关节标签，由于要采用 Gazebo 提供数据接口，所以这里的关节名称要和机器人的保持一致，分别设置为左、右轮的关节名称。在关节标签下使用 <command_interface> 指定该关节提供的命令接口，<state_interface> 表示该关节提供的状态接口，这两个接口都有一个共同的属性就是 name，一个关节的控制命令和状态无外乎三种形式，关节位置 position、关节速度 velocity 和关节扭矩 effort。对于命令接口，可以设置最大值和最小值，上面我们限制了速度的范围为 $(-1,1)$，扭矩的范围为 $(-0.1, 0.1)$。

虽然配置好了硬件资源，但还需要对应的 Gazebo 插件来解析 ros2_control 标签，并将我们的配置落实到 Gazebo 中。在 fishbot_ros2_control 宏中添加如代码清单 6-55 所示的内容。

代码清单 6-55 修改 fishbot_ros2_control 宏

```
<gazebo>
    <plugin filename="libgazebo_ros2_control.so" name="gazebo_ros2_control">
        <parameters>$(find fishbot_description)/config/fishbot_ros2_controller.
            yaml</parameters>
    </plugin>
</gazebo>
```

上面这段代码用于告知 Gazebo 加载 libgazebo_ros2_control.so 库，该库会默认获取机器人状态发布节点发布的 URDF，扫描 URDF 中的 <ros2_control> 标签内容，然后启动控制器管理器 controller_manager 节点。但启动时我们还需要给 controller_manager 传递一些参数，使用文件是个不错的选择，所以这里通过 <parameters> 标签指定了参数文件为 fishbot_description 功能包下目录的 config/fishbot_ros2_controller.yaml 文件。现在这个文件并不存在，接着我们来创建，在功能包的 config 目录下新建 fishbot_ros2_controller.yaml，然后输入代码清单 6-56 中的配置。

代码清单 6-56 config/fishbot_ros2_controller.yaml

```
controller_manager:
    ros__parameters:
        update_rate: 100  # Hz
        use_sim_time: true
```

该文件是 controller_manager 节点的配置文件，第一行是节点的名称，第三行设置更新频率参数为 100Hz，第四行设置 use_sim_time 参数表示是否使用仿真时间，设置成 true，该节点的时间就会和 Gazebo 仿真世界的时间保持一致。

我们只声明了 fishbot_ros2_control 的宏，还需要在 fishbot.urdf.xacro 引入并使用该宏，又因为使用 ros2_control 控制硬件和 Gazebo 两轮差速插件控制硬件有所冲突，所以要注释掉两轮差速相关宏调用，最终在 fishbot.urdf.xacro 中修改的代码如代码清单 6-57 所示。

代码清单 6-57 fishbot/fishbot.urdf.xacro

```
<!-- <xacro:gazebo_control_plugin /> -->
    <xacro:include filename="$(find fishbot_description)/urdf/fishbot/fishbot.
        ros2_control.xacro" />
<xacro:fishbot_ros2_control />
```

完成后重新构建功能包并启动仿真，启动命令及部分终端输出如代码清单 6-58 所示。

代码清单 6-58 启动 Gazebo 并加载 ros2_control 插件

```
$ ros2 launch fishbot_description gazebo_sim.launch.py
---
...
[spawn_entity.py-4] [INFO] [1684597651.269665388] [spawn_entity]: Spawn status:
    SpawnEntity: Successfully spawned entity [fishbot]
...
```

```
[gzserver-2] [INFO] [1684597651.399610610] [gazebo_ros2_control]: Loading
    parameter files /home/fishros/chapt6/chapt6_ws/install/fishbot_description/
    share/fishbot_description/config/fishbot_ros2_controller.yaml
[gzserver-2] [INFO] [1684597651.409005861] [gazebo_ros2_control]: connected to
    service!! robot_state_publisher
[gzserver-2] [INFO] [1684597651.432284909] [resource_manager]: Successful
    'activate' of hardware 'FishBotGazeboSystem'
```

从日志中可以看出，加载完机器人模型后，Gazebo 加载了 ros2_control 插件，然后启动了 gazebo_ros2_control 节点并加载了对应的配置文件。接着 gazebo_ros2_control 节点向 robot_state_publisher 节点发送查询参数请求，获取 URDF 文件，然后解析 URDF 文件中的 ros2_conrtol 标签配置，最后初始化，配置并激活了 FishBotGazeboSystem 硬件系统。

此时如果通过命令行查询节点，可以看到 /controller_manager 节点已经启动了，使用代码清单 6-59 中的命令可以查询该节点对外提供的所有服务。

代码清单 6-59　查询控制器管理器服务

```
$ ros2 service list | grep /controller_manager
---
/controller_manager/configure_controller
/controller_manager/describe_parameters
/controller_manager/get_parameter_types
/controller_manager/get_parameters
/controller_manager/list_controller_types
/controller_manager/list_controllers
/controller_manager/list_hardware_components
/controller_manager/list_hardware_interfaces
/controller_manager/list_parameters
/controller_manager/load_controller
/controller_manager/reload_controller_libraries
/controller_manager/set_hardware_component_state
/controller_manager/set_parameters
/controller_manager/set_parameters_atomically
/controller_manager/switch_controller
/controller_manager/unload_controller
```

可以看到，该节点的服务和 ros2 control 命令行几乎一致。使用命令可以查看所有有效的硬件接口，命令及结果如代码清单 6-60 所示。

代码清单 6-60　查询控制器硬件接口

```
$ ros2 control list_hardware_interfaces
---
command interfaces
    left_wheel_joint/effort [available] [unclaimed]
    left_wheel_joint/velocity [available] [unclaimed]
    right_wheel_joint/effort [available] [unclaimed]
    right_wheel_joint/velocity [available] [unclaimed]
state interfaces
    left_wheel_joint/effort
```

```
left_wheel_joint/position
left_wheel_joint/velocity
right_wheel_joint/effort
right_wheel_joint/position
right_wheel_joint/velocity
```

可以看到，我们在 ros2_control 标签中配置的接口都显示出来了。在命令接口部分中，[unclaimed] 表示该接口未被占用，这样提示的原因是同一个控制接口同一时间只能给一个控制器使用，其实很好理解，如果有两个控制器，一个让轮子正转，一个让轮子反转，此时就乱了。除了可以列出所有的硬件接口，还可以列出所有的硬件组件，命令及结果如代码清单 6-61 所示。

代码清单 6-61　查询硬件组件

```
$ ros2 control list_hardware_components
---
Hardware Component 0
    name: FishBotGazeboSystem
    type:
    plugin name: plugin name missing!
    state: id=3 label=active
    command interfaces
        left_wheel_joint/velocity [available] [unclaimed]
        left_wheel_joint/effort [available] [unclaimed]
        right_wheel_joint/velocity [available] [unclaimed]
        right_wheel_joint/effort [available] [unclaimed]
```

可以看出这里检测到了编号为 0 的组件，一共有 4 个用于控制的命令接口。

好了，到这里你已经成功地将 Gazebo 中仿真机器人的两个轮子接入 ros2_control，接着我们就可以使用控制器来对接这些接口，完成相应的功能。

6.5.3　使用关节状态发布控制器

在 Gazebo 中配置好 ros2_control 并启动仿真后，此时启动 RViz 加载机器人模型，并将 Fixed Frame 固定到 base_footprint 上，此时你会发现两个轮子变成了白色，如图 6-42 所示。

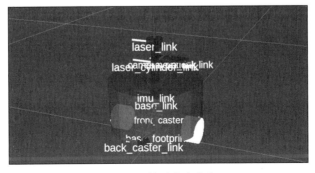

图 6-42　轮子变为白色

出现这一现象的原因是我们将两轮差速插件注释后，就没有节点提供两个轮子到 base_footprint 之间的 TF 变换了。我们可以使用 ros2_control 的关节状态控制器，发布 /joint_states 话题，然后由 robot_state_publisher 转成 TF 数据并发布。

在 src/fishbot_description/config/fishbot_ros2_controller.yaml 中添加如代码清单 6-62 所示的配置。

代码清单 6-62   src/fishbot_description/config/fishbot_ros2_controller.yaml

```
controller_manager:
    ros__parameters:
        update_rate: 100   # Hz
        use_sim_time: true


    fishbot_joint_state_broadcaster:
        type: joint_state_broadcaster/JointStateBroadcaster
```

在上面的配置中，给 controller_manager 添加了一个名称为 fishbot_joint_state_broadcaster 的参数，表示控制器节点的名称，接着通过 type 指定该控制器的类型。joint_state_broadcaster/JointStateBroadcaster 控制器会自动扫描所有的状态接口，读取并通过话题 /joint_states 发布。

重新构建和启动仿真，此时你会发现依然没有两个轮子的 TF 变换，检查 /joint_states 话题也没有被发布，这是因为没有加载并激活 fishbot_joint_state_broadcaster 控制器。

在终端输入代码清单 6-63 中的命令，加载并激活 fishbot_joint_state_broadcaster 控制器。

代码清单 6-63   加载并激活 fishbot_joint_state_broadcaster 控制器

```
$ ros2 control load_controller fishbot_joint_state_broadcaster --set-state active
---
Sucessfully loaded controller fishbot_joint_state_broadcaster into state active
```

接着启动 Gazebo 仿真的终端，可以看到如代码清单 6-64 所示的日志多出几行。

代码清单 6-64   控制器加载日志

```
[gzserver-2] [INFO] [1684651966.464642092] [controller_manager]: Loading
    controller 'fishbot_joint_state_broadcaster'
[gzserver-2] [INFO] [1684651966.526925471] [controller_manager]: Setting use_sim_
    time=True for fishbot_joint_state_broadcaster to match controller manager (see
    ros2_control#325 for details)
[gzserver-2] [INFO] [1684651966.559186517] [controller_manager]: Configuring
    controller 'fishbot_joint_state_broadcaster'
[gzserver-2] [INFO] [1684651966.562105471] [fishbot_joint_state_broadcaster]:
    'joints' or 'interfaces' parameter is empty. All available state interfaces
    will be published
```

从日志可以看出 fishbot_joint_state_broadcaster 控制器已经被成功地加载了，该控制器默认会获取所有有效的状态接口数据并通过 /joint_states 话题发布。有了 /joint_states 话题，robot_state_publisher 节点会自动将该话题的数据转换为对应的 TF 变换。

加载成功后，此时 RViz 中的机器人也能正常显示，通过命令行查看 /joint_states 话题，命令及结果如代码清单 6-65 所示。

代码清单 6-65　查看 /joint_states 话题数据

```
$ ros2 topic echo /joint_states
---
header:
    stamp:
        sec: 1624
        nanosec: 966000000
    frame_id: ''
name:
- left_wheel_joint
- right_wheel_joint
position:
- -0.0014026132543119019
- -0.007543676248629616
velocity:
- 3.3059034240689677e-06
- -7.505933224259147e-05
effort:
- 0.0
- 0.0
...
```

启动后通过命令行加载控制器有些麻烦，我们可以把加载并激活控制器的命令放到 launch 文件中。编辑 gazebo_sim.launch.py 文件，在 generate_launch_description 函数中加入代码清单 6-66 中的代码。

代码清单 6-66　gazebo_sim.launch.py

```
# 加载并激活 fishbot_joint_state_broadcaster 控制器
load_joint_state_controller = launch.actions.ExecuteProcess(
    cmd=['ros2', 'control', 'load_controller', '--set-state', 'active',
         'fishbot_joint_state_broadcaster'],
    output='screen'
)

return launch.LaunchDescription([
    # 事件动作，当加载机器人结束后执行
    launch.actions.RegisterEventHandler(
        event_handler=launch.event_handlers.OnProcessExit(
            target_action=spawn_entity_node,
            on_exit=[load_joint_state_controller],
        )
    ),
    ...
])
```

这里声明了一个执行子进程的 Action，模拟命令行操作，加载并激活控制器。又因为控制器激活必须在机器人加载完成后进行，所以使用了 launch.actions.RegisterEventHandler，设置当目标 Action 退出后，再执行加载关节控制器的任务。

重新构建并启动，此时就可以实现启动时自动加载并激活控制器了，使用命令行可以查看已经加载的控制器和状态，命令及结果如代码清单 6-67 所示。

代码清单 6-67　查看已经加载的控制器和状态

```
$ ros2 control list_controllers
---
fishbot_joint_state_broadcaster[joint_state_broadcaster/JointStateBroadcaster]
    active
```

也可以通过命令行卸载控制器，但卸载控制器前需要先将其转换成未激活状态，转换命令及结果如代码清单 6-68 所示。

代码清单 6-68　使控制器失活

```
$ ros2 control set_controller_state fishbot_joint_state_broadcaster inactive
---
Successfully deactivated fishbot_joint_state_broadcaster
```

接着就可以进行卸载了，卸载命令及结果如代码清单 6-69 所示。

代码清单 6-69　卸载控制器

```
$ ros2 control unload_controller fishbot_joint_state_broadcaster
---
Successfully unloaded controller fishbot_joint_state_broadcaster
```

ros2_control 动态地加载和卸载控制器的机制，使得控制器的切换非常灵活，让我们可以切换不同的控制器，以适应不同的场景和需求。

到这里你的第一个控制器就配置完成了，接着我们来尝试用控制器来调用控制接口。

6.5.4　使用力控制器控制轮子

相信你一定听过"力控"这个词，在机器人中要实现更加柔顺地控制，力控是比较常见的一种策略。ros2_control 就提供了这一控制器，类型为 effort_controllers/JointGroup-EffortController。

编辑 fishbot_ros2_controller.yaml，添加如代码清单 6-70 所示的配置。

代码清单 6-70　config/fishbot_ros2_controller.yaml

```
controller_manager:
    ros__parameters:
        ...

        fishbot_effort_controller:
            type: effort_controllers/JointGroupEffortController

fishbot_effort_controller:
    ros__parameters:
```

```
joints:
    - left_wheel_joint
    - right_wheel_joint
command_interfaces:
    - effort
state_interfaces:
    - position
    - velocity
    - effort
```

这里首先在 controller_manager 中指定了控制器的节点名称和类型，接着在下面通过参数指定要控制的关节、要使用的命令接口和状态接口。

下面修改 gazebo_sim.launch.py，添加加载 fishbot_effort_controller 的 Action 并注册启动事件。需要注意，launch 文件在启动 Action 的时候是并行的，而控制器的激活最好按照顺序依次进行，以防止服务接口抢占导致启动异常。我们可以等待 load_joint_state_controller 运行完退出后再激活 effort_controller，按照这一要求，完成后的 gazebo_sim.launch.py 代码如代码清单 6-71 所示。

代码清单 6-71　launch/gazebo_sim.launch.py

```
def generate_launch_description():
                ...

    # 加载并激活 fishbot_effort_controller 控制器
    load_fishbot_effort_controller = launch.actions.ExecuteProcess(
            cmd=['ros2', 'control', 'load_controller', '--set-state', 'active',
        'fishbot_effort_controller'], output='screen' )

    ...

    return launch.LaunchDescription([
            ...
            launch.actions.RegisterEventHandler(
                event_handler=launch.event_handlers.OnProcessExit(
                    target_action=load_joint_state_controller,
                    on_exit=[load_fishbot_effort_controller],
                )
            ),
            ...
    ])
```

完成后重新构建并启动仿真，接着在终端中查看 fishbot_effort_controller 相关话题，命令及结果如代码清单 6-72 所示。

代码清单 6-72　查询 fishbot_effort_controller 相关话题

```
$ ros2 topic list -v | grep fishbot_effort_controller
---
    * /fishbot_effort_controller/transition_event [lifecycle_msgs/msg/
    TransitionEvent] 1 publisher
```

```
    * /fishbot_effort_controller/commands [std_msgs/msg/Float64MultiArray] 1
      subscriber
```

可以看到，这里多出了两个话题，其中 /fishbot_effort_controller/commands 就是用于发布控制命令的话题。在终端中使用代码清单 6-73 中的命令，给两个轮子输出 0.0001 的扭矩。

代码清单 6-73　通过话题控制轮子扭矩

```
$ ros2 topic pub /fishbot_effort_controller/commands std_msgs/msg/
  Float64MultiArray "{data: [0.0001, 0.0001]}"
```

观察 Gazebo 中的机器人，可以发现机器人已经动起来了，而且动得非常平稳，这就是力控的魅力。此时使用代码清单 6-74 中的命令来查看所有硬件接口，你会发现力相关的接口已经被占用了。

代码清单 6-74　查询硬件接口占用状态

```
$ ros2 control list_hardware_interfaces
---
command interfaces
        left_wheel_joint/effort [available] [claimed]
        left_wheel_joint/velocity [available] [unclaimed]
        right_wheel_joint/effort [available] [claimed]
        right_wheel_joint/velocity [available] [unclaimed]
state interfaces
        left_wheel_joint/effort
        left_wheel_joint/position
        left_wheel_joint/velocity
        right_wheel_joint/effort
        right_wheel_joint/position
        right_wheel_joint/velocity
```

6.5.5　使用两轮差速控制器控制机器人

状态发布控制器和力控制器只是对状态接口的简单调用，本节我们来学习如何使用两轮差速控制器，这个控制器相对而言要复杂很多，该控制器不仅仅是单纯的数据转发，还涉及运动学计算，从而得到里程计信息和两个轮子的目标速度。

再次编辑 fishbot_ros2_controller.yaml，添加如代码清单 6-75 所示的配置。

代码清单 6-75　config/fishbot_ros2_controller.yaml

```
controller_manager:
    ros__parameters:
        ...

        fishbot_diff_drive_controller:
            type: diff_drive_controller/DiffDriveController


    fishbot_diff_drive_controller:
        ros__parameters:
```

```
left_wheel_names: ["left_wheel_joint"]
right_wheel_names: ["right_wheel_joint"]

wheel_separation: 0.20
#wheels_per_side: 1  # actually 2, but both are controlled by 1 signal
wheel_radius: 0.032

wheel_separation_multiplier: 1.0
left_wheel_radius_multiplier: 1.0
right_wheel_radius_multiplier: 1.0

publish_rate: 50.0
odom_frame_id: odom
base_frame_id: base_footprint
pose_covariance_diagonal : [0.001, 0.001, 0.0, 0.0, 0.0, 0.01]
twist_covariance_diagonal: [0.001, 0.0, 0.0, 0.0, 0.0, 0.01]

open_loop: true
enable_odom_tf: true

cmd_vel_timeout: 0.5
#publish_limited_velocity: true
use_stamped_vel: false
#velocity_rolling_window_size: 10
```

这个控制器可配置的参数稍微有点多，参数越多说明越灵活，除了上面的配置外，还可以对速度进行配置。两轮差速控制器参数如表 6-3 所示。

表 6-3　两轮差速控制器参数

参数	解释
left_wheel_names	左轮关节名称
right_wheel_names	右轮关节名称
wheel_separation	轮子之间的距离（m）
wheel_radius	轮子的半径（m）
wheel_separation_multiplier	轮子间距的乘法因子
left_wheel_radius_multiplier	左轮半径的乘法因子
right_wheel_radius_multiplier	右轮半径的乘法因子
publish_rate	里程计信息发布频率（Hz）
odom_frame_id	里程计坐标系的 ID
base_frame_id	基准框架的 ID
pose_covariance_diagonal	位姿协方差矩阵对角元素列表
twist_covariance_diagonal	速度协方差矩阵对角元素列表
open_loop	是否开环控制
enable_odom_tf	是否启用里程计的坐标转换
cmd_vel_timeout	接收 cmd_vel 命令的超时时间（s）
use_stamped_vel	是否使用 Stamped Twist 消息来代表速度命令

（续）

参数	解释
linear.x.has_velocity_limits	线速度是否有限制
linear.x.has_acceleration_limits	线速度是否有加速度限制
linear.x.has_jerk_limits	线速度是否有加速度限制
linear.x.max_velocity	线速度的最大值
linear.x.min_velocity	线速度的最小值
linear.x.max_acceleration	加速度的最大值
linear.x.max_jerk	加加速度的最大值
linear.x.min_jerk	加加速度的最小值
angular.z.has_velocity_limits	角速度是否有限制
angular.z.has_acceleration_limits	角速度是否有加速度限制
angular.z.has_jerk_limits	角速度是否有加加速度限制
angular.z.max_velocity	角速度的最大值
angular.z.min_velocity	角速度的最小值
angular.z.max_acceleration	角加速度的最大值
angular.z.min_acceleration	角加速度的最小值
angular.z.max_jerk	角加加速度的最大值
angular.z.min_jerk	角加加速度的最小值

配置完成后，修改 gazebo_sim.launch.py，添加加载 fishbot_diff_drive_controller 控制器的动作，接着注册启动事件，在激活力控制器之后激活该控制器。但最好是将激活力控制器的动作注释掉，因为同时保留一个控制接口即可，防止控制冲突。

完成后重新构建并启动仿真，接着在终端中查看 fishbot_diff_drive_controller 相关的话题，命令及结果如代码清单 6-76 所示。

代码清单 6-76   查看两轮差速控制器相关话题

```
$ ros2 topic list -v | grep fishbot_diff_drive_controller
---
/fishbot_diff_drive_controller/cmd_vel_unstamped
/fishbot_diff_drive_controller/odom
/fishbot_diff_drive_controller/transition_event
```

/fishbot_diff_drive_controller/odom 就是里程计话题，/fishbot_diff_drive_controller/cmd_vel_unstamped 就是我们熟悉的 /cmd_vel 话题。

因为控制器所产生的话题都是以控制器名字为前缀的，为了方便键盘控制和后续使用，我们可以将两轮差速控制器的话题名称进行重映射，修改 gazebo_ros2_control 插件的配置可以实现这一需求。如代码清单 6-77 所示，修改 fishbot.ros2_control.xacro 中的配置，增加话题映射配置。

代码清单 6-77   fishbot/fishbot.ros2_control.xacro

```
<gazebo>
        <plugin filename="libgazebo_ros2_control.so" name="gazebo_ros2_control">
```

```
            <robot_param>robot_description</robot_param>
            <robot_param_node>robot_state_publisher</robot_param_node>
            <parameters>$(find fishbot_description)/config/fishbot_ros2_
                controller.yaml</parameters>
            <ros>
        <remapping>/fishbot_diff_drive_controller/cmd_vel_unstamped:=/cmd_vel</
            remapping>
            <remapping>/fishbot_diff_drive_controller/odom:=/odom</remapping>
            </ros>
        </plugin>
    </gazebo>
```

重新构建并运行仿真，使用代码清单 6-78 中的命令可以启动键盘控制节点，接着就可以利用键盘向该话题发布数据。

代码清单 6-78　使用键盘控制机器人

```
$ ros2 run teleop_twist_keyboard teleop_twist_keyboard
```

好了，到这里我们就完成了 ros2_control 结合 Gazebo 使用的学习，如果你打算将真实的硬件接入 ros2_control，你只需要在代码中引入 ros2_control 提供的 hardware_interface，然后集成其提供的接口，最后导出成库即可。

6.6　小结与点评

本章可以说是我们离机器人最近的一章了，在本章中我们学习了机器人的组成部分、使用 URDF 进行机器人建模的方法、使用 Gazebo 构建世界以及对传感器和执行器的仿真。相信通过对这一章的学习，你对机器人的组成和 ROS 2 在机器人开发中扮演的角色有了更加深刻的理解。

在本章的最后一节，我们学习了基于 ROS 2 的机器人控制框架 ros2_control，并且结合仿真，还学习了 ros2_control 控制器的配置和使用方法。

在本章的学习中你应该发现了，前面章节学习的话题、服务、参数和常用工具，在 ROS 2 中被大量应用，尤其是在学习 ros2_control 框架时，通过服务管理控制器，控制器通过话题发布和接收数据，通过文件进行参数配置。下一章我们将会学习基于 ROS 2 的机器人导航框架 Navigation 2。

第 7 章
自主导航——让机器人自己动起来

现在很多酒店都配备了配送服务机器人，将物品放入机器人，然后指定房间号，机器人自己就能将物品送到对应的房间去。那么它是如何实现自主移动的呢？其实这样的移动机器人都是配备了导航功能的，它知道自己当前所处环境的地图信息，也知道自己在该地图上的实时位置信息，然后结合实时的传感器信息来规划路线并进行导航。

这样来看机器人导航似乎是一个非常复杂的东西，但结合 ROS 2 中优秀的开源框架，我们就可以快速地实现机器人导航。

7.1 机器人导航介绍

假如你是一名仓库配货员，现在给你的任务是到 A 货架取某个货物。我猜你首先想到的问题是 A 货架在哪里，然后就是想该怎么走。对于移动机器人来说，要完成自主导航，其实要解决的就是这两个问题。

这两个问题具体是如何解决的，我们后面会详细介绍。接下来我们先进一步了解一下机器人导航的相关技术。

7.1.1 同步定位与地图构建

要想导航，就要先确定当前位置和目标点的位置，如何确定位置其实就是定位问题。

你应该用过手机的导航软件，其在导航中，可以通过卫星定位确定机主当前的经纬度信息，也可以通过工具获取到目标位置的经纬度信息。但对于在工厂里面工作的机器人来说，卫星定位肯定是行不通的，这时就需要通过其他传感器来获取位置信息。

知道了当前位置和目标位置信息后，要想规划出行走路线，还需要知道哪里是可以走的（比如国道和高速公路等），哪里是不能走的（比如农田和大山等）。此时就需要一张标有环境信息的地图，在导航软件上这张图已经有了，但对于工作在特定环境的机器人来说，就需要重新构建一张地图。

在上一章中，利用里程计可以获得机器人的位置信息，利用激光雷达可以获取环境的距离（即深度）信息，把它们结合起来，一边移动一边记录障碍物信息，这样是不是就可以实现定位和建图的功能呢？我们一起来试试。

首先启动 6.5 节的仿真，然后打开 RViz，将 Fixed Frame 修改为 odom，接着执行 Add → By Topic 命令，将里程计和雷达两个话题添加到 Displays 中。接着把 LaserScan 下的 Decay Time 修改为 1000，表示保留过去 1000s 的雷达数据，把 Odometry 下的 Keep 修改为 10000，表示保留过去 10000 个里程计数据。修改后的配置如图 7-1 所示。

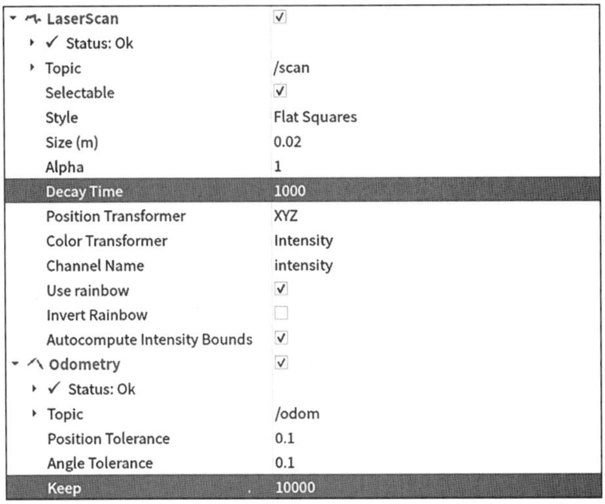

▼ ⊼ LaserScan	✓
▸ ✓ Status: Ok	
▸ Topic	/scan
Selectable	✓
Style	Flat Squares
Size (m)	0.02
Alpha	1
Decay Time	1000
Position Transformer	XYZ
Color Transformer	Intensity
Channel Name	intensity
Use rainbow	✓
Invert Rainbow	☐
Autocompute Intensity Bounds	✓
▼ ⊼ Odometry	✓
▸ ✓ Status: Ok	
▸ Topic	/odom
Position Tolerance	0.1
Angle Tolerance	0.1
Keep	10000

图 7-1　修改 RViz 配置

使用键盘控制节点调低机器人的角速度和线速度，然后控制机器人前进一段距离，接着转弯，你会发现在机器人前进过程中，轨迹和障碍物信息都被记录下来了，但转弯过程中障碍物信息出现了较大的偏差，如图 7-2 所示。

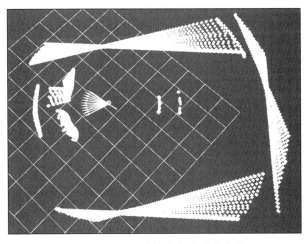

图 7-2　记录运动轨迹和障碍物信息

从图 7-2 的记录结果可以看出，如果只是简单地对数据进行叠加，会因为传感器速率同步和噪声等问题导致出现错误的记录。因此，SLAM（Simultaneous Localization and Mapping，同步定位与地图构建）技术被提了出来，它结合特征提取和滤波等算法，来解决机器人定位和建图问题。

SLAM 技术原理并不复杂，机器人通过自身的传感器获取环境信息，然后将这些信息进行处理后记录下来，就可以形成一张地图。根据常用传感器种类的不同，可以将 SLAM 分为激光 SLAM 和视觉 SLAM 两种。

激光 SLAM 主要使用激光雷达这一类传感器获取环境的深度（即距离）信息，然后标记障碍物和自由空间进行建图和定位。视觉 SLAM 需要先使用相机等视觉传感器获取图像信息，然后通过图像处理和特征提取来进行建图和定位。由于激光雷达可以直接获取环境深度信息，精度高且稳定，所以激光 SLAM 技术要相对成熟很多。

好了，关于 SLAM 就介绍到这里，后续我们将使用相应的 SLAM 工具完成地图构建。但要完成导航，只有地图还不够，还需要基于地图来进行路径规划并控制机器人移动到目标位置，这就是机器人导航要做的事了。

7.1.2   机器人导航

解决了地图和定位问题后，我们再来考虑如何走的问题。我认为第一步应该是确认一条从当前位置到目标位置之间的路线，理想中这条路线应该符合某些要求，比如能避开所有障碍物且耗时最少。要实现这一效果就需要在地图上标记代价信息，比如走路况差的路线要花费更多的时间，付出更大的代价。确认路线这一步骤我们称之为全局路径规划。

在按照全局路线行走时，前方可能会出现一些障碍物，比如开车时发现前方一段车道正在封闭维修，此时就需要绕开维修车道。但机器人要想绕过去，第一步要把障碍物加到地图中，然后对当前这一小段路线重新进行路径规划。因为这个障碍物是小范围和动态的，所以我们往往会针对当前小范围环境，重新创建一张局部的代价地图，然后进行路径规划。确认局部路线的这一步骤，我们就称之为局部路径规划。

考虑全局路径和局部路径以后，有时我们还要面对一些特殊情况，比如行走过程中卡住或者被行人挡住，且找不到局部路径绕过去。此时就需要有一些相应的行为帮助机器人脱离困境，比如当前进卡住时尝试后退，当被人挡住时播放"请让路"语音。对于这些遇到故障问题时的脱困动作，我们称之为恢复行为。

目前的机器人导航系统就是围绕着上面这三部分进行设计的。在对应的时机分别调用全局路径规划获取路径，根据当前位置和全局路径，在调用局部路径规划得到一小段路径后控制机器人行走，当出现问题时，调用恢复行为进行脱困。

好了，关于导航技术的相关概念就介绍到这里，后面在学习基于 ROS 2 的导航框架 Navigation 2 时，我们还会进一步介绍。

7.2　使用 slam_toolbox 完成建图

SLAM 是通过传感器获取环境信息后进行定位和建图的。ROS 2 提供了很多的 SLAM 功能包，比如 slam_toolbox、cartographer_ros 和 rtabmap_slam 等。针对二维激光场景，slam_toolbox 开箱即用，上手较为简单，接下来就用它来构建我们的第一张地图。

7.2.1　构建第一张导航地图

slam_toolbox 是一套用于 2D SLAM 的开源工具，使用 apt 命令可以方便地进行安装，命令如代码清单 7-1 所示。

代码清单 7-1　安装 slam_toolbox

```
$ sudo apt install ros-$ROS_DISTRO-slam-toolbox
```

接着我们来配置工作空间和功能包，在主目录下创建工作空间 chapt7/chapt7_ws/src，然后将 6.5 节中的 fishbot_description 功能包复制到 src 文件夹下。打开终端，进入 chapt7_ws 下，重新构建功能包，然后启动仿真。

打开一个新的终端，输入代码清单 7-2 中的命令，启动 slam_toolbox 的在线建图。

代码清单 7-2　以仿真时间启动 slam_toolbox

```
$ ros2 launch slam_toolbox online_async_launch.py use_sim_time:=True
---
INFO] [launch]: All log files can be found below /home/fishros/.ros/log/2023-05-
    25-16-47-11-319871-fishros-VirtualBox-11288
[INFO] [launch]: Default logging verbosity is set to INFO
[INFO] [async_slam_toolbox_node-1]: process started with pid [11290]
[async_slam_toolbox_node-1] [INFO] [1685004431.442212575] [slam_toolbox]: Node
    using stack size 40000000
[async_slam_toolbox_node-1] [INFO] [1685004431.503891373] [slam_toolbox]: Using
    solver plugin solver_plugins::CeresSolver
[async_slam_toolbox_node-1] [INFO] [1685004431.505007754] [slam_toolbox]:
    CeresSolver: Using SCHUR_JACOBI preconditioner.
[async_slam_toolbox_node-1] Info: clipped range threshold to be within minimum
    and maximum range!
[async_slam_toolbox_node-1] [WARN] [1685004431.658413039] [slam_toolbox]: maximum
    laser range setting (20.0 m) exceeds the capabilities of the used Lidar (8.0 m)
[async_slam_toolbox_node-1] Registering sensor: [Custom Described Lidar]
```

slam_toolbox 的输入有两个，第一个是订阅来自雷达的 /scan 话题，用于获取雷达数据；第二个是获取里程计坐标系 odom 到机器人坐标系 base_footprint 之间的变换。这些数据都是有时间戳的，所以在上面的命令中将 use_sim_time 参数的值设置为 True，表示使用来自 Gazebo 的仿真时间，以防止因时间戳造成数据不合法。

slam_toolbox 产生的地图会通过 /map 话题进行发布，所以我们可以使用 RViz 订阅话题进行显示。打开 RViz，修改 Fixed Frame 为 map，接着执行 Add → By Topic 命令，添加 /map 和 /camera_sensor/image_raw 话题，也可以添加 TF 和 RobotModel 等你所感兴趣的话题进行显示，最终配置及效果如图 7-3 所示。

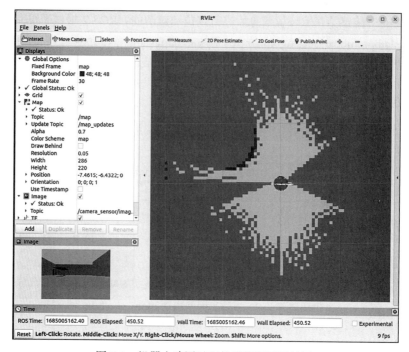

图 7-3　机器人建图过程的最终配置及效果

在图 7-3 中，右边就是地图数据，白色部分代表可行走无障碍空间，黑色表示障碍物，灰色表示未知区域，这就是 slam_toolbox 产生的地图数据。除了地图以外还有定位，可以看到此时将视图固定到了 map 坐标系上，机器人模型也能够正常显示，这说明 TF 中已经存在从 map 到 base_footprint 之间的变换。

打开 rqt，使用 rqt-tf-tree 工具查看当前的 TF 结构，如图 7-4 所示。

从图 7-4 可以看出，为了不打破原有的 odom 到 base_footprint 之间的结构关系，slam_toolbox 定位并没有直接发布 map 到 base_footprint 的坐标变换，而是发布了 map 到 odom 之间的坐标变换。

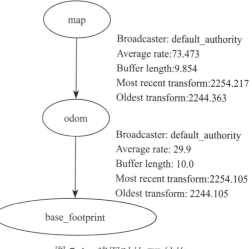

图 7-4　建图时的 TF 结构

在了解了 slam_toolbox 的输出后，启动键盘控制节点，控制机器人移动，完成对整个环境的地图记录。需要注意的是，因为雷达扫描速率不够，所以我们需要将线速度和角速度调低，防止因速度过快造成过大的测量误差。机器人完整探索出的地图如图 7-5 所示。

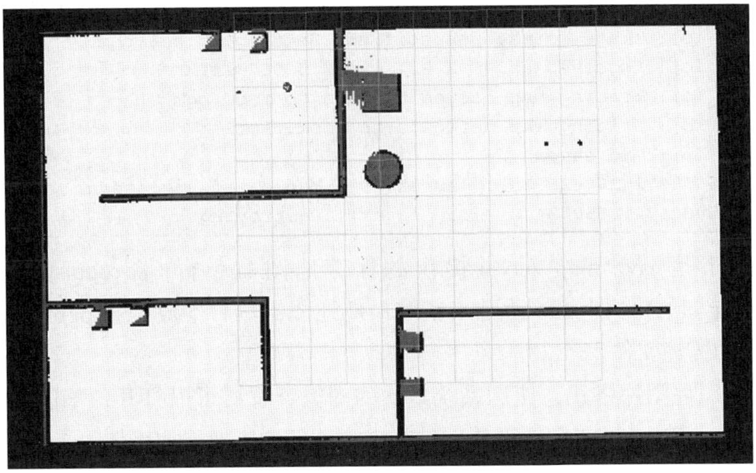

图 7-5　机器人完整探索出的地图

房间已经探索得差不多了，接着我们来将地图保存下来。

7.2.2　将地图保存为文件

一张地图可以用图片表示，为了和真实尺寸进行转换，都会设置比例尺，导航地图也不例外。保存地图可以使用 nav2_map_server 工具，使用 apt 命令可以方便地安装该工具，命令如代码清单 7-3 所示。

代码清单 7-3　安装地图服务

```
$ sudo apt install ros-$ROS_DISTRO-nav2-map-server
```

为了方便使用，我们创建一个导航功能包，将地图放到里面，方便后续导航时使用。在 chapt7/chapt7_ws/src/ 下新建 ament_cmake 类型功能包 fishbot_navigation2，接着在功能包下新建 maps 目录，然后打开终端，进入 maps 目录，运行代码清单 7-4 中的命令保存地图。

代码清单 7-4　保存地图

```
$ ros2 run nav2_map_server map_saver_cli  -f room
---
[INFO] [1685008671.843881744] [map_saver]:
       map_saver lifecycle node launched.
       Waiting on external lifecycle transitions to activate
       See https://design.ros2.org/articles/node_lifecycle.html for more
          information.
[INFO] [1685008671.847218662] [map_saver]: Creating
[INFO] [1685008671.847433320] [map_saver]: Configuring
[INFO] [1685008671.983234756] [map_saver]: Saving map from 'map' topic to 'room'
    file
[WARN] [1685008671.983298103] [map_saver]: Free threshold unspecified. Setting it
```

```
    to default value: 0.250000
[WARN]  [1685008671.983305316] [map_saver]: Occupied threshold unspecified.
    Setting it to default value: 0.650000
[WARN]  [map_io]: Image format unspecified. Setting it to: pgm
[INFO]  [map_io]: Received a 376 X 222 map @ 0.05 m/pix
[INFO]  [map_io]: Writing map occupancy data to room.pgm
[INFO]  [map_io]: Writing map metadata to room.yaml
[INFO]  [map_io]: Map saved
[INFO]  [1685008672.264439985] [map_saver]: Map saved successfully
[INFO]  [1685008672.265073478] [map_saver]: Destroying
```

map_saver_cli 是 navz_map_server 提供的保存地图命令行，-f room 表示地图名称为 room。map_saver_cli 会订阅 map 话题来获取最新地图，然后生成一张 pgm 格式的图片和对应的 yaml 格式的描述文件。

pgm 格式是一种图片格式，使用系统默认的图像查看器可以打开，如图 7-6 所示。该文件也可以通过 PhotoShop 等图像处理软件进行二次处理，比如添加墙体等，然后保存使用。

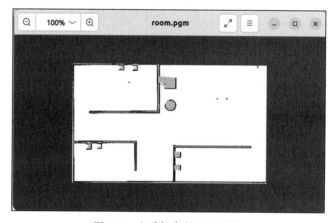

图 7-6　查看保存的地图图片

yaml 格式文件主要用于描述地图的各种信息，文件内容如代码清单 7-5 所示。

代码清单 7-5　地图描述文件

```
image: room.pgm
mode: trinary
resolution: 0.05
origin: [-10.4, -6.53, 0]
negate: 0
occupied_thresh: 0.65
free_thresh: 0.25
```

在代码清单 7-5 的参数中，image 用于描述地图文件的名称，mode 表示地图的类型，trinary 表示地图中的每个像素点有三种可能的状态：障碍物的占据（occupied）状态用黑色表示；无障碍的自由（free）状态用白色表示；未探索的未知（unknown）状态用灰色表示。

resolution 表示地图的分辨率，设置为 0.05，表示每个像素对应的物理尺寸为 0.05m。origin 表示地图坐标系的原点，单位是米，默认设置在启动建图的位置。negate 表示是否对地图进行取反操作，0 表示不取反。

occupied_thresh 和 free_thresh 两个参数用于设置占据、自由和未知之间的分界线，如果把像素点的值映射到用 0 ～ 1 之间的数表示，free_thresh:0.25 表示小于 0.25 就认为该像素对应的位置是自由状态，occupied_thresh: 0.65 表示大于或等于 0.65 就认为该像素对应的位置是占据状态，而它们之间的就是未知状态。

你可能会有疑问，有障碍物用 1 表示，没有障碍物用 0 表示不就行了，为什么还要给它们设置个界限呢？这是因为地图是基于传感器观测的数据生成的，而传感器是有噪声的，即使再好的传感器也存在误差。所以某个地方是障碍物还是自由空间并不能百分百确定，于是就把整个地图划分成一个个小格子，某个格子被障碍物占据的概率与像素值进行映射。所以这个地图还有另外一个名字，叫作占据栅格地图。

好了，关于地图的介绍就讲到这里，有了地图接着就可以配置导航了。

7.3　机器人导航框架 Navigation 2

Navigation 2 是一个开源的机器人导航框架，它的图标如图 7-7 所示，它的目标是让机器人安全地从 A 点移动到 B 点。当然，它并不是教你如何将机器人从 A 点搬到 B 点，而是让机器人自主地进行移动。为了完成导航任务，路径规划、避障和自主脱困等能力便是 Navigation 2 所具备的基本能力。

图 7-7　Navigation2 图标

7.3.1　Navigation 2 介绍与安装

在正式介绍 Navigation 2 前，我们先来认识一个工具——行为树（Behavior Tree，BT）。行为树起源于游戏设计，用于控制游戏角色的行为，比如植物大战僵尸中，当僵尸出现时，豌豆射手就会开始射击。对于一个移动机器人来说，需要知道什么时候要进行路径规划，什么时候要执行脱困，和游戏中的角色行为相似，所以使用行为树来描述和管理机器人的行为再合适不过了，Navigation 2 就是使用它进行机器人行为调度的。

Navigation 2 的系统框架如图 7-8 所示，通过它可以让你对 Navigation 2 的架构有一个初步了解。

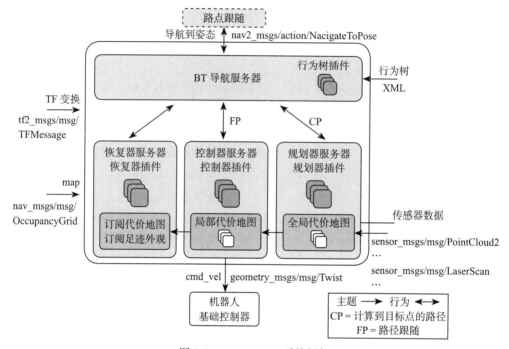

图 7-8   Navigation2 系统框架

图 7-8 中最大的圆角矩形框内是 Navigation 2 的核心部分，向内的箭头是输入部分，向外的箭头是输出部分。可以看到输入有 TF 变换、map 数据、雷达相机等传感器数据、行为树配置和目标位置。输出则只有一个，即控制话题 /cmd_vel，就像我们使用键盘控制节点控制机器人移动一样，Navigation 2 最终也会发布话题控制机器人移动。

下面我们来了解一下 Navigation 2 的内部结构。首当其冲的是 BT 导航服务器，该服务根据 XML 格式的行为树描述文件，调用下面三个服务器中对应的模块完成对机器人的行为控制。

BT 导航服务器下面三个服务模块中，右边的是规划器服务器（Planner Server），它的任务就是负责全局路径规划。需要注意的是，这个模块之所以叫规划器服务器而不是具体某个规划器，是因为路径规划算法有很多，规划器服务器可以根据配置加载不同的规划器完成规划任务，这样就有了灵活性。这一点和上一章介绍的 ros2_control 中的控制器管理器相同，可以加载不同的控制器。

中间的模块是控制器服务器（Controller Server），该模块负责根据全局路径，结合实时障碍物和局部代价地图完成机器人的控制。需要注意的是，它同样只是一个服务器，可以加载多种不同的控制器完成这一任务。

　　左边的模块是恢复器服务器（Recovery Server），可以加载不同的恢复行为完成机器人的脱困。从箭头可以看出，BT 导航服务器（BT Navigation Server）收到目标点后，由规划器服务器计算到目标点的路径（ComputePathToPose，CP），然后由控制器服务器进行路径跟随（FollowPath，FP），如果遇到卡住等困境，则调用规划器服务器完成脱困。

　　除了图 7-8 中的三个服务器外，Navigation 2 还添加了一些辅助服务器，如平滑服务器，这些服务器协同工作，完成了整个 Navigation 2 的导航任务。

　　好了，关于 Navigation 2 理论的介绍就到这里，接着我们来安装并尝试使用它完成机器人导航。通过 apt 命令可以完成 Navigation 2 的安装，命令如代码清单 7-6 所示。

代码清单 7-6　安装 Navigation 2

```
$ sudo apt install ros-$ROS_DISTRO-navigation2
```

　　为了方便使用，Navigation 2 还提供了启动示例功能包 nav2_bringup，使用代码清单 7-7 中的命令可以安装该功能包。

代码清单 7-7　安装 Navigation 2 示例功能包

```
$ sudo apt install ros-$ROS_DISTRO-nav2-bringup
```

　　接下来我们就可以配置 Navigation 2 进行导航测试了。

7.3.2　配置 Navigation 2 参数

　　我们把 Navigation 2 当作一个模块，只要给它输入正确的数据，它就可以正常工作。所以在启动导航前，需要对一些参数进行调整，以适配我们的仿真机器人，这些参数主要有相关话题名称、坐标系名称和机器人描述等。

　　nav2_bringup 提供了一个默认的参数，我们只需要在它的基础上进行修改即可。在功能包 fishbot_navigation2 下创建 config 目录，我们将 nav2_bringup 提供的默认参数复制到 config 目录下，命令如代码清单 7-8 所示。

代码清单 7-8　复制配置文件

```
$ cp /opt/ros/$ROS_DISTRO/share/nav2_bringup/params/nav2_params.yaml src/fishbot_
    navigation2/config
```

　　打开参数文件，可以看到有几百行参数，不要害怕，这是因为所有节点的参数都放到同一个文件造成的，每一个节点的参数最多只有几十行。

　　参数名称中带有 topic 的基本都是关于话题的配置，比如 scan_topic 表示雷达数据话题名称，odom_topic 表示里程计话题名称。参数名称中带有 frame 的基本都是关于坐标系名称的配置，比如 odom_frame_id 表示里程计坐标系名称，robot_base_frame 表示机器人基础坐标系名称。仔细观察这些参数，你会发现，它们的默认值和我们上一章节机器人建模和仿真时使用的值都是相同的，比如参数文件中默认里程计话题是 odom，默认的雷达数据话题是

scan，默认的里程计坐标系是 odom，默认的机器人基坐标系是 base_link。

除了修改话题和坐标系名称以保证数据的正确获取以外，在进行路径规划时还需要考虑机器人的大小（即半径）这一参数，如果半径设置的比真实的大，会造成遇到窄的通道时机器人过不去；如果过小，则容易发生碰撞。由于只有在基于地图做路径规划时才会考虑这一问题，所以需要在全局代价地图 global_costmap 和局部代价地图 local_costmap 的参数中进行配置。分别修改两个代价地图节点 robot_radius 参数为建模时的半径，修改完成后对应的参数值如代码清单 7-9 所示。

代码清单 7-9   修改代价地图参数中的机器人半径

```
local_costmap:
    local_costmap:
        ros__parameters:
            ...
            robot_radius: 0.12

global_costmap:
    global_costmap:
        ros__parameters:
            ...
            robot_radius: 0.12
```

好了，关于导航相关的参数我们暂时就设置这么多，如果想更深入地修改参数以调整 Navigation 2，可以参考官方文档（https://navigation.ros.org/configuration）中的参数修改指南。

7.3.3   编写 launch 并启动导航

有了参数，接着我们编写一个 launch 文件来传递参数并启动导航。在 fishbot_navigation2 功能包下新建 launch 目录，然后在该目录下新建 navigation2.launch.py，输入代码清单 7-10 中的代码。

代码清单 7-10   navigation2.launch.py

```
import os
import launch
import launch_ros
from ament_index_python.packages import get_package_share_directory
from launch.launch_description_sources import PythonLaunchDescriptionSource


def generate_launch_description():
    # 获取与拼接默认路径
    fishbot_navigation2_dir = get_package_share_directory(
        'fishbot_navigation2')
    nav2_bringup_dir = get_package_share_directory('nav2_bringup')
    rviz_config_dir = os.path.join(
        nav2_bringup_dir, 'rviz', 'nav2_default_view.rviz')

    # 创建 launch 配置
```

```
use_sim_time = launch.substitutions.LaunchConfiguration(
    'use_sim_time', default='true')
map_yaml_path = launch.substitutions.LaunchConfiguration(
    'map', default=os.path.join(fishbot_navigation2_dir, 'maps', 'room.
        yaml'))
nav2_param_path = launch.substitutions.LaunchConfiguration(
    'params_file', default=os.path.join(fishbot_navigation2_dir, 'config',
        'nav2_params.yaml'))

return launch.LaunchDescription([
    # 声明新的 launch 参数
    launch.actions.DeclareLaunchArgument('use_sim_time', default_value=use_
        sim_time,
                        description='Use simulation (Gazebo) clock if true'),
    launch.actions.DeclareLaunchArgument('map', default_value=map_yaml_path,
                        description='Full path to map file to load'),
    launch.actions.DeclareLaunchArgument('params_file', default_value=nav2_
        param_path,
                        description='Full path to param file to load'),

    launch.actions.IncludeLaunchDescription(
        PythonLaunchDescriptionSource(
            [nav2_bringup_dir, '/launch', '/bringup_launch.py']),
        # 使用 launch 参数替换原有参数
        launch_arguments={
            'map': map_yaml_path,
            'use_sim_time': use_sim_time,
            'params_file': nav2_param_path}.items(),
    ),
    launch_ros.actions.Node(
        package='rviz2',
        executable='rviz2',
        name='rviz2',
        arguments=['-d', rviz_config_dir],
        parameters=[{'use_sim_time': use_sim_time}],
        output='screen'),
])
```

上面的 launch 文件内容和我们在 Gazebo 中加载机器人的 launch 十分相似，我们让这个 launch 对外提供三个可配置的参数，即是否使用仿真时间 use_sim_time、地图文件路径 map_yaml_path 和导航参数路径 nav2_param_path，其默认值都已经设好了。

编写好记得修改 CMakeLists.txt，添加复制 launch、config 和 maps 三个目录到 install 目录下的 install 命令，然后重新构建功能包完成文件复制。

启动导航前第一步要启动仿真，提供导航所需的各个数据，在终端中启动仿真。然后在新的终端里启动我们刚刚编写的 launch 文件。

启动后可以看到 RViz 已经正确加载出我们建的地图了，但是此时启动终端中会报 TF 相关的错误，这是因为此时还没有设定机器人的初始位置。在 RViz 的工具栏可以看到几个导航相关的操作按钮，如图 7-9 所示。

图 7-9　RViz中导航相关的操作按钮

2D Pose Estimate 是用于初始化位置的工具，而 Nav2 Goal 则是设置导航目标点的工具。选中 2D Pose Estimate，然后单击地图中机器人目前所在的大概位置，不要松开左键，拖动鼠标调整机器人朝向，如果觉得设置得不够准确，可以多次设置。

设置完成后，此时终端就不再报错了，初始化位置后，地图发生了一些变化，初始化完成后的地图如图 7-10 所示。

可以看到，原有的障碍物边界都变大了，这个其实就是代价地图的膨胀图层，膨胀图层是 Navigation 2 为了防止机器人和障碍物发生碰撞，在原有地图的基础上，将图中障碍物的周围按照一定的半径进行膨胀形成的。

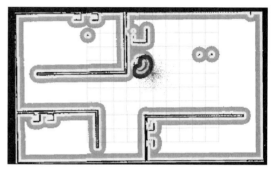

图 7-10　初始化完成后的地图

由于全局路径规划和局部路径规划使用的地图并不相同，所以机器人周围障碍物会在局部代价地图上进行膨胀。在 RViz 左侧显示部分，修改 Global Planner 配置，取消全局代价地图 Global Costmap 的显示，配置如图 7-11a 所示，接着就可以看到如图 7-11b 所示的局部代价地图及其膨胀层了。

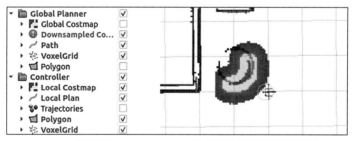

a）修改配置　　　　　　　b）局部代价地图及其膨胀层

图 7-11　局部代价地图配置及膨胀层

7.3.4　进行单点与路点导航

首先简单了解一下地图结构，我们可以使用 Nav2 Goal 按钮给定目标点，让机器人自主进行导航。单击 Nav2 Goal 工具，选择一个目标位置和朝向，就可以看到规划出来的全局路径，如图 7-12 所示，机器人已经开始移动了。

如果在机器人移动的过程中，放大图像，你将看到如图 7-13 所示的一条很短的蓝色线条，这个线条就是局部规划路线。

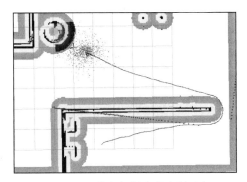

图 7-12　机器人规划出的全局路径

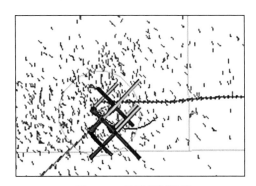

图 7-13　局部规划路线

接着我们来测试指定路点的导航，路点就是指路过的点，比如你要从家前往公司可以有多个路线，但你希望可以经过某家店买些东西，就可以指定要经过这家店。使用路点导航，Navigation 2 就会在规划路径时按照你指定的顺序进行导航。通过如图 7-14 所示的插件可以取消导航任务，也可以单击最下面的 Waypoint/Nav Through Poses Mode 来设置多个目标点的导航。

使用 Nav2 Goal 依次设置多个路点，例如，图 7-15 中设置了 5 个路点，让机器人绕过咖啡桌再到左前方的目标点。

图 7-14　Navigation2 RViz 插件

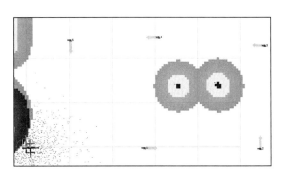

图 7-15　设置了 5 个目标点的路径

设置完成后，就可以开启路点导航了。如图 7-16 所示，在 RViz 的左下角的窗口上有三个按钮，单击最下面的 Start Waypoint Follwing 就可以启动路点导航。

接着就可以看到机器人依次走向每一个路点，行走路径如图 7-17 所示。

图 7-16　启动路点导航

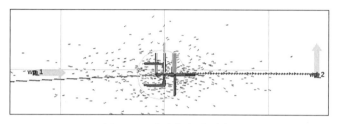

图 7-17　路点间行走路径

7.3.5　导航过程中进行动态避障

如果机器人在按照规划出的全局路径行走时遇到障碍物了，那么机器人是否会检测到障碍并绕过去？我们来测试一下。首先在 RViz 中使用单点导航给定一个较远的目标点，此时就会规划出一条较长的路径，如图 7-18 所示。

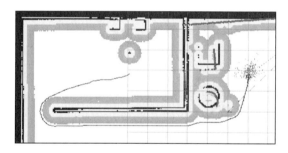

图 7-18　使用单点导航规划的路径

在 Gazebo 中，单击工具栏的正方体，放到机器人的必经之路上，给机器人在前进路上放置障碍物，如图 7-19 所示。

图 7-19　在前进路上放置障碍物

接着回到 RViz 中观察机器人规划的路径，可以发现障碍物已经被添加到地图中了，机器人也改变了原有的路径，重新规划出了绕过障碍物的路径，重新规划的路径如图 7-20 所示。

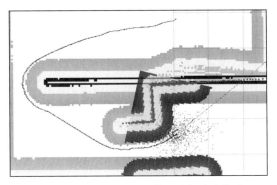

图 7-20　导航重新规划路径进行动态绕障

从上面的测试过程可以看出，在机器人行走的过程中，雷达会不断地检测周围的距离信息，一旦发现新的障碍物就会添加到代价地图中，接着就会再次规划路径。

7.3.6　优化导航速度和膨胀半径

由于仿真的激光雷达设置的扫描频率只有 5 Hz，当机器人旋转过快时就容易导致定位不稳，可以通过调整配置文件中机器人速度的相关参数来限制机器人的最大速度。

在介绍 Navigation 2 框架时我们了解到，全局路径是由规划器服务器规划出来的，然后由控制器服务器进行执行，输出最终的控制指令，所以我们要修改的速度相关参数一定是在控制器服务器节点中。

打开 nav2_params.yaml 文件，找到 controller_server，其下的 FollowPath 模块负责将路径转换成角速度和线速度。将该模块下最大旋转角速度参数 max_vel_theta 设为 0.8，将角加速度参数 acc_lim_theta 设为 2.0，除了修改角速度外，你也可以根据实际需要修改线速度参数，这里修改的对应参数如代码清单 7-11 所示。

代码清单 7-11　修改最大角速度和角加速度

```
controller_server:
    ros__parameters:
        ...
        FollowPath:
            ...
            max_vel_theta: 0.8
            acc_lim_theta: 2.0
```

重新构建并再次启动 Navigation 2，初始化位置后，设置一个需要掉头的目标点，接着使用命令行工具输出速度数据，如代码清单 7-12 所示，可以看到角速度 angular 的 z 轴分量绝对值最大只有 0.8。

代码清单 7-12   输出速度数据

```
$ ros2 topic echo /cmd_vel --once
---
linear:
    x: 0.04105263157894737
    y: 0.0
    z: 0.0
angular:
    x: 0.0
    y: 0.0
    z: -0.8
```

再次观察地图，如图 7-21 所示，你会发现对于一些狭窄的区域，经过膨胀后就没有空白空间了，但观察 Gazebo 对应区域你会发现其实这片区域相比机器人半径要大得多，这说明膨胀半径这个参数设置得可能不太合理。

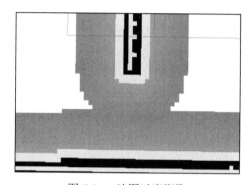

图 7-21   地图过度膨胀

膨胀半径是代价地图中的一个参数，一般设置为机器人的直径大小，修改 nav2_params.yaml 中对应节点的参数，如代码清单 7-13 所示。

代码清单 7-13   修改膨胀半径

```
local_costmap:
    local_costmap:
        ros__parameters:
            ...
            inflation_layer:
                ...
                inflation_radius: 0.24

global_costmap:
    global_costmap:
        ros__parameters:
                            ...
            inflation_layer:
                ...
                inflation_radius: 0.24
```

完成后重新构建并启动导航，如图 7-22 所示，可以看到初始化位置后，膨胀半径已经缩小到合理大小了。

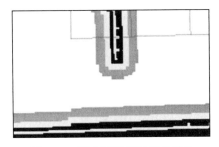

图 7-22　缩小膨胀半径后的效果

7.3.7　优化机器人到点精度

随意指定一个有特征的目标点，比如网格的交点，可以看到如图 7-23 所示的规划路径。

机器人到达后，可以发现距离目标点还有一段距离，如图 7-24 所示。这是因为 Navigation 2 默认的到达目标点并不是精准停靠，而是有一个范围，只要在相应范围内就表示已经到达了目标点。

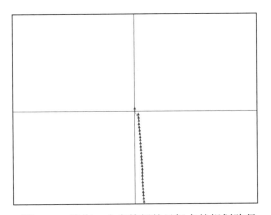

图 7-23　指定一个有特征的目标点的规划路径

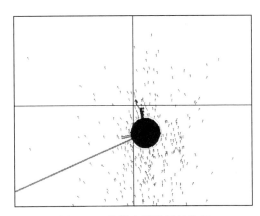

图 7-24　机器人到达后的位置

负责控制机器人的是控制器服务器，到点精度就在控制器服务器节点中，修改 nav2_params.yaml 中对应节点的参数，如代码清单 7-14 所示。

代码清单 7-14　修改到点精度

```
controller_server:
    ros__parameters:
        ...
        general_goal_checker:
            ...
            xy_goal_tolerance: 0.15
```

```
    yaw_goal_tolerance: 0.15
# DWB parameters
FollowPath:
    ...
    xy_goal_tolerance: 0.15
    ...
```

在上面的参数文件中，我们修改了三个参数值。将 FollowPath 下的 xy_goal_tolerance 修改为 0.15，表示在路径跟踪时到目标点的位置允许误差为 0.15m，然后在负责检测是否到点的 general_goal_checker 中修改对应位置和角度精度范围，general_goal_checker 会实时检测当前机器人位置和目标位置之间的差距，如果在指定的范围，则会停止 FollowPath。

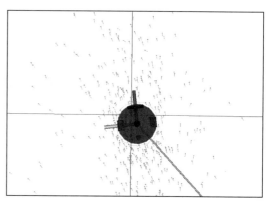

图 7-25　机器人到点更加准确

修改完成后重新构建并启动导航，再次设置目标点，等导航结束就可以看到，如图 7-25 所示，机器人到点更加准确。

地图默认的分辨率是 0.05m，如果到点范围设置得太小，就会造成机器人在目标点左右徘徊，反而不利于导航。

好了，关于导航的配置与参数调整就介绍到这里，接下来我们来学习导航应用所需的一些技巧。

7.4　导航应用开发指南

假设现在我们要设计一个自动巡检的机器人，它的任务是在几个不同的目标位置之间循环移动并拍照。此时肯定不能再给机器人配一个人员，使用 RViz 的工具来指定目标，然后观察机器人到点后再打开相机拍照保存。

在实际的机器人项目中，导航往往只是作为系统一个子模块，我们可以通过接口进行调用和状态监测。本节我们就来学习调用机器人进行导航的常用方法。

7.4.1　使用话题初始化机器人位姿

导航后第一个操作就是初始化机器人位姿，在 Navigation 2 中，机器人在地图中的位置是由 amcl 节点根据地图以及传感器数据进行实时计算的，但在最开始时，需要通过话题告知 amcl 机器人的大致位置，amcl 才会开始进行计算。

启动仿真和导航，使用命令行查看 amcl 节点的相关话题和服务，命令行和结果如代码清单 7-15 所示。

代码清单 7-15　查看 amcl 节点的相关话题和服务

```
$ ros2 node info /amcl
---
/amcl
    Subscribers:
        /bond: bond/msg/Status
        /clock: rosgraph_msgs/msg/Clock
        /initialpose: geometry_msgs/msg/PoseWithCovarianceStamped
        /map: nav_msgs/msg/OccupancyGrid
        /parameter_events: rcl_interfaces/msg/ParameterEvent
        /scan: sensor_msgs/msg/LaserScan
    Publishers:
        /amcl/transition_event: lifecycle_msgs/msg/TransitionEvent
        /amcl_pose: geometry_msgs/msg/PoseWithCovarianceStamped
        /bond: bond/msg/Status
        /parameter_events: rcl_interfaces/msg/ParameterEvent
        /particle_cloud: nav2_msgs/msg/ParticleCloud
        /rosout: rcl_interfaces/msg/Log
        /tf: tf2_msgs/msg/TFMessage
        ...
```

从结果可以看出该节点订阅了雷达和地图话题，并且订阅了名称为 /initialpose 的话题用于接收初始化的位姿。这里使用命令行可以直接发布初始化位姿，命令行及结果如代码清单 7-16 所示。

代码清单 7-16　使用命令行发布初始化位姿

```
$ ros2 topic pub /initialpose geometry_msgs/msg/PoseWithCovarianceStamped
    "{header: {frame_id: map} ,pose: { pose: {position: { x: 0.0, y: 0.0, z:
    0.0}}}}" --once
---
publisher: beginning loop
publishing #1: geometry_msgs.msg.PoseWithCovarianceStamped(header=std_msgs.
    msg.Header(stamp=builtin_interfaces.msg.Time(sec=0, nanosec=0), frame_
    id='map'), pose=geometry_msgs.msg.PoseWithCovariance(pose=geometry_msgs.msg.
    Pose(position=geometry_msgs.msg.Point(x=0.0, y=0.0, z=0.0), orientation=geometry_
    msgs.msg.Quaternion(x=0.0, y=0.0, z=0.0, w=1.0)), covariance=array([0., 0., 0.,
    0., 0., 0., 0., 0., 0., 0., 0., 0., 0., 0., 0.,
        0., 0., 0., 0., 0., 0., 0., 0., 0., 0., 0., 0., 0.,
        0., 0.])))
```

这里我们通过话题告知 amcl 机器人当前位置在地图坐标系的 map 的原点附近，并且和地图坐标系朝向相同。发布完成后观察 RViz，可以发现此时机器人位姿已经在地图上出现了，这表示初始化成功。

既然可以通过话题命令行工具来初始化位姿，那我们当然可以使用 Python 或 C++ 在代码中发布话题来初始化。在 Navigation 2 中，提供了名为 nav2_simple_commander 的 Python 库，将常用的导航相关操作封装成相应的类，我们可以直接调用它来实现对导航的操作，这样就不用我们自己来手写订阅发布了。

创建功能包 fishbot_application，构建类型选择 ament_python，接着在对应的目录下新建 init_robot_pose.py，在该文件中编写如代码清单 7-17 所示的代码。

代码清单 7-17   使用 nav2_simple_commander 初始化机器人位姿

```
from geometry_msgs.msg import PoseStamped
from nav2_simple_commander.robot_navigator import BasicNavigator
import rclpy
def main():
    rclpy.init()
    navigator = BasicNavigator()
    initial_pose = PoseStamped()
    initial_pose.header.frame_id = 'map'
    initial_pose.header.stamp = navigator.get_clock().now().to_msg()
    initial_pose.pose.position.x = 0.0
    initial_pose.pose.position.y = 0.0
    initial_pose.pose.orientation.w = 1.0
    navigator.setInitialPose(initial_pose)
    navigator.waitUntilNav2Active()# 等待导航变为可用状态
    rclpy.spin(navigator)
    rclpy.shutdown()
```

在代码清单 7-17 里，首先导入了相关的库，其中从 nav2_simple_commander.robot_navigator 中导入了 BasicNavigator 节点类来用于导航相关操作。

接着定义了 main 函数，实例化了 BasicNavigator 节点类的对象 navigator，然后实例化了消息接口类 PoseStamped 的对象 initial_pose，依次对其各个数据进行赋值，最后调用 navigator 的 setInitialPose 方法将消息发布出去并等待 Nav2 激活。

按住 Ctrl 键并单击 setInitialPose 跳转到对应源码，可以看到该方法内部主要调用 _setInitialPose 完成初始化位姿，_setInitialPose 方法内部则通过话题将消息发布出去，和命令行请求方式一致。setInitialPose 源码如代码清单 7-18 所示。

代码清单 7-18   setInitialPose 源码

```
def setInitialPose(self, initial_pose):
    """Set the initial pose to the localization system."""
    self.initial_pose_received = False
    self.initial_pose = initial_pose
    self._setInitialPose()

def _setInitialPose(self):
    msg = PoseWithCovarianceStamped()
    msg.pose.pose = self.initial_pose.pose
    msg.header.frame_id = self.initial_pose.header.frame_id
    msg.header.stamp = self.initial_pose.header.stamp
    self.info('Publishing Initial Pose')
    self.initial_pose_pub.publish(msg)
    return
```

完成代码后，在 setup.py 中对该节点进行注册，然后在功能包清单文件中声明对 nav2_simple_commander、rclpy 和 geometry_msgs 的依赖，最后重新构建功能包。

再次启动导航，不要初始化位姿，接着运行该节点，观察是否完成初始化位姿。

自动初始化位姿可以和其他传感器结合使用来帮助减少定位误差，比如在原点做个类似二维码的标记，当相机看到该码的时候就知道自己回到了原点，如果机器人此时迷路了，就可以调用初始化位姿方法告知机器人它其实在原点附近。

7.4.2　使用 TF 获取机器人实时位置

当 amcl 节点正常运行后，首先会计算机器人在地图中的位置，并结合里程计发布 map 到基坐标系之间的 TF 变换，在配置参数文件中，关于 amcl 节点坐标系配置如代码清单 7-19 所示。

代码清单 7-19　amcl 节点坐标系配置

```
amcl:
    ros__parameters:
        base_frame_id: "base_footprint"
        global_frame_id: "map"
        odom_frame_id: "odom"
        tf_broadcast: true
        ...
```

既然有相应的 TF 变换，那么关于获取机器人在地图中的实时位姿的方法，你肯定能想到用 TF 监听就可以实现。在 src/fishbot_application/fishbot_application 下新建文件 get_robot_pose.py，然后编写如代码清单 7-20 所示的代码。

代码清单 7-20　监听 TF 获取坐标机器人在地图中的位姿

```
import rclpy
from rclpy.node import Node
from tf2_ros import TransformListener, Buffer
from tf_transformations import euler_from_quaternion

class TFListener(Node):
    def __init__(self):
        super().__init__('tf2_listener')
        self.buffer = Buffer()
        self.listener = TransformListener(self.buffer, self)
        self.timer = self.create_timer(1, self.get_transform)

    def get_transform(self):
        try:
            tf = self.buffer.lookup_transform( 'map', 'base_footprint', rclpy.
                time.Time(seconds=0), rclpy.time.Duration(seconds=1))
            transform = tf.transform
            rotation_euler = euler_from_quaternion([
                transform.rotation.x,
```

```
                    transform.rotation.y,
                    transform.rotation.z,
                    transform.rotation.w])
            self.get_logger().info(f' 平移 :{transform.translation}, 旋转四元数 :
                {transform.rotation}: 旋转欧拉角 :{rotation_euler}')
        except Exception as e:
            self.get_logger().warn(f' 不能够获取坐标变换，原因 : {str(e)}')
def main():
    rclpy.init()
    node = TFListener()
    rclpy.spin(node)
    rclpy.shutdown()
```

代码清单 7-20 中的代码和 5.2.3 节的代码几乎一致，用于监听从 map 到 base_footprint 的坐标变换并输出。注册节点并声明依赖，然后重新构建功能包，再次运行仿真和导航，初始化位姿后启动该节点，观察终端的输出。运行指令及输出结果如代码清单 7-21 所示。

代码清单 7-21　get_robot_pose 结果

```
$ ros2 run fishbot_application get_robot_pose
---
[WARN] [1685516127.342441698] [tf2_listener]: 不能够获取坐标变换，原因 : Lookup would
    require extrapolation into the past.  Requested time 2647.042000 but the
    earliest data is at time 2647.265000, when looking up transform from frame
    [base_link] to frame [map]
[INFO] [1685516127.355166257] [tf2_listener]: 平移 :geometry_msgs.msg.Vector3
    (x=-0.06810651428471619, y=-0.010084753512816916, z=0.09190000000000001),
    旋转四元数 :geometry_msgs.msg.Quaternion(x=0.0, y=0.0, z=0.006823566291497698,
    w=0.999976719200535): 旋转欧拉角 :(0.0, -0.0, 0.013647238489367273)
```

从结果可以看出，机器人在地图中的位姿已经被实时输出了。换个思路，如果想获取机器人在里程计坐标系下的位姿该怎么办？如果使用 C++ 该如何实现同样功能，请自行尝试。

7.4.3　调用接口进行单点导航

Navigation 2 对外提供了用于导航调用的动作服务。动作通信是 ROS 2 四大通信机制之一，前面我们并没有介绍，接下来以导航调用为例来简单了解一下它。

动作通信的功能和其名字一样，主要用于控制场景，它的优点在于其反馈机制，当客户端发送目标给服务端后，除了等待服务端处理完成，还可以收到服务端的处理进度。启动导航后在终端中使用动作的相关命令可以查看当前系统的所有动作列表，命令及结果如代码清单 7-22 所示。

代码清单 7-22　查看动作列表

```
$ ros2 action list
--
/assisted_teleop
/backup
/compute_path_through_poses
```

```
/compute_path_to_pose
/drive_on_heading
/follow_path
/follow_waypoints
/navigate_through_poses
/navigate_to_pose
/smooth_path
/spin
/wait
```

其中 /navigate_to_pose 就是用于处理导航到点请求的动作。继续使用代码清单 7-23 中的命令查看该动作的具体信息。

代码清单 7-23　查看 /navigate_to_pose 信息

```
$ ros2 action info /navigate_to_pose -t
---
Action: /navigate_to_pose
Action clients: 4
    /bt_navigator [nav2_msgs/action/NavigateToPose]
    /waypoint_follower [nav2_msgs/action/NavigateToPose]
    /rviz2 [nav2_msgs/action/NavigateToPose]
    /rviz2 [nav2_msgs/action/NavigateToPose]

Action servers: 1
    /bt_navigator [nav2_msgs/action/NavigateToPose]
```

可以看到该动作的客户端、服务端以及消息接口情况，使用代码清单 7-24 中的命令来查看 nav2_msgs/action/NavigateToPose 接口定义。

代码清单 7-24　查看 nav2_msgs/action/NavigateToPose 接口定义

```
$ ros2 interface show nav2_msgs/action/NavigateToPose
---
#goal definition
geometry_msgs/PoseStamped pose
    std_msgs/Header header
        builtin_interfaces/Time stamp
            int32 sec
            uint32 nanosec
        string frame_id
    Pose pose
        Point position
            float64 x
            float64 y
            float64 z
        Quaternion orientation
            float64 x 0
            float64 y 0
            float64 z 0
            float64 w 1
string behavior_tree
```

```
---
#result definition
std_msgs/Empty result
---
#feedback definition
geometry_msgs/PoseStamped current_pose
    std_msgs/Header header
        builtin_interfaces/Time stamp
            int32 sec
            uint32 nanosec
        string frame_id
    Pose pose
        Point position
            float64 x
            float64 y
            float64 z
        Quaternion orientation
            float64 x 0
            float64 y 0
            float64 z 0
            float64 w 1
builtin_interfaces/Duration navigation_time
    int32 sec
    uint32 nanosec
builtin_interfaces/Duration estimated_time_remaining
    int32 sec
    uint32 nanosec
int16 number_of_recoveries
float32 distance_remaining
```

从该接口定义可以看出，动作消息的接口分为目标、结果和反馈三个部分，相比服务通信接口的目标和结果多出了反馈这一部分。如果在机器人导航时仔细观察 RViz 左下角 Navigation 2 部分，你会发现它会实时地显示当前导航所花费的时间、距离目标点之间的距离、花费的时间以及脱困次数，这些数据就是来自动作服务的反馈部分。

使用命令行工具可以发送动作请求并接收反馈和结果，以请求机器人移动到地图的指定目标点为例，命令及反馈如代码清单 7-25 所示。

代码清单 7-25　使用命令行请求机器到达目标点

```
$ ros2 action send_goal /navigate_to_pose nav2_msgs/action/NavigateToPose "{pose:
    {header: {frame_id: map}, pose: {position: {x: 2, y: 2}}}}" --feedback
---
Waiting for an action server to become available...
Sending goal:
    pose:
        header:
            stamp:
                sec: 0
                nanosec: 0
```

```
                frame_id: map
        pose:
            position:
                x: 2.0
                y: 2.0
                z: 0.0
            orientation:
                x: 0.0
                y: 0.0
                z: 0.0
                w: 1.0
behavior_tree: ''
Goal accepted with ID: c5c52646de774f55b4ee71ca5ed3267a
...
Feedback:
        current_pose:
        header:
            stamp:
                sec: 4679
            nanosec: 504000000
            frame_id: map
        pose:
            position:
                x: 2.079677095742107
                y: 1.947119186243544
                z: 0.09189999999999998
            orientation:
                x: 0.0
                y: 0.0
                z: 0.054114175706008266
                w: 0.998534754521674
navigation_time:
    sec: 18
    nanosec: 164000000
estimated_time_remaining:
    sec: 0
    nanosec: 0
number_of_recoveries: 2
distance_remaining: 0.10830961167812347
Result:
        result: {}
Goal finished with status: SUCCEEDED
```

代码清单 7-25 中的命令用于请求机器人移动到地图坐标系中 x、y 都为 2.0 的点，反馈结果中，Sending goal 部分表示目标，Feedback 部分是反馈，Result 部分为最终结果。

在 Python 中 nav2_simple_commander 库已经将动作客户端代码封装到 BasicNavigator 节点中，使用该节点的对应函数就可以实现导航操作。在 src/fishbot_application/fishbot_application 下新建文件 nav_to_pose.py，然后编写代码清单 7-26 所示的代码。

代码清单 7-26   nav_to_pose.py 使用代码请求导航到目标点

```python
from geometry_msgs.msg import PoseStamped
from nav2_simple_commander.robot_navigator import BasicNavigator, TaskResult
import rclpy
from rclpy.duration import Duration


def main():
    rclpy.init()
    navigator = BasicNavigator()
    # 等待导航启动完成
    navigator.waitUntilNav2Active()
    # 设置目标点坐标
    goal_pose = PoseStamped()
    goal_pose.header.frame_id = 'map'
    goal_pose.header.stamp = navigator.get_clock().now().to_msg()
    goal_pose.pose.position.x = 1.0
    goal_pose.pose.position.y = 1.0
    goal_pose.pose.orientation.w = 1.0
    # 发送目标接收反馈结果
    navigator.goToPose(goal_pose)
    while not navigator.isTaskComplete():
        feedback = navigator.getFeedback()
        navigator.get_logger().info(
            f' 预计 : {Duration.from_msg(feedback.estimated_time_remaining).
                nanoseconds / 1e9} s 后到达 ')
        # 超时自动取消
        if Duration.from_msg(feedback.navigation_time) > Duration(seconds=600.0):
            navigator.cancelTask()
    # 最终结果判断
    result = navigator.getResult()
    if result == TaskResult.SUCCEEDED:
        navigator.get_logger().info(' 导航结果: 成功 ')
    elif result == TaskResult.CANCELED:
        navigator.get_logger().warn(' 导航结果: 被取消 ')
    elif result == TaskResult.FAILED:
        navigator.get_logger().error(' 导航结果: 失败 ')
    else:
        navigator.get_logger().error(' 导航结果: 返回状态无效 ')
```

上面的代码中有四个比较关键的函数，第一个是 navigator.goToPose，用于发布目标；第二个是 navigator.getFeedback()，用于获取状态反馈；第三个是 navigator.cancelTask()，用于中途取消；第四个是 navigator.getResult()，用于获取最终结果。跳转到 goToPose 的源码可以发现，最终发送请求是通过 self.nav_to_pose_client.send_goal_async 函数完成的，而 nav_to_pose_client 就是在 BasicNavigator 函数中定义的动作客户端，其定义代码清单 7-27 所示。

代码清单 7-27   创建动作客户端

```python
self.nav_to_pose_client = ActionClient(self, NavigateToPose, 'navigate_to_pose')
```

保存代码，注册该节点并重新构建功能包，再次运行仿真和导航，初始化位姿后启动该节点，观察 RViz 中机器人的运动情况，启动命令及终端输出如代码清单 7-28 所示。

代码清单 7-28　运行 nav_to_pose 节点

```
$ ros2 run fishbot_application nav_to_pose
---
[INFO] [1685599886.677153365] [basic_navigator]: Nav2 is ready for use!
[INFO] [1685599886.707280550] [basic_navigator]: Navigating to goal: 1.0 1.0...
[INFO] [1685599886.852565845] [basic_navigator]: 预计剩余: 0.0 s
[INFO] [1685599891.432155882] [basic_navigator]: 预计剩余: 170.591972225 s
[INFO] [1685599891.532646643] [basic_navigator]: 预计剩余: 98.418445514 s
[INFO] [1685599891.635079916] [basic_navigator]: 预计剩余: 77.541805557 s
[INFO] [1685599914.104374413] [basic_navigator]: 预计剩余: 1.833780316 s
...
[INFO] [1685599918.156745102] [basic_navigator]: 导航结果: 成功
```

使用 Python 可以通过调用 nav2_simple_commander 库方便地实现导航，但如果项目需要换成 C++ 也并不复杂，使用动作客户端也可以方便地调用，如何实现我并不打算再操作一遍，下面将提供给你一份详细的 C++ 调用导航服务的实现代码，如代码清单 7-29 所示。

代码清单 7-29　使用 C++ 发送动作请求

```
#include <memory>
#include "nav2_msgs/action/navigate_to_pose.hpp"  // 导入导航动作消息的头文件
#include "rclcpp/rclcpp.hpp"  // 导入 ROS 2 的 C++ 客户端库
#include "rclcpp_action/rclcpp_action.hpp"  // 导入 ROS 2 的 C++ Action 客户端库
using NavigationAction = nav2_msgs::action::NavigateToPose;
class NavToPoseClient : public rclcpp::Node {
    public:
    using NavigationActionClient = rclcpp_action::Client<NavigationAction>;
        // 定义导航动作客户端类型
    using NavigationActionGoalHandle =
    rclcpp_action::ClientGoalHandle<NavigationAction>;  // 定义导航动作目标句柄
        类型
    NavToPoseClient() : Node("nav_to_pose_client") {
    // 创建导航动作客户端
    action_client_ = rclcpp_action::create_client<NavigationAction>(this,
        "navigate_to_pose");
    }
    void sendGoal() {
        // 等待导航动作服务器上线，等待时间为 5s
    while (!action_client_->wait_for_action_server(std::chrono::seconds(5))) {
      RCLCPP_INFO(get_logger(), "等待 Action 服务上线。");
    }
    // 设置导航目标点
    auto goal_msg = NavigationAction::Goal();
    goal_msg.pose.header.frame_id = "map";  // 设置目标点的坐标系为地图坐标系
    goal_msg.pose.pose.position.x = 2.0f;  // 设置目标点的 x 坐标为 2.0
    goal_msg.pose.pose.position.y = 2.0f;  // 设置目标点的 y 坐标为 2.0

    auto send_goal_options =
```

```
                rclcpp_action::Client<NavigationAction>::SendGoalOptions();
        // 设置请求目标结果回调函数
        send_goal_options.goal_response_callback =
            [this](NavigationActionGoalHandle::SharedPtr goal_handle) {
                if (goal_handle) {
                    RCLCPP_INFO(get_logger(), "目标点已被服务器接收");
                }
            };
    // 设置移动过程反馈回调函数
        send_goal_options.feedback_callback = [this]( NavigationActionGo-
            alHandle::SharedPtr goal_handle, const std::shared_ptr<const
            NavigationAction::Feedback> feedback) {
                (void)goal_handle;   // 假装调用，避免 warning: unused
                RCLCPP_INFO(this->get_logger(), "反馈剩余距离:%f",
                    feedback->distance_remaining);
            };
        // 设置执行结果回调函数
        send_goal_options.result_callback =
            [this](const NavigationActionGoalHandle::WrappedResult& result) {
                if (result.code == rclcpp_action::ResultCode::SUCCEEDED) {
                    RCLCPP_INFO(this->get_logger(), "处理成功! ");
                }
            };
    action_client_->async_send_goal(goal_msg, send_goal_options);   // 发送导航目标点
    }
    NavigationActionClient::SharedPtr action_client_;
};

int main(int argc, char** argv) {
    rclcpp::init(argc, argv);
    auto node = std::make_shared<NavToPoseClient>();
    node->sendGoal();
    rclcpp::spin(node);
    rclcpp::shutdown();
    return 0;
}
```

好了，到这里便完成了导航到点代码调用方法的学习，除了单个目标点导航，还有多个目标点导航，我们接着来学习。

7.4.4　使用接口完成路点导航

路点导航和单点导航一样都是通过动作进行调用的，动作服务的名称是 follow_waypoints，使用代码清单 7-30 中的命令可以查看该动作的具体信息。

代码清单 7-30　查看路点跟随动作服务

```
$ ros2 action info /follow_waypoints -t
---
Action: /follow_waypoints
Action clients: 2
```

```
    /rviz2 [nav2_msgs/action/FollowWaypoints]
    /rviz2 [nav2_msgs/action/FollowWaypoints]
Action servers: 1
    /waypoint_follower [nav2_msgs/action/FollowWaypoints]
```

可以看到该动作的客户端、服务端以及消息接口情况，使用指令查看 nav2_msgs/action/FollowWaypoints 接口定义，命令及结果如代码清单 7-31 所示。

代码清单 7-31　查看 nav2_msgs/action/FollowWaypoints 接口定义

```
$ ros2 interface show nav2_msgs/action/FollowWaypoints
---
#goal definition
geometry_msgs/PoseStamped[] poses
    std_msgs/Header header
        builtin_interfaces/Time stamp
            int32 sec
            uint32 nanosec
        string frame_id
    Pose pose
        Point position
            float64 x
            float64 y
            float64 z
        Quaternion orientation
            float64 x 0
            float64 y 0
            float64 z 0
            float64 w 1
---
#result definition
int32[] missed_waypoints
---
#feedback definition
uint32 current_waypoint
```

该接口的目标部分是目标点数组，结果是没有导航到的点编号，实时反馈是当前的目标路点编号。了解完接口，在 fishbot_application 下新建文件 waypoint_follower.py，在该文件中编写代码清单 7-32 中的代码。

代码清单 7-32　waypoint_follower.py

```
from geometry_msgs.msg import PoseStamped
from nav2_simple_commander.robot_navigator import BasicNavigator, TaskResult
import rclpy
from rclpy.duration import Duration

def main():
    rclpy.init()
    navigator = BasicNavigator()
    navigator.waitUntilNav2Active()
    # 创建点集
```

```
goal_poses = []
goal_pose1 = PoseStamped()
goal_pose1.header.frame_id = 'map'
goal_pose1.header.stamp = navigator.get_clock().now().to_msg()
goal_pose1.pose.position.x = 0.0
goal_pose1.pose.position.y = 0.0
goal_pose1.pose.orientation.w = 1.0
goal_poses.append(goal_pose1)
goal_pose2 = PoseStamped()
goal_pose2.header.frame_id = 'map'
goal_pose2.header.stamp = navigator.get_clock().now().to_msg()
goal_pose2.pose.position.x = 2.0
goal_pose2.pose.position.y = 0.0
goal_pose2.pose.orientation.w = 1.0
goal_poses.append(goal_pose2)
goal_pose3 = PoseStamped()
goal_pose3.header.frame_id = 'map'
goal_pose3.header.stamp = navigator.get_clock().now().to_msg()
goal_pose3.pose.position.x = 2.0
goal_pose3.pose.position.y = 2.0
goal_pose3.pose.orientation.w = 1.0
goal_poses.append(goal_pose3)
# 调用路点导航服务
navigator.followWaypoints(goal_poses)
# 判断结束及获取反馈
while not navigator.isTaskComplete():
    feedback = navigator.getFeedback()
    navigator.get_logger().info(f' 当前目标编号: {feedback.current_waypoint}')
# 最终结果判断
result = navigator.getResult()
if result == TaskResult.SUCCEEDED:
    navigator.get_logger().info(' 导航结果: 成功 ')
elif result == TaskResult.CANCELED:
    navigator.get_logger().warn(' 导航结果: 被取消 ')
elif result == TaskResult.FAILED:
    navigator.get_logger().error(' 导航结果: 失败 ')
else:
    navigator.get_logger().error(' 导航结果: 返回状态无效 ')
```

保存好代码，注册该节点并重新构建功能包，再次运行仿真和导航，初始化位姿后启动该节点，观察 RViz 中机器人的运动情况，启动命令及终端输出如代码清单 7-33 所示。

代码清单 7-33   运行 waypoint_follower

```
$ ros2 run fishbot_application waypoint_follower
---
[INFO] [1685738595.166401341] [basic_navigator]: Nav2 is ready for use!
[INFO] [1685738595.176753567] [basic_navigator]: Following 3 goals...
[INFO] [1685738595.280224791] [basic_navigator]: 当前目标编号: 0
...
[INFO] [1685738640.893560907] [basic_navigator]: 当前目标编号: 2
[INFO] [1685738640.909006719] [basic_navigator]: 导航结果: 成功
```

关于导航的应用开发就介绍到这里，接下来我们将基于本章学习的内容来做一个结合机器人导航的实践项目。

7.5　导航最佳实践之做一个自动巡检机器人

在一些需要人工巡检的场景中，我们可以使用机器人来提高安全性和效率。比如在高温、高压、有毒气体等环境下巡检，机器人要比人工更具备优势，还可以在机器人上搭载更多的传感器来实时监测设备状态。

本节我们就基于前面学习的导航和仿真相关知识，做一个在各个房间不断巡逻并记录图像的机器人。

7.5.1　完成机器人系统架构设计

这不是我们第一次进行项目实战了，所以你应该能想到，在开始之前需要明确项目需求。该巡检机器人要能够在不同的目标点之间循环移动，每到达一个目标点后首先通过语音播放到达的目标点信息，接着通过摄像头采集一张实时的图像并保存到本地。

了解完需求，我们来考虑如何实现。第一个需求是导航，要实现在不同目标点之间的移动只需要调用导航相关接口就可以实现，但导航点写死在代码里不太好，我们可以通过参数机制进行设置。第二个需求是语音播放，我们在第 3 章中学习过语音合成的方法，但其通过话题订阅异步合成，这里要把它改成服务端来进行同步播放，因此需要自定义一个服务接口。第三个需求是保存实时图像，我们直接订阅相机节点发布的图像话题，将订阅到的消息转换成 OpenCV 格式保存即可。巡检机器人系统架构如图 7-26 所示。

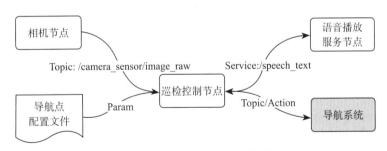

图 7-26　巡检机器人系统架构

确定了系统架构以及每个节点的功能和之间的通信机制，整个工程的结构就算确定下来了，接着我们就开始编写代码逐一实现这些功能。

7.5.2　编写巡检控制节点

在 chapt7_ws/src 目录下新建 autopatrol_robot 功能包，并添加 rclpy 和 nav2_simple_commander 作为依赖。接着在 chapt7_ws/src/autopatrol_robot/autopatrol_robot 下新建 patrol_node.py，在

该文件中输入代码清单 7-34 中的代码。

代码清单 7-34   autopatrol_robot/autopatrol_robot/patrol_node.py

```python
import rclpy
from geometry_msgs.msg import PoseStamped, Pose
from nav2_simple_commander.robot_navigator import BasicNavigator, TaskResult
from tf2_ros import TransformListener, Buffer
from tf_transformations import euler_from_quaternion, quaternion_from_euler
from rclpy.duration import Duration

class PatrolNode(BasicNavigator):
    def __init__(self, node_name='patrol_node'):
        super().__init__(node_name)
        # 导航相关定义
        self.declare_parameter('initial_point', [0.0, 0.0, 0.0])
        self.declare_parameter('target_points', [0.0, 0.0, 0.0, 1.0, 1.0, 1.57])
        self.initial_point_ = self.get_parameter('initial_point').value
        self.target_points_ = self.get_parameter('target_points').value

    def get_pose_by_xyyaw(self, x, y, yaw):
        """
        通过 x,y,yaw 合成 PoseStamped
        """
        pass

    def init_robot_pose(self):
        """
        初始化机器人位姿
        """
        pass

    def get_target_points(self):
        """
        通过参数值获取目标点集合
        """
        pass

    def nav_to_pose(self, target_pose):
        """
        导航到指定位姿
        """
        pass

    def get_current_pose(self):
        """
        通过 TF 获取当前位姿
        """
        pass
```

代码清单 7-34 中，首先定义了 PatrolNode 类，并让其继承 BasicNavigator 类，这样就可以在该节点中使用导航相关接口了。在 PatrolNode 类的 __init__ 函数中，声明了两个参数，

initial_point 表示机器人初始的位姿参数，默认值是一个数据都是零的数组，其中数组第一位表示 x 轴分量，第二位表示 y 轴分量，第三位表示朝向。参数 target_points 表示目标位姿，同样使用数组表示，数组的每三位表示一个目标点。

接着我们来编写 get_pose_by_xyyaw 和 init_robot_pose 完成机器人位姿初始化，其代码如代码清单 7-35 所示。

代码清单 7-35　获取姿态和初始化位姿方法

```
def get_pose_by_xyyaw(self, x, y, yaw):
    """
    通过 x,y,yaw 合成 PoseStamped
    """
    pose = PoseStamped()
    pose.header.frame_id = 'map'
    pose.pose.position.x = x
    pose.pose.position.y = y
    rotation_quat = quaternion_from_euler(0, 0, yaw)
    pose.pose.orientation.x = rotation_quat[0]
    pose.pose.orientation.y = rotation_quat[1]
    pose.pose.orientation.z = rotation_quat[2]
    pose.pose.orientation.w = rotation_quat[3]
    return pose

def init_robot_pose(self):
    """
    初始化机器人位姿
    """
    # 从参数获取初始化点
    self.initial_point_ = self.get_parameter('initial_point').value
    # 合成位姿并进行初始化
    self.setInitialPose(self.get_pose_by_xyyaw(
        self.initial_point_[0], self.initial_point_[1], self.initial_point_[2]))
    # 等待直到导航激活
    self.waitUntilNav2Active()
```

第一个 get_pose_by_xyyaw 方法通过 x、y、yaw 生成 PoseStamped，其中四元数部分是通过欧拉角的 yaw 生成的。第二个 init_robot_pose 方法，调用了 setInitialPose 进行初始化位姿。

接着我们来编写 get_target_points 和 nav_to_pose 方法完成导航功能，内容如代码清单 7-36 所示。

代码清单 7-36　获取目标点集和导航到点方法

```
def get_target_points(self):
    """
    通过参数值获取目标点集合
    """
    points = []
    self.target_points_ = self.get_parameter('target_points').value
    for index in range(int(len(self.target_points_)/3)):
        x = self.target_points_[index*3]
```

```
            y = self.target_points_[index*3+1]
            yaw = self.target_points_[index*3+2]
            points.append([x, y, yaw])
            self.get_logger().info(f' 获取到目标点 : {index}->({x},{y},{yaw})')
        return points

    def nav_to_pose(self, target_pose):
        """
        导航到指定位姿
        """
        self.waitUntilNav2Active()
        result = self.goToPose(target_pose)
        while not self.isTaskComplete():
            feedback = self.getFeedback()
            if feedback:
                self.get_logger().info(f' 预计 : {Duration.from_msg(feedback.estimated_
                    time_remaining).nanoseconds / 1e9} s 后到达 ')
        # 最终结果判断
        result = self.getResult()
        if result == TaskResult.SUCCEEDED:
            self.get_logger().info(' 导航结果: 成功 ')
        elif result == TaskResult.CANCELED:
            self.get_logger().warn(' 导航结果: 被取消 ')
        elif result == TaskResult.FAILED:
            self.get_logger().error(' 导航结果: 失败 ')
        else:
            self.get_logger().error(' 导航结果: 返回状态无效 ')
```

第一个 get_target_points 方法，首先获取目标点参数，然后按三个一组的形式进行分割，生成一个二维数组 points 并返回。第二个方法 nav_to_pose 则是直接调用 goToPose 导航到目标点。

下面继续完成 get_current_pose 方法，用于获取当前位姿，内容如代码清单 7-37 所示。

代码清单 7-37   初始化和获取当前位姿的方法

```
    def __init__(self, node_name='patrol_node'):
        ...
        # 实时位置获取 TF 相关定义
        self.buffer_ = Buffer()
        self.listener_ = TransformListener(self.buffer_, self)

    def get_current_pose(self):
        """
        通过 TF 获取当前位姿
        """
        while rclpy.ok():
            try:
                tf = self.buffer_.lookup_transform(
                    'map', 'base_footprint', rclpy.time.Time(seconds=0),rclpy.
                        time.Duration(seconds=1))
```

```
        transform = tf.transform
        rotation_euler = euler_from_quaternion([
            transform.rotation.x,
            transform.rotation.y,
            transform.rotation.z,
            transform.rotation.w ])
        self.get_logger().info(f' 平移 :{transform.translation}, 旋转四元数 :
            {transform.rotation}: 旋转欧拉角 :{rotation_euler}')
        return transform
    except Exception as e:
        self.get_logger().warn(f' 不能够获取坐标变换, 原因 : {str(e)}')
```

该方法使用 TF 获取 map 到 base_footprint 之间的坐标变化, 获取成功后才会返回。最后我们来编写 main 函数, 实现多点导航的调用, 如代码清单 7-38 所示。

代码清单 7-38　main 函数

```
def main():
    rclpy.init()
    patrol = PatrolNode()
    patrol.init_robot_pose()

    while rclpy.ok():
        points = patrol.get_target_points()
        for point in points:
            x, y, yaw = point[0], point[1], point[2]
            target_pose = patrol.get_pose_by_xyyaw(x, y, yaw)
            patrol.nav_to_pose(target_pose)
    rclpy.shutdown()
```

为了方便对参数进行配置, 在 src/autopatrol_robot/ 目录下创建 config 目录, 接着在目录下新建 patrol_config.yaml, 编写如代码清单 7-39 所示的内容。

代码清单 7-39　src/autopatrol_robot/config/patrol_config.yaml

```
patrol_node:
    ros__parameters:
        initial_point: [0.0, 0.0, 0.0]
        target_points: [
            0.0,0.0,0.0,
            1.0,2.0,3.14,
            -4.5,1.5,1.57,
            -8.0,-5.0,1.57,
            1.0,-5.0,3.14,
            ]
```

这里通过参数文件设置了初始位姿和目标点集, 对于目标点, 可以根据你的地图进行修改。完成后, 接着修改 setup.py, 注册节点和配置文件, 完成后的配置如代码清单 7-40 所示。

代码清单 7-40　修改 setup.py

```
setup(
    ...
```

```
data_files=[
    ...
    ('share/' + package_name+"/config", ['config/patrol_config.yaml'])
],
...
entry_points={
    'console_scripts': [
        'patrol_node=autopatrol_robot.patrol_node:main',
    ],
},
)
```

重新构建功能包，运行仿真和导航，接着运行节点并指定参数文件，命令如代码清单 7-41 所示。

代码清单 7-41　运行 patrol_node 并设置参数文件

```
$ ros2 run autopatrol_robot patrol_node --ros-args --params-file install/
    autopatrol_robot/share/autopatrol_robot/config/patrol_config.yaml
```

观察 RViz 中机器人的运动情况，可以发现机器人已经在各个点之间循环移动了。

7.5.3　添加语音播报功能

接着我们来实现第二个需求：语音播放进度。根据之前设计的系统架构，第一步先来自定义服务接口。

在 chapt7_ws/src 下创建功能包 autopatrol_interfaces，并添加 rosidl_default_generators 作为依赖，然后在功能包下创建 srv 目录，在 srv 下创建文件 SpeachText.srv，在该文件中编写如代码清单 7-42 所示的内容。

代码清单 7-42　autopatrol_interfaces/srv/SpeachText.srv

```
string text      # 合成文字
---
bool result      # 合成结果
```

完成后在 CMakeLists.txt 中进行注册，添加指令如代码清单 7-43 所示。

代码清单 7-43　CMakeLists.txt

```
...
rosidl_generate_interfaces(${PROJECT_NAME}
    "srv/SpeachText.srv"
)
ament_package()
```

最后在 package.xml 中添加接口声明标签 <member_of_group>rosidl_interface_packages</member_of_group>，完成后重新构建即可。

在 src/autopatrol_robot/autopatrol_robot 下新建 speaker.py，在该文件中编写代码清单 7-44 中的内容。

代码清单 7-44　src/autopatrol_robot/autopatrol_robot/speaker.py

```python
import rclpy
from rclpy.node import Node
from autopatrol_interfaces.srv import SpeachText
import espeakng

class Speaker(Node):
    def __init__(self, node_name):
        super().__init__(node_name)
        self.speech_service = self.create_service(
            SpeachText, 'speech_text', self.speak_text_callback)
        self.speaker = espeakng.Speaker()
        self.speaker.voice = 'zh'

    def speak_text_callback(self, request, response):
        self.get_logger().info('正在朗读 %s' % request.text)
        self.speaker.say(request.text)
        self.speaker.wait()
        response.result = True
        return response

def main(args=None):
    rclpy.init(args=args)
    node = Speaker('speaker')
    rclpy.spin(node)
    rclpy.shutdown()
```

在 setup.py 中注册 speaker 节点，接着修改 patrol_node.py，编写服务客户端，添加播放功能方法，代码如代码清单 7-45 所示。

代码清单 7-45　autopatrol_robot/autopatrol_robot/patrol_node.py

```python
# 添加服务接口
from autopatrol_interfaces.srv import SpeachText

class PatrolNode(BasicNavigator):
    def __init__(self, node_name='patrol_node'):
        ...
        # 语音合成客户端
        self.speach_client_ = self.create_client(SpeachText, 'speech_text')

    def speach_text(self, text):
        """
        调用服务播放语音
        """
        while not self.speach_client_.wait_for_service(timeout_sec=1.0):
            self.get_logger().info('语合成服务未上线，等待中...')

        request = SpeachText.Request()
        request.text = text
        future = self.speach_client_.call_async(request)
```

```
rclpy.spin_until_future_complete(self, future)
if future.result() is not None:
    result = future.result().result
    if result:
        self.get_logger().info(f'语音合成成功：{text}')
    else:
        self.get_logger().warn(f'语音合成失败：{text}')
else:
    self.get_logger().warn('语音合成服务请求失败')
```

最后我们修改 main 函数，添加语音播放功能，代码如代码清单 7-46 所示。

代码清单 7-46　autopatrol_robot/autopatrol_robot/patrol_node.py main 函数

```
def main():
    rclpy.init()
    patrol = PatrolNode()
    patrol.speach_text(text='正在初始化位置')
    patrol.init_robot_pose()
    patrol.speach_text(text='位置初始化完成')

    while rclpy.ok():
        for point in patrol.get_target_points():
            x, y, yaw = point[0], point[1], point[2]
            # 导航到目标点
            target_pose = patrol.get_pose_by_xyyaw(x, y, yaw)
            patrol.speach_text(text=f'准备前往目标点 {x},{y}')
            patrol.nav_to_pose(target_pose)
    rclpy.shutdown()
```

为了方便执行，我们可以将两个节点和参数文件都放到 launch 文件中启动，在 src/
autopatrol_robot 下创建 launch 目录，在目录下创建 autopatrol.launch.py，在该文件中编写如
代码清单 7-47 所示的内容。

代码清单 7-47　autopatrol.launch.py

```
import os
import launch
import launch_ros
from ament_index_python.packages import get_package_share_directory
from launch.launch_description_sources import PythonLaunchDescriptionSource


def generate_launch_description():
    # 获取与拼接默认路径
    autopatrol_robot_dir = get_package_share_directory('autopatrol_robot')
    patrol_config_path = os.path.join( autopatrol_robot_dir, 'config', 'patrol_
        config.yaml')

    action_node_turtle_control = launch_ros.actions.Node(
        package='autopatrol_robot',
        executable='patrol_node',
```

```
    parameters=[patrol_config_path] )

action_node_patrol_client = launch_ros.actions.Node(
    package='autopatrol_robot',
    executable='speaker', )

return launch.LaunchDescription([
    action_node_turtle_control,
    action_node_patrol_client,
])
```

编写完成后，参考代码清单 4-61 修改 setup.py 文件，将 launch 文件复制到 install 目录，完成后重新构建功能包，再次运行仿真和导航后，再启动该 launch 文件即可测试。

7.5.4　订阅图像并记录

现在我们来实现第三个需求，保存实时图像到本地，首先订阅相机节点发布的图像话题，将订阅到的消息转换成 OpenCV 格式保存。接着修改 patrol_node.py，添加如代码清单 7-48 所示的代码。

代码清单 7-48　autopatrol_robot/autopatrol_robot/patrol_node.py

```
# 导入消息接口和相关定义
from sensor_msgs.msg import Image
from cv_bridge import CvBridge
import cv2

class PatrolNode(BasicNavigator):
    def __init__(self, node_name='patrol_node'):
        ...
        # 订阅与保存图像相关定义
        self.declare_parameter('image_save_path', '')
        self.image_save_path = self.get_parameter('image_save_path').value
        self.bridge = CvBridge()
        self.latest_image = None
        self.subscription_image = self.create_subscription(
            Image, '/camera_sensor/image_raw', self.image_callback, 10)

    def image_callback(self, msg):
        """
        将最新的消息放到 latest_image 中
        """
        self.latest_image = msg

    def record_image(self):
        """
        记录图像
        """
        if self.latest_image is not None:
            pose = self.get_current_pose()
```

```
cv_image = self.bridge.imgmsg_to_cv2(self.latest_image)
cv2.imwrite(f'{self.image_save_path}image_{pose.translation.x:3.2f}_
    {pose.translation.y:3.2f}.png', cv_image)
```

代码清单 7-48 中创建了一个订阅者，订阅来自相机的图像，在回调函数中将图像放到 self.latest_image 中，当调用 record_image 时判断 self.latest_image 是否有图像，如果有则先转换成 OpenCV 格式，接着保存到本地，文件名由当前位置组成。

最后修改 main 函数，添加对记录图像函数的调用，主要添加的代码如代码清单 7-49 所示。

代码清单 7-49   autopatrol_robot/autopatrol_robot/patrol_node.py main 函数

```
def main():
...
while rclpy.ok():
    for point in patrol.get_target_points():
        # Navigation to pose code ...

        ...

        # 记录图像
        patrol.speach_text(text=f"已到达目标点 {x},{y}，准备记录图像 ")
        patrol.record_image()
        patrol.speach_text(text=f"图像记录完成 ")
rclpy.shutdown()
```

保存好后，重新构建功能包，再次运行仿真和导航后启动 launch 文件，当机器人导航到目标点后，查看当前目录是否有文件保存。

好了，到这里我们已经完成巡检机器人所有功能的开发。

7.6   ROS 2 基础之 Git 仓库托管

在 Git 进阶篇中，我们学习了查看修改、撤销提交和 Git 分支。本节我们就基于前面的知识，学习如何将上一节的自动巡检机器人代码分享到开源网站中。开始之前，我们先将 chapt7/chapt7_ws/src 初始化为一个 Git 仓库，并添加一个初始提交，使用命令如代码清单 7-50 所示。

代码清单 7-50   初始化仓库并提交

```
$ cd chapt7_ws/src
$ git init
$ git add .
$ git commit -m "初始提交，完成巡检机器人 "
```

做好了准备后，让我们继续 Git 学习之旅吧。

7.6.1   添加自描述文件

假如你将上一节完成的代码直接分享给你的伙伴，他一定是不知所措的，在不看代码的情况下，他既不知道这个项目做什么，也不知道这个项目怎么使用。我们可以在当前仓库中添加一个自描述文件，将仓库相关的信息都在其中写明。

在 chapt7_ws/src目录下新建文件 README.md，该文件的后缀 md 是 Markdown 的缩写。Markdown 是一种轻量级标记语言，因为排版语法简洁被大量使用，如 Github 等网站都支持 Markdown 语法。在 Markdown 中，# 号的数量表示标题的级别，我们来简单编写一个大纲，完成后 README.md 的内容如代码清单 7-51 所示。

代码清单 7-51　chapt7_ws/src/README.md

```
# 基于 ROS 2 和 Navigation 2 自动巡检机器人
## 1. 项目介绍
## 2. 使用方法
### 2.1 安装依赖
### 2.2 运行
## 3. 作者
```

编写后保存，在 VS Code 中可以按 Ctrl+Shift+V 键预览 Markdown 格式的文本文件，预览结果如图 7-27 所示。

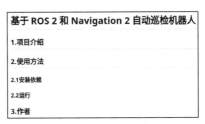

图 7-27　查看预览

接着我们来完善每一部分的内容，你也可以按照你的理解编写该文件，这里提供了一个参考，内容如代码清单 7-52 所示。

代码清单 7-52　chapt7_ws/src/README.md

```
# 基于 ROS 2 和 Navigation 2 自动巡检机器人

## 1. 项目介绍
本项目基于 ROS 2 和  Navigation 2 设计了一个自动巡检机器人仿真功能。

该巡检机器人要能够在不同的目标点之间循环移动，每到达一个目标点后首先通过语音播放到达的目标点信息，
    接着通过摄像头采集一张实时的图像并保存到本地。

各功能包功能如下：
- fishbot_description 机器人描述文件，包含仿真相关配置
- fishbot_navigation2 机器人导航配置文件
- fishbot_application 机器人导航应用 Python 代码
- fishbot_application_cpp 机器人导航应用 C++ 代码
- autopatrol_interfaces  自动巡检相关接口
- autopatrol_robot  自动巡检实现功能包

## 2. 使用方法
```

本项目开发平台信息如下：

- 系统版本：Ubunt22.04
- ROS 版本：ROS 2 Humble

2.1 安装

本项目建图采用 slam-toolbox，导航采用 Navigation 2，仿真采用 Gazebo，运动控制采用 ros2-control 实现，构建之前请先安装依赖，指令如下：

1. 安装 SLAM 和 Navigation 2
```
sudo apt install ros-$ROS_DISTRO-nav2-bringup ros-$ROS_DISTRO-slam-toolbox
```

2. 安装仿真相关功能包
```
sudo apt install ros-$ROS_DISTRO-robot-state-publisher  ros-$ROS_DISTRO-joint-state-publisher ros-$ROS_DISTRO-gazebo-ros-pkgs ros-$ROS_DISTRO-ros2-controllers ros-$ROS_DISTRO-xacro
```

3. 安装语音合成和图像相关功能包
```
sudo apt install python3-pip  -y
sudo apt install espeak-ng -y
sudo pip3 install espeakng
sudo apt install ros-$ROS_DISTRO-tf-transformations
sudo pip3 install transforms3d
```

2.2 运行
安装完成依赖后，可以使用 colcon 工具进行构建和运行。
构建功能包
```
colcon build
```
运行仿真
```
source install/setup.bash
ros2 launch fishbot_description gazebo.launch.py
```

运行导航

```
source install/setup.bash
ros2 launch fishbot_navigation2 navigation2.launch.py
```
运行自动巡检
```
```

```
source install/setup.bash
ros2 launch autopatrol_robot autopatrol.launch.py
```
```
## 3. 作者
- [fishros](https://github.com/fishros)
```

在代码清单 7-52 中，我们使用了几个新的 Markdown 语法，连续的 - 表示一个列表，```
包裹的部分表示代码块，[文字](链接) 表示超链接。保存好文件，接着进行提交，指令如
代码清单 7-53 所示。

代码清单 7-53 提交描述文件

```
$ git add README.md
$ git commit -m " 添加自描述文件 "
```

7.6.2 将代码托管在 Gitee

gitee.com（码云）是一个国内的开源代码托管平台，我们可以将自己的代码托管到该平
台。在开始之前你需要注册一个账号，登录完成后到新建仓库页面，输入仓库名称和仓库介
绍，如图 7-28 所示。

Gitee 默认仓库是私有的，要公开需要在创建仓库后在设置中进行开源，除此之外，初
始化仓库、设置模板和选择分支模型这里都不设置。完成设置后如图 7-29 所示，最后单击创
建按钮即可。

图 7-28 新建仓库   图 7-29 仓库相关设置

创建完成后，Gitee 会提供给你如何提交代码的命令提示，对于已有仓库的，命令如代码
清单 7-54 所示。

代码清单 7-54 提交代码命令

```
$ cd existing_git_repo
$ git remote add origin https://gitee.com/ohhuo/ros2_partol_robot.git
$ git push -u origin "master"
---
Username for 'https://gitee.com': ohhuo
Password for 'https://ohhuo@gitee.com':
```

```
枚举对象中：99，完成.
对象计数中：100% (99/99)，完成.
使用 6 个线程进行压缩
压缩对象中：100% (89/89)，完成.
写入对象中：100% (99/99)，46.52 KB | 5.17 MB/s，完成.
总共 99 (差异 25)，复用 0 (差异 0)，包复用 0
remote: Powered by GITEE.COM [GNK-6.4]
To https://gitee.com/ohhuo/ros2_partol_robot.git
    * [new branch]      master -> master
分支 'master' 设置为跟踪来自 'origin' 的远程分支 'master'。
```

上面的 git remote add 命令用于给当前仓库添加远程地址，origin 是名字，https 开头的是地址，git push 是推送代码的命令，指定将当前代码推送到名字为 origin 的远程分支 master。推送完成后刷新网页，就可以在 Gitee 上看到所有的代码和提交记录了，如图 7-30 所示。

图 7-30   查看提交完成后的仓库

除了将本地代码推送到远程，也可以将远程的提交同步到本地，使用 git pull 命令即可从远程同步代码到本地，具体使用方法可以使用 git pull -h 进行查看。

7.6.3   将代码托管在 GitHub

github.com 是一个全球最大的开源代码托管平台，ROS 2 的相关的代码都是通过该平台进行开源的。在开始托管仓库代码到 Github 之前，你需要先注册一个账号，登录完成后到新建仓库页面，输入仓库名称和仓库介绍，如图 7-31 所示。

接着就是配置是否公开、是否初始化仓库、是否添加忽略文件以及设置证书，这里我们使用默认设置即可，如图 7-32 所示。最后单击右下角的 Create repository 即可。

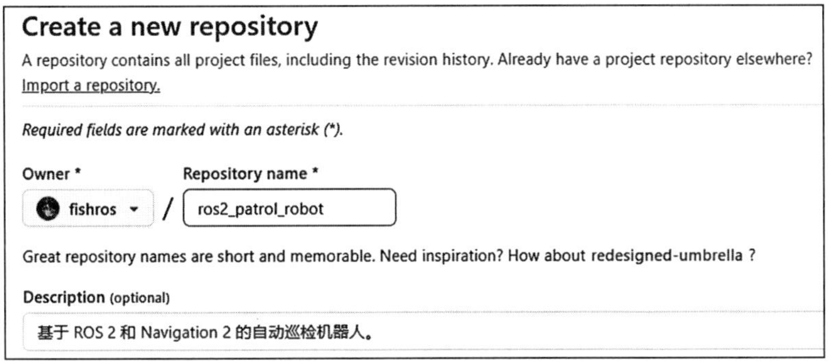

图 7-31 在 GitHub 上新建仓库

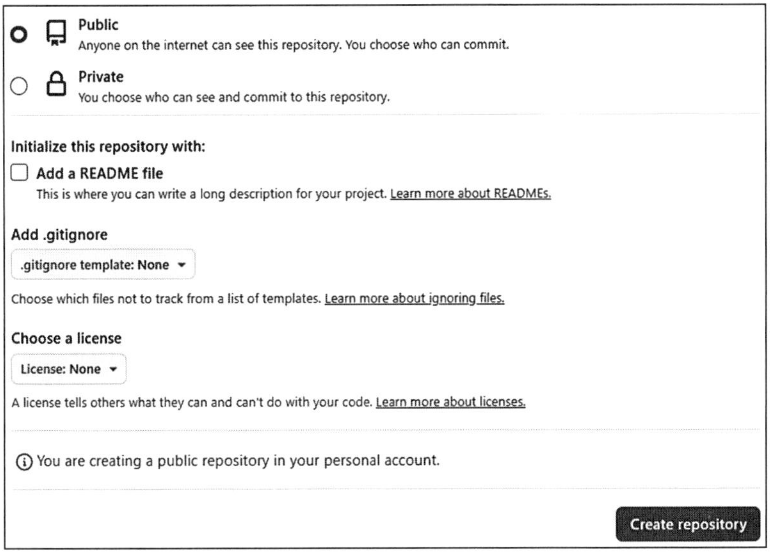

图 7-32 仓库相关配置

创建完成后，Github 也提供了从已有仓库推送代码的示例，命令如代码清单 7-55 所示。

代码清单 7-55 推送本地仓库示例命令

```
$ git remote add origin git@github.com:fishros/ros2_patrol_robot.git
$ git branch -M main
$ git push -u origin main
```

因为 Github 默认的主分支名字是 main，而我们本地仓库默认的分支名字为 master，所以我们可以修改上面命令中的 main 为 master，又因为 origin 这一名称已经被 Gitee 的远程地址占用了，所以这里要换个名字，最终更换分支名称并推送的命令如代码清单 7-56 所示。

代码清单 7-56 仓库关联主分支修改和推送

```
$ git remote add origin_github git@github.com:fishros/ros2_patrol_robot.git
$ git branch -M master
$ git push -u origin_github master
```

```
---
The authenticity of host 'github.com (20.205.243.166)' can't be established.
ED25519 key fingerprint is
SHA256:+DiY3wvvV6TuJJhbpZisF/zLDA0zPMSvHdkr4UvCOqU.
This key is not known by any other names
Are you sure you want to continue connecting (yes/no/[fingerprint])? yes
Warning: Permanently added 'github.com' (ED25519) to the list of known hosts.
git@github.com: Permission denied (publickey).
fatal: 无法读取远程仓库。

请确认您有正确的访问权限并且仓库存在。
```

直接运行上面的命令，你会得到一个无法读取远程仓库的错误提示，这是因为 Github 默认使用的协议是 SSH 协议，以防止用户名和密码泄漏导致仓库代码被恶意修改。要使用 SSH 协议推送代码到 Github，需要先在本地生成一对公钥和私钥，然后将公钥添加到 GitHub 账户中，当我们推送代码时就会用私钥进行身份验证。

使用 ssh-keygen 命令并一路按回车键，就可以快速生成一对公私钥，命令及生成过程如代码清单 7-57 所示。

代码清单 7-57　使用 ssh-keygen 生成公私钥

```
$ ssh-keygen
---
Generating public/private rsa key pair.
Enter file in which to save the key (/home/fishros/.ssh/id_rsa):
Enter passphrase (empty for no passphrase):
Enter same passphrase again:
Your identification has been saved in /home/fishros/.ssh/id_rsa
Your public key has been saved in /home/fishros/.ssh/id_rsa.pub
The key fingerprint is:
SHA256:Z/UAimk7hVmHMyzwI/6Ydmslx8MtuyflR173VBScQ3E fishros@fishros-VirtualBox
The key's randomart image is:
+---[RSA 3072]----+
|    .. ...o   o+E|
|    ..*=o .   +o|
|    . O.oo  o  ..|
|    . o +   .o .|
|    . ooS.o   . .|
|    +..Boo . . o|
|    + o+ * o . o.|
|    . ...o o o  .|
|    .. .+ .      |
+----[SHA256]-----+
```

生成好的公钥会放到主目录下的 .ssh 文件夹下，使用代码清单 7-58 中的命令可以查看该公钥。

代码清单 7-58　查看公钥

```
$ cat ~/.ssh/id_rsa.pub
---
ssh-rsa AAAAB3Nz...
```

登录 Github 后访问 https://github.com/settings/ssh/new，随便输入一个标题，并将刚刚生成的公钥复制粘贴到 Key 一栏中，如图 7-33 所示。单击左下角 Add SSH key 按钮即可完成添加。

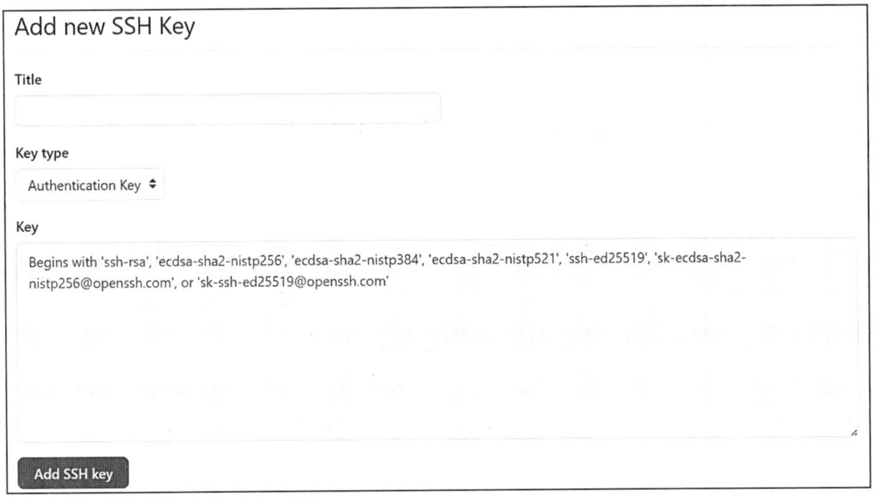

图 7-33　在 GitHub 设置中添加公钥

添加完成后，再次运行推送代码命令，此时就可以成功推送了，重新访问仓库页面，便可以看到所有的代码和提交记录了，Github 上的显示结果如图 7-34 所示。

图 7-34　GitHub 上的显示结果

如果你想把代码分享给别人，可以直接复制仓库的开源地址，对方在终端中使用 git

clone 命令就可以快速将仓库克隆到本地。

好了，看到自己一点点写的代码出现在开源网站上，是不是成就感十足，接下来我们对本章学习的内容做一个总结吧。

7.7　小结与点评

本章我们在上一章的基础上，学习了机器人导航的基本知识，接着学习了如何在仿真机器人上配置 SLAM 进行建图和导航，除此之外我们还学习了如何使用代码进行导航应用的开发。

在本章的最佳实践环节，设计并实现了一个自动巡检机器人，将我们学习的语音合成、话题服务通信和参数等知识进行了实践。本章的最后一节再次学习了 Git 工具的使用，并将我们的巡检机器人通过 Gitee 和 Github 进行托管和分享。

到这里，我们的学习之旅要告一段落了，但关于 ROS 2 和 Navigation 2 的知识和应用远不止前面所学习的这些，后面我们将进行一些实践项目的开发，在实践项目中我们还会学到一些新知识。

第 8 章
使用自己的规划器和控制器导航

在机器人导航中，规划器负责根据地图生成一条可行的路径，而控制器则根据路径控制机器人运动到目标位置。很多同学在研究机器人路径规划算法和控制算法时，往往需要结合机器人来进行算法的验证，可从头构建一个机器人导航系统用于算法验证显然又不太现实。

Navigation 2 导航框架通过 ROS 2 强大的插件机制，可以将你编写的规划器或执行器加载到导航系统中进行调用。

8.1 掌握 ROS 2 插件机制

说起 ROS 2 中的插件，不得不让人想起 rqt，在前面的章节，安装 rqt-tf-tree 插件后，就可以轻松地在 rqt 工具中加载并使用它。在 Navigation 2 中要使用自己的规划器和控制器，则需要使用插件库 pluginlib 来编写插件。

8.1.1 pluginlib 介绍与安装

pluginlib 是一个用于在 ROS 功能包中动态加载和卸载插件的 C++库。在 C++ 中使用动态库时，一般需要在编译阶段进行显式链接。例如，当我们使用 ROS 客户端库 rclcpp 时，第一步先使用 find_package 查找库的位置，接下来使用 ament_target_dependencies 命令将可执行文件与所需库进行链接，最后在编译可执行文件时，链接器才能够找到并关联所需的库。

通过 pluginlib 则不需要进行提前查找和链接库，在程序中可以通过参数或设置动态地加载和卸载插件。下面来看看如何安装 pluginlib。

其实在安装 Navigatioin 2 时，pluginlib 已经作为依赖被安装在系统中了，如果不放心，可以使用 apt 命令再次安装 pluginlib，安装命令如代码清单 8-1 所示。

代码清单 8-1　安装 pluginlib

```
$ sudo apt install ros-$ROS_DISTRO-pluginlib -y
```

安装好 pluginlib，下面来通过一个具体的例子来学习 pluginlib 的使用方法。

8.1.2 定义插件抽象类

假设我们要创建一个简单的机器人运动控制器插件，一个机器人可以支持多种不同的运动控制方法，比如直线运动、旋转运动和 Z 字形运动等。此时我们就可以创建一个基类接口，然后让插件继承基类，实现不同的控制方式。

在主目录下创建工作空间 chapt8/learn_pluginlib/src，然后在工作空间下创建功能包 motion_control_system，命令如代码清单 8-2 所示。

代码清单 8-2　创建 motion_control_system 功能包

```
$ ros2 pkg create motion_control_system --dependencies pluginlib  --license
  Apache-2.0
```

上面的代码创建了 motion_control_system 功能包，并添加 pluginlib 作为依赖。

接着在 learn_pluginlib/src/motion_control_system/include/motion_control_system 目录下新建头文件 motion_control_interface.hpp，然后编写如代码清单 8-3 所示的内容。

代码清单 8-3　motion_control_system/motion_control_interface.hpp

```
#ifndef MOTION_CONTROL_INTERFACE_HPP
#define MOTION_CONTROL_INTERFACE_HPP

namespace motion_control_system {

class MotionController {
public:
    virtual void start() = 0;
    virtual void stop() = 0;
    virtual ~MotionController() {}
};

} // namespace motion_control_system

#endif // MOTION_CONTROL_INTERFACE_HPP
```

代码清单 8-3 中的代码在 motion_control_system 命名空间下，定义了抽象类 Motion-Controller，该类中声明了两个成员函数和一个析构函数。之所以把这个类叫作抽象类，是因为在 C++ 语法中，virtual 关键字用于声明虚函数，= 0 语法用于声明纯虚函数，而包含至少一个纯虚函数的类被称为抽象类（Abstract Class）。通过名字就可以看出来，抽象类很抽象，所以抽象类只能被继承，不能被实例化。

在这个抽象类中，我们声明了一个纯虚函数 start() 表示开始运动，一个纯虚函数 stop() 表示停止运动。插件的抽象类表示一种规范，所以接下来的所有插件都要继承该抽象类，并编写 start() 和 stop() 的具体实现。

8.1.3 编写并生成第一个插件

我们以旋转运动为例，编写一个旋转运动控制插件。在 learn_pluginlib/src/motion_

control_system/include/motion_control_system 文件夹下新建 spin_motion_controller.hpp，然后编写代码清单 8-4 中的代码。

代码清单 8-4　spin_motion_controller.hpp

```
#ifndef SPIN_MOTION_CONTROLLER_HPP
#define SPIN_MOTION_CONTROLLER_HPP
#include "motion_control_system/motion_control_interface.hpp"
namespace motion_control_system
{
    class SpinMotionController : public MotionController
    {
    public:
        void start() override;
        void stop() override;
    };
} // namespace motion_control_system
#endif // SPIN_MOTION_CONTROLLER_HPP
```

代码清单 8-4 中的代码在 motion_control_system 命名空间下定义类 SpinMotionController，并让其继承于抽象类 MotionController，接着又声明了 start() 和 stop() 两个成员方法，声明时使用了 override 关键词，表示派生类中的成员函数将覆盖基类中的虚函数。

接着来编写函数的具体定义，在 learn_pluginlib/src/motion_control_system/src 下新建 spin_motion_controller.cpp，编写代码清单 8-5 中的内容。

代码清单 8-5　src/spin_motion_controller.cpp

```
#include <iostream>
#include "motion_control_system/spin_motion_controller.hpp"
namespace motion_control_system {
void SpinMotionController::start() {
    // 实现旋转运动控制逻辑
    std::cout<<"SpinMotionController::start"<<std::endl;
}
void SpinMotionController::stop() {
    // 停止运动控制
    std::cout<<"SpinMotionController::stop"<<std::endl;
}
} // namespace motion_control_system
#include "pluginlib/class_list_macros.hpp"
PLUGINLIB_EXPORT_CLASS(motion_control_system::SpinMotionController, motion_
    control_system::MotionController)
```

因为是测试代码，所以上面对 start() 和 stop() 方法的实现很简单，只是分别加了句输出。需要关注的是最后两行，因为 PLUGINLIB_EXPORT_CLASS 宏是在 pluginlib/class_list_macros.hpp 中的，所以第一步要包含它，接着使用 PLUGINLIB_EXPORT_CLASS 宏对插件进行导出，该宏有两个参数，第一个是要导出的类，第二个是导出的类的抽象基类。

编写好插件的代码，接着我们还需要编写插件的描述文件，在 learn_pluginlib/src/motion_control_system 目录下新建 spin_motion_plugins.xml，编写代码清单 8-6 中的内容。

代码清单 8-6   spin_motion_plugins.xml

```
<library path="spin_motion_controller">
    <class name="motion_control_system/SpinMotionController" type="motion_
control_system::SpinMotionController" base_class_type="motion_control_
system::MotionController">
    <description>Spin Motion Controller</description>
    </class>
</library>
```

在该文件中，通过 <library path="spin_motion_controller"> 定义了一个库，其中属性 path 表示库的路径，其实就是动态库的名字，其子标签 class 指定了插件类的名字、类和抽象基类。

编写好描述文件，接着我们需要修改 CMakelists.txt 来生成动态库，如代码清单 8-7 所示。

代码清单 8-7   src/motion_control_system/CMakelists.txt

```
cmake_minimum_required(VERSION 3.8)
project(motion_control_system)
...
# =============== 查找依赖 ====================
find_package(ament_cmake REQUIRED)
find_package(pluginlib REQUIRED)
include_directories(include)
# =============== 添加库文件 ====================
add_library(spin_motion_controller SHARED src/spin_motion_controller.cpp)
ament_target_dependencies(spin_motion_controller  pluginlib )
install(TARGETS spin_motion_controller
    ARCHIVE DESTINATION lib
    LIBRARY DESTINATION lib
    RUNTIME DESTINATION bin
)
install(DIRECTORY include/
    DESTINATION include/
)
# 导出插件描述文件
pluginlib_export_plugin_description_file(motion_control_system spin_motion_
    plugins.xml)
...
ament_package()
```

使用 add_library 指令用于添加一个库文件，第一个参数是库的名字，第二个参数 SHARED 表示生成动态库，第三个参数是库对应的源代码文件，后面的添加以及安装指令则用于复制文件到 install 目录。需要额外关注的是 pluginlib_export_plugin_description_file 指令，用于导出插件描述文件，第一个参数是功能包的名字，第二个参数是插件描述文件的名字。

接着在 learn_pluginlib 目录下调用 colcon build 进行构建，构建成功后，查看目录 install/motion_control_system/lib，就可以看到动态库 libspin_motion_controller.so。至此我们就成功地生成了一个自己的插件库，接着我们编写一个测试程序来加载并使用这个库。

8.1.4 编写插件测试程序

pluginlib 除了可以生成库，也提供调用库的相关类和函数。我们本节来实现根据命令行参数加载插件并调用的测试程序，首先在 learn_pluginlib/motion_control_system/src 下新建 test_plugin.cpp，然后编写代码清单 8-8 中的内容。

代码清单 8-8　learn_pluginlib/motion_control_system/src/test_plugin.cpp

```cpp
#include "motion_control_system/motion_control_interface.hpp"
#include <pluginlib/class_loader.hpp>

int main(int argc, char **argv) {
    // 判断参数数量是否合法
    if (argc != 2)
        return 0;
    // 通过命令行参数，选择要加载的插件,argv[0] 是可执行文件名，argv[1] 表示参数名
    std::string controller_name = argv[1];
    // 1. 通过功能包名称和基类名称创建控制器加载器
    pluginlib::ClassLoader<motion_control_system::MotionController>
        controller_loader("motion_control_system",
                          "motion_control_system::MotionController");
    // 2. 使用加载器加载指定名称的插件，返回的是指定插件类的对象的指针
    auto controller = controller_loader.createSharedInstance(controller_name);
    // 3. 调用插件的方法
    controller->start();
    controller->stop();
    return 0;
}
```

代码清单 8-8 中首先包含了 pluginlib 和抽象基类头文件，然后在 main 函数中判断命令行参数的数量是否正确，接着从参数数组中获取控制器的名字放到 controller_name 中。接下来是加载并使用插件的步骤，第一步创建了类加载器 ClassLoader 的对象 controller_loader，其中第一个参数 motion_control_system 表示功能包的名字，第二个参数是控制器基类的名字。第二步是通过控制器的名称创建类加载器实例指针，控制器的名称就是我们在 spin_motion_plugins.xml 中定义的名称。第三步是调用控制器的成员方法进行控制。

编写好代码，修改 CMakelists.txt，添加可执行文件 test_plugin 并安装，内容如代码清单 8-9 所示。

代码清单 8-9　src/motion_control_system/CMakelists.txt

```cmake
...
# =============== 添加测试程序 ========================
add_executable(test_plugin src/test_plugin.cpp)
ament_target_dependencies(test_plugin pluginlib)
install(TARGETS test_plugin DESTINATION lib/${PROJECT_NAME} )
...
ament_package()
```

重新构建功能包，接着执行 source 并运行 test_plugin，运行指令及结果如代码清单 8-10 所示。

代码清单 8-10   运行 test_plugin

```
$ source install/setup.bash
$ ros2 run motion_control_system test_plugin motion_control_system/
    SpinMotionController
---
SpinMotionController::start
SpinMotionController::stop
```

ros2 run 指令中最后的参数 motion_control_system/SpinMotionController 表示控制器插件类的名字，该名字要和 spin_motion_plugins.xml 中 class 标签 name 属性保持一致。

从运行结果可以看出，我们仅通过命令行指定插件的名称就可以获取到插件库的对象并进行调用，你可以自行编写一个新的执行器插件并尝试调用。

好了，关于 ROS 2 中的 pluginlib 插件机制就学习到这里，接下来我们将尝试用它来编写自己的规划器和控制器。

8.2   自定义导航规划器

在不同的场景下，我们希望机器人能以不同的路线移动到目标点，比如地板清扫机器人，在电量低进行回充时，需要以耗时最短的路径回到基站；在机器人清扫过程中，则可能要走"之字形"或"回字形"路径以实现对清扫区域的覆盖和遍历。Navigation 2 默认的规划器的规划策略可能不符合实际的场景需求，此时就需要我们来自定义导航规划器了。

8.2.1   自定义规划器介绍

路径规划器的任务是基于给定的机器人初始位姿、目标位姿和环境地图，计算出一条可行的路径，使得机器人能够安全地、有效地从起始位置移动到目标位置。所以在正式编写规划器前，我们需要了解机器人位姿如何表示、路径如何表示以及环境地图如何表示。

在 Navigation 2 中机器人位姿使用消息接口 geometry_msgs/msg/PoseStamped 表示，使用代码清单 8-11 中的命令可以查看该消息接口的定义。

代码清单 8-11   查看 geometry_msgs/msg/PoseStamped 消息接口的定义

```
$ ros2 interface show geometry_msgs/msg/PoseStamped
---
# A Pose with reference coordinate frame and timestamp

std_msgs/Header header
    builtin_interfaces/Time stamp
        int32 sec
        uint32 nanosec
    string frame_id
Pose pose
    Point position
        float64 x
```

```
      float64 y
      float64 z
  Quaternion orientation
      float64 x 0
      float64 y 0
      float64 z 0
      float64 w 1
```

PoseStamped 在 Pose 的基础上增加了一个 header 属性，包含时间和该点所在的坐标系名称，比如对于 x 为 1.0、其余都为 0 的点，在不同坐标系下，真实位置可能并不同。

接着来看如何表示路径，路径使用消息接口 nav_msgs/msg/Path 表示，使用代码清单 8-12 中的命令可以查看该消息接口的定义。

代码清单 8-12　查看 nav_msgs/msg/Path 消息接口的定义

```
$ ros2 interface show nav_msgs/msg/Path
---
# An array of poses that represents a Path for a robot to follow.

# Indicates the frame_id of the path.
std_msgs/Header header
    builtin_interfaces/Time stamp
        nt32 sec
        uint32 nanosec
    string frame_id

# Array of poses to follow.
geometry_msgs/PoseStamped[] poses
    std_msgs/Header header
        builtin_interfaces/Time stamp
            int32 sec
            uint32 nanosec
        string frame_id
    Pose pose
        Point position
            float64 x
            float64 y
            float64 z
        Quaternion orientation
            float64 x 0
            float64 y 0
            float64 z 0
            float64 w 1
```

可以看出，路径其实就是点的数组形式，将一条完整的路径按照一定的距离进行采样，就可以得到这样一个用于表示路径点的集合。

之前在 7.2.2 节中介绍过，导航中所使用的是占据栅格地图，其对应的消息接口是 nav_msgs/msg/OccupancyGrid，使用代码清单 8-13 中的命令可以查看该消息接口的定义。

代码清单 8-13   查看 nav_msgs/msg/OccupancyGrid 消息接口的定义

```
ros2 interface show nav_msgs/msg/OccupancyGrid
---
# This represents a 2-D grid map
std_msgs/Header header
    builtin_interfaces/Time stamp
        int32 sec
        uint32 nanosec
    string frame_id

# MetaData for the map
MapMetaData info
    builtin_interfaces/Time map_load_time
        int32 sec
        uint32 nanosec
    float32 resolution
    uint32 width
    uint32 height
    geometry_msgs/Pose origin
        Point position
            float64 x
            float64 y
            float64 z
        Quaternion orientation
            float64 x 0
            float64 y 0
            float64 z 0
            float64 w 1

# The map data, in row-major order, starting with (0,0).
# Cell (1, 0) will be listed second, representing the next cell in the x
    direction.
# Cell (0, 1) will be at the index equal to info.width, followed by (1, 1).
# The values inside are application dependent, but frequently,
# 0 represents unoccupied, 1 represents definitely occupied, and
# -1 represents unknown.
int8[] data
```

上面的消息接口中，header 部分表示消息的时间辍和坐标系，info 部分则描述地图的基础信息，比如地图的尺寸、分辨率和原点，最后 data 部分则是从地图左上角开始，从左到右按行存储的实际数据数组。

假如现在我们想要获取地图坐标系下 (x=1.0, y=0) 位置是否有障碍物，也就是对应栅格的占据状态，第一步需要将 (x=1.0, y=0) 这个位置的坐标转换为相应的 data 数组索引，栅格的行索引 row_index 和列索引 col_index 可以通过代码清单 8-14 所示的代码计算。

代码清单 8-14   将位置坐标转换为数组索引

```
row_index = (y - info.origin.y) / info.resolution
col_index = (x - info.origin.x) / info.resolution
```

上面的 x 和 y 是查询点的 x、y 坐标，info.origin.x 和 info.origin.y 是地图原点的 x 和 y 坐标，info.resolution 是地图分辨率。对应栅格的占据状态就可以通过代码清单 8-15 中的代码进行获取。

代码清单 8-15　获取栅格的占据状态

```
occupied_status = data[row_index * map_width + col_index]
```

在自定义规划器时，要判断路径上某点是否会有障碍物，就需要通过上面的方法获取到对应栅格的占据状态，然后根据占据状态进行判断，实际的代码中我们无须自己编写转换函数，直接调用 Navigation 2 提供的接口就可以轻松完成转换和代价提取。

好了，关于自定义规划器涉及的相关概念我们就介绍到这，接下来就正式开始编写代码，创建规划器。

8.2.2　搭建规划器插件框架

新建目录 chapt8/chapt8_ws/src，然后将第 7 章导航的所有功能包复制到 src 目录下，在 src 目录下创建功能包 nav2_custom_planner，并为其添加 nav2_core 和 pluginlib 依赖。

接着在 src/nav2_custom_planner/include/nav2_custom_planner 下新建 nav2_custom_planner. hpp，然后编写代码清单 8-16 中的内容。

代码清单 8-16　src/nav2_custom_planner/include/nav2_custom_planner/nav2_custom_planner.hpp

```
#ifndef NAV2_CUSTOM_PLANNER__NAV2_CUSTOM_PLANNER_HPP_
#define NAV2_CUSTOM_PLANNER__NAV2_CUSTOM_PLANNER_HPP_
#include <memory>
#include <string>
#include "geometry_msgs/msg/point.hpp"
#include "geometry_msgs/msg/pose_stamped.hpp"
#include "rclcpp/rclcpp.hpp"
#include "nav2_core/global_planner.hpp"
#include "nav2_costmap_2d/costmap_2d_ros.hpp"
#include "nav2_util/lifecycle_node.hpp"
#include "nav2_util/robot_utils.hpp"
#include "nav_msgs/msg/path.hpp"

namespace nav2_custom_planner {
// 自定义导航规划器类
class CustomPlanner : public nav2_core::GlobalPlanner {
public:
    CustomPlanner() = default;
    ~CustomPlanner() = default;
    // 插件配置方法
    void configure(
        const rclcpp_lifecycle::LifecycleNode::WeakPtr &parent, std::string name,
        std::shared_ptr<tf2_ros::Buffer> tf,
        std::shared_ptr<nav2_costmap_2d::Costmap2DROS> costmap_ros) override;
    // 插件清理方法
```

```
    void cleanup() override;
    // 插件激活方法
    void activate() override;
    // 插件停用方法
    void deactivate() override;
    // 为给定的起始和目标位姿创建路径的方法
    nav_msgs::msg::Path
    createPlan(const geometry_msgs::msg::PoseStamped &start,
            const geometry_msgs::msg::PoseStamped &goal) override;

private:
    // 坐标变换缓存指针，可用于查询坐标关系
    std::shared_ptr<tf2_ros::Buffer> tf_;
    // 节点指针
    nav2_util::LifecycleNode::SharedPtr node_;
    // 全局代价地图
    nav2_costmap_2d::Costmap2D *costmap_;
    // 全局代价地图的坐标系
    std::string global_frame_, name_;
    // 插值分辨率
    double interpolation_resolution_;
};

} // namespace nav2_custom_planner

#endif // NAV2_CUSTOM_PLANNER__NAV2_CUSTOM_PLANNER_HPP_
```

代码清单 8-16 中，创建了一个自定义规划类 CustomPlanner，让其继承抽象基类 Global-Planner，并在成员函数中对 GlobalPlanner 类的五个纯虚函数进行重写。插件在加载完成后，会先调用 configure 方法进行配置，接着调用 activate 方法激活，在需要进行路径规划时则调用 createPlan 方法获取路径，退出时则会先调用 deactivate 方法，然后调用 cleanup 方法进行清理。在成员函数部分，首先定义了几个变量用于存储 configure 提供的参数，以备后续路径规划使用，然后定义变量 interpolation_resolution_ 用于存储规划器插值分辨率的参数值。

接着在 src/nav2_custom_planner/src 下新建 nav2_custom_planner.cpp，编写代码清单 8-17 中的代码。

代码清单 8-17　src/nav2_custom_planner/src/nav2_custom_planner.cpp

```
#include "nav2_util/node_utils.hpp"
#include <cmath>
#include <memory>
#include <string>

#include "nav2_core/exceptions.hpp"
#include "nav2_custom_planner/nav2_custom_planner.hpp"

namespace nav2_custom_planner {

void CustomPlanner::configure(
```

```
        const rclcpp_lifecycle::LifecycleNode::WeakPtr &parent, std::string name,
        std::shared_ptr<tf2_ros::Buffer> tf,
        std::shared_ptr<nav2_costmap_2d::Costmap2DROS> costmap_ros) {
    tf_ = tf;
    node_ = parent.lock();
    name_ = name;
    costmap_ = costmap_ros->getCostmap();
    global_frame_ = costmap_ros->getGlobalFrameID();
    // 参数初始化
    nav2_util::declare_parameter_if_not_declared(
        node_, name_ + ".interpolation_resolution", rclcpp::ParameterValue(0.1));
    node_->get_parameter(name_ + ".interpolation_resolution",
                    interpolation_resolution_);
}

void CustomPlanner::cleanup() {
    RCLCPP_INFO(node_->get_logger(), "正在清理类型为 CustomPlanner 的插件 %s",
            name_.c_str());
}

void CustomPlanner::activate() {
    RCLCPP_INFO(node_->get_logger(), "正在激活类型为 CustomPlanner 的插件 %s",
            name_.c_str());
}

void CustomPlanner::deactivate() {
    RCLCPP_INFO(node_->get_logger(), "正在停用类型为 CustomPlanner 的插件 %s",
            name_.c_str());
}

nav_msgs::msg::Path
CustomPlanner::createPlan(const geometry_msgs::msg::PoseStamped &start,
                    const geometry_msgs::msg::PoseStamped &goal) {
    nav_msgs::msg::Path global_path;
    // 进行规划
    return global_path;
}

} // namespace nav2_custom_planner

#include "pluginlib/class_list_macros.hpp"
PLUGINLIB_EXPORT_CLASS(nav2_custom_planner::CustomPlanner,
                    nav2_core::GlobalPlanner)
```

代码清单 8-17 中，首先在 configure 方法中对成员变量进行初始化，其中代价地图 costmap_ 和全局坐标系 global_frame_ 直接从参数 costmap_ros 中获取即可，而参数 interpolation_ resolution 则需要先声明再进行获取。剩下的几个方法除了 createPlan 返回了一个空的路径外，其余则只做了简单的日志输出。代码最后两行依然是将插件类进行导出。

需要注意的是，插件类并没有继承 RCL 的节点类 Node，而是将节点指针作为参数通过

configure 传入并存储到成员变量中，以备调用。

接下来我们编写插件描述文件，在 src/nav2_custom_planner 下新建 custom_planner_plugin. xml，编写代码清单 8-18 中的内容。

代码清单 8-18   src/nav2_custom_planner/custom_planner_plugin.xml

```xml
<library path="nav2_custom_planner_plugin">
    <class name="nav2_custom_planner/CustomPlanner" type="nav2_custom_
        planner::CustomPlanner" base_class_type="nav2_core::GlobalPlanner">
        <description>是一个自定义示例插件，用于生成自定义路径。</description>
    </class>
</library>
```

编写好插件描述文件就可以修改 CMakeLists.txt 生成并导出插件，修改后的代码如代码清单 8-19 所示。

代码清单 8-19   src/nav2_custom_planner/CMakeLists.txt

```
...
# 包含头文件目录
include_directories(include)
# 定义库名称
set(library_name ${PROJECT_NAME}_plugin)
# 创建共享库
add_library(${library_name} SHARED  src/nav2_custom_planner.cpp)
# 指定库的依赖关系
ament_target_dependencies(${library_name} nav2_core pluginlib)
# 安装库文件到指定目录
install(TARGETS ${library_name}
    ARCHIVE DESTINATION lib
    LIBRARY DESTINATION lib
    RUNTIME DESTINATION lib/${PROJECT_NAME}
)
# 安装头文件到指定目录
install(DIRECTORY include/
    DESTINATION include/ )
# 导出插件描述文件
pluginlib_export_plugin_description_file(nav2_core custom_planner_plugin.xml)
...
ament_package()
```

对于 Navigation 2 的插件，除了 CMakeList.txt 外，还要求在功能包清单文件 package. xml 中将插件描述文件导出，修改 package.xml 的子标签 export，内容如代码清单 8-20 所示。

代码清单 8-20   src/nav2_custom_planner/package.xml

```xml
<export>
    <build_type>ament_cmake</build_type>
    <nav2_core plugin="${prefix}/custom_planner_plugin.xml" />
</export>
```

再次构建功能包，接着查看目录 install/nav2_custom_planner/lib，可以看到对应动态库已经生成了，插件描述文件也已经放到目录 install/nav2_custom_planner/share/nav2_custom_planner 下了。

搭建好框架，我们就可以尝试迁移规划算法到该插件中了。

8.2.3　实现自定义规划算法

常见的规划算法有很多，本节的重点在如何自定义规划算法，所以就采用最简单的直线规划策略。当收到规划请求时，直接生成一个从当前位置到目标位置的直线路径，同时在规划时会判断路径上是否有障碍物，如果存在则直接抛出异常，表示规划失败。

接下来我们修改 cratePlan 方法，完整代码如代码清单 8-21 所示。

代码清单 8-21　src/nav2_custom_planner/src/nav2_custom_planner.cpp

```
nav_msgs::msg::Path
CustomPlanner::createPlan(const geometry_msgs::msg::PoseStamped &start,
                          const geometry_msgs::msg::PoseStamped &goal) {
    // 1. 声明并初始化 global_path
    nav_msgs::msg::Path global_path;
    global_path.poses.clear();
    global_path.header.stamp = node_->now();
    global_path.header.frame_id = global_frame_;
    // 2. 检查目标和起始状态是否在全局坐标系中
    if (start.header.frame_id != global_frame_) {
        RCLCPP_ERROR(node_->get_logger(), "规划器仅接受来自 %s 坐标系的起始位置",
            global_frame_.c_str());
        return global_path;
    }
    if (goal.header.frame_id != global_frame_) {
        RCLCPP_INFO(node_->get_logger(), "规划器仅接受来自 %s 坐标系的目标位置",
global_frame_.c_str());
        return global_path;
    }
    // 3. 计算当前插值分辨率 interpolation_resolution_ 下的循环次数和步进值
    int total_number_of_loop =
            std::hypot(goal.pose.position.x - start.pose.position.x,
                goal.pose.position.y - start.pose.position.y) /
            interpolation_resolution_;
    double x_increment =
            (goal.pose.position.x - start.pose.position.x) / total_number_of_loop;
    double y_increment =
            (goal.pose.position.y - start.pose.position.y) / total_number_of_loop;

    // 4. 生成路径
    for (int i = 0; i < total_number_of_loop; ++i) {
        geometry_msgs::msg::PoseStamped pose; // 生成一个点
        pose.pose.position.x = start.pose.position.x + x_increment * i;
        pose.pose.position.y = start.pose.position.y + y_increment * i;
        pose.pose.position.z = 0.0;
        pose.header.stamp = node_->now();
```

```
        pose.header.frame_id = global_frame_;
        // 将该点放到路径中
        global_path.poses.push_back(pose);
    }
    // 5. 使用 costmap 检查该条路径是否经过障碍物
    for (geometry_msgs::msg::PoseStamped pose : global_path.poses) {
        unsigned int mx, my; // 将点的坐标转换为栅格坐标
        if (costmap_->worldToMap(pose.pose.position.x, pose.pose.position.y, mx,
            my)) {
            unsigned char cost = costmap_->getCost(mx, my); // 获取对应栅格的代价值
            // 如果存在致命障碍物则抛出异常
            if (cost == nav2_costmap_2d::LETHAL_OBSTACLE) {
                RCLCPP_WARN(node_->get_logger(),"在 (%f,%f) 检测到致命障碍物，规划失败。",
    pose.pose.position.x, pose.pose.position.y);
                throw nav2_core::PlannerException(
                    "无法创建目标规划：" + std::to_string(goal.pose.position.x) + "," +
    std::to_string(goal.pose.position.y));
            }
        }
    }
    // 6. 收尾，将目标点作为路径的最后一个点并返回路径
    geometry_msgs::msg::PoseStamped goal_pose = goal;
    goal_pose.header.stamp = node_->now();
    goal_pose.header.frame_id = global_frame_;
    global_path.poses.push_back(goal_pose);
    return global_path;
}
```

createPlan 的入口参数有两个，一个表示起始点，一个表示目标点。为了省去坐标转换操作，这里我们只接受来自在全局坐标系下的起始点和目标点，所以在代码开始第二步就是对输入点所在的坐标系进行检查，不符合则直接返回。第三步通过起始点和目标点计算路径长度，除以插值分辨率得到循环次数，根据循环次数分别计算 x 和 y 方向每次插值增加的步长。第四步则通过循环，生成一系列的点，并将点放到 global_path 中。有了路径后，第五步则对路径是否穿过障碍物进行检测，遍历路径，接着通过 costmap_->worldToMap 函数将坐标点转换成栅格坐标 mx 和 my，然后通过 costmap_->getCost 获取对应栅格的代价值，最后判断栅格是否是致命障碍物，若是则输出一句异常，并通过 throw 抛出异常，终止规划。若没有穿过障碍物的点，则代码执行到第六步，我们将目标点作为路径的最后一个点并返回。

完成 cratePlan 方法后，这个规划器插件就算完成了，接下来我们就尝试在导航中调用该插件进行路径规划。

8.2.4　配置导航参数并测试

在 Navigation 2 中，规划器插件是由规划器服务器 planner_server 进行调用的，所以更换控制器也要在 planner_server 下进行配置。

将第 7 章的自动巡检机器人的所有功能包复制到 chapt8/chapt8_ws/src 下，接着修改文件

src/fishbot_navigation2/config/nav2_params.yaml，第 7 章中默认使用的规划器插件是 "nav2_navfn_planner/NavfnPlanner"，我们修改为 "nav2_custom_planner/CustomPlanner" 并对参数进行设置，完成后 planner_server 的配置如代码清单 8-22 所示。

代码清单 8-22　src/fishbot_navigation2/config/nav2_params.yaml

```
planner_server:
    ros__parameters:
        planner_plugins: ["GridBased"]
        use_sim_time: True
        GridBased:
        plugin: "nav2_custom_planner/CustomPlanner"
        interpolation_resolution: 0.1
```

保存好配置，重新构建功能包。接着启动仿真和导航，通过 RViz 初始化位置后，设置导航目标点，当设置的目标点无障碍时，可以看到导航规划出了一条直线路径，如图 8-1 所示。

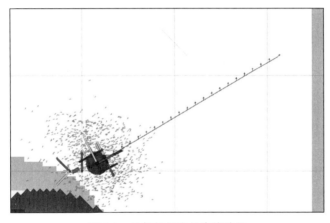

图 8-1　导航规划出的直线路径

如果将目标点设置在障碍物的后面，则不会产生有效路径，观察导航终端输出则可以看到如代码清单 8-23 所示的提示。

代码清单 8-23　当路径中存在障碍物，则提示规划失败

```
[component_container_isolated-1] [WARN] [1693927246.072968315] [planner_server]:
    在 (1.229790,-3.059576) 检测到致命障碍物，规划失败。
[component_container_isolated-1] [WARN] [1693927246.073027352] [planner_server]:
    GridBased plugin failed to plan calculation to (1.97, -4.63): " 无法创建目标规划：
    1.970607,-4.625847"
[component_container_isolated-1] [WARN] [1693927246.073041922] [planner_server]:
    [compute_path_to_pose] [ActionServer] Aborting handle.
```

该提示会不断输出多次，在 Navigationi 2 默认的逻辑里，规划失败后会尝试进行清理代价地图和原地等待等操作，接着会再次调用规划器进行重新规划。

好了，至此我们就完成了自定义的规划器，并让机器人按照自定义的规划器规划出的路径移动，那机器人是如何根据规划出的路径移动的呢？这就是控制器要做的事情了。

8.3　自定义导航控制器

要让机器人动起来，就需要我们给轮子发送速度命令，规划器已经将路径规划出来，接下来需要执行器来将路径转换成控制机器人的速度命令，这就是控制器的作用。Navigation 2 默认的控制器虽然可以实现这一功能，但在某些场景下，我们的需求在现有的控制器上无法实现，比如某段路径需要更小的转弯半径，此时就需要我们来自定义控制器了。

8.3.1　自定义控制器介绍

控制器根据规划器提供的路径来下发速度指令，使得机器人能够按照路径进行移动，所以路径跟踪就是控制器的主要功能。前面自定义一个规划器插件类时需要继承抽象基类 nav2_core::GlobalPlanner，而创建控制器时需要继承的抽象基类是 nav2_core::Controller，该类定义的所有纯虚函数如代码清单 8-24 所示。

代码清单 8-24　nav2_core::Controller 中纯虚函数定义

```
/**
* @param parent 指向用户节点的指针
* @param costmap_ros 指向成本地图的指针
*/
virtual void configure(
const rclcpp_lifecycle::LifecycleNode::WeakPtr &,
std::string name, std::shared_ptr<tf2_ros::Buffer>,
std::shared_ptr<nav2_costmap_2d::Costmap2DROS>) = 0;

/**
* @brief 清理资源的方法
*/
virtual void cleanup() = 0;

/**
* @brief 激活规划器和与执行相关的任何线程的方法
*/
virtual void activate() = 0;

/**
* @brief 停用规划器和与执行相关的任何线程的方法
*/
virtual void deactivate() = 0;

/**
* @brief 设置全局路径的方法
* @param path 全局路径
```

```
*/
virtual void setPlan(const nav_msgs::msg::Path & path) = 0;

/**
* @brief Controller computeVelocityCommands - 根据当前姿态和速度计算最佳命令
*
* 假定全局路径已经设置。
*
* 这主要是对带有附加调试信息的受保护的 computeVelocityCommands 函数的包装。
*
* @param pose 当前机器人姿态
* @param velocity 当前机器人速度
* @param goal_checker 任务正在使用的当前目标检查器的指针
* @return 机器人导航的最佳命令
*/
virtual geometry_msgs::msg::TwistStamped computeVelocityCommands(
const geometry_msgs::msg::PoseStamped & pose,
const geometry_msgs::msg::Twist & velocity,
nav2_core::GoalChecker * goal_checker) = 0;

/**
* @brief 限制机器人的最大线速度。
* @param speed_limit 绝对值表示的速度限制（以 m/s 为单位）
* 或从最大机器人速度的百分比表示。
* @param percentage 如果为 true，则以百分比设置速度限制
* 如果为 false，则以绝对值设置速度限制。
*/
virtual void setSpeedLimit(const double & speed_limit, const bool & percentage) = 0;
```

控制器和规划器相似，都是通过生命周期进行管理的，先配置，再激活，然后使用，最后进行关闭。当需要机器人进行路径跟踪时，首先会调用 setPlan 方法将路径通过参数传递给控制器，然后传递当前机器人位置等参数给 computeVelocityCommands 方法，该方法会根据控制算法返回需要下发的速度命令。setSpeedLimit 方法则用于设置机器人的最大速度，该方法即使不调用也不会影响控制器进行路径跟踪。

了解完规划器，接下来我们就开始创建插件，完善自定义控制器。

8.3.2　搭建控制器插件框架

在 chapt8_ws/src 目录下创建功能包 nav2_custom_controller，并为其添加 nav2_core 和 pluginlib 依赖。

接着在 src/nav2_custom_controller/include/nav2_custom_controller 下新建 custom_controller.hpp，然后编写代码清单 8-25 中的内容。

代码清单 8-25　include/nav2_custom_controller/custom_controller.hpp

```
#ifndef NAV2_CUSTOM_CONTROLLER__NAV2_CUSTOM_CONTROLLER_HPP_
#define NAV2_CUSTOM_CONTROLLER__NAV2_CUSTOM_CONTROLLER_HPP_
#include <memory>
```

```cpp
#include <string>
#include <vector>
#include "nav2_core/controller.hpp"
#include "rclcpp/rclcpp.hpp"
#include "nav2_util/robot_utils.hpp"
namespace nav2_custom_controller {
class CustomController : public nav2_core::Controller {
public:
    CustomController() = default;
    ~CustomController() override = default;
    void configure(
        const rclcpp_lifecycle::LifecycleNode::WeakPtr &parent, std::string name,
        std::shared_ptr<tf2_ros::Buffer> tf,
        std::shared_ptr<nav2_costmap_2d::Costmap2DROS> costmap_ros) override;
    void cleanup() override;
    void activate() override;
    void deactivate() override;
    geometry_msgs::msg::TwistStamped
    computeVelocityCommands(const geometry_msgs::msg::PoseStamped &pose,
                    const geometry_msgs::msg::Twist &velocity,
                    nav2_core::GoalChecker * goal_checker) override;
    void setPlan(const nav_msgs::msg::Path &path) override;
    void setSpeedLimit(const double &speed_limit,
                    const bool &percentage) override;

protected:
    // 存储插件名称
    std::string plugin_name_;
    // 存储坐标变换缓存指针，可用于查询坐标关系
    std::shared_ptr<tf2_ros::Buffer> tf_;
    // 存储代价地图
    std::shared_ptr<nav2_costmap_2d::Costmap2DROS> costmap_ros_;
    // 存储节点指针
    nav2_util::LifecycleNode::SharedPtr node_;
    // 存储全局代价地图
    nav2_costmap_2d::Costmap2D *costmap_;
    // 存储 setPlan 提供的全局路径
    nav_msgs::msg::Path global_plan_;
    // 参数：最大线速度角速度
    double max_angular_speed_;
    double max_linear_speed_;

    // 获取路径中距离当前点最近的点
    geometry_msgs::msg::PoseStamped
    getNearestTargetPose(const geometry_msgs::msg::PoseStamped &current_pose);
    // 计算目标点方向和当前位置的角度差
    double
    calculateAngleDifference(const geometry_msgs::msg::PoseStamped &current_pose,
                    const geometry_msgs::msg::PoseStamped &target_pose);
};
```

```
} // namespace nav2_custom_controller
#endif // NAV2_CUSTOM_CONTROLLER__NAV2_CUSTOM_CONTROLLER_HPP_
```

在代码清单 8-25 中，我们创建了一个自定义规划类 CustomController，让其继承抽象基类 Controller，并对 Controller 类的几个纯虚函数进行重写。在 protected 范围下，首先定义了几个变量用于存储 configure 提供的参数，然后定义一些变量存储参数，最后定义了两个方法分别用于获取目标点和计算当前位置与目标点之间的角度差。

接着我们在 src/nav2_custom_controller/src 下新建 custom_controller.cpp，编写代码清单 8-26 中的代码。

代码清单 8-26　src/nav2_custom_controller/src/custom_controller.cpp

```cpp
#include "nav2_custom_controller/custom_controller.hpp"
#include "nav2_core/exceptions.hpp"
#include "nav2_util/geometry_utils.hpp"
#include "nav2_util/node_utils.hpp"
#include <algorithm>
#include <chrono>
#include <iostream>
#include <memory>
#include <string>
#include <thread>

namespace nav2_custom_controller {
void CustomController::configure(
        const rclcpp_lifecycle::LifecycleNode::WeakPtr &parent, std::string name,
        std::shared_ptr<tf2_ros::Buffer> tf,
        std::shared_ptr<nav2_costmap_2d::Costmap2DROS> costmap_ros) {
    node_ = parent.lock();
    costmap_ros_ = costmap_ros;
    tf_ = tf;
    plugin_name_ = name;

    // 声明并获取参数，设置最大线速度和最大角速度
    nav2_util::declare_parameter_if_not_declared(
        node_, plugin_name_ + ".max_linear_speed", rclcpp::ParameterValue(0.1));
    node_->get_parameter(plugin_name_ + ".max_linear_speed", max_linear_speed_);
    nav2_util::declare_parameter_if_not_declared(
        node_, plugin_name_ + ".max_angular_speed", rclcpp::ParameterValue(1.0));
    node_->get_parameter(plugin_name_ + ".max_angular_speed", max_angular_
        speed_);
}

void CustomController::cleanup() {
    RCLCPP_INFO(node_->get_logger(),
            "清理控制器: %s 类型为 nav2_custom_controller::CustomController",
            plugin_name_.c_str());
}

void CustomController::activate() {
```

```
    RCLCPP_INFO(node_->get_logger(),
            "激活控制器: %s 类型为 nav2_custom_controller::CustomController",
            plugin_name_.c_str());
}

void CustomController::deactivate() {
    RCLCPP_INFO(node_->get_logger(),
            "停用控制器: %s 类型为 nav2_custom_controller::CustomController",
            plugin_name_.c_str());
}

geometry_msgs::msg::TwistStamped CustomController::computeVelocityCommands(
        const geometry_msgs::msg::PoseStamped &pose,
        const geometry_msgs::msg::Twist &, nav2_core::GoalChecker *) {
    (void)pose;
    geometry_msgs::msg::TwistStamped cmd_vel;
    return cmd_vel;
}

void CustomController::setSpeedLimit(const double &speed_limit,
                                const bool &percentage) {
    (void)percentage;
    (void)speed_limit;
}

void CustomController::setPlan(const nav_msgs::msg::Path &path) {
    global_plan_ = path;
}

geometry_msgs::msg::PoseStamped CustomController::getNearestTargetPose(
        const geometry_msgs::msg::PoseStamped &current_pose) {
    // TODO: 获取最接近目标的
    return current_pose;
}

double CustomController::calculateAngleDifference(
        const geometry_msgs::msg::PoseStamped &current_pose,
        const geometry_msgs::msg::PoseStamped &target_pose) {
    (void)current_pose;
    (void)target_pose;
    // 计算当前姿态与目标姿态之间的角度差
    return .0;
}
} // namespace nav2_custom_controller

#include "pluginlib/class_list_macros.hpp"
PLUGINLIB_EXPORT_CLASS(nav2_custom_controller::CustomController,nav2_
    core::Controller)
```

在代码清单 8-26 中，首先在 configure 中对成员变量进行初始化，其中参数 max_linear_

speed_ 和参数 max_angular_speed_ 则需要先声明再进行获取。剩下的方法只做了简单的日志输出和无效数据返回，需要注意的是代码中使用了 (void) 来使用变量，以防止编译器发出未使用参数的警告。另外和规划器插件一样，控制器插件类并没有继承 RCL 的节点类 Node，节点指针通过参数传入。

接着来编写插件描述文件，在 src/nav2_custom_controller 下新建 nav2_custom_controller.xml，编写代码清单 8-27 所示的内容。

代码清单 8-27　src/nav2_custom_controller/nav2_custom_controller.xml

```
<class_libraries>
    <library path="nav2_custom_controller_plugin">
        <class type="nav2_custom_controller::CustomController" base_class_
            type="nav2_core::Controller">
            <description>
                自定义导航控制器
            </description>
        </class>
    </library>
</class_libraries>
```

编写好插件描述文件就可以修改 CMakeLists.txt 生成并导出插件，修改后的代码如代码清单 8-28 所示。

代码清单 8-28　src/nav2_custom_controller/CMakeLists.txt

```
...
# 包含头文件目录
include_directories(include)
# 定义库名称
set(library_name ${PROJECT_NAME}_plugin)
# 创建共享库
add_library(${library_name} SHARED src/custom_controller.cpp)
# 指定库的依赖关系
ament_target_dependencies(${library_name} nav2_core pluginlib)
# 安装库文件到指定目录
install(TARGETS ${library_name}
        ARCHIVE DESTINATION lib
        LIBRARY DESTINATION lib
        RUNTIME DESTINATION lib/${PROJECT_NAME}
)
# 安装头文件到指定目录
install(DIRECTORY include/
    DESTINATION include/)
# 导出插件描述文件
pluginlib_export_plugin_description_file(nav2_core nav2_custom_controller.xml)
...
ament_package()
```

对于 Navigation 2 的插件，除了修改 CMakeList.txt 生成并导出插件外，还要求在功能包清单文件 package.xml 中将插件描述文件导出，修改 package.xml 的子标签 export，内容如代码清单 8-29 所示。

代码清单 8-29　src/nav2_custom_controller/package.xml

```
<export>
    <build_type>ament_cmake</build_type>
    <nav2_core plugin="${prefix}/nav2_custom_controller.xml" />
</export>
```

再次构建功能包，查看目录 install/nav2_custom_planner/lib，可以看到对应动态库已经生成了，插件描述文件也已经放到目录 install/nav2_custom_planner/share/nav2_custom_planner下了。

搭建好框架，接着我们就可以尝试编写控制算法到该插件中。

8.3.3　实现自定义控制算法

如果搜索"机器人和路径跟踪算法"关键词，你可以看到很多控制算法，例如比例 – 积分 – 微分（PID）控制、纯追踪法（Pure Pursuit）控制和模型预测控制（Model Predictive Control）等。但本节的重点在于如何自定义控制算法，所以我们就采用最简单的原地旋转和直行策略。

策略如下，当检测到目标点方向和当前机器人朝向角度差较大时，则原地旋转到目标点方向，反之则朝目标点前进。又因为要跟随路径，所以目标点不能直接选择路径终点，因此我们将距离机器人当前位置最近的点的下一个点作为目标点。

依据策略，我们先来完善目标点选取方法 getNearestTargetPose，完成后该方法的内容如代码清单 8-30 所示。

代码清单 8-30　custom_controller.cpp 中 getNearestTargetPose 方法

```
geometry_msgs::msg::PoseStamped CustomController::getNearestTargetPose(
        const geometry_msgs::msg::PoseStamped &current_pose) {
    // 1. 遍历路径获取路径中距离当前点最近的点的索引, 存储到 nearest_pose_index
    using nav2_util::geometry_utils::euclidean_distance;
    int nearest_pose_index = 0;
    double min_dist = euclidean_distance(current_pose, global_plan_.poses.at(0));
    for (unsigned int i = 1; i < global_plan_.poses.size(); i++) {
        double dist = euclidean_distance(current_pose, global_plan_.poses.at(i));
        if (dist < min_dist) {
            nearest_pose_index = i;
            min_dist = dist;
        }
    }
    // 2. 从路径中擦除头部到最近点的路径
    global_plan_.poses.erase(std::begin(global_plan_.poses),
                        std::begin(global_plan_.poses) + nearest_pose_index);
    // 3. 如果只有一个点则直接返回最近点, 否则返回最近点的下一个点
    if (global_plan_.poses.size() == 1) {
        return global_plan_.poses.at(0);
```

```
    }
    return global_plan_.poses.at(1);
}
```

在 getNearestTargetPose 方法中，第一步就是根据当前位姿遍历路径，获取欧式距离最近的点的索引。第二步则是擦除全局路径数组中从开始到最近点的数据，这样最近点就变成了索引为 0 的点。第三步则根据剩余点的数据，选取最近点作为目标点或是选取最近点的下一个点作为目标点。

有了目标点以后，则要决定机器人是直行还是原地旋转，此时需要 calculateAngle-Difference 方法来计算目标点方向和当前机器人朝向之间的角度差，完善该方法后的代码如代码清单 8-31 所示。

代码清单 8-31　custom_controller.cpp 中 calculateAngleDifference 方法

```cpp
double CustomController::calculateAngleDifference(
        const geometry_msgs::msg::PoseStamped &current_pose,
        const geometry_msgs::msg::PoseStamped &target_pose) {
    // 计算当前姿态与目标姿态之间的角度差
    // 1. 获取当前角度
    float current_robot_yaw = tf2::getYaw(current_pose.pose.orientation);
    // 2. 获取目标点朝向
    float target_angle =
            std::atan2(target_pose.pose.position.y - current_pose.pose.position.y,
                        target_pose.pose.position.x - current_pose.pose.position.x);
    // 3. 计算角度差，并转换到 -M_PI 到 M_PI 之间
    double angle_diff = target_angle - current_robot_yaw;
    if (angle_diff < -M_PI) {
        angle_diff += 2.0 * M_PI;
    } else if (angle_diff > M_PI) {
        angle_diff -= 2.0 * M_PI;
    }
    return angle_diff;
}
```

在 calculateAngleDifference 方法中，第一步是通过调用 tf2::getYaw 获取当前机器人的朝向，第二步则通过 std::atan2 获取目标点相对当前点的朝向，第三步则是计算角度差，并限定角度差的范围。

有了这两个方法，就可以编写 computeVelocityCommands 了，该方法的完整代码如代码清单 8-32 所示。

代码清单 8-32　custom_controller.cpp 中 computeVelocityCommands 方法

```cpp
geometry_msgs::msg::TwistStamped CustomController::computeVelocityCommands(
        const geometry_msgs::msg::PoseStamped &pose,
        const geometry_msgs::msg::Twist &, nav2_core::GoalChecker *) {
    // 1. 检查路径是否为空
    if (global_plan_.poses.empty()) {
        throw nav2_core::PlannerException(" 收到长度为零的路径 ");
```

```
    }

    // 2. 将机器人当前姿态转换到全局计划坐标系中
    geometry_msgs::msg::PoseStamped pose_in_globalframe;
    if (!nav2_util::transformPoseInTargetFrame(
            pose, pose_in_globalframe, *tf_, global_plan_.header.frame_id, 0.1))
    {
        throw nav2_core::PlannerException("无法将机器人姿态转换为全局计划的坐标系");
    }

    // 3. 获取最近的目标点和计算角度差
    auto target_pose = getNearestTargetPose(pose_in_globalframe);
    auto angle_diff = calculateAngleDifference(pose_in_globalframe, target_pose);

    // 4. 根据角度差计算线速度和角速度
    geometry_msgs::msg::TwistStamped cmd_vel;
    cmd_vel.header.frame_id = pose_in_globalframe.header.frame_id;
    cmd_vel.header.stamp = node_->get_clock()->now();
    // 根据角度差计算速度，角度差大于 0.3 则原地旋转，否则直行
    if (fabs(angle_diff) > M_PI/10.0) {
        cmd_vel.twist.linear.x = .0;
        cmd_vel.twist.angular.z = fabs(angle_diff) / angle_diff * max_angular_
            speed_;
    } else {
        cmd_vel.twist.linear.x = max_linear_speed_;
        cmd_vel.twist.angular.z = .0;
    }
    RCLCPP_INFO(node_->get_logger(), "控制器: %s 发送速度 (%f,%f)",
            plugin_name_.c_str(), cmd_vel.twist.linear.x,
            cmd_vel.twist.angular.z);
    return cmd_vel;
}
```

在代码清单 8-32 中，首先检查全局路径是否为空，为空则抛出异常，终止代码。因为当前点位 pose 默认的坐标系是里程计，所以第二步调用方法 transformPoseInTargetFrame 将当前位姿转换为 map 坐标系下，如果转换失败同样抛出异常，终止代码。第三步是获取最近的目标点和角度差。第四步则根据角度差计算速度，如果角度差的绝对值大于 $\pi/10$（18°），则机器人会停止前进，只进行原地旋转，角速度被设置为最大角速度（max_angular_speed_）；如果角度差小于等于 $\pi/10$，则机器人将直行，线速度被设置为最大线速度（max_linear_speed_），而角速度为 0。

完成 computeVelocityCommands 方法后，这个控制器插件就算完成了，接下来我们就尝试在导航中使用控制器插件。

8.3.4　配置导航参数并测试

在 Navigation 2 中，控制器插件是由控制器服务器 controller_server 进行调用的，所以更换控制器也要在 controller_server 下进行配置。

修改文件 src/fishbot_navigation2/config/nav2_params.yaml 下的 controller_server 参数，在之前的导航中，我们使用规划器插件 "dwb_core::DWBLocalPlanner" 进行路径跟踪，现在我们将插件修改为 "nav2_custom_controller::CustomController" 并对参数进行设置，完成后 controller_server 的配置如代码清单 8-33 所示。

代码清单 8-33　src/fishbot_navigation2/config/nav2_params.yaml

```
controller_server:
    ros__parameters:
        use_sim_time: True
        ...
        FollowPath:
            plugin: "nav2_custom_controller::CustomController"
            max_linear_speed: 0.1
            max_angular_speed: 1.0
```

保存好配置，重新构建功能包。接着启动仿真和导航，通过 RViz 初始化位置后，设置导航目标点，观察机器人是否能够移动到目标点。移动过程中观察导航终端的输出，如果看到如代码清单 8-34 所示的提示，说明机器人正在移动。

代码清单 8-34　控制器输出速度日志

```
[controller_server]: 控制器: FollowPath 发送速度 (0.000000,-1.000000)
[controller_server]: 控制器: FollowPath 发送速度 (0.000000,-1.000000)
[controller_server]: 控制器: FollowPath 发送速度 (0.000000,-1.000000)
```

虽然我们让机器人成功到达了目标点，但现在实现的仅仅是一个简单的控制器，实际应用时还需要考虑增加碰撞检测等更多情况，有了上面的基础，你就可以通过阅读 Navigation 2 的源码学习如何完善。

好了，至此我们就完成了自定义的控制器，并让机器人按照我们自己的策略实现了路径的跟踪，下面我们来总结一下本章的内容吧。

8.4　小结与点评

本章我们首先学习了如何编写 ROS 2 中的插件，并通过运动控制为例，详细学习了插件的定义、编写、生成和加载的过程。基于插件的基础，我们学习了如何自定义导航的规划器，并在自定义规划器中根据目标点生成了一条直线路径，接着在导航中对自定义的规划器进行了测试。

有了路径，我们又学习了如何自定义控制器进行路径跟踪，在路径跟踪中通过简化机器人运动为原地旋转和直行策略，成功让机器人移动到了目标点。

关于移动机器人导航的学习到这里就告一段落了，如果你想学习更多导航相关的知识，可以查看书籍资料中 Navigation 2 的相关资料。

第 9 章
搭建一个实体移动机器人

在前面的章节中，我们通过使用仿真的机器人设备学习了建图导航、运动控制和路径规划相关知识。但你肯定想拥有一台属于自己的移动机器人，然后在真实机器上部署自己的运动控制和路径规划算法。本章我们就来学习如何一步步搭建一个实体的移动机器人开发平台。

9.1 移动机器人系统设计

在 6.1 节中，我们对机器人系统的组成有过简单的介绍，对于一个移动机器人来说，从系统功能角度来看，机器人由感知、决策和控制三部分组成。感知部分是通过各种传感器来实现的，比如激光雷达和编码器；决策部分软件则是由各种算法组合实现的，比如可以进行路径规划和运动控制的 Navigation 2，硬件则依托性能较强的处理器实现；控制部分通常是由驱动系统和电动机组成的。

如果说要真的从零开始介绍机器人的制作，可能一整本书的篇幅都不够用，所以本章将依托于一款低成本的移动机器人平台 FishBot 的硬件，着重介绍实体机器人的软件部分的开发。以 FishBot 为例，我们先对移动机器人的各个组成部分进行介绍。

9.1.1 机器人传感器

机器人的感知往往由各种传感器实现，FishBot 搭载了雷达、超声波、编码器和 IMU 四种传感器。要跑起来，导航只需要重点关注激光雷达和编码器这两种传感器即可。

在之前的仿真中我们已经介绍和使用过激光雷达传感器，它可以获取环境的深度信息，FishBot 使用的是单线旋转式激光雷达，它的外观如图 9-1 所示。

在激光雷达的头部有一个激光发射头和线性 CCD 接收头，发射头发射出的光属于波长在 1000 nm 左右的红外光，肉眼是不可见的，接收头收到反射的激光就可以计算出障碍物的距离。前面导航中使用的 /scan 话题数据在真实机器中就是由激光雷达驱动和发布的。

除了激光雷达以外，另一个重要的传感器就是编码器。在移动机器人中我们需要实时地获取机器人各个轮子的转速，根据机器人的运动学模型将每个轮子的转速转换成机器人的速度，通过对速度进行积分得到机器人行走的距离和角度，也就是里程计数据 /odom。FishBot

采用的是 AB 电磁编码器，如图 9-2 所示，编码器位于电动机的后部。

图 9-1 单线旋转式激光雷达外观

图 9-2 AB 电磁编码器

在图 9-2 中，电磁编码器是由 1 和 2 这两个霍尔传感器和圆形磁铁 3 共同组成的，该磁铁的磁性是间隔分布的，磁铁固定在电动机的转子上。当电动机转动时，带动磁铁转动，此时用于检测磁性的霍尔传感器就会检测到磁性的变化，从而测量出电动机在某段时间内转了多少圈，即电动机的转速。

了解完机器人感知部分的传感器，接着我们来了解控制部分的执行器。

9.1.2 机器人执行器

所谓执行器就是负责动的部件，在移动机器人上，最重要的一个执行器就是电动机了。电动机有很多分类，可以按照有刷无刷、直流交流来分类。FishBot 采用的是一个额定电压 12 V 的 370 减速电动机，额定转速为 130 r/min、额定电流为 0.5 A，转矩为 600 gf·cm（0.05884N·m）。电动机尺寸和外观如图 9-3 所示。

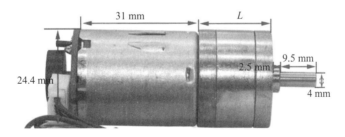

图 9-3 带减速器的电动机

需要注意的是 FishBot 采用的是减速电动机，所谓减速电动机指的是带减速器的电动机。我们知道电动机一般由定子和转子组成，一般转速都比较快，但输出的转矩比较小，所以我们会给电动机配备减速器，让转速降低，提高转矩，图 9-3 中长度为 31 mm 的是电动机，而长度为 L 的部分则是减速器。

了解完执行器，我们来看一下机器人决策部分的硬件组成。

9.1.3　机器人决策系统

决策部分主要负责根据传感器数据以及任务要求来控制机器人的运动，决策部分的硬件一般使用处理能力较强的计算机，比如性能较强但体积更小的工控机，像树莓派和 Jetson Nano 一样的卡片式计算机等。

决策系统往往需要较大的算力，所以硬件成本也是最高的，为了节省成本，FishBot 采用了同时支持无线和有线连接的驱动控制板，让大家可以直接使用自己的计算机作为决策端，可以直接感知并控制系统进行通信。

除了感知、决策和控制部分，一个机器人要想动起来还需要一些硬件来配合，比如电池、电源模块以及必要的支撑结构等。

9.2　单片机开发基础

做实体机器人无法避免和硬件系统打交道，机器人的传感器驱动和电动机控制，都是在微型控制单元（Micro Control Unit，MCU）上编码完成的，MCU 又称单片微型计算机，简称单片机，而编写在单片机上的代码叫单片机开发。FishBot 机器人的驱动控制板采用的就是一款国产的单片机 ESP32，该单片机支持 Wi-Fi、蓝牙等无线通信，通过该单片机以及其外围电路我们可以方便地读取传感器数据并进行电动机控制。

但在实现机器人控制系统前，我们需要先学习单片机开发的基础知识。

9.2.1　开发平台介绍与安装

计算机运行需要与之配套的操作系统，单片机也一样，不仅需要硬件，还需要与之配套的软件才能运行。对于同一款单片机，支持的开发平台可以有很多种，比如 FishBot 驱动控制板采用的 ESP32 单片机，除了支持厂家提供的 ESP IDF 外，还支持 Arduino（开源电子原型平台），因为 Arduino 相比之下更简单易用，本章将采用 Arduino 进行接下来的学习和移动机器人开发。

我们可以采用 PlatformIO IDE 开发 Arduino，该 IDE 支持多种类型的单片机，可以在 VSCode 中直接通过插件进行安装。PlatformIO IDE 主要使用 Python 编写，为了能够跨多个版本使用，PlatformIO IDE 在 Python 虚拟环境运行，所以我们需要先安装虚拟环境工具，命令如代码清单 9-1 所示。

代码清单 9-1　安装虚拟环境工具

```
$ sudo apt install python3-venv
```

安装完成后，打开 VS Code 的扩展商店，如图 9-4 所示，搜索安装 PlatformIO IDE。

安装完成后，在 VS Code 的侧边就可以看到 PlatformIO IDE 的按钮，单击按钮就会执行 PlatformIO IDE 的首次初始化程序。如果初始化过慢可以手动进行初始化安装，命令如代码清单 9-2 所示。

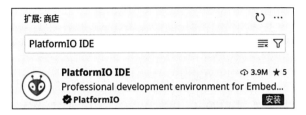

图 9-4　安装 PlatformIO IDE

代码清单 9-2　在虚拟环境中安装 PlatformIO

```
$ source ~/.platformio/penv/bin/activate  # 激活虚拟环境
$ pip install platformio -i https://pypi.tuna.tsinghua.edu.cn/simple # 安装
    platformio 核心
```

安装完 PlatformIO 就可以来安装 ESP32 单片机的 Arduino 开发环境，使用如代码清单 9-3 所示的命令。

代码清单 9-3　安装 ESP32 单片机的 Arduino 开发环境

```
$ pio pkg install --global --platform "platformio/espressif32@^6.4.0"
$ pio pkg install --global --tool "platformio/contrib-piohome"
$ pio pkg install --global --tool "platformio/framework-arduinoespressif32"
$ pio pkg install --global --tool "platformio/tool-scons"
$ pio pkg install --global --tool "platformio/tool-mkfatfs"
$ pio pkg install --global --tool "platformio/tool-mkspiffs"
$ pio pkg install --global --tool "platformio/tool-mklittlefs"
```

运行完代码清单 9-3 中的所有命令后就可以重启 VS Code，重新打开 PlatformIO IDE 插件，如图 9-5 所示。

单击 PIO Home 下的 Open，打开 PIO Home，PIO Home 页面如图 9-6 所示。

接着我们就可以利用 PIO Home 建立第一个 Arduino 工程，单击 New Project，会弹出如图 9-7 所示的窗口。

在窗口中输入工程名 example01_helloworld，开发板选择 Adafruit ESP32 Feather，开发框架选择 Arduino，最后是工程位置选项，可以选择默认的位置，也可以自定义位置，最后单击 Finish 按钮，这样我们就得到了一个 Hello World 工程目录，如图 9-8 所示。

有了工程目录，接着我们在单片机上编写第一个 HelloWorld 工程。

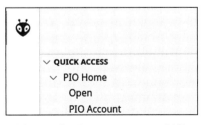

图 9-5　打开 PlatformIO IDE 插件

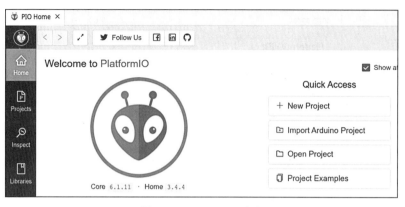

图 9-6   PIO Home 页面

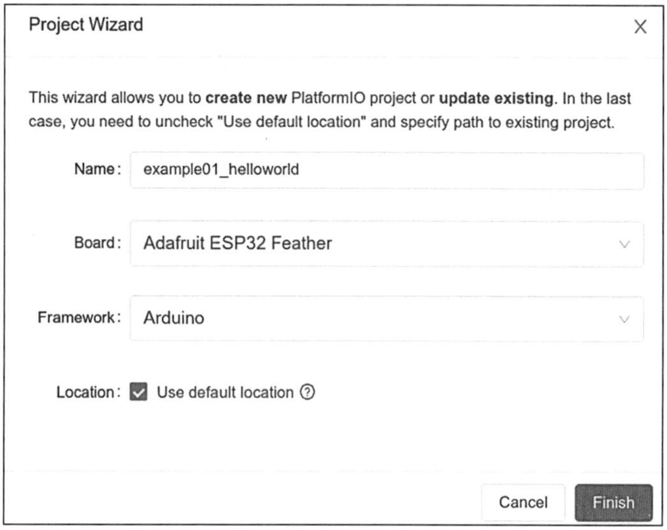

图 9-7   在 PIO 中新建工程

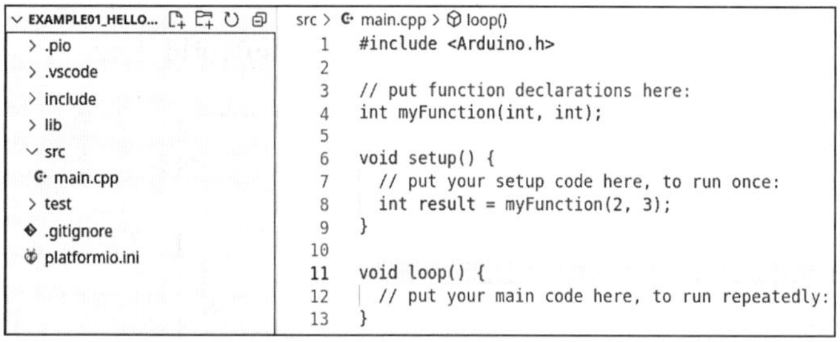

图 9-8   第一个 Hello World 工程目录

9.2.2　第一个 HelloWorld 工程

Arduino 采用 C++ 作为编程语言进行单片机开发，一般单片机开发流程分为四步，分别是编写代码、编译工程、烧录二进制文件和运行测试。接下来我们来逐步完成第一个 HelloWorld 工程。

打开 src/main.cpp，编写如代码清单 9-4 所示的内容。

代码清单 9-4　src/main.cpp

```cpp
#include <Arduino.h>

// setup 函数，启动时调用一次
void setup() {
    Serial.begin(115200);  // 设置串口波特率
}

// loop 函数，setup 后会被重复调用
void loop() {
    Serial.printf("Hello World!\n");  // 输出 Hello World!
    delay(1000);  // 延时函数，单位 ms
}
```

为了简化开发流程，Arduino 提供了 setup 和 loop 两个声明好的函数，其中 setup 函数在启动时调用一次，一般初始化设置都在该函数中进行；之后是 loop 函数，该函数会在 setup 函数后循环调用。在代码清单 9-4 中我们使用了串口 Serial 进行通信，串口是一种通信端口，通过专门的 USB 转串口芯片，我们可以在计算机上通过串口与单片机交换数据。所以我们首先在 setup 函数中初始化串口，并设置波特率为 115200，接着在 loop 函数中调用串口输出数据，并延时 1000 ms。

编写好代码，接着我们就可以编译工程。如图 9-9 所示，在 VS Code 的左下角，PlatformIO IDE 提供了几个按钮用于编译和上传工程。单击编译按钮，看到如代码清单 9-5 所示的输出则表示编译成功。

图 9-9　PIO 提供的快捷按钮

代码清单 9-5　工程构建结果

```
...
Building in release mode
Retrieving maximum program size .pio/build/featheresp32/firmware.elf
Checking size .pio/build/featheresp32/firmware.elf
Advanced Memory Usage is available via "PlatformIO Home > Project Inspect"
RAM:   [=        ]   6.5% (used 21408 bytes from 327680 bytes)
```

```
Flash: [==            ]  20.1% (used 263137 bytes from 1310720 bytes)
============================== [SUCCESS] Took 1.42 seconds
    ==============================
```
   * 终端将被任务重用，按任意键关闭。

编译成功后打开 .pio/build/featheresp32 文件夹，可以看到 firmware.bin 文件就是编译生成的二进制文件，下面我们可以将这个二进制文件下载到单片机中。将开发板通过一个 USB 转 Type-C 线连接到计算机，首次使用串口设备有可能会出现占用和权限问题，在任意终端运行代码清单 9-6 中的命令后，重启系统即可解决。

代码清单 9-6   卸载占用及添加权限

```
$ sudo apt remove --purge brltty -y  # 卸载占用项目
$ sudo usermod -aG dialout `whoami`  # 添加权限
```

重启系统后打开工程，单击"上传"按钮，就可以将代码下载到开发板中了。下载完成后，可以使用串口查看工具查看来自开发板的数据，在 VS Code 中搜索如图 9-10 所示的 Serial Monitor 插件并安装。

图 9-10   Serial Monitor 插件

安装完成后，在 VS Code 的终端就会多出"串行监视器"一栏，在端口处选择 /dev/ttyUSB 开头的设备，波特率选择 115200，单击"开始监视"按钮，就可以查看来自串口设备的数据了，完整配置如图 9-11 所示。

图 9-11   打开串口查看数据

可以看到，"Hello World！"已经在串行监视器中显示出来了，可以通过修改延时来改变输出速率，不过在下次下载代码前一定要记得关闭串行监视器，因为同一个串口设备同一时间只能由一个程序打开使用。

9.2.3　使用代码点亮 LED 灯

LED（Light Emitting Diode）是一种能够将电能转化为可见光的固态半导体器件。在
FishBot 驱动控制板上也有一个可以使用代码控制的 LED 灯，它的原理图如图 9-12 所示。

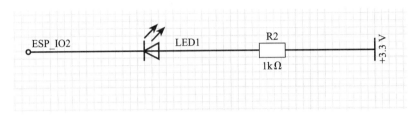

图 9-12　FishBot LED 灯原理图

R2 是一个 1kΩ 的电阻，LED1 是一个蓝色的 LED 灯，右侧是 3.3 V 的电压源，左侧
ESP_IO2 是单片机的引脚，电流由电压高的地方流向电压低的地方，如果我们将 ESP_IO2 的
电压设成 3.3 V，此时电路两端电压相同，没有电流经过，LED1 不工作。如果我们将 ESP_
IO2 电压设置成 0 V，此时右侧电压高，左侧电压低，电流从右侧流过 LED1 到 ESP_IO2，
LED1 开始工作。所以我们可以通过 ESP_IO2 的电压高低来控制 LED1 灯的亮灭，这个就是
点灯电路的原理。

新建工程 example02_led，接着在单独的 VS Code 窗口中打开该工程，然后在 src/main.
cpp 中编写代码清单 9-7 中的内容。

代码清单 9-7　src/main.cpp

```cpp
#include <Arduino.h>

void setup()
{
  pinMode(2, OUTPUT);        // 设置 2 号引脚模式为 OUTPUT 模式
}

void loop()
{
    digitalWrite(2, LOW);   // 低电平，打开 LED 灯
    delay(1000);            // 休眠 1000 ms
    digitalWrite(2, HIGH);  // 高电平，关闭 LED 灯
    delay(1000);            // 休眠 1000 ms
}
```

上面的代码有两个重要的函数，第一个是 pinMode 函数，用于设置指定引脚的模式，
OUTPUT 表示输出模式，对应的还有 INPUT 输入模型；第二个函数是 digitalWrite，用于设
置指定引脚的电平状态，HIGH 表示高电平，LOW 表示低电平。

编译工程并下载到开发板，观察开发板上的 LED 灯，此时正在每间隔 1000 ms 闪烁
一次。

9.2.4　使用超声波测量距离

超声波测距传感器是一种使用超声波进行测量的传感器，可以可靠地检测部分或完全透明的物体，并进行精确的距离测量。一般的超声波传感器外观如图 9-13 所示。

图 9-13　一般的超声波传感器

超声波上有一个发射头、一个接收头，发射头负责发送超声波，超声波遇到障碍物就会反射回来，接收头就可以接收到信号，我们可以根据时间差和声速来计算障碍物的距离。

FishBot 采用的超声波有四个引脚，分别是 VCC、GND、TRIG 和 ECHO。VCC 和 GND 两个引脚负责供电。TRIG 引脚是发送引脚，我们给这个引脚输出高电平时就可以发射出超声波，当收到回波时 TRIG 引脚电平就会产生相应的电平变化，计算 TRIG 引脚高电平持续时间就是超声波在空中的飞行时间。我们按照这个逻辑来编写代码。

新建工程 example03_ultrasound，在 src/main.cpp 中编写如代码清单 9-8 所示的内容。

代码清单 9-8　example03_ultrasound/src/main.cpp

```cpp
#include <Arduino.h>
#define TRIG 27 // 设定发送引脚
#define ECHO 21 // 设置接收引脚

void setup() {
    Serial.begin(115200);
    pinMode(TRIG, OUTPUT); // 设置输出模式
    pinMode(ECHO, INPUT);  // 设置为输入状态
}

void loop() {
    // 产生一个 10 μs 的高脉冲去触发超声波
    digitalWrite(TRIG, HIGH);
    delayMicroseconds(10); // 延时 10 μs
    digitalWrite(TRIG, LOW);

    double delta_time = pulseIn(ECHO, HIGH); // 检测高电平持续时间，注意返回值，单位 μs
    float detect_distance = delta_time * 0.0343 / 2; // 计算距离，单位 cm，声速 0.0343
        cm/μs
```

```
Serial.printf("distance=%f cm\n", detect_distance); // 输出距离
delay(500);
}
```

因为 FishBot 超声波接口 TRIG 连接在单片机 27 引脚，ECHO 连接在 21 引脚，所以代码开头使用宏定义引脚编号，在 setup 函数中分别初始化了串口和引脚模式。在 loop 函数中，首先通过引脚电平设置函数 digitalWrite 和微秒延时函数 delayMicroseconds 在 TRIG 引脚上产生一个 10 μs 的脉冲触发超声波，然后利用 pulseIn 函数计算 ECHO 引脚上高电平的持续的时间，接着根据声速和时间得到计算距离并输出。

编译工程并下载到开发板，打开串行监视器，如代码清单 9-9 所示，可以看到间隔 500 ms 左右的时间输出数据。

代码清单 9-9　查看距离输出

```
distance=25.896500 cm
distance=25.879351 cm
distance=25.896500 cm
```

9.2.5　使用开源库驱动 IMU

IMU 即惯性测量单元，FishBot 采用一块 MPU6050 模块用于惯性测量，MPU6050 为全球首例集成六轴传感器的运动处理组件，它通过 I2C 协议和单片机进行通信，相比上一节的超声波模块，驱动 MPU6050 更为复杂，不过我们不用从头编写，因为 Arduino 还支持通过第三方库来驱动硬件，本节我们就尝试用开源库驱动 FishBot 的 IMU 传感器。

新建工程 example04_imu，接着编辑工程目录下的 platformio.ini 文件，添加依赖库 MPU6050_light，添加的命令如代码清单 9-10 所示。

代码清单 9-10　添加 MPU6050_light 依赖库

```
lib_deps =
    https://github.com/fishros/MPU6050_light.git
```

保存文件后，PlatformIO IDE 会自动下载开源库到目录 .pio/libdeps/featheresp32，打开该目录就可以看到这个库的源代码，一般情况开源库都会为我们提供示例代码，打开文件 .pio/libdeps/featheresp32/MPU6050_light/examples/GetAngle/GetAngle.ino，把文件的内容复制到 src/main.cpp 中，接着修改串口波特率为 115200，修改 I2C 连接的引脚为 18 和 19，修改完成并添加注释的代码如代码清单 9-11 所示。

代码清单 9-11　src/main.cpp

```
#include "Wire.h"              // 引入 Wire 库，用于 I²C 通信
#include <MPU6050_light.h>     // 引入 MPU6050 库，用于与 MPU6050 传感器通信

MPU6050 mpu(Wire);             // 创建 MPU6050 对象，使用 Wire 对象进行通信
unsigned long timer = 0;       // 用于计时的变量

void setup() {
```

```
    Serial.begin(115200);               // 初始化串口通信, 波特率为 115200
    Wire.begin(18,19);                  // 初始化 I2C 总线, 设置 SDA 引脚为 18, SCL 引脚为 19

    byte status = mpu.begin();          // 启动 MPU6050 传感器并获取状态
    Serial.print(F("MPU6050 status: "));
    Serial.println(status);
    while(status != 0) { }              // 如果无法连接到 MPU6050 传感器, 停止一切

    Serial.println(F("Calculating offsets, do not move MPU6050"));
    delay(1000);
    mpu.calcOffsets();                  // 计算陀螺仪和加速度计的偏移量
    Serial.println("Done!\n");
}

void loop() {
    mpu.update();                       // 更新 MPU6050 传感器的数据

    if ((millis() - timer) > 10) {      // 每 10 ms 输出一次数据
        Serial.print("X : ");
        Serial.print(mpu.getAngleX());  // 输出 x 轴的倾斜角度
        Serial.print("\tY : ");
        Serial.print(mpu.getAngleY());  // 输出 y 轴的倾斜角度
        Serial.print("\tZ : ");
        Serial.println(mpu.getAngleZ()); // 输出 z 轴的旋转角度
        timer = millis();
    }
}
```

代码清单 9-11 中, 首先使用 Wire 来初始化 MPU6050 类的对象 mpu, 接着在 setup 函数中初始化串口和 I^2C 总线 Wire, 然后启动 MPU6050 传感器并校准, 最后在 loop 函数中不断更新 MPU6050 数据并输出角度信息。

编译工程并下载到开发板, 打开串行监视器, 就可以看到如代码清单 9-12 所示角度信息的输出。

代码清单 9-12　角度信息输出

```
X : -0.03        Y : 0.03         Z : -2.23
X : -0.04        Y : 0.03         Z : -2.23
X : -0.02        Y : 0.01         Z : -2.23
```

9.3　机器人控制系统的实现

控制移动机器人运动, 就是控制机器人上的电动机转动, 让电动机转起来并不复杂, 但要让电动机按照要求的速度转起来就需要下更多功夫。FishBot 的底盘上有两个连接电动机的驱动轮和一个万向轮, 其转弯原理和两轮平衡车类似, 通过改变两个轮子的速度实现转弯和移动, 所以该底盘模型又称为两轮差速模型, 接下来我们就一步步搭建两轮差速模型的运动控制系统。

9.3.1 使用开源库驱动多路电动机

让电动机动起来只需要通电就行，电动机的转速可以通过改变通电的时间来控制，因为电动机需要的电压和电流较大，无法直接接到单片机引脚上，所以需要额外的驱动电路放大来自单片机引脚的信号。FishBot 开发板采用 DRV8833 芯片来实现电动机的驱动，电动机驱动原理图如图 9-14 所示。

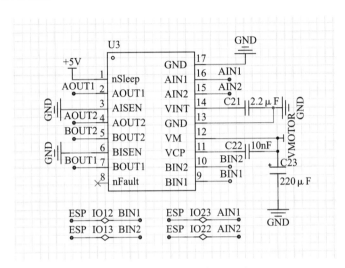

图 9-14 电动机驱动原理图

电路中 AIN1（IO 23）对应 AOUT1，AIN2（IO 22）对应 AOUT2，DRV8833 会将 AIN1（IO 23）和 AIN2（IO 22）上的电信号放大到对应的输出引脚上，我们将电动机接在输出引脚即可。

新建工程 fishbot_motion_control，接着修改 platformio.ini，添加依赖库 Esp32McpwmMotor，具体内容如代码清单 9-13 所示。

代码清单 9-13 添加 Esp32McpwmMotor 依赖库

```
lib_deps =
https://github.com/fishros/Esp32McpwmMotor.git
```

这里我们使用开源库 Esp32McpwmMotor 来驱动电动机，该库可以同时控制 6 个直流电动机，对于只有 2 个驱动轮的 FishBot 来说绰绰有余。接着打开 src/main.cpp，编写如代码清单 9-14 所示的内容。

代码清单 9-14 fishbot_motion_control/src/main.cpp

```
#include <Arduino.h>
#include <Esp32McpwmMotor.h>

Esp32McpwmMotor motor; // 创建一个名为 motor 的对象，用于控制电动机
```

```
void setup()
{
    motor.attachMotor(0, 22, 23);  // 将电动机 0 连接到引脚 22 和引脚 23
    motor.attachMotor(1, 12, 13);  // 将电动机 1 连接到引脚 12 和引脚 13
}

void loop()
{
    motor.updateMotorSpeed(0, 70); // 设置电动机 0 的速度（占空比）为负 70%
    motor.updateMotorSpeed(1, 70); // 设置电动机 1 的速度（占空比）为正 70%
    delay(2000); // 延迟 2s

    motor.updateMotorSpeed(0, -70); // 设置电动机 0 的速度（占空比）为正 70%
    motor.updateMotorSpeed(1, -70); // 设置电动机 1 的速度（占空比）为负 70%
    delay(2000); // 延迟 2s
}
```

代码清单 9-14 是用于控制两个电动机进行正反转的程序，你可以直接查看开源库提供的位于 .pio/libdeps/featheresp32/Esp32McpwmMotor/examples/control2motor.cpp 的示例代码。上面的代码主要使用了两个方法，第一个方法 attachMotor() 用于连接电动机，该方法的第一个参数是电动机编号，后面两个是电动机的引脚；第二个方法是 updateMotorSpeed() 用于更新电动机速度，第一个参数是电动机编号，第二个参数是电动机速度百分比。

将代码编译并下载到开发板，就可以看到电动机已经转起来了。

9.3.2 电动机速度测量与转换

通过 9.1.1 节的学习我们知道，FishBot 采用的电动机都安装了两个霍尔传感器，当电动机转动时霍尔传感器就会根据磁性的有无产生高低电平的变化，我们将这种电平从低到高再到低的过程称作一个脉冲（Pluse）。因为有减速器的存在，当减速器的输出轴，也就是连接轮子的轴转动了一圈，实际电动机转动远不止一圈，产生的脉冲数则更多。

单片机可以检测到电平变化，从而得到脉冲数，要将脉冲数转换为轮子实际行走的距离，就需要测量轮子转一圈所产生的脉冲数。下面我们就尝试使用开源库来驱动编码器，计算轮子转一圈的脉冲数，然后计算轮子转速。

修改文件 fishbot_motion_control/platformio.ini，添加依赖库 Esp32PcntEncoder，添加的内容如代码清单 9-15 所示。

代码清单 9-15 fishbot_motion_control/platformio.ini

```
lib_deps =
    https://github.com/fishros/Esp32McpwmMotor.git
    https://github.com/fishros/Esp32PcntEncoder.git
```

Esp32PcntEncoder 是基于 ESP32 的脉冲计算外设编写的脉冲计算开源库，使用起来非常简单。修改 fishbot_motion_control/src/main.cpp，内容如代码清单 9-16 所示。

代码清单 9-16   fishbot_motion_control/src/main.cpp

```
#include <Arduino.h>
#include <Esp32PcntEncoder.h>
Esp32PcntEncoder encoders[2];      // 创建一个数组用于存储两个编码器

void setup()
{
    // 1. 初始化串口
    Serial.begin(115200);          // 初始化串口通信，设置通信速率为115200
    // 2. 设置编码器
    encoders[0].init(0, 32, 33); // 初始化第一个编码器，使用 GPIO 32 和 33 连接
    encoders[1].init(1, 26, 25); // 初始化第二个编码器，使用 GPIO 26 和 25 连接
}

void loop()
{
    delay(10); // 等待 10ms
    // 读取并输出两个编码器的计数器数值
    Serial.printf("tick1=%d,tick2=%d\n", encoders[0].getTicks(), encoders[1].
        getTicks());
}
```

代码清单 9-16 中引入了 Esp32PcntEncoder 库的头文件，接着创建了两个对象数组，并在 setup 函数中使用 init 方法初始化编码器，init 方法的第一个参数是编码器编号，后面两个是编码器的引脚编号，引脚编号可以从 FishBot 驱动控制板原理图中查询。最后在 loop 函数中，输出了编码器对脉冲的计数值。

下载代码到开发板，接着打开串行监视器，打开对应串口后观察输出信息，尝试手动转动轮子，观察输出数据的变化。FishBot 采用的电动机直径为 65mm，乘上圆周率后就可以得到转动一圈行走的距离，测量出电动机转动一周的脉冲数后就可以计算出单个脉冲数对应的距离。

手动将轮子转动 10 圈，观察终端脉冲数的变化，如代码清单 9-17 所示，这里测量出 10 圈的脉冲数是 19419。

代码清单 9-17   轮子转动 10 圈的脉冲值

```
tick1=0,tick2=19419
tick1=0,tick2=19419
tick1=0,tick2=19419
```

我们可以计算出一圈的脉冲数约等于 1942，一个脉冲对应的距离计算结果如代码清单 9-18 所示。

代码清单 9-18   单个脉冲的轮子前进距离

```
0.10353 ≈ 65 * 3.1415926/1942
```

有了参数，再次编写代码，将脉冲数转换为速度，完整代码如代码清单 9-19 所示。

代码清单 9-19   fishbot_motion_control/src/main.cpp

```
#include <Arduino.h>
#include <Esp32PcntEncoder.h>
```

```cpp
#include <Esp32McpwmMotor.h>
Esp32McpwmMotor motor;
Esp32PcntEncoder encoders[2];

int64_t last_ticks[2];      // 记录上一次读取的计数器数值
int32_t delta_ticks[2];     // 记录两次读取之间的计数器差值
int64_t last_update_time;   // 记录上一次更新时间
float current_speeds[2];    // 记录两个电动机的速度

void setup() {
    Serial.begin(115200);
    // 初始化编码器
    encoders[0].init(0, 32, 33);
    encoders[1].init(1, 26, 25);
    // 初始化电动机并设置速度
    motor.attachMotor(0, 22, 23);
    motor.attachMotor(1, 12, 13);
    motor.updateMotorSpeed(0, 70);
    motor.updateMotorSpeed(1, 70);
}
void loop() {
    delay(10); // 等待 10ms
    // 计算时间差
    uint64_t dt = millis() - last_update_time;
    // 计算编码器差值
    delta_ticks[0] = encoders[0].getTicks() - last_ticks[0];
    delta_ticks[1] = encoders[1].getTicks() - last_ticks[1];
    // 距离比时间获取速度，单位 mm/ms，相当于 m/s
    current_speeds[0] = float(delta_ticks[0] * 0.1051566) / dt;
    current_speeds[1] = float(delta_ticks[1] * 0.1051566) / dt;

    // 更新数据
    last_update_time = millis();               // 更新上一次更新时间
    last_ticks[0] = encoders[0].getTicks();    // 更新第一个编码器的计数器数值
    last_ticks[1] = encoders[1].getTicks();    // 更新第二个编码器的计数器数值

    // 输出数据
    Serial.printf("spped1=%fm/s,spped2=%fm/s\n",current_speeds[0],current_speeds[1]);
}
```

在代码清单9-19中，通过getTicks获取编码器数值，通过millis函数获取当前时间。接着计算编码器数值差，然后乘以参数0.1051566获取距离，最后除以时间差就得到了单位为mm/ms的速度数据，换算单位后刚好是m/s。同时为了方便查看，我们利用Esp32McpwmMotor将两个电动机的速度设置为70%。

下载代码，打开串口监视器，如代码清单9-20所示，可以看到电动机的速度不断地输出。

代码清单9-20   电动机速度输出

```
spped1=0.210313 m/s ,spped2=0.189282 m/s
spped1=0.210313 m/s ,spped2=0.189282 m/s
spped1=0.220829 m/s ,spped2=0.199798 m/s
```

9.3.3　使用 PID 控制轮子转速

上一节我们通过编码器获取到了两个电动机的实时速度，但你会发现即使设置相同的速度，两个电动机的实际转速并不一致，如果要保持相同的转速，则要根据电动机来动态调节速度值，我们可以使用 PID 控制器来实现这一功能。

PID 控制器是一种广泛应用于工业控制、自动化控制等领域的控制算法，其名称来源于"比例 – 积分 – 微分"三个控制器参数，即 Proportional（比例）、Integral（积分）、Derivative（微分）。PID 控制器的基本原理是通过测量目标系统的反馈信号和期望输出信号之间的误差，根据一定的数学模型计算出控制信号，使目标系统能够稳定地达到期望输出。对于控制轮子速度来说，PID 控制器会根据目标速度和实际速度的差值，计算出让实际速度更接近目标速度的速度值。PID 控制器的计算公式如下所示。

$$\text{Output} = K_{p} \cdot \text{Error} + K_{i} \cdot \int \text{Error } \mathrm{d}t + K_{d} \cdot \frac{\mathrm{d}(\text{Error})}{\mathrm{d}t}$$

式中，K_p、K_i 和 K_d 是参数；Error 是误差，其值等于目标速度减当前测量值；与 K_i 相乘的部分是 Error 的积分，就是把所有的 Error 相加，为了防止得到非常离谱的数值，一般都会设置一个积分上限；与 K_d 相乘的部分是误差的微分，我们取当前误差和上次误差之差。公式很抽象，我们来把它变成具体的代码。

在 fishbot_motion_control/lib 目录下新建 PidController，接着在目录下新建 PidController.h 和 PidController.cpp，在 PidController.h 中编写如代码清单 9-21 所示的内容。

代码清单 9-21　fishbot_motion_control/lib/PidController/PidController.h

```
#ifndef __PIDCONTROLLER_H__  // 如果没有定义 __PIDCONTROLLER_H__
#define __PIDCONTROLLER_H__  // 定义 __PIDCONTROLLER_H__

class PidController
{ // 定义一个 PID 控制器类
public:
    PidController() = default;                  // 默认构造函数
    PidController(float kp, float ki, float kd); // 构造函数，传入 kp、ki、kd

private:
    float target_;          // 目标值
    float out_min_;         // 输出下限
    float out_max_;         // 输出上限
    float kp_;              // 比例系数
    float ki_;              // 积分系数
    float kd_;              // 微分系数
    // pid
    float error_sum_;         // 误差累积和
    float derror_;            // 误差变化率
    float error_last_;        // 上一次误差
    float error_pre_;         // 上上次误差
    float intergral_up_ = 2500; // 积分上限
```

```
public:
    float update(float current);                    // 提供当前值返回下次输出值
    void update_target(float target);               // 更新目标值
    void update_pid(float kp, float ki, float kd);  // 更新 PID 系数
    void reset();                                   // 重置 PID 控制器
    void out_limit(float out_mix, float out_max);   // 设置输出限制
};

#endif // __PIDCONTROLLER_H__ // 结束条件
```

代码清单 9-21 中定义了一个 PID 控制器类，其中成员函数 update 用于根据当前值计算下一次输出值，update_target 函数用于设置目标值。有了头文件，接着我们来实现各个函数，编写 PidController.cpp，如代码清单 9-22 所示。

代码清单 9-22   fishbot_motion_control/lib/PidController/PidController.cpp

```cpp
#include "PidController.h"
#include "Arduino.h"

PidController::PidController(float kp, float ki, float kd)
{
    reset(); // 初始化控制器
    update_pid(kp, ki, kd); // 更新 PID 参数
}

float PidController::update(float current)
{
    // 计算误差及其变化率
    float error = target_ - current; // 计算误差
    derror_ = error_last_ - error; // 计算误差变化率
    error_last_ = error;  // 更新上一次误差为当前误差

    // 计算积分项并进行积分限制
    error_sum_ += error;
    if (error_sum_ > intergral_up_)
        error_sum_ = intergral_up_;
    if (error_sum_ < -1 * intergral_up_)
        error_sum_ = -1 * intergral_up_;

    // 计算控制输出值
    float output = kp_ * error + ki_ * error_sum_ + kd_ * derror_;

    // 控制输出限幅
    if (output > out_max_)
        output = out_max_;
    if (output < out_min_)
        output = out_min_;

    return output;
}
```

```cpp
void PidController::update_target(float target)
{
    target_ = target; // 更新控制目标值
}

void PidController::update_pid(float kp, float ki, float kd)
{
    reset(); // 重置控制器状态
    kp_ = kp; // 更新比例项系数
    ki_ = ki; // 更新积分项系数
    kd_ = kd; // 更新微分项系数
}

void PidController::reset()
{
    // 重置控制器状态
    target_    = 0.0f; // 控制目标值
    out_min_   = 0.0f; // 控制输出最小值
    out_max_   = 0.0f; // 控制输出最大值
    kp_        = 0.0f; // 比例项系数
    ki_        = 0.0f; // 积分项系数
    kd_        = 0.0f; // 微分项系数
    error_sum_ = 0.0f; // 误差累计值
    derror_    = 0.0f; // 误差变化率
    error_last_ = 0.0f; // 上一次的误差值
}

void PidController::out_limit(float out_min, float out_max)
{
    out_min_ = out_min; // 控制输出最小值
    out_max_ = out_max; // 控制输出最大值
}
```

代码清单 9-22 中除了 update 方法，其他方法实现起来都较简单，update 方法中首先根据目标值和当前值计算误差，接着通过上一次的误差来计算误差变化，然后对误差进行累积，如果误差总和大于积分上限则限制在积分上限内，再根据 PID 公式计算输出，最后将输出限制在最大和最小输出之间并返回。

完成后，我们修改 src/main.cpp，将 PID 控制器引入到代码中，完成后的代码如代码清单 9-23 所示。

代码清单 9-23　fishbot_motion_control/src/main.cpp

```cpp
#include <Arduino.h>
#include <Esp32McpwmMotor.h>
#include <Esp32PcntEncoder.h>
#include <PidController.h>  // 引入 PID 控制器头文件

Esp32McpwmMotor motor;
Esp32PcntEncoder encoders[2];
```

```
PidController pid_controller[2];   // 创建 PID 控制器对象数组

int64_t last_ticks[2];       // 记录上一次读取的计数器数值
int32_t delta_ticks[2];      // 记录两次读取之间的计数器差值
int64_t last_update_time;    // 记录上一次更新时间
float current_speeds[2];     // 记录两个电动机的速度

void motorSpeedControl() {
    // 计算时间差
    uint64_t dt = millis() - last_update_time;
    // 计算编码器差值
    delta_ticks[0] = encoders[0].getTicks() - last_ticks[0];
    delta_ticks[1] = encoders[1].getTicks() - last_ticks[1];
    // 距离比时间获取速度单位 mm/ms 乘 1000 转换为 mm/s，方便 PID 计算
    current_speeds[0] = float(delta_ticks[0] * 0.1051566) / dt *1000;
    current_speeds[1] = float(delta_ticks[1] * 0.1051566) / dt *1000;
    // 更新数据
    last_update_time = millis();                // 更新上一次更新时间
    last_ticks[0] = encoders[0].getTicks(); // 更新第一个编码器的计数器数值
    last_ticks[1] = encoders[1].getTicks(); // 更新第二个编码器的计数器数值
    // 根据当前速度，更新电动机 0 和电动机 1 的速度值
    motor.updateMotorSpeed(0, pid_controller[0].update(current_speeds[0]));
    motor.updateMotorSpeed(1, pid_controller[1].update(current_speeds[1]));
    // 输出数据
    Serial.printf("spped1=%f mm/s ,spped2=%f mm/s\n", current_speeds[0], current_
        speeds[1]);
}

void setup() {
    Serial.begin(115200);
    // 初始化编码器
    encoders[0].init(0, 32, 33);
    encoders[1].init(1, 26, 25);
    // 初始化电动机
    motor.attachMotor(0, 22, 23);
    motor.attachMotor(1, 12, 13);
    // 初始化 PID 控制器参数
    pid_controller[0].update_pid(0.625, 0.125, 0.0);
    pid_controller[1].update_pid(0.625, 0.125, 0.0);
    pid_controller[0].out_limit(-100, 100);
    pid_controller[1].out_limit(-100, 100);
    // 初始化目标速度，单位 mm/s，使用毫米防止浮点运算丢失精度
    pid_controller[0].update_target(100);
    pid_controller[1].update_target(100);
}

void loop() {
    delay(10); // 等待 10ms
    motorSpeedControl(); // 调用速度控制函数
}
```

代码清单 9-23 中引入了 PidController 头文件，同时在 setup 函数中对 PID 控制器进行初始化并设置目标速度，为了方便计算，目标速度采用 mm/s 为单位。在 motorSpeedControl 函数中，首先计算电动机速度，这次我们乘以 1000 将单位转换成 mm/s，然后调用 pid_controler 的 update 方法，该方法根据当前速度和目标值计算新的输出值，最后在 loop 函数中，间隔 10ms 调用一次 motorSpeedControl() 函数进行速度计算和 PID 控制。

下载代码，打开串口监视器，此时观察串口数据如代码清单 9-24 所示，可以看到速度基本稳定在 100 mm/s，和设定的速度非常接近。

代码清单 9-24　闭环控制速度输出

```
spped1=94.640938 mm/s ,spped2=94.640938 mm/s
spped1=105.156601 mm/s ,spped2=94.640938 mm/s
spped1=94.640938 mm/s ,spped2=105.156601 mm/s
spped1=105.156601 mm/s ,spped2=105.156601 mm/s
spped1=94.640938 mm/s ,spped2=94.640938 mm/s
```

现在我们可以控制机器人的两个轮子按照设定速度转动，但是轮子的速度要和机器人的速度进行转换还需要经过运动学正逆解才行。

9.3.4　运动学正逆解的实现

在第 7 章机器人导航和键盘控制时，我们调整的是线速度和角速度，并不会直接控制轮子的转速，这就需要我们把角速度和线速度转换成机器人两个轮子的转速，我们把这一过程称为运动学逆解，反之通过轮子的实际转速计算机器人的线速度和角速度的过程就是运动学正解。接着我们对运动学正逆解进行推导。

假设机器人在一小段时间 t 内，它的左右轮子线速度分别为 v_l 和 v_r，两轮之间的安装间距 l，求机器人的线速度 v，角速度 ω。

机器人的线速度方向和轮子转动方向始终保持一致，所以机器人的线速度为左右轮线速度的平均值，即 $v = (v_l + v_r)/2$，我们知道线速度和角速度的关系是 $v = \omega r$，根据图 9-15 可知 $l = r_r - r_l = v_r/\omega_r - v_l/\omega_l$，机器人移动时各轮角速度相同，所以 $\omega_l = \omega_r$，结合前面的公式可以求出 $\omega = (v_r - v_l)/l$。两轮差速运动示意图如图 9-15 所示。

左右轮速度和机器人速度的关系为：

$$v = (v_l + v_r)/2$$
$$\omega = (v_r - v_l)/l$$

也就是两轮差速运动学正解的公式。反之，当我们已知目标机器人速度，利用逆解公式可以得出左右轮子的线速度。

$$v_l = v - \omega l/2$$
$$v_r = v + \omega l/2$$

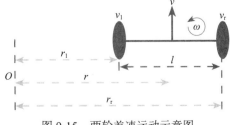

图 9-15　两轮差速运动示意图

有了运动学正逆解公式，我们就可以根据公式编写代码。在 fishbot_motion_control/lib 下新建目录 Kinematics，接着在目录下新建 Kinematics.h，然后在头文件中编写如代码清单 9-25 所示的内容。

代码清单 9-25   fishbot_motion_control/lib/Kinematics/Kinematics.h

```
#ifndef __KINEMATICS_H__   /* 防止头文件被多次包含 */
#define __KINEMATICS_H__

#include <Arduino.h> /* 包含 Arduino 核心库 */

// 定义一个结构体用于存储电动机参数
typedef struct
{
    float per_pulse_distance;   /* 单个脉冲对应轮子前进距离 */
    int16_t motor_speed;         /* 当前电动机速度 mm/s，计算时使用 */
    int64_t last_encoder_tick; /* 上次电动机的编码器读数 */
} motor_param_t;

/* 定义一个类用于处理机器人运动学 */
class Kinematics
{
public:
    /* 构造函数，默认实现 */
    Kinematics() = default;
    /* 析构函数，默认实现 */
    ~Kinematics() = default;

    /* 设置电动机参数，包括编号和每个脉冲对应的轮子前进距离 */
    void set_motor_param(uint8_t id, float per_pulse_distance);
    /* 设置轮子间距 */
    void set_wheel_distance(float wheel_distance);
    /* 逆运动学计算，将线速度和角速度转换为左右轮的速度 */
    void kinematic_inverse(float linear_speed, float angle_speed,
                        float &out_left_speed, float &out_right_speed);
    /* 正运动学计算，将左右轮的速度转换为线速度和角速度 */
    void kinematic_forward(float left_speed, float right_speed,
                            float &out_linear_speed, float &out_angle_speed);
    /* 更新电动机速度和编码器数据 */
    void update_motor_speed(uint64_t current_time, int32_t left_tick, int32_t
right_tick);
    /* 获取电动机速度 */
    int16_t get_motor_speed(uint8_t id);

  private:
    motor_param_t motor_param_[2]; /* 存储两个电动机的参数 */
    uint64_t last_update_time;      /* 上次更新数据的时间，单位 ms*/
    float wheel_distance_;          /* 轮子间距 */
};

  #endif // __KINEMATICS_H__
```

代码清单 9-25 中，我们创建了一个电动机参数结构体 motor_param_t，将电动机对应的脉冲前进距离、电动机速度和上一次编码器读数放到该结构体中。接着定义了一个运动学类 Kinematics，在该类成员函数中定义了 kinematic_forward 和 kinematic_inverse 方法，用于运动学正逆解，update_motor_speed 和 get_motor_speed 方法用于计算和获取电动机速度，set_wheel_distance 和 set_motor_param 方法用于设置机器人轮子间距和电动机单脉冲距离参数。成员变量部分，声明了电动机参数数组、轮子间距和上次速度数据更新时间。

接着根据方法声明，我们逐一实现各个方法，在 fishbot_motion_control/lib/Kinematics/目录下新建 Kinematics.cpp，编写如代码清单 9-26 所示的代码。

代码清单 9-26　Kinematics.cpp 中设置和获取方法

```cpp
#include "Kinematics.h"
void Kinematics::set_motor_param(uint8_t id, float per_pulse_distance) {
    motor_param_[id].per_pulse_distance = per_pulse_distance;   /* 电动机每个脉冲前
        进距离 */
}
void Kinematics::set_wheel_distance(float wheel_distance) {
    wheel_distance_ = wheel_distance;
}
// 传入电动机的编号 id 返回该编号电动机的速度
int16_t Kinematics::get_motor_speed(uint8_t id) {
    return motor_param_[id].motor_speed;
}
```

代码清单 9-26 中实现了三个参数设置和获取方法，内容较为简单，只是对相对应的参数进行赋值即可。接着我们来编写电动机速度更新方法 update_motor_speed，继续在 Kinematics.cpp 下添加如代码清单 9-27 所示的代码。

代码清单 9-27　Kinematics.cpp 中电动机速度更新方法

```cpp
/**
 * @brief 更新电动机速度和编码器数据
 * @param current_time 当前时间（单位：ms）
 * @param left_tick 左轮编码器读数
 * @param right_tick 右轮编码器读数
 */
void Kinematics::update_motor_speed(uint64_t current_time, int32_t left_tick,
                                    int32_t right_tick) {
    // 计算出自上次更新以来经过的时间 dt
    uint32_t dt = current_time - last_update_time;
    last_update_time = current_time;

    // 计算电动机 1 和电动机 2 的编码器读数变化量 dtick1 和 dtick2。
    int32_t dtick1 = left_tick - motor_param_[0].last_encoder_tick;
    int32_t dtick2 = right_tick - motor_param_[1].last_encoder_tick;
    motor_param_[0].last_encoder_tick = left_tick;
    motor_param_[1].last_encoder_tick = right_tick;

    // 轮子速度计算
```

```
    motor_param_[0].motor_speed =
        float(dtick1 * motor_param_[0].per_pulse_distance) / dt * 1000;
    motor_param_[1].motor_speed =
        float(dtick2 * motor_param_[1].per_pulse_distance) / dt * 1000;
}
```

电动机速度更新方法接收当前时间和左右轮编码器计数值为参数，在函数内先计算时间差和编码器计数差，最后根据脉冲距离比计算出速度，单位为 mm/s。接着我们来完善运动学正逆解方法，继续在 Kinematics.cpp 添加如代码清单 9-28 所示的代码。

代码清单 9-28　Kinematics.cpp 中运动学正逆解方法

```
/**
    * @brief 正运动学计算，将左右轮的速度转换为线速度和角速度
    * @param left_speed 左轮速度（单位: mm/s）
    * @param right_speed 右轮速度（单位: mm/s）
    * @param[out] out_linear_speed 线速度（单位: mm/s）
    * @param[out] out_angle_speed 角速度（单位: rad/s）
    */
void Kinematics::kinematic_forward(float left_speed, float right_speed,
                                    float &out_linear_speed,
                                    float &out_angle_speed) {
    // 两轮转速之和除以 2
    out_linear_speed = (right_speed + left_speed) / 2.0;
    // 两轮转速之差除以轮距
    out_angle_speed = (right_speed - left_speed) / wheel_distance_;
}


/**
    * @brief 逆运动学计算，将线速度和角速度转换为左右轮的速度
    * @param linear_speed 线速度（单位: mm/s）
    * @param angle_speed 角速度（单位: rad/s）
    * @param[out] out_left_speed 左轮速度（单位: mm/s）
    * @param[out] out_right_speed 右轮速度（单位: mm/s）
    */
void Kinematics::kinematic_inverse(float linear_speed, float angle_speed,
                                    float &out_left_speed,
                                    float &out_right_speed) {
    out_left_speed = linear_speed - (angle_speed * wheel_distance_) / 2.0;
    out_right_speed = linear_speed + (angle_speed * wheel_distance_) / 2.0;
}
```

我们完全按照推导的公式来编写正逆解方法，不做过多解释，接着我们来修改 main.cpp，调用 Kinematics 类完成速度计算以及正逆解，完成后 main.cpp 的代码如代码清单 9-29 所示。

代码清单 9-29　fishbot_motion_control/src/main.cpp

```
#include <Arduino.h>
#include <Esp32McpwmMotor.h>
#include <Esp32PcntEncoder.h>
```

```
#include <Kinematics.h>
#include <PidController.h>

Esp32McpwmMotor motor;
Esp32PcntEncoder encoders[2];
PidController pid_controller[2];
Kinematics kinematics;

float target_linear_speed = 50.0; // 目标线速度单位: mm/s
float target_angular_speed = 0.1f; // 目标角速度单位: rad/s
float out_left_speed;
float out_right_speed;

void setup() {
    Serial.begin(115200);
    // 初始化编码器
    encoders[0].init(0, 32, 33);
    encoders[1].init(1, 26, 25);
    // 初始化电动机
    motor.attachMotor(0, 22, 23);
    motor.attachMotor(1, 12, 13);
    // 初始化 PID 控制器参数
    pid_controller[0].update_pid(0.625, 0.125, 0.0);
    pid_controller[1].update_pid(0.625, 0.125, 0.0);
    pid_controller[0].out_limit(-100, 100);
    pid_controller[1].out_limit(-100, 100);
    // 初始化轮子间距和电动机参数
    kinematics.set_wheel_distance(175);
    kinematics.set_motor_param(0, 0.1051566);
    kinematics.set_motor_param(1, 0.1051566);
    // 运动学逆解并设置速度
kinematics.kinematic_inverse(target_linear_speed,target_angular_speed,out_left_
    speed,out_right_speed);
  pid_controller[0].update_target(out_left_speed);
  pid_controller[1].update_target(out_right_speed);
}

void loop() {
    delay(10); // 等待 10ms
    kinematics.update_motor_speed(millis(), encoders[0].getTicks(),
                            encoders[1].getTicks());
    motor.updateMotorSpeed(
        0, pid_controller[0].update(kinematics.get_motor_speed(0)));
    motor.updateMotorSpeed(
        1, pid_controller[1].update(kinematics.get_motor_speed(1)));
}
```

在代码清单 9-29 中,我们首先引入头文件并新建了 Kinematics 对象,接着在 setup 函数中初始化轮子间距和脉冲距离比参数,然后根据目标角速度和线速度进行运动学逆解得出需要的左右轮速度,最后设置 PID 控制器速度参数。

重新编译和下载代码到开发板，观察机器人的运动轨迹，可以看到机器人将以 0.5m 为半径转圈，这是因为我们将目标线速度设置为 50mm/s，线速度设置为 0.1rad/s，线速度比角速度就可以得到运动半径。

9.3.5 机器人里程计计算

通过运动学正解，可以获取机器人底盘实时的速度信息，通过对线速度和角速度的积分，就可以获取机器人的实时位置信息。我们来推导一下计算公式，假设在某一个时间段 t 中，机器人的线速度为 v_t，角速度为 ω_t，机器人在初始时刻的位置为 x_t，y_t 朝向为 θ_t，求经过 t 时刻后机器人新的位置 (x_{t+1}, y_{t+1}) 和朝向 θ_{t+1}。

这一段时间内机器人前进的距离 $d=v_t t$，转过的角度为 $\theta=\omega_t t$，则机器人新的角度 $\theta_{t+1}=\theta_t+\theta$，我们将机器人前进的距离根据其朝向分解为在 x 和 y 轴上的位移量，则可得出以下公式。

$$x_{t+1} = x_t + d \cdot \cos(\theta_{t+1})$$
$$y_{t+1} = y_t + d \cdot \sin(\theta_{t+1})$$

有了公式，我们就可以来写代码，速度积分可以在每次速度更新时计算，修改 Kinematics.h 代码如代码清单 9-30 所示。

代码清单 9-30   fishbot_motion_control/lib/Kinematics.h

```
#include <Arduino.h> // 包含 Arduino 核心库
...

typedef struct {
    float x;  /* 位置 x */
    float y;  /* 位置 y */
    float angle;  /* 角度 */
    float linear_speed;  /* 线速度 */
    float angle_speed;  /* 角速度 */
}odom_t;

class Kinematics {
public:
    ...

    /* 更新里程计数据 */
    void update_odom(uint16_t dt);
    /* 获取里程计数据 */
    odom_t &get_odom();
    /* 用于将角度转换到 -π 到 π 的范围内 */
    static void TransAngleInPI(float angle, float &out_angle);

private:
    odom_t odom_;  /* 存储里程计信息 */
    ...
};
```

代码清单 9-30 中首先定义了一个 odom_t 结构体，来表示里程计信息，并声明了成员变量 odom_t 用于存储里程计。在成员方法中定义了更新和获取里程计的方法，用于计算和对外提供里程计数据，为了让角度保持在 −π ~ π 之间，我们定义了 TransAngleInPI 方法，用于限制角度信息。接着我们来逐一实现各个新增的方法。

首先在 Kinematics.cpp 中添加角度限制方法 TransAngleInPI，具体内容如代码清单 9-31 所示。

代码清单 9-31　Kinematics.cpp 中 TransAngleInPI 方法实现

```cpp
odom_t &Kinematics::get_odom() { return odom_; }

// 用于将角度转换到 −π 到 π 的范围内
void Kinematics::TransAngleInPI(float angle, float &out_angle) {
    // 如果 angle 大于 π，则将 out_angle 减去 2π
    if (angle > PI) {
        out_angle -= 2 * PI;
    }
    // 如果 angle 小于 −π，则将 out_angle 加上 2π
    else if (angle < -PI) {
        out_angle += 2 * PI;
    }
}
```

接着在 Kinematics.cpp 中添加里程计更新方法 update_odom，完整代码如代码清单 9-32 所示。

代码清单 9-32　Kinematics.cpp 中 update_odom 方法实现

```cpp
void Kinematics::update_odom(uint16_t dt) {
    // ms 转为 s
    float dt_s = (float)dt / 1000;

    // 运动学正解，计算机器人的线速度和角速度
    this->kinematic_forward(motor_param_[0].motor_speed, motor_param_[1].motor_
        speed, odom_.linear_speed, odom_.angle_speed);
    // 转换线速度单位 (mm/s 转 m/s)
    odom_.linear_speed = odom_.linear_speed / 1000; //

    // 计算当前角度
    odom_.angle += odom_.angle_speed * dt_s;
    // 将角度值 odom_.yaw 转换到 −π 到 π 的范围内
    Kinematics::TransAngleInPI(odom_.angle, odom_.angle);

    // 计算机器人移动距离和在两轴上的分量并进行累积
    float delta_distance = odom_.linear_speed * dt_s;
    odom_.x += delta_distance * std::cos(odom_.angle);
    odom_.y += delta_distance * std::sin(odom_.angle);
}
```

该函数用于计算机器人的实时里程计数据，输入参数是时间间隔 d*t*，单位为 ms，所以

在函数内首先将其转换为以 s 为单位，接着调用运动学正解，将左右轮速度转换为机器人的角速度和线速度，并将线速度的单位转换为 m/s。然后让角速度乘上时间，得到 dt 时间内角度的变化量，接着将变化累积到当前角度上，并使用 TransAngleInPI 将角度值限制在 $-\pi \sim \pi$ 的范围内。最后则根据前面的公式计算机器人的前进距离 delta_distance，根据公式将其分解为 x 和 y 轴上的分量，并累加到里程计的 x 和 y 上。

完成所有方法的编写后，还需要修改 update_motor_speed 方法，在其最后一行添加对 update_odom 的调用，添加的代码如代码清单 9-33 所示。

代码清单 9-33   Kinematics.cpp 中 update_motor_speed 方法实现

```
void Kinematics::update_motor_speed(uint64_t current_time, int32_t left_tick,
                    int32_t right_tick) {

    ...
    // 更新里程计信息
    update_odom(dt);
}
```

为了能够实时看到机器人的位置信息，我们可以将输出添加到 main.cpp 的 loop 方法中，添加的代码和位置如代码清单 9-34 所示。

代码清单 9-34   在 main.cpp 中添加输出

```
void loop() {
    ...
    Serial.printf("x=%f,y=%f,angle=%f\n", kinematics.get_odom().x,
                kinematics.get_odom().y, kinematics.get_odom().angle);
}
```

重新编译工程并下载到开发板，可以观察到终端的输出信息如代码清单 9-35 所示。

代码清单 9-35   里程计信息输出结果

```
x=-0.059717,y=0.996842,angle=-3.031903
x=-0.060079,y=0.996802,angle=-3.031274
x=-0.060651,y=0.996739,angle=-3.030646
```

从输出结果中可以看出里程计信息已经可以正常获取了，需要注意的是，里程计是从左右轮实时速度计算而来的，并不是通过目标速度计算得出的。

好了，到这里便完成了机器人底盘控制系统的开发，接下来我们就来将控制系统接入 ROS 2 中。

9.4   使用 micro-ROS 接入 ROS 2

上一节我们实现了对机器人速度的控制和里程计的计算，但要与导航配合使用，还需要把数据接入 ROS 2 系统中，将控制指令和里程计变成 ROS 2 的话题。micro-ROS 是一组运行在微控制器的软件，通过它我们可以在微控制器上使用话题订阅发布等 API 进行通信，它的图标如图 9-16 所示。

图 9-16　micro-ROS 图标

9.4.1　第一个节点

micro-ROS 的目标是将 ROS 2 引入微控制器上使用，针对微控制器资源受限的特点，micro-ROS对相关 API 进行了深度优化。micro-ROS 的整体框架如图 9-17 所示。

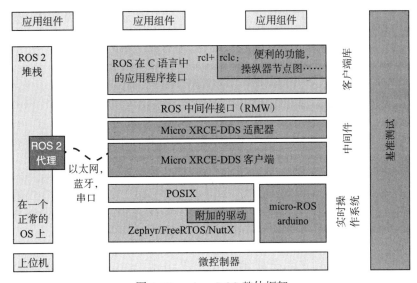

图 9-17　micro-ROS 整体框架

其中深色组件是专为 micro-ROS 开发的，浅色组件取自标准 ROS 2 软件。这里重点对深色部分进行介绍，最左边的 ROS 2 Agent 是 micro-ROS 在正常系统上的代理，它通过串口、蓝牙或者以太网等协议和微处理器平台的 micro-ROS 进行连接，并进行数据的转发。中间深色部分，最下面 RTOS 部分的 micro-ROS arduino 是基于 arduino 开发的代码库，中间的中间件部分是经过优化的微型 DDS 适配器和客户端，上面的客户端库则是提供了一套基于 rclc 的 API 接口。最右侧是用于嵌入式软件基准测试的工具。

要将微控制器连接到 ROS 2 中，需要做两部分工作，第一个是在正常系统中安装 Agent，第二个是在微控制器中编写 micro-ROS 程序。我们先在系统中安装 Agent，在主目录下新建 chapt9/fishbot_ws/src 目录，接着克隆 micro-ROS Agent 源码到 src 目录，指令如代码清单 9-36 所示。

代码清单 9-36　克隆 micro-ROS-Agent 源码

```
$ cd fishbot_ws/src
$ git clone https://github.com/micro-ROS/micro-ROS-Agent.git -b $ROS_DISTRO
$ git clone https://github.com/micro-ROS/micro_ros_msgs.git -b $ROS_DISTRO
```

接着使用 colcon 进行功能包构建，构建完成，就可以直接运行 Agent 了，构建及运行命令如代码清单 9-37 所示。

代码清单 9-37　构建并运行 Agent

```
$ colcon build
$ source install/setup.bash
$ ros2 run micro_ros_agent micro_ros_agent udp4 --port 8888
```

这里我们启动 micro_ros_agent 节点，并使用 udp4 作为传输协议，指定端口号为 8888，在接下来编写微控制器代码时就需要指定通信协议、主机地址和端口号。主机地址就是系统的 IP 地址，可以在系统设置的网络模块查看，如图 9-18 所示。

图 9-18　查看当前系统的 IP 地址

Agent 准备好后，我们尝试在原来的工程里引入 micro-ROS，修改 fishbot_motion_control/platformio.ini 文件，添加依赖库和配置，如代码清单 9-38 所示。

代码清单 9-38　添加 micro-ROS 依赖库

```
...
board_microros_transport = wifi
lib_deps =
    ...
    https://gitee.com/ohhuo/micro_ros_platformio.git
```

这里添加了 micro-ROS 的 platformio 版本依赖库，并添加了传输协议配置项 board_microros_transport，指定使用 Wi-Fi 与 ROS 2 Agent 进行连接。接着修改 src/main.cpp 的代码，我们来创建第一个 micro-ROS 节点，修改后添加的代码及位置如代码清单 9-39 所示。

代码清单 9-39　fishbot_motion_control/src/main.cpp

```
...
// 引入 micro-ROS 和 Wi-Fi 相关头文件
#include <WiFi.h>
```

```
#include <micro_ros_platformio.h>
#include <rcl/rcl.h>
#include <rclc/rclc.h>
#include <rclc/executor.h>
...
float out_right_speed;

// 声明相关的结构体对象
rcl_allocator_t allocator;       // 内存分配器，用于动态内存分配管理
rclc_support_t support;          // 用于存储时钟、内存分配器和上下文，提供支持
rclc_executor_t executor;        // 执行器，用于管理订阅和计时器回调的执行
rcl_node_t node;                 // 节点

// 单独创建一个任务运行 micro-ROS ，相当于一个线程
void micro_ros_task(void *parameter) {
    // 1.设置传输协议并延时等待设置完成
    IPAddress agent_ip;
    agent_ip.fromString("192.168.4.136"); // 替换为你自己主机的 IP 地址
    set_microros_wifi_transports("WIFI_NAME", "WIFI_PASSWORD", agent_ip, 8888);
    delay(2000);
    // 2.初始化内存分配器
    allocator = rcl_get_default_allocator();
    // 3.初始化 support
    rclc_support_init(&support, 0, NULL, &allocator);
    // 4.初始化节点 fishbot_motion_control
    rclc_node_init_default(&node, "fishbot_motion_control", "", &support);
    // 5.初始化执行器
    unsigned int num_handles = 0;
    rclc_executor_init(&executor, &support.context, num_handles, &allocator);
    // 循环执行器
    rclc_executor_spin(&executor);
}

void setup() {
    ...
    // 创建任务运行 micro_ros_task
    xTaskCreate(micro_ros_task,   // 任务函数
                "micro_ros",      // 任务名称
                10240,            // 任务堆栈大小 (字节)
                NULL,             // 传递给任务函数的参数
                1,                // 任务优先级
                NULL              // 任务句柄
    );
}
...
```

在代码清单9-39中，我们首先引入了三个micro-ROS相关的头文件，接着声明了内存分配器allocator，由于微处理器平台资源有限，所以使用allocator进行内存的分配和回收。声明了support，用于存储时钟、内存分配器和上下文，提供支持。声明了executor，用于管

理订阅和计时器回调的执行。声明了 node，用于存储节点。

创建了一个名为 micro_ros_task 的单独任务函数，负责初始化并运行 micro-ROS 节点，任务在嵌入式系统中可以简单理解为线程。在任务函数中，第一步设置传输协议为无线网络 Wi-Fi，这里需要设置 Agent 所在系统的 IP 地址、端口和 Wi-Fi 信息，当开发板连接到 Wi-Fi 后就会尝试发送数据到 Agent 所在的 IP 地址和端口。第二步 rcl_get_default_allocator 函数使用默认设置初始化 allocator。第三步调用 rclc_support_init 初始化 support，该函数的四个参数分别是 rclc_support_t 结构体指针、参数数量、参数数组指针和分配器指针。第四步调用 rclc_node_init_default 初始化节点，该函数有四个参数，分别是 rcl_node_t 指针、节点名称、命名空间和 rclc_support_t 指针。第五步调用 rclc_executor_init 初始化执行器，一共有四个参数，分别是 rclc_executor_t 指针、support 中的上下文指针、可处理的句柄数量和分配器的指针。第六步调用 rclc_executor_spin，对执行器的事件进行不断的循环处理。

最后在 setup 函数中，通过 xTaskCreate 函数来创建任务，将其添加到系统的任务队列中运行。

代码清单 9-39 中的代码就是一个完整的 micro-ROS 节点的编写方法，要和 Agent 建立通信，需要确保 Wi-Fi 账户信息、Agent 地址和端口号正确，另外需要注意的是 ESP32 仅支持 2.4 GHz 的 Wi-Fi 信号。

将代码下载到开发板，连接成功后可以看到 micro-ROS Agent 终端的提示，如代码清单 9-40 所示，表示连接成功。

代码清单 9-40   运行 micro_ros_agent

```
$ ros2 run micro_ros_agent micro_ros_agent udp4 --port 8888
---
[1695806525.612639] info    | UDPv4AgentLinux.cpp | init              |
    running...                | port: 8888
[1695806525.612840] info    | Root.cpp            | set_verbose_level |
    logger setup              | verbose_level: 4
[1695806538.128993] info    | Root.cpp            | create_client     |
    create                    | client_key: 0x3E93E8A4, session_id: 0x81
[1695806538.129030] info    | SessionManager.hpp  | establish_session |
    session established       | client_key: 0x3E93E8A4, address: 192.168.4.157:47138
[1695806538.156269] info    | ProxyClient.cpp     | create_participant |
    participant created       | client_key: 0x3E93E8A4, participant_id: 0x000(1)
[1695806538.171986] info    | ProxyClient.cpp     | create_topic      |
    topic created             | client_key: 0x3E93E8A4, topic_id: 0x000(2),
    participant_id: 0x000(1)
[1695806538.185341] info    | ProxyClient.cpp     | create_subscriber |
    subscriber created        | client_key: 0x3E93E8A4, subscriber_id: 0x000(4),
    participant_id: 0x000(1)
[1695806538.204017] info    | ProxyClient.cpp     | create_datareader |
    datareader created        | client_key: 0x3E93E8A4, datareader_id: 0x000(6),
    subscriber_id: 0x000(4)
```

接着在新的终端中输入命令查看节点列表，命令及结果如代码清单 9-41 所示。

代码清单 9-41 查看节点列表

```
$ ros2 node list
---
/fishbot_motion_control
```

可以看到来自微控制器的 fishbot_motion_control 节点，有了节点，下面我们就来创建话题订阅者，接收来自主机的控制指令。

9.4.2 订阅话题控制机器人

上一节我们将微处理器中的节点通过 Agent 接入了 ROS 2 系统中，本节我们尝试在微控制器平台上创建话题订阅者，订阅目标角速度和线速度指令。我们知道在 ROS 2 中使用消息接口 geometry_msgs/msg/Twist 来表示速度指令，该消息接口定义如代码清单 9-42 所示。

代码清单 9-42 查看 geometry_msgs/msg/Twist 接口定义

```
$ ros2 interface show geometry_msgs/msg/Twist
---
# This expresses velocity in free space broken into its linear and angular parts.

Vector3  linear
    float64 x
    float64 y
    float64 z
Vector3  angular
    float64 x
    float64 y
    float64 z
```

linear 表示线速度，angular 表示角速度，x、y 和 z 表示速度在三个轴上的分量，在 ROS 2 中，定义机器人的正前方为 x 轴，z 轴垂直于地面向上，符合右手坐标系，所以线速度在 x 轴上的分量就是我们需要的机器人线速度，角速度在 z 轴的分量就是机器人的角速度。

接着在代码清单 9-39 的基础上编写代码，添加速度话题的订阅者和回调函数，在 src/main.cpp 中添加的代码如代码清单 9-43 所示。

代码清单 9-43 fishbot_motion_control/src/main.cpp

```
...
#include <geometry_msgs/msg/twist.h>
...
rcl_subscription_t subscriber;        // 订阅者
geometry_msgs__msg__Twist sub_msg;    // 存储订阅到的速度消息

void twist_callback(const void *msg_in) {
    // 将接收到的消息指针转化为 geometry_msgs__msg__Twist 类型
    const geometry_msgs__msg__Twist *twist_msg =
        (const geometry_msgs__msg__Twist *)msg_in;
    // 运动学逆解并设置速度
    kinematics.kinematic_inverse(twist_msg->linear.x * 1000, twist_msg->angular.z,
```

```
                              out_left_speed, out_right_speed);
    pid_controller[0].update_target(out_left_speed);
    pid_controller[1].update_target(out_right_speed);
}

void micro_ros_task(void *parameter) {
    ...
    // 4. 初始化执行器
    unsigned int num_handles = 0+1;
    rclc_executor_init(&executor, &support.context, num_handles, &allocator);
    // 5. 初始化订阅者并添加到执行器中
    rclc_subscription_init_best_effort(
        &subscriber, &node,
        ROSIDL_GET_MSG_TYPE_SUPPORT(geometry_msgs, msg, Twist), "/cmd_vel");
    rclc_executor_add_subscription(&executor, &subscriber, &sub_msg,
                        &twist_callback, ON_NEW_DATA);
    // 循环执行器
    rclc_executor_spin(&executor);
}
```

和使用C++语言添加订阅者相同，首先要引入订阅者头文件，接着声明话题订阅者 subscriber 和存储消息的 sub_msg，微处理器资源有限，所以提前创建了 geometry_msgs__ msg__Twist 类型的消息结构体 sub_msg，用于存储订阅到的速度指令。

我们在 micro_ros_task 中首先修改了 rclc_executor_init 函数的句柄数量参数 num_handles 为 1，这是因为执行器需要一个句柄来处理订阅事件，接着调用函数 rclc_subscription_init_best_effort 初始化订阅者，该函数的四个参数分别是订阅者指针、节点指针、消息接口类型和话题名称，初始化订阅者后，调用 rclc_executor_add_subscription 函数将订阅者添加到执行器中，当执行器收到新的消息时就会调用 twist_callback 函数进行处理，该函数的五个参数分别是执行器指针、订阅者指针、订阅的消息接口指针、回调函数指针和调用情形。需要注意这里使用的是 best_effort 即最大努力订阅数据，发布者不用确保消息的到达，10.1 节有对 Qos 的详细介绍。

当收到速度指令时就会调用 twist_callback 函数，该函数参数是一个空指针，在 C 语言中，空指针可以表示任意类型的指针，要使用它需要把它强制类型转换到我们需要的类型指针，所以在回调函数中我们首先将其转换成 geometry_msgs__msg__Twist 类型的指针，接着调用运动学逆解函数，将目标的线速度和角速度转换成左右轮的目标速度，然后调用 PID 控制器更新目标速度。需要注意的是 ROS 2 订阅来的线速度单位为 m/s，这里乘上 1000 将其转换成 mm/s。

将代码下载到开发板，保持 Agent 运行和网络通畅，连接成功后使用代码清单 9-44 中的指令查看话题。

代码清单 9-44   查看话题列表

```
$ ros2 topic list -v
---
Published topics:
```

```
    * /parameter_events [rcl_interfaces/msg/ParameterEvent] 2 publishers
    * /rosout [rcl_interfaces/msg/Log] 2 publishers

Subscribed topics:
    * /cmd_vel [geometry_msgs/msg/Twist] 1 subscriber
```

可以看到多出了一个 /cmd_vel 话题的订阅者，消息接口类型是 geometry_msgs/msg/Twist，接着我们可以使用 ROS 2 的键盘控制节点来向这个话题发布速度指令，也可以直接使用代码清单 9-45 中的命令来发布，运行键盘控制节点。

代码清单 9-45　使用键盘控制机器人

```
$ ros2 run teleop_twist_keyboard teleop_twist_keyboard
---

This node takes keypresses from the keyboard and publishes them
as Twist messages. It works best with a US keyboard layout.
--------------------------
Moving around:
    u    i    o
    j    k    l
    m    ,    .

For Holonomic mode (strafing), hold down the shift key:
--------------------------
    U    I    O
    J    K    L
    M    <    >

t : up (+z)
b : down (-z)

anything else : stop

q/z : increase/decrease max speeds by 10%
w/x : increase/decrease only linear speed by 10%
e/c : increase/decrease only angular speed by 10%

CTRL-C to quit

currently:        speed 0.5        turn 1.0
```

按 X 键可以降低线速度，按 C 键可以降低角速度，按 I 键可以控制机器人前进，可以将机器人放到地面，尝试使用键盘控制节点控制机器人移动。

9.4.3　发布机器人里程计话题

机器人导航除了要获取速度消息，还需要获取到里程计数据，在 ROS 2 中，里程计消息接口为 nav_msgs/msg/Odometry，该消息接口定义如代码清单 9-46 所示。

代码清单 9-46   查看 nav_msgs/msg/Odometry 消息接口定义

```
$ ros2 interface show nav_msgs/msg/Odometry
---
# This represents an estimate of a position and velocity in free space.
# The pose in this message should be specified in the coordinate frame given by
    header.frame_id
# The twist in this message should be specified in the coordinate frame given by
    the child_frame_id

# Includes the frame id of the pose parent.
std_msgs/Header header
    builtin_interfaces/Time stamp
        int32 sec
        uint32 nanosec
    string frame_id

# Frame id the pose points to. The twist is in this coordinate frame.
string child_frame_id

# Estimated pose that is typically relative to a fixed world frame.
geometry_msgs/PoseWithCovariance pose
    Pose pose
        Point position
            float64 x
            float64 y
            float64 z
        Quaternion orientation
            float64 x 0
            float64 y 0
            float64 z 0
            float64 w 1
    float64[36] covariance

# Estimated linear and angular velocity relative to child_frame_id.
geometry_msgs/TwistWithCovariance twist
    Twist twist
        Vector3  linear
            float64 x
            float64 y
            float64 z
        Vector3  angular
            float64 x
            float64 y
            float64 z
    float64[36] covariance
```

从注释看可以将该消息接口分为四个部分，第一部分是 header，包含时间戳和当前的
frame_id；第二部分是子坐标系名称 child_frame_id，通过 frame_id 和 child_frame_id 来确定
里程计是哪两个坐标系之间的关系；第三部分是姿态 pose；第四部分是速度 twist。

了解了接口，我们来编写代码，修改 src/main.cpp，添加发布者、进行时间同步和创建定时器，修改的内容如代码清单 9-47 所示。

代码清单 9-47　fishbot_motion_control/src/main.cpp

```
...
#include <nav_msgs/msg/odometry.h>
#include <micro_ros_utilities/string_utilities.h>

rcl_publisher_t odom_publisher;    // 发布者
nav_msgs__msg__Odometry odom_msg; // 里程计消息
rcl_timer_t timer;  // 定时器，可以定时调用某个函数

// 在定时器回调函数中完成话题发布
void callback_publisher(rcl_timer_t *timer, int64_t last_call_time) {
    odom_t odom = kinematics.get_odom();       // 获取里程计
    int64_t stamp = rmw_uros_epoch_millis(); // 获取当前时间
    odom_msg.header.stamp.sec = static_cast<int32_t>(stamp / 1000); // 秒部分
    // 纳秒部分
    odom_msg.header.stamp.nanosec = static_cast<uint32_t>((stamp % 1000) * 1e6);
    odom_msg.pose.pose.position.x = odom.x;
    odom_msg.pose.pose.position.y = odom.y;
    odom_msg.pose.pose.orientation.w = cos(odom.angle * 0.5);
    odom_msg.pose.pose.orientation.x = 0;
    odom_msg.pose.pose.orientation.y = 0;
    odom_msg.pose.pose.orientation.z = sin(odom.angle * 0.5);
    odom_msg.twist.twist.angular.z = odom.angle_speed;
    odom_msg.twist.twist.linear.x = odom.linear_speed;
    // 发布里程计
    if(rcl_publish(&odom_publisher, &odom_msg, NULL)!=RCL_RET_OK){
        Serial.printf("error: odom publisher failed!\n");
    }
}


void micro_ros_task(void *parameter) {
    ...
    unsigned int num_handles = 0 + 2;
    rclc_executor_init(&executor, &support.context, num_handles, &allocator);
    // 6. 初始化发布者和定时器
    odom_msg.header.frame_id =
        micro_ros_string_utilities_set(odom_msg.header.frame_id, "odom");
    odom_msg.child_frame_id =
        micro_ros_string_utilities_set(odom_msg.child_frame_id, "base_footprint");
    rclc_publisher_init_best_effort(
        &odom_publisher, &node,
        ROSIDL_GET_MSG_TYPE_SUPPORT(nav_msgs, msg, Odometry), "/odom");
    // 7. 时间同步
    while (!rmw_uros_epoch_synchronized()) { // 如果没有同步
        rmw_uros_sync_session(1000);         // 尝试进行时间同步
        delay(10);
```

```
}
// 8. 创建定时器，间隔 50 ms 发布调用一次 callback_publisher 发布里程计话题
rclc_timer_init_default(&timer, &support, RCL_MS_TO_NS(50),
callback_publisher);
    rclc_executor_add_timer(&executor, &timer);
// 循环执行器
    rclc_executor_spin(&executor);
}
```

在代码清单 9-47 中，首先添加了 nav_msgs/msg/odometry.h 消息接口头文件，又额外添加了 string_utilities.h 头文件用于消息中的字符串分配空间和赋值。接着定义了里程计发布者 odom_publisher、里程计消息 odom_msg 和定时器 timer。

在 micro_ros_task 中，第 6 步调用 micro_ros_string_utilities_set 对里程计消息的 frame_id 和 child_frame_id 进行初始化赋值，并调用 rclc_publisher_init_best_effort 初始化里程计发布者，该函数的四个参数分别是里程计发布者指针、节点指针、消息接口和话题名称，需要注意这里使用的是 best_effort 即最大努力发布数据，不用确保消息的到达。第 7 步，进行微控制器和主机之间的时间同步，因为里程计消息中需要写明当前的时间，使用 rmw_uros_epoch_synchronized 函数用于检查时间同步状态，如果返回 false，表示时间尚未同步，则使用 rmw_uros_sync_session 尝试进行时间同步。第 8 步，为了定时发布里程计话题，我们创建了一个定时器 timer，它将每 50ms 调用一次 callback_publisher 函数进行里程计话题的发布。

在 callback_publisher 函数中首先调用 kinematics.get_odom 获取里程计，然后调用 rmw_uros_epoch_millis 函数获取当前时间，单位为 ms，接着分别对各个数据进行赋值，因为 odom_msg 对角度的表示使用的是四元数，所以我们根据欧拉角 Yaw 角转四元数的公式，调用正余弦将欧拉角转成四元数，最后调用 rcl_publish 函数发布里程计消息，同时根据返回值判断是否发送出错，出错则输出发布失败。

完成代码后，重新构建工程并下载到开发板，接着在主机端运行 Agent，连接成功后使用命令行工具查看话题列表，可以看到，里程计话题已经出现了，如代码清单 9-48 所示。

代码清单 9-48　查看话题列表

```
$ ros2 topic list -v
---
Published topics:
    * /odom [nav_msgs/msg/Odometry] 1 publisher
...
```

继续使用命令行查看里程计数据，命令如代码清单 9-49 所示。

代码清单 9-49　输出里程计数据

```
$ ros2 topic echo /odom --once
---
header:
  stamp:
    sec: 1695890269
```

```
        nanosec: 351
    frame_id: odom
child_frame_id: base_footprint
pose:
    pose:
        position:
            x: 0.0025945839006453753
            y: 4.091512528248131e-05
            z: 0.0
        orientation:
            x: 0.0
            y: 0.0
            z: 0.014828025828128564
            w: 0.9998900587814844

    ...
    ---
```

除了使用命令行来查看里程计外，还可以使用 RViz 来可视化里程计数据，打开 RViz，选择 Add → By Topic → Odometry 选项，单击 OK 按钮，然后修改固定坐标系为 odom，将 Odometry → Topic → Reliability Policy 修改为 Best Effort，匹配微控制器发布者的服务质量。RViz 中机器人里程计显示如图 9-19 所示，图中粗线箭头就是机器人的当前里程计位置。

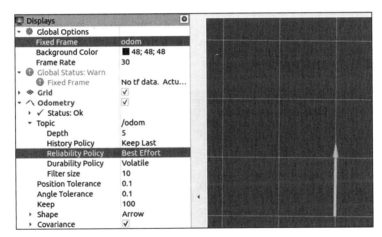

图 9-19　RViz 中机器人里程计显示

完成里程计话题发布和速度命令的控制就完成了机器人底盘控制系统了，接着我们可以来实现移动机器人建图和导航。

9.5　移动机器人建图与导航实现

前面章节使用仿真机器人实现过导航，真实机器人导航和仿真类似，都需要提供必要的话题和坐标系变换。前面几节我们成功完成了机器人底盘控制系统的开发，实现了里程计话题和速度控制话题发布，但要运行建图和导航，还需要准备雷达话题和坐标变换。本小节我们来完成剩下的步骤，并进行真机的建图和导航配置。

9.5.1   驱动并显示雷达点云

FishBot 采用的是性价比较高的 YdLidar X2 单线激光雷达，配合一块单独的串口转无线转接板，可以将雷达的数据通过无线网络转发到计算机上，FishBot 雷达工作流程如图 9-20 所示。

图 9-20   FishBot 雷达工作流程

转接板有配置（FLASH）、无线（Wi-Fi）和有线（UART）三种工作模式，首先根据说明书调整转接板到配置模式，使用数据线连接转接板到计算机，然后打开串口监视器，如图 9-21 所示。在 Port 处选择 /dev/ttyUSB* 开头的端口，将 Line ending 修改为 LF，表示发送数据时在行尾增加一个 '\n'（回车），最后打开串口，在下方输入指令 $command=read_config 并发送，等待返回。

图 9-21   串口监视器配置界面

指令 $command=read_config 用于读取转接板的所有配置，和前面的主控板相同，这里我们需要修改 Wi-Fi 名称、密码和主机的 IP 地址，比如修改 Wi-Fi 账号为 fishbot，则发送指令 $wifi_ssid=fishbot 即可，修改其他选项同样可以发送指令，修改完成后，切换转接板到无线模式。

转接板配置完成，接着我们创建工作空间并下载转接板驱动，命令如代码清单 9-50 所示。

代码清单 9-50 下载雷达转接板驱动

```
$ cd chapt9/fishbot_ws/src
$ git clone https://github.com/fishros/ros_serial2wifi.git
```

下载完代码，构建工作空间，接着运行串口转 Wi-Fi 驱动，确保 8889 端口映射到本地的 /tmp/tty_laser，命令如代码清单 9-51 所示。

代码清单 9-51 构建并运行转接板驱动

```
$ colcon build
$ source install/setup.bash
$ ros2 run ros_serail2wifi tcp_server --ros-args -p serial_port:=/tmp/tty_laser
---
[INFO] [1696085689.924353727] [tcp_socket_server_node]：TCP 端口：8889，已映射到串口
    设备：/tmp/tty_laser
[INFO] [1696085689.924522129] [tcp_socket_server_node]：等待接受连接 ..
[INFO] [1696085690.444348935] [tcp_socket_server_node]：来自 ('192.168.4.207',
    57277) 的连接已建立
```

在新的终端中输入 cat /tmp/tty_laser 命令可以查看来自雷达的数据，但需要雷达驱动才能解析出数据的内容，下载雷达驱动到 fishbot_ws/src 目录下，命令代码清单 9-52 所示。

代码清单 9-52 下载雷达驱动

```
$ cd fishbot_ws/src
$ git clone https://github.com/fishros/ydlidar_ros2.git -b fishbot
```

克隆好代码，我们来修改几个配置，匹配转接板驱动和雷达，修改雷达驱动的配置文件 ydlidar_ros2/params/ydlidar.yaml，修改端口号为 /tmp/tty_laser 来和我们转接板使用的端口保持一致，修改 frame_id 为 laser_link，修改完成后重新构建工作空间并运行雷达驱动，驱动运行指令如代码清单 9-53 所示。

代码清单 9-53 运行雷达驱动

```
$ ros2 launch  ydlidar ydlidar_launch.py
---
[INFO] [launch]: All log files can be found below /home/fishros/.ros/log/2023-09-
    30-22-53-11-250106-fishros-linux-27436
[INFO] [launch]: Default logging verbosity is set to INFO
[INFO] [ydlidar_node-1]: process started with pid [27447]
[ydlidar_node-1] [YDLIDAR INFO] Current ROS Driver Version: 1.4.5
[ydlidar_node-1] [YDLIDAR]:SDK Version: 1.4.5
[ydlidar_node-1] [YDLIDAR]:Lidar running correctly ! The health status: good
[ydlidar_node-1] [YDLIDAR] Connection established in [/tmp/tty_laser][115200]:
[ydlidar_node-1] Firmware version: 1.5
[ydlidar_node-1] Hardware version: 1
[ydlidar_node-1] Model: S4
[ydlidar_node-1] Serial: 2021051900000032
[ydlidar_node-1] timout count: 1
[ydlidar_node-1] [YDLIDAR]:Fixed Size: 340
[ydlidar_node-1] [YDLIDAR]:Sample Rate: 3K
```

```
[ydlidar_node-1] [YDLIDAR INFO] Current Sampling Rate : 3K
[ydlidar_node-1] [YDLIDAR INFO] Now YDLIDAR is scanning ......
```

接着查看所有话题列表，就可以看到雷达话题 /scan 了，通过命令行可以输出一帧话题数据，命令及结果如代码清单 9-54 所示。

代码清单 9-54　输出雷达话题数据

```
$ ros2 topic echo /scan --once
---
header:
    stamp:
        sec: 1696087288
        nanosec: 399012000
    frame_id: laser_link
angle_min: -3.1415927410125732
angle_max: 3.1415927410125732
angle_increment: 0.018534470349550247
time_increment: 0.00033333300962112844
scan_time: 0.11466655135154724
range_min: 0.10000000149011612
range_max: 8.0
ranges:
- 0.10949999839067459
- 0.11349999904632568
- 0.11649999767541885
- '...'
intensities:
- 1016.0
- 1016.0
- 1016.0
- '...'
---
```

header 中放的是时间和固定的坐标系名称，angle_min 是起始角度；angle_max 是结束角度；angle_increment 是角度增量，这个值表示相邻激光束之间的角度差；scan_time 是扫描时间，表示激光扫描的持续时间；range_min 表示测量范围的最小值；range_max 表示测量范围的最大值；ranges 是数组，包含激光束的测量距离数据；intensities 同样是数组，包含激光束的强度数据。

使用 RViz 可以实现雷达数据的可视化，打开 RViz，选择 Add → By Topic → LaserScan 选项，单击 OK 按钮，然后修改 Fixed Frame 为 laser_link，修改 LaserScan → Topic → Reliablity Policy 为 Best Effort，匹配雷达传感器话题的服务质量，最后可以看到雷达话题如图 9-22 所示。

好了，到这里，雷达话题、里程计话题和速度控制话题都有了，但要建图和导航，还需要准备坐标变换。

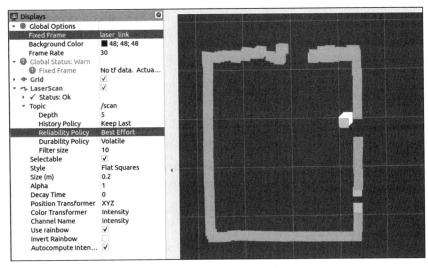

图 9-22　RViz 中显示雷达话题

9.5.2　移动机器人的坐标系框架介绍

基于 ROS 进行移动机器人开发时，我们需要约定好坐标系变换，作为补充的约定，ROS 提供了一系列提升建议（ROS Enhancement Proposal，REP）。REP-105 为移动平台的坐标系框架（Coordinate Frames for Mobile Platforms），该提案由 Wim Meeussen 于 2010 年 10 月 27 日创建，主要规定了移动机器人坐标系的位置、连接规范和连接维护组件。

首先我们来介绍各个坐标系以及所在的位置，第一个要介绍的是基坐标系 base_link，该坐标系固定在移动机器人的基座上，为了让机器人的轮子贴合地面，还会使用 base_footprint 作为 base_link 的父坐标系。

第二个要介绍的是里程计坐标系 odom，里程计坐标系是一个固定在世界位置的坐标系，odom 坐标系会随着时间变化而漂移，所以它无法作为长期的全局坐标系使用。但机器人在 odom 坐标系中的位置都是连续变化的，并不会发生跳跃，这是其优点，所以在自定义控制器计算速度时，采用的是里程计位置作为当前位置计算速度。

第三个要介绍的是地图坐标系 map，地图坐标系也是一个固定在世界位置的坐标系，z 轴向上，机器人在 map 坐标系的姿态不会随着时间而漂移，所以 map 坐标系作为长期全局参考使用。但 map 坐标系不是连续变化的，即机器人在 map 坐标系中的姿态会随时发生跳跃性的变化。

第四个要介绍的是地球坐标系 earth，该坐标系固定在地心位置（Earth Centered Earth Fixed，ECEF），当同时使用多个地图时，则可以通过 earth 坐标系进行连接。

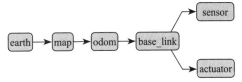

在建图和导航时，我们需要维护如图 9-23 所示

图 9-23　建图时需要维护的坐标系关系

的坐标系关系。

如果只使用单地图，则不需要维护 earth 到 map 之间的变换，而 base_link 到机器人传感器 sensor 和执行器 actuator 之间的变换一般使用 URDF 进行描述，然后使用 robot_state_publisher 节点进行广播。

odom 到 base_link 之间的坐标变换通过测距模块发布，这个测距模块可能是轮式里程计，也有可能是视觉里程计或其他模块。在 FishBot 中，我们需要根据里程计数据发布坐标变换。

map 到 odom 之间的坐标变换则是由定位组件基于传感器观测并不断重新计算机器人在 map 坐标系中的姿态，但定位组件并不会广播从 map 到 base_link 的变换。它首先接收从 odom 到 base_link 的变换，然后计算 map 到 odom 之间的坐标变换并发布，在 Navigation 2 中，由 AMCL 模块来完成这个工作，但使用 slam_toobox 建图时，则由 slam_toolbox 内部组件完成这部分工作。

好了，关于移动机器人坐标系框架的介绍就到这里，下面我将带你一起结合 FishBot 真机完善这个坐标变换框架。

9.5.3　准备机器人 URDF

URDF 用于描述机器人模型，通过 URDF 文件和 robot_state_publisher 节点就可以发布基坐标系和各个组件之间的变换，上一节我们了解了移动机器人所需的坐标变换，本节我们就来编写 URDF 并广播变换。

在 chapt9/fishbot_ws/src 下新建 fishbot_description 功能包，采用默认的构建类型即可，接着在 src/fishbot_description/ 下新建 urdf 目录，新建 fishbot.urdf 文件并编写如代码清单 9-55 所示的代码。

代码清单 9-55　src/fishbot_description/urdf/fishbot.urdf

```
<?xml version="1.0"?>
<robot name="fishbot">
    <link name="base_footprint" />

    <!-- base link -->
    <link name="base_link">
    <visual>
        <origin xyz="0 0 0.0" rpy="0 0 0" />
        <geometry>
            <cylinder length="0.12" radius="0.10" />
        </geometry>
        <material name="blue">
            <color rgba="0.1 0.1 1.0 0.5" />
        </material>
    </visual>
    </link>
    <joint name="base_joint" type="fixed">
        <parent link="base_footprint" />
        <child link="base_link" />
```

```xml
        <origin xyz="0.0 0.0 0.076" rpy="0 0 0" />
    </joint>

    <!-- laser link -->
    <link name="laser_link">
    <visual>
        <origin xyz="0 0 0" rpy="0 0 0" />
        <geometry>
            <cylinder length="0.02" radius="0.02" />
        </geometry>
        <material name="black">
            <color rgba="0.0 0.0 0.0 0.5" />
        </material>
    </visual>
    </link>
    <joint name="laser_joint" type="fixed">
        <parent link="base_link" />
        <child link="laser_link" />
        <origin xyz="0 0 0.075" rpy="0 0 0" />
    </joint>

</robot>
```

代码清单 9-55 中的 URDF 较为简洁，只添加了 base_footprint、base_link 和 laser_link，并根据机器人实际参数修改 laser_joint 和 base_joint 的平移和旋转。在建图和导航时，会根据 base_link 和 laser_link 之间的坐标转换对激光点的坐标进行转换，如果有用到其他传感器，也需要在 URDF 中添加相应的部件和关节。保存好代码，在 CMakeLists.txt 中添加复制 urdf 目录到 install 下的指令，添加的内容如代码清单 9-56 所示。

代码清单 9-56　CMakeLists.txt

```cmake
...

install(DIRECTORY
    urdf
    DESTINATION share/${PROJECT_NAME}
)

ament_package()
```

接着新建 fishbot_bringup 功能包，同样采用默认构建类型，我们将加载 URDF 和启动相关的命令放到该功能包中，在 src/fishbot_bringup 下新建 launch 目录，接着新建 urdf2tf.launch.py，该 launch 文件和 6.2.2 节的代码类似，编写的文件内容如代码清单 9-57 所示。

代码清单 9-57　src/fishbot_bringup/launch/urdf2tf.launch.py

```python
import launch
import launch_ros
from ament_index_python.packages import get_package_share_directory
```

```
def generate_launch_description():
    # 获取默认路径
    urdf_tutorial_path = get_package_share_directory('fishbot_description')
    fishbot_model_path = urdf_tutorial_path + '/urdf/fishbot.urdf'
    # 为 launch 声明参数
    action_declare_arg_mode_path = launch.actions.DeclareLaunchArgument(
        name='model', default_value=str(fishbot_model_path),
        description='URDF 的绝对路径')
    # 获取文件内容生成新的参数
    robot_description = launch_ros.parameter_descriptions.ParameterValue(
        launch.substitutions.Command(
            ['cat ', launch.substitutions.LaunchConfiguration('model')]),
        value_type=str)
    # 状态发布节点
    robot_state_publisher_node = launch_ros.actions.Node(
        package='robot_state_publisher',
        executable='robot_state_publisher',
        parameters=[{'robot_description': robot_description}]
    )
    # 关节状态发布节点
    joint_state_publisher_node = launch_ros.actions.Node(
        package='joint_state_publisher',
        executable='joint_state_publisher',
    )
    return launch.LaunchDescription([
        action_declare_arg_mode_path, joint_state_publisher_node,
        robot_state_publisher_node,
    ])
```

接着在 CMakeLists.txt 中添加复制 launch 目录到 install 下的命令，添加的内容如代码清单 9-58 所示。

代码清单 9-58   CMakeLists.txt

```
...

install(DIRECTORY
    launch
    DESTINATION share/${PROJECT_NAME}
)
ament_package()
```

重新构建工程，接着启动 launch 文件，启动命令及结果如代码清单 9-59 所示。

代码清单 9-59   启动 urdf2tf.launch.py

```
$ ros2 launch fishbot_bringup urdf2tf.launch.py
---
[INFO] [launch]: All log files can be found below /home/fishros/.ros/log/2023-10-
    02-12-58-40-842701-fishros-linux-16477
[INFO] [launch]: Default logging verbosity is set to INFO
[INFO] [joint_state_publisher-1]: process started with pid [16479]
[INFO] [robot_state_publisher-2]: process started with pid [16481]
```

```
[robot_state_publisher-2] [INFO] [1696222720.896457344] [robot_state_publisher]:
    got segment base_footprint
[robot_state_publisher-2] [INFO] [1696222720.896500115] [robot_state_publisher]:
    got segment base_link
[robot_state_publisher-2] [INFO] [1696222720.896504164] [robot_state_publisher]:
    got segment laser_link
[joint_state_publisher-1] [INFO] [1696222721.044186491] [joint_state_publisher]:
    Waiting for robot_description to be published on the robot_description
    topic...
```

关于是否发布 TF 变换，我们可以通过 rqt-tf-tree 插件进行验证，打开插件，就可以看到如图 9-24 所示的 TF 结构。

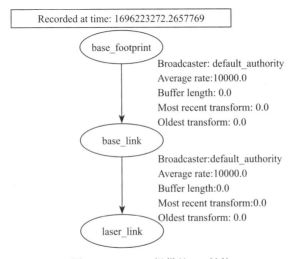

图 9-24　URDF 提供的 TF 结构

9.5.4　发布里程计 TF

里程计到机器人的坐标变换，表示的是机器人在里程计坐标系中的位置和姿态，这和里程计话题所表示的内容一致，我们只需要将里程计话题转换成里程计和机器人的坐标变换。

在 fishbot_ws/src/fishbot_bringup/src 下新建 odom2tf.cpp 文件，接着编写如代码清单 9-60 所示的内容。

代码清单 9-60　fishbot_ws/src/fishbot_bringup/src/odom2tf.cpp

```cpp
#include <rclcpp/rclcpp.hpp>
#include <tf2/utils.h>
#include <tf2_ros/transform_broadcaster.h>
#include <geometry_msgs/msg/transform_stamped.hpp>
#include <nav_msgs/msg/odometry.hpp>

class OdomTopic2TF : public rclcpp::Node {
public:
    OdomTopic2TF(std::string name) : Node(name) {
```

```cpp
        // 创建 odom 话题订阅者，使用传感器数据的 Qos
        odom_subscribe_ = this->create_subscription<nav_msgs::msg::Odometry>(
            "odom", rclcpp::SensorDataQoS(),
            std::bind(&OdomTopic2TF::odom_callback_, this, std::placeholders::_1));
        // 创建一个 tf2_ros::TransformBroadcaster 用于广播坐标变换
        tf_broadcaster_ = std::make_unique<tf2_ros::TransformBroadcaster>(this);
    }

private:
    rclcpp::Subscription<nav_msgs::msg::Odometry>::SharedPtr odom_subscribe_;
    std::unique_ptr<tf2_ros::TransformBroadcaster> tf_broadcaster_;
    // 回调函数，处理接收到的 odom 消息，并发布 tf
    void odom_callback_(const nav_msgs::msg::Odometry::SharedPtr msg) {
        geometry_msgs::msg::TransformStamped transform;
        transform.header = msg->header; // 使用消息的时间戳和框架 ID
        transform.child_frame_id = msg->child_frame_id;
        transform.transform.translation.x = msg->pose.pose.position.x;
        transform.transform.translation.y = msg->pose.pose.position.y;
        transform.transform.translation.z = msg->pose.pose.position.z;
        transform.transform.rotation.x = msg->pose.pose.orientation.x;
        transform.transform.rotation.y = msg->pose.pose.orientation.y;
        transform.transform.rotation.z = msg->pose.pose.orientation.z;
        transform.transform.rotation.w = msg->pose.pose.orientation.w;
        // 广播坐标变换信息
        tf_broadcaster_->sendTransform(transform);
    };
};

int main(int argc, char **argv) {
    rclcpp::init(argc, argv);
    auto node = std::make_shared<OdomTopic2TF>("odom2tf");
    rclcpp::spin(node);
    rclcpp::shutdown();
    return 0;
}
```

代码清单 9-60 中订阅了里程计话题，并在回调函数里发布坐标变换信息，需要注意的是，因为 odom 话题发布的服务质量为 best_effort，这里订阅时，使用 rclcpp::SensorDataQoS() 进行匹配。

修改 CMakeLists.txt，注册 odom2tf 节点，添加的代码及位置如代码清单 9-61 所示。

代码清单 9-61   CMakeLists.txt

```cmake
...
find_package(rclcpp REQUIRED)
find_package(tf2 REQUIRED)
find_package(tf2_ros REQUIRED)
find_package(geometry_msgs REQUIRED)
find_package(nav_msgs REQUIRED)

add_executable(odom2tf src/odom2tf.cpp)
```

```
ament_target_dependencies(odom2tf
    rclcpp tf2  nav_msgs  geometry_msgs  tf2_ros
)
install(TARGETS odom2tf
    DESTINATION lib/${PROJECT_NAME})
...
ament_package()
```

重新构建功能包，首先运行 micro_ros_agent 让机器人接入，确保 odom 话题数据正常，然后运行 odom2tf 节点，最后使用 rqt-tf-tree 查看 TF 结构，如图 9-25 所示。

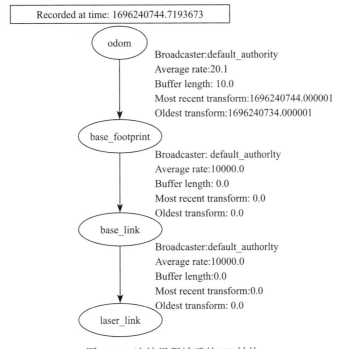

图 9-25　连接里程计后的 TF 结构

9.5.5　完成机器人建图并保存地图

里程计、速度控制话题以及 odom 到 laser_link 之间的 TF 结构都已经有了，我们可以直接建图了。在建图前，可以将启动底盘和雷达的指令都放到一个 launch 里面，在 fishbot_ws/src/fishbot_bringup/launch 下新建 bringup.launch.py，在该文件中编写如代码清单 9-62 所示的内容。

代码清单 9-62　fishbot_ws/src/fishbot_bringup/launch/bringup.launch.py

```
import launch
import launch_ros
from ament_index_python.packages import get_package_share_directory
from launch.launch_description_sources import PythonLaunchDescriptionSource
```

```python
def generate_launch_description():
    fishbot_bringup_dir = get_package_share_directory(
        'fishbot_bringup')
    ydlidar_ros2_dir = get_package_share_directory(
        'ydlidar')

    urdf2tf = launch.actions.IncludeLaunchDescription(
        PythonLaunchDescriptionSource(
            [fishbot_bringup_dir, '/launch', '/urdf2tf.launch.py']),
    )

    odom2tf = launch_ros.actions.Node(
        package='fishbot_bringup',
        executable='odom2tf',
        output='screen'
    )

    microros_agent = launch_ros.actions.Node(
        package='micro_ros_agent',
        executable='micro_ros_agent',
        arguments=['udp4','--port','8888'],
        output='screen'
    )

    ros_serail2wifi =  launch_ros.actions.Node(
        package='ros_serail2wifi',
        executable='tcp_server',
        parameters=[{'serial_port': '/tmp/tty_laser'}],
        output='screen'
    )

    ydlidar = launch.actions.IncludeLaunchDescription(
        PythonLaunchDescriptionSource(
            [ydlidar_ros2_dir, '/launch', '/ydlidar_launch.py']),
    )

    # 使用 TimerAction 启动后 5 s 执行 ydlidar 节点
    ydlidar_delay = launch.actions.TimerAction(period=5.0, actions=[ydlidar])
    return launch.LaunchDescription([
        urdf2tf,
        odom2tf,
        microros_agent,
        ros_serail2wifi,
        ydlidar_delay
    ])
```

在代码清单 9-62 中，将多个节点启动放到同一个 launch 文件。因为雷达驱动依赖串口转 Wi-Fi 驱动，所以使用 TimerAction，延时 5s 后启动雷达驱动节点。保存并重新构建功能包，运行该节点，接着给机器人重新上电，在各个节点正常运行后，检查各话题和 TF 结构是否正常，然后就可以进行建图了。

我们依然使用 slam_toolbox 进行建图，如果没有安装可以根据章节 7.2.1 的介绍进行安装，在新的终端运行 slam_toolbox 并设置不使用仿真时间，命令及运行结果如代码清单 9-63 所示。

代码清单 9-63　启动 slam_toolbox 进行在线建图

```
$ ros2 launch slam_toolbox online_async_launch.py use_sim_time:=False
---
[INFO] [launch]: All log files can be found below /home/fishros/.ros/log/2023-10-
    02-22-52-36-917373-fishros-linux-79801
[INFO] [launch]: Default logging verbosity is set to INFO
[INFO] [async_slam_toolbox_node-1]: process started with pid [79802]
[async_slam_toolbox_node-1] [INFO] [1696258356.969203979] [slam_toolbox]: Node
    using stack size 40000000
[async_slam_toolbox_node-1] [INFO] [1696258356.987488838] [slam_toolbox]: Using
    solver plugin solver_plugins::CeresSolver
[async_slam_toolbox_node-1] [INFO] [1696258356.987606280] [slam_toolbox]:
    CeresSolver: Using SCHUR_JACOBI preconditioner.
[async_slam_toolbox_node-1] Info: clipped range threshold to be within minimum
    and maximum range!
[async_slam_toolbox_node-1] [WARN] [1696258357.129191771] [slam_toolbox]: maximum
    laser range setting (20.0 m) exceeds the capabilities of the used Lidar (8.0 m)
[async_slam_toolbox_node-1] Registering sensor: [Custom Described Lidar]
```

接着打开 RViz，修改 Fixed Frame 为 map，然后添加地图等插件，最后打开终端运行在线建图节点就可以控制机器人进行建图了，RViz 插件及地图如图 9-26 所示。

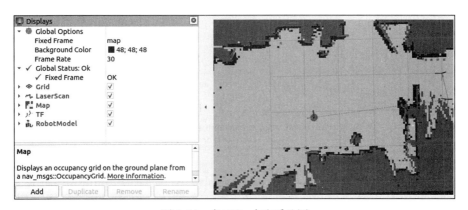

图 9-26　在 RViz 中查看地图

建好图就可以保存地图了，和仿真相同，我们使用 nav2_map_server 保存地图，如果没有安装该功能包，可以按照 7.2.2 节的介绍进行安装。

在 chapt9/fishbot_ws/src/ 下新建功能包 fishbot_navigation2，接着在功能包下新建 maps 目录，然后打开终端，进入 maps 目录，运行代码清单 9-64 中的命令来保存地图。

代码清单 9-64　使用命令行保存地图

```
$ ros2 run nav2_map_server map_saver_cli  -f room
---
```

```
[INFO] [1685008671.843881744] [map_saver]:
     map_saver lifecycle node launched.
     Waiting on external lifecycle transitions to activate
     See https://design.ros2.org/articles/node_lifecycle.html for more
         information.
[INFO] [1685008671.847218662] [map_saver]: Creating
[INFO] [1685008671.847433320] [map_saver]: Configuring
[INFO] [1685008671.983234756] [map_saver]: Saving map from 'map' topic to 'room'
     file
[WARN] [1685008671.983298103] [map_saver]: Free threshold unspecified. Setting it
     to default value: 0.250000
[WARN] [1685008671.983305316] [map_saver]: Occupied threshold unspecified.
     Setting it to default value: 0.650000
[WARN] [map_io]: Image format unspecified. Setting it to: pgm
[INFO] [map_io]: Received a 376 X 222 map @ 0.05 m/pix
[INFO] [map_io]: Writing map occupancy data to room.pgm
[INFO] [map_io]: Writing map metadata to room.yaml
[INFO] [map_io]: Map saved
[INFO] [1685008672.264439985] [map_saver]: Map saved successfully
[INFO] [1685008672.265073478] [map_saver]: Destroying
```

保存好地图，打开 rqt-tf-tree，可以看到此时的 TF 树结构如图 9-27 所示。

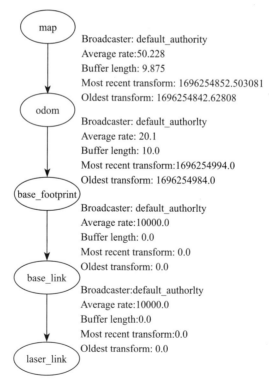

图 9-27　建图时的 TF 树结构

现在整个机器人的坐标变换结构和 9.5.2 节中介绍的相同，map 到 odom 之间的坐标变换是由 slam_toobox 来维护的。由此可以看出 SLAM 除了建图还具备定位功能，在导航时若不运行 SLAM，定位功能则由导航中的 AMCL 模块节点完成。

9.5.6　完成机器人导航

和使用仿真机器人导航相同，真实机器人使用导航只需要配置参数和 launch 文件即可，首先安装好 Navigation 2，接着在功能包 fishbot_navigation2 下创建 config 目录，然后将 nav2_bringup 提供的默认参数复制到 config 目录下，命令如代码清单 9-65 所示。

代码清单 9-65　复制 nav2 参数到当前配置目录

```
$ cp /opt/ros/$ROS_DISTRO/share/nav2_bringup/params/nav2_params.yaml src/fishbot_
    navigation2/config
```

按照 7.3 节的介绍适当调节机器人半径等参数，接着就可以编写 launch 文件了，在 fishbot_navigation2 功能包下新建 launch 目录，然后在目录下新建 navigation2.launch.py，将 7.3.3 节代码清单 7-10 中的 launch 配置直接复制到该文件中即可。最后修改 CMakeLists.txt，添加 launch、config 和 maps 三个目录安装到 install 目录下的指令，然后重新构建功能包完成文件复制。

退出所有程序，再次启动 bringup.launch.py，打开新的终端，运行 navigation2.launch.py 并设置不使用仿真时间，命令如代码清单 9-66 所示。

代码清单 9-66　启动导航

```
$ ros2 launch fishbot_navigation2 navigation2.launch.py use_sim_time:=False
```

启动后可以看到 RViz 已经正确加载出我们建的地图了，但此时启动终端会报 TF 相关的错误，这是因为我们还没有设定机器人的初始位置，使用 2D Pose Estimate 工具初始化位置，初始化完成之后的地图如图 9-28 所示。

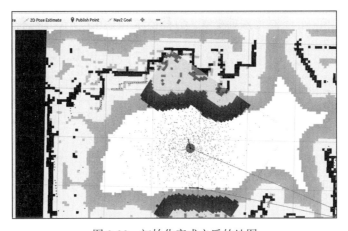

图 9-28　初始化完成之后的地图

接着使用 Nav2 Goal 就可以设置目标点进行导航了，此时会生成一条从机器人到达目标点的路径，如图 9-29 所示，并且机器人也动起来了。

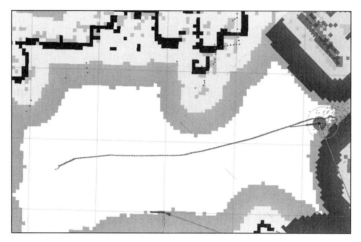

图 9-29　导航生成的从机器人到目标点之间的路径

好了，到这里我们就完成了真实机器人的建图和导航的开发，下面让我们对本章的内容做一个总结吧。

9.6　小结与点评

相比于仿真，实体机器人开发会让人觉得更加有趣，本章我们将重点放在了真实移动机器人的开发上，从学习单片机开发基础开始，接着又学习了如何一步步搭建移动机器人的控制系统，然后学习了 micro-ROS 框架并将机器人接入 ROS 2 中，最后学习了如何驱动雷达，并了解了移动机器人的坐标变换框架，最后实现了真实机器人的建图和导航。

本章的内容很精彩，不过也困难重重，但都被你一一解决了，让我们继续踏上后面的旅程吧。

第 10 章

ROS 2 使用进阶

在前面的学习中，我们着实挖了不少的坑，例如，节点生命周期如何管理，局域网如何通信，中间件和通信服务质量如何配置，ROS 2 自带的多线程如何使用等，这些都是深入使用 ROS 2 需要学习的知识点。本章我们就来逐一填坑，你可以根据自己的兴趣选择性地学习。

10.1 消息服务质量之 QoS

QoS（Quality of Service）即服务质量。在制作实体机器人时，初始化里程计发布者使用的函数是 rclc_publisher_init_best_effort，其中 best_effort 是 ROS 2 服务质量配置中对消息可靠性的设置，表示尽最大努力发送数据，由于 FishBot 机器人采用有损的无线网络通信，采用默认的服务质量就无法保证话题频率。除了对消息可靠性的设置，ROS 2 还提供了丰富的服务质量策略，下面我们来进一步学习。

10.1.1 QoS 策略介绍

ROS 2 基于其中间件 DDS 的 QoS 向用户提供了丰富多样的 QoS 策略，不同的 QoS 策略适用于不同的工作场景，比如在有丢包的无线网络环境，使用尽力而为（Best effort）策略更适合；对于要保证数据一定到达的重要数据传输，使用可靠传递（Reliable）策略更合适。目前 ROS 2 中可配置的 QoS 策略如下。

（1）历史记录（History）

● 仅保留最新（Keep last）：仅存储最多 N 个样本，可通过历史队列深度（Depth）策略进行配置。

● 全部保留（Keep all）：存储所有样本，受底层中间件的资源限制配置的影响。

（2）历史队列深度（Depth）

● 队列大小（Queue size）：历史记录策略设置为仅保留最新时生效。

（3）可靠性（Reliability）

● 尽力而为（Best effort）：尝试传递样本，但如果网络不稳定可能会丢失。

- 可靠传递（Reliable）：保证样本被传递，丢失会进行重传。

（4）持久性（Durability）

- 瞬态本地（Transient local）：发布者负责为"后续加入"的订阅者保留数据。
- 易失性（Volatile）：不保留任何数据。

（5）截止时间（Deadline）

- 持续时间（Duration）：消息需要在截止时间之前被接收，否则可能会被丢弃。

（6）寿命（Lifespan）

- 持续时间（Duration）：消息寿命用于定义消息可以存在的最长时间，超过寿命的消息会被丢弃。

（7）活跃度（Liveliness）

- 自动（Automatic）：一个话题是否活跃由 ROS 的 rmw 层自动检测和报告，每次报告在下一个租约持续时间内都将视其为活跃状态。
- 按主题手动（Manual by topic）：话题每发布一次或手动声明一次，则在下一个租约持续时间内都将视其为活跃状态。

（8）租约持续时间（Liveliness Lease Duration)

- 持续时间（Duration）：超过租约持续时间没有进行活跃度更新的发布者则视为无效。

上面介绍的 8 个策略都有一个默认配置，配置项如果是持续时间（Duration）的策略，默认配置则表示时间未指定，底层中间件通常会将其解释为一个无限长的持续时间；对于配置项不是持续时间的策略，默认设置则是直接使用底层中间件的默认值。

一组 QoS 策略组合在一起形成一个 QoS 配置文件。鉴于为特定情景选择正确的 QoS 策略的复杂性，ROS 2 提供了一组预定义的 QoS 配置文件，适用于常见场景（例如传感器数据），这也是我们在使用 ROS 2 进行话题和服务等通信时，并没有对服务质量策略进行如此详细的配置的原因。在头文件 /opt/ros/$ROS_DISTRO/include/rmw/rmw/qos_profiles.h 中可以看到当前的默认服务质量配置策略，使用代码清单 10-1 中的命令可以查看该文件的内容。

代码清单 10-1　/opt/ros/$ROS_DISTRO/include/rmw/rmw/qos_profiles.h

```
$ cat /opt/ros/$ROS_DISTRO/include/rmw/rmw/qos_profiles.h
---
...
static const rmw_qos_profile_t rmw_qos_profile_sensor_data =
{
    RMW_QOS_POLICY_HISTORY_KEEP_LAST,
    5,
    RMW_QOS_POLICY_RELIABILITY_BEST_EFFORT,
    RMW_QOS_POLICY_DURABILITY_VOLATILE,
    RMW_QOS_DEADLINE_DEFAULT,
    RMW_QOS_LIFESPAN_DEFAULT,
    RMW_QOS_POLICY_LIVELINESS_SYSTEM_DEFAULT,
    RMW_QOS_LIVELINESS_LEASE_DURATION_DEFAULT,
    false
```

```
};

static const rmw_qos_profile_t rmw_qos_profile_default =
{
    RMW_QOS_POLICY_HISTORY_KEEP_LAST,
    10,
    RMW_QOS_POLICY_RELIABILITY_RELIABLE,
    RMW_QOS_POLICY_DURABILITY_VOLATILE,
    RMW_QOS_DEADLINE_DEFAULT,
    RMW_QOS_LIFESPAN_DEFAULT,
    RMW_QOS_POLICY_LIVELINESS_SYSTEM_DEFAULT,
    RMW_QOS_LIVELINESS_LEASE_DURATION_DEFAULT,
    false
};
...
```

代码清单 10-1 中调用函数创建订阅者和发布者时，都传递了一个数字，这个数字表示历史队列深度策略中的队列深度，其余策略配置则使用了上面文件中对话题通信的默认配置 rmw_qos_profile_default。你可能注意到了 rmw_qos_profile_default 配置的最后一项为 false，该项表示是否绕过 ROS 特定的命名约定，默认使用 false，即不绕过。

针对某一个具体订阅者的 QoS，可以通过命令行工具查看其 QoS 配置，比如运行 demo_nodes_cpp 功能包下的 talker 节点，再使用命令行工具查看话题相关信息，命令及结果如代码清单 10-2 所示。

代码清单 10-2 查看话题的 QoS 配置

```
$ ros2 topic info /chatter  -v
---
Type: std_msgs/msg/String
Publisher count: 1
Node name: talker
Node namespace: /
Topic type: std_msgs/msg/String
Endpoint type: PUBLISHER
GID: 01.0f.57.70.1e.3c.e4.46.01.00.00.00.00.00.12.03.00.00.00.00.00.00.00.00
QoS profile:
    Reliability: RELIABLE
    History (Depth): UNKNOWN
    Durability: VOLATILE
    Lifespan: Infinite
    Deadline: Infinite
    Liveliness: AUTOMATIC
    Liveliness lease duration: Infinite

Subscription count: 0
```

返回的日志中，QoS profile 部分就是发布者的 QoS 配置详情。

10.1.2 QoS 的兼容性

因为发布者和订阅者都可以配置自己的 QoS 策略，所以两者之间可能会因策略不同导致不兼容，不兼容的 QoS 则无法建立正确的连接。由于 DDS 只提供了发布订阅通信，所以 ROS 2 中的服务、参数和动作通信都是基于发布订阅来实现的，兼容性策略对除话题外的通信都适用。

可靠性 QoS 策略在发布者和订阅者之间的兼容性如表 10-1 所示。

表 10-1   可靠性 QoS 策略的兼容性

发布者	订阅者	兼容性
Best effort（尽力而为）	Best effort（尽力而为）	是
Best effort（尽力而为）	Reliable（可靠性）	否
Reliable（可靠性）	Best effort（尽力而为）	是
Reliable（可靠性）	Reliable（可靠性）	是

持久性 QoS 策略的兼容性如表 10-2 所示。

表 10-2   持久性 QoS 策略的兼容性

发布者	订阅者	兼容性	结果
Volatile（易失性）	Volatile（易失性）	是	仅适用于新消息
Volatile（易失性）	Transient local（瞬态本地）	否	无通信
Transient local（瞬态本地）	Volatile（易失性）	是	仅适用于新消息
Transient local（瞬态本地）	Transient local（瞬态本地）	是	适用于新消息和旧消息

活跃度 QoS 策略在发布者和订阅者之间的兼容性如表 10-3 所示。

表 10-3   活跃度 QoS 策略的兼容性

发布者	订阅者	兼容性
Automatic（自动）	Automatic（自动）	是
Automatic（自动）	Manual by topic（按主题手动）	否
Manual by topic（按主题手动）	Automatic（自动）	是
Manual by topic（按主题手动）	Manual by topic（按主题手动）	是

除了上面三个 QoS 设置具有兼容性问题，截止时间和租约持续时间也都具有兼容性问题，但很少会触发，感兴趣可以参考本书配套资料中关于 QoS 部分的介绍。另外需要注意的是，在使用 ros2 topic echo 命令行工具输出话题数据时会自动地适配 QoS，所以不会遇到兼容性问题，但使用 RViz 时就需要手动修改 QoS 设置，以 LaserScan 插件为例，单击 Topic 选项，就可以看到如图 10-1 所示的 QoS 策略设置。

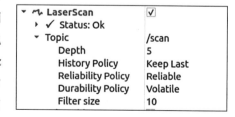

图 10-1   RViz 中的 QoS 策略设置

10.1.3　Python QoS 兼容性测试

创建 chapt10_ws 工作空间，并创建一个 learn_qos_py 的功能包，添加 reliability_test 节点，然后编写如代码清单 10-3 所示的内容。

代码清单 10-3　src/learn_qos_py/learn_qos_py/reliability_test.py

```python
import rclpy
from rclpy.node import Node
from nav_msgs.msg import Odometry
from rclpy import qos


class OdomPublisherSubscriber(Node):

    def __init__(self):
        super().__init__('odom_publisher_subscriber')
        # 创建发布者并设置 QoS 为 sensor
        self.odom_publisher = self.create_publisher(
            Odometry, 'odom', qos.qos_profile_sensor_data)

        # 创建订阅者（默认 QoS 配置）队列深度设置为 5
        self.odom_subscriber = self.create_subscription(
            Odometry, 'odom', self.odom_callback,5)
        # 创建一个 1s 的定时器，并指定回调函数
        self.timer = self.create_timer(1.0, self.timer_callback)

    def odom_callback(self, msg):
        self.get_logger().info(' 收到里程计消息 ')

    def timer_callback(self):
        odom_msg = Odometry()  # 创建一个 Odometry 消息
        self.odom_publisher.publish(odom_msg)  # 发布消息


def main(args=None):
    rclpy.init(args=args)
    odom_node = OdomPublisherSubscriber()
    rclpy.spin(odom_node)
    rclpy.shutdown()
```

代码清单 10-3 中创建了一个订阅者和发布者，发布者使用了传感器策略配置，订阅者则使用了默认的配置，根据两者的 QoS 配置文件定义可知，发布者的可靠性策略为尽力而为，订阅者的可靠性策略是可靠传递，此时 QoS 是不兼容的。注册节点并运行，可以看到如代码清单 10-4 所示的运行结果。

代码清单 10-4　运行 reliability_test 节点

```
$ ros2 run learn_qos_py reliability_test
---
[WARN] [1696874077.524459947] [odom_publisher_subscriber]: New subscription
```

```
discovered on topic 'odom', requesting incompatible QoS. No messages will be
sent to it. Last incompatible policy: RELIABILITY
[WARN] [1696874077.524756443] [odom_publisher_subscriber]: New publisher
discovered on topic 'odom', offering incompatible QoS. No messages will be
received from it. Last incompatible policy: RELIABILITY
```

此时不能通信，修改订阅者的 QoS 策略为传感器服务质量策略，修改内容如代码清单 10-5 所示。

代码清单 10-5　使用传感器服务质量策略

```
self.odom_subscriber = self.create_subscription(
    Odometry, 'odom', self.odom_callback, qos.qos_profile_sensor_data
)
```

再次构建并运行，结果如代码清单 10-6 所示。

代码清单 10-6　运行 reliability_test 节点

```
$ ros2 run learn_qos_py reliability_test
---
[INFO] [1696874872.441403365] [odom_publisher_subscriber]: 收到里程计消息
[INFO] [1696874873.431020274] [odom_publisher_subscriber]: 收到里程计消息
[INFO] [1696874874.430996252] [odom_publisher_subscriber]: 收到里程计消息
```

除了使用 ROS 2 提供的配置文件，也可以自己定义 QoS 的配置，Python 中自定义配置方法如代码清单 10-7 所示。

代码清单 10-7　自定义 QoS 配置

```
from rclpy import qos
from rclpy.duration import Duration

qos_profile = qos.QoSProfile(
    depth=10,  # 队列深度
    reliability=qos.ReliabilityPolicy.BEST_EFFORT,    # 可靠性
    durability=qos.DurabilityPolicy.TRANSIENT_LOCAL,  # 持久性
    history=qos.HistoryPolicy.KEEP_LAST,              # 历史记录策略
    deadline=Duration(seconds=1.0, nanoseconds=0),
)

# 在订阅和发布中使用
self.odom_publisher = self.create_publisher(Odometry, 'odom', qos_profile)
```

10.1.4　C++ QoS 兼容性测试

建立功能包 learn_qos_cpp 并添加 nav_msgs 和 rclcpp 依赖，然后创建节点 reliability_test，编写如代码清单 10-8 所示的内容。

代码清单 10-8　src/learn_qos_cpp/src/reliability_test.cpp

```
#include <nav_msgs/msg/odometry.hpp>
#include <rclcpp/rclcpp.hpp>
```

```cpp
class OdomPublisherSubscriber : public rclcpp::Node {
public:
    OdomPublisherSubscriber() : Node("odom_publisher_subscriber") {
        // 创建发布者并设置 QoS 为 sensor
        odom_publisher_ = this->create_publisher<nav_msgs::msg::Odometry>(
            "odom", rclcpp::SensorDataQoS());

        // 创建订阅者（默认 QoS 配置）队列深度设置为 5
        odom_subscription_ = this->create_subscription<nav_msgs::msg::Odometry>(
                "odom", 5,
                [this](const nav_msgs::msg::Odometry::SharedPtr msg) {
                    (void)msg;
                    RCLCPP_INFO(this->get_logger(), "收到里程计消息");
                });

        // 创建一个 1s 的定时器，并指定回调函数
        timer_ = this->create_wall_timer(std::chrono::seconds(1), [this]() {
            odom_publisher_->publish(nav_msgs::msg::Odometry());
        });
    }

private:
    rclcpp::Publisher<nav_msgs::msg::Odometry>::SharedPtr odom_publisher_;
    rclcpp::Subscription<nav_msgs::msg::Odometry>::SharedPtr odom_subscription_;
    rclcpp::TimerBase::SharedPtr timer_;
};

int main(int argc, char *argv[]) {
    rclcpp::init(argc, argv);
    auto odom_node = std::make_shared<OdomPublisherSubscriber>();
    rclcpp::spin(odom_node);
    rclcpp::shutdown();
    return 0;
}
```

在 C++ 中，直接使用 rclcpp::SensorDataQoS() 就可以获取对应的 QoS 配置，这里发布者使用传感器配置，订阅者使用默认的配置，根据配置文件可知，两者的可靠性策略不兼容。注册节点构建功能包并运行，可以看到如代码清单 10-9 所示的内容。

代码清单 10-9 运行 reliability_test 节点

```
$ ros2 run learn_qos_cpp reliability_test
---
[WARN] [1696877156.252354232] [odom_publisher_subscriber]: New subscription
    discovered on topic '/odom', requesting incompatible QoS. No messages will be
    sent to it. Last incompatible policy: RELIABILITY_QOS_POLICY
[WARN] [1696877156.252401571] [odom_publisher_subscriber]: New publisher
    discovered on topic '/odom', offering incompatible QoS. No messages will be
    sent to it. Last incompatible policy: RELIABILITY_QOS_POLICY
```

修改订阅者的 QoS，使用传感器配置，修改代码如代码清单 10-10 所示。

代码清单 10-10　使用传感器 QoS 策略配置

```
odom_subscription_ = this->create_subscription<nav_msgs::msg::Odometry>(
    "odom", rclcpp::SensorDataQoS() ,
    [this](const nav_msgs::msg::Odometry::SharedPtr msg) {
        (void)msg;
        RCLCPP_INFO(this->get_logger(), " 收到里程计消息 ");
    });
```

再次构建并运行节点就可以看到正常的数据输出了。

除了使用 ROS 2 提供的配置文件，也可以自己定义 QoS 的配置，C++ 中自定义配置方法如代码清单 10-11 所示。

代码清单 10-11　自定义 Qos 配置

```
rclcpp::QoS qos_profile(10);  // 队列深度为 10
qos_profile.reliability(RMW_QOS_POLICY_RELIABILITY_BEST_EFFORT);  // 可靠性策略
qos_profile.durability(RMW_QOS_POLICY_DURABILITY_TRANSIENT_LOCAL);  // 持久性策略
qos_profile.history(RMW_QOS_POLICY_HISTORY_KEEP_LAST);  // 历史记录策略
qos_profile.deadline(rclcpp::Duration(1, 0));  // 截止时间为 1s

odom_publisher_ = this->create_publisher<nav_msgs::msg::Odometry>(
    "odom", qos_profile);
```

10.2　执行器与回调组

在使用 ROS 2 时，无论是创建话题订阅者还是创建定时器，都离不开回调函数的身影，你一定会好奇，作为参数传入的回调函数到底被谁所调用，存在多个回调函数时是否有调用顺序。通过本节对执行器和回调组的学习，你会对上面的问题有一个清晰的答案。

10.2.1　执行器与回调组介绍

ROS 2 中的执行管理由执行器（Executor）处理。执行器使用底层操作系统的一个或多个线程来调用订阅、定时器、服务等的回调，以响应收到的消息和事件。

无论在 Python 还是 C++ 中使用 ROS 2 客户端库，我们一般都会用 rclcpp::spin(node) 或 rclpy.spin(node) 在主线程处理节点收到的消息和事件，虽然并没有看到执行器的身影，但调用 spin(node) 其实都会被扩展为创建单线程执行器、添加节点然后 spin，以 rclcpp 为例的代码如代码清单 10-12 所示。

代码清单 10-12　rclcpp 中使用单线程执行器

```
rclcpp::executors::SingleThreadedExecutor executor;
executor.add_node(node);
executor.spin();
```

以 rclpy 为例的代码如代码清单 10-13 所示。

代码清单 10-13　rclpy 中使用单线程执行器

```
executor = rclpy.executors.SingleThreadedExecutor()
executor.add_node(node)
executor.spin()
```

当调用 executor.spin 时，会不断查询来自客户端支持库（ROS Client Support Library）和中间层传入的消息和其他事件，然后调用相应的回调函数进行处理，直到节点关闭，执行流程如图 10-2 所示。

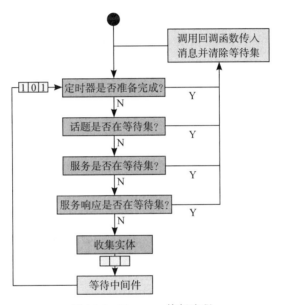

图 10-2　Executor 执行流程

除了默认的单线程执行器（SingleThreadedExecutor），ROS 2 还提供了多线程执行器（MutiThreadedExecutor）和静态单线程执行器（StaticSingleThreadExecutor），从面向对象角度看，这三个执行器都继承自 Executor 类，如图 10-3 所示。

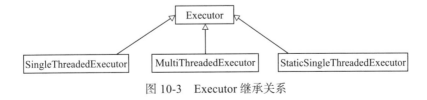

图 10-3　Executor 继承关系

多线程执行器可以创建额外的线程并行处理消息或事件。静态单线程执行器只在调用添加节点函数时，扫描节点的结构，确定节点的订阅和定时器等，而单线程执行器和多线程执行器都会定时地扫描节点结构。

单线程执行器只使用一个线程执行管理和调度，无论创建多少个带回调函数的定时器和订阅者等，所有的回调函数调用都会在同一个线程里按先后顺序进行，你可以自行编写代码尝试，在回调函数中增加输出当前线程的日志即可看出。

尽管单线程执行器可以满足大多数场景的使用，但对于一些特定的场景，我们需要使用多线程执行器才能实现功能。例如在节点中创建一个 10 Hz 的定时器发布话题，然后创建一个服务的服务端，正常情况下该节点可以先后完成处理服务请求和发布话题，但如果服务处理请求的回调函数耗时变大，就会阻塞线程，定时器无法按照正常频率调用，此时如果可以使用一个单独的线程进行服务处理回调，就可以解决这一问题。

ROS 2 允许将节点的回调组织成组，回调组配合多线程执行器就可以让回调函数在单独的线程里执行。在代码中可以轻松创建和使用回调组，在 rclcpp 下的示例代码如代码清单 10-14 所示。

代码清单 10-14   rclcpp 中使用互斥回调组

```
service_callback_group_ = this->create_callback_group(
    rclcpp::CallbackGroupType::MutuallyExclusive);  // 互斥回调组
service_ = this->create_service<example_interfaces::srv::AddTwoInts>(
    "add_two_ints",
    std::bind(&LearnExecutorNode::add_two_ints_callback, this,
        std::placeholders::_1, std::placeholders::_2),
    rmw_qos_profile_services_default, service_callback_group_);
```

rclpy 中的示例代码如代码清单 10-15 所示。

代码清单 10-15   rclpy 中使用互斥回调组

```
my_callback_group = MutuallyExclusiveCallbackGroup()
self.service = self.create_service(AddTwoInts, 'add_two_ints',
    self.add_two_ints_callback,callback_group=my_callback_group)
```

除了创建服务端时可以传入回调组外，创建定时器、订阅者等函数时都可以指定回调组，同时还可以将一个回调组给多个回调函数使用。示例代码使用的回调组类型是互斥（Mutually Exclusive）回调组，除此之外还提供了可重入（Reentrant）回调组。两者区别在于，互斥回调组的回调函数不能并行调用，而可重入回调组则无限制。

上面的概念可能有点复杂，接下来我们来结合代码进行实践。

10.2.2　在 Python 中使用回调组

新建 learn_executor_py 功能包并新建 learn_executor 节点，然后编写如代码清单 10-16 所示的代码。

代码清单 10-16   learn_executor.py

```
import rclpy
from rclpy.node import Node
from rclpy.executors import MultiThreadedExecutor, SingleThreadedExecutor
from rclpy.callback_groups import MutuallyExclusiveCallbackGroup,
    ReentrantCallbackGroup
```

```
from std_msgs.msg import String
from example_interfaces.srv import AddTwoInts
import threading
import time


class LearnExecutorNode(Node):
    def __init__(self):
        super().__init__('learn_executor')
        self.publisher = self.create_publisher(String, 'string_topic', 10)
        self.timer = self.create_timer(1.0, self.timer_callback)
        self.service = self.create_service(
            AddTwoInts, 'add_two_ints', self.add_two_ints_callback)

    def timer_callback(self):
        msg = String()
        msg.data = f'话题发布，线程ID:{threading.get_ident()} 线程总数:{threading.
            active_count()}'
        self.get_logger().info(msg.data)
        self.publisher.publish(msg)

    def add_two_ints_callback(self, request: AddTwoInts.Request, response:
        AddTwoInts.Response):
        self.get_logger().info(f'处理服务，线程ID:{threading.get_ident()}')
        time.sleep(10)   # 模拟处理延时
        response.sum = request.a + request.b
        self.get_logger().info(f'处理完成，线程ID:{threading.get_ident()}')
        return response


def main(args=None):
    rclpy.init(args=args)
    node = LearnExecutorNode()
    executor = SingleThreadedExecutor()
    executor.add_node(node)
    executor.spin()
    rclpy.shutdown()
```

代码清单 10-16 中为了方便，将执行器和回调组都导入了进来，接着我们创建了一个发布者、一个定时器和一个服务端，在定时器的回调函数和服务处理回调函数中都输出了当前的线程编号，在 main 函数中使用单线程执行器对节点的事件进行处理。

注册节点，构建并运行，然后打开新的终端，输入代码清单 10-17 中的命令，发送服务请求。

代码清单 10-17　使用命令行请求服务

```
$ ros2 service call /add_two_ints example_interfaces/srv/AddTwoInts "{}"
```

节点运行终端日志如代码清单 10-18 所示。

代码清单 10-18   运行 learn_executor 节点

```
$ ros2 run learn_executor_py learn_executor
---
[INFO] [1697292554.103693852] : 话题发布，线程 ID:140452908081600 线程总数 :1
[INFO] [1697292554.707799731] : 处理服务，线程 ID:140452908081600
[INFO] [1697292564.715675994] : 处理完成，线程 ID:140452908081600
[INFO] [1697292564.717401076] : 话题发布，线程 ID:140452908081600 线程总数 :1
[INFO] [1697292565.103649023] : 话题发布，线程 ID:140452908081600 线程总数 :1
```

从日志可以看出，定时器回调函数和服务处理函数在同一个线程，当服务处理回调进行数据处理时，定时器回调就停止了，直到处理完成才继续发布。继续测试，在两个终端同时发送服务请求，然后再运行节点，得到日志片段如代码清单 10-19 所示。

代码清单 10-19   同时处理请求测试

```
[INFO] [1697293272.852412877] : 处理服务，线程 ID:140225893962176
[INFO] [1697293282.863394102] : 处理完成，线程 ID:140225893962176
[INFO] [1697293282.865654070] : 话题发布，线程 ID:140225893962176 线程总数 :1
[INFO] [1697293282.866980288] : 处理服务，线程 ID:140225893962176
[INFO] [1697293292.875212243] : 处理完成，线程 ID:140225893962176
[INFO] [1697293292.877962694] : 话题发布，线程 ID:140225893962176 线程总数 :1
```

可以看出，两个服务请求在同一个线程里是依次处理的。

修改代码，将 SingleThreadedExecutor 改为 MultiThreadedExecutor，然后重新构建运行，再次进行上面的两个测试，你会发现当前节点的活跃线程数量变成了三个，这是因为多线程执行器采用线程池进行回调函数调用，默认情况下线程数量为 CPU 核心线程数量，可以在新建执行器的时候指定，语法为 MultiThreadedExecutor(num_threads=N)。

再次发送服务请求，服务处理和定时器依然无法同时运行，也无法并行处理服务请求。当我们不指定回调组时，ROS 2 会采用默认的互斥回调组，此时定时器和服务处理都在同一个互斥回调组中，所以无法同时执行。

修改代码，创建互斥回调组，然后传递给服务，修改的代码如代码清单 10-20 所示。

代码清单 10-20   使用互斥回调组

```
def __init__(self):
    super().__init__('learn_executor')
    my_callback_group = MutuallyExclusiveCallbackGroup()
    ...
    self.service = self.create_service(
        AddTwoInts, 'add_two_ints', self.add_two_ints_callback,
        callback_group=my_callback_group)
```

再次构建运行，发送服务请求，查看日志如代码清单 10-21 所示。

代码清单 10-21   使用互斥回调组后同时请求服务处理日志

```
[INFO] [1697349984.025958451] : 话题发布，线程 ID:140693551859264 线程总数 :3
[INFO] [1697349984.062512439] : 处理服务，线程 ID:140693560251968
[INFO] [1697349985.028398567] : 话题发布，线程 ID:140693551859264 线程总数 :4
[INFO] [1697349986.028315196] : 话题发布，线程 ID:140693542860352 线程总数 :4
```

```
...
[INFO] [1697349994.070606735] : 处理完成，线程 ID:140693560251968
[INFO] [1697349995.028016003] : 话题发布，线程 ID:140693551859264 线程总数 :4
```

可以看到，使用回调组后，此时服务处理和话题发布就可以并行进行了。因为使用的是互斥回调组，所以此时服务依然无法并行处理，你可以开启多个终端同时发送请求进行测试。

修改 MutuallyExclusiveCallbackGroup 为 ReentrantCallbackGroup，再次构建测试，此时你会发现服务已经可以并行处理了。需要注意的是，对于依赖上下文，或者需要处理顺序的场景，不要使用可重入回调组。

同时你应该发现了话题发布所在的线程编号并不是每次都一样，这是因为回调组和线程并不是绑定关系，线程是放到线程池中的。当有回调函数需要执行回调时，多线程执行器就会查看该回调函数所在的回调组是互斥的还是可重入的。如果是互斥回调组，则检查当前回调组是否有回调在执行，如果没有，则从线程池获取一个线程资源来执行回调；否则会等待上一个执行完成后再执行。如果是可重入回调组，则直接从线程池获取一个线程资源来执行回调，但并不是一定可以获取到的。对于线程池，收到获取线程资源的请求后会检查是否有空闲的线程，有则返回该线程；没有则查看当前激活的线程数量是否到达了代码中配置的最大数量，没有超过则激活一个新的线程执行回调。以上就是 ROS 2 中回调组和线程之间的关系，你可以通过上面的示例测试验证。

10.2.3　在 C++ 中使用回调组

新建 learn_executor_cpp 功能包并添加相关依赖，然后新建 learn_executor 节点，编写如代码清单 10-22 所示的代码。

代码清单 10-22　src/learn_executor_cpp/src/learn_executor.cpp

```cpp
#include "example_interfaces/srv/add_two_ints.hpp"
#include "rclcpp/rclcpp.hpp"
#include "std_msgs/msg/string.hpp"
#include <sstream>

class LearnExecutorNode : public rclcpp::Node {
public:
    LearnExecutorNode() : Node("learn_executor") {
        publisher_ =
                this->create_publisher<std_msgs::msg::String>("string_topic",
                    10);
        timer_ = this->create_wall_timer(
                std::chrono::seconds(1),
                std::bind(&LearnExecutorNode::timer_callback, this));
        service_ = this->create_service<example_interfaces::srv::AddTwoInts>(
                "add_two_ints",
                std::bind(&LearnExecutorNode::add_two_ints_callback, this,
                    std::placeholders::_1, std::placeholders::_2));
    }
```

```cpp
private:
    void timer_callback() {
        auto msg = std_msgs::msg::String();
        msg.data = "话题发布: " + thread_info();
        RCLCPP_INFO(this->get_logger(), msg.data.c_str());
        publisher_->publish(msg);
    }

    std::string thread_info() {
        std::ostringstream thread_str;
        thread_str << "线程ID: " << std::this_thread::get_id();
        return thread_str.str();
    }
    void add_two_ints_callback(
            const std::shared_ptr<example_interfaces::srv::AddTwoInts::Request>
                request,
            std::shared_ptr<example_interfaces::srv::AddTwoInts::Response>
                response) {
        RCLCPP_INFO(this->get_logger(), "服务开始处理: %s", thread_info().c_str());
        std::this_thread::sleep_for(std::chrono::seconds(10));
        response->sum = request->a + request->b;
        RCLCPP_INFO(this->get_logger(), "服务处理完成: %s", thread_info().c_str());
    }
    rclcpp::Publisher<std_msgs::msg::String>::SharedPtr publisher_;
    rclcpp::TimerBase::SharedPtr timer_;
    rclcpp::Service<example_interfaces::srv::AddTwoInts>::SharedPtr service_;
};

int main(int argc, char *argv[]) {
    rclcpp::init(argc, argv);
    auto node = std::make_shared<LearnExecutorNode>();
    auto executor = rclcpp::executors::SingleThreadedExecutor();
    executor.add_node(node);
    executor.spin();
    rclcpp::shutdown();
    return 0;
}
```

在代码清单 10-22 中，我们创建了一个发布者、一个定时器和一个服务端，在定时器的回调函数和服务处理回调函数中都输出了当前的线程编号，在 main 函数中使用单线程执行器对节点的事件进行处理。

注册节点，构建并运行，然后打开新的终端，使用代码清单 10-23 中的命令发送服务请求。

代码清单 10-23　使用命令行请求服务

```
$ ros2 service call /add_two_ints example_interfaces/srv/AddTwoInts "{}"
```

节点运行终端日志如代码清单 10-24 所示。

代码清单 10-24　运行 learn_executor 节点

```
$ ros2 run learn_executor_cpp learn_executor
---
[INFO] [1697429866.522398824] : 话题发布：线程 ID: 139992718619520
[INFO] [1697429866.935071331] : 服务开始处理：线程 ID: 139992718619520
[INFO] [1697429876.935308225] : 服务处理完成：线程 ID: 139992718619520
[INFO] [1697429876.935719773] : 话题发布：线程 ID: 139992718619520
```

从日志可以看出，定时器回调函数和服务处理函数在同一个线程，当服务处理回调进行数据处理时，定时器回调就停止了，直到处理完成才继续发布。继续测试，在两个终端同时发送服务请求，然后再运行节点，得到的日志片段如代码清单 10-25 所示。

代码清单 10-25　同时处理服务请求测试

```
[INFO] [1697429965.530864605] : 话题发布：线程 ID: 139992718619520
[INFO] [1697429966.214686213] : 服务开始处理：线程 ID: 139992718619520
[INFO] [1697429976.214879678] : 服务处理完成：线程 ID: 139992718619520
[INFO] [1697429976.215193268] : 话题发布：线程 ID: 139992718619520
[INFO] [1697429976.215313596] : 服务开始处理：线程 ID: 139992718619520
[INFO] [1697429986.215448339] : 服务处理完成：线程 ID: 139992718619520
[INFO] [1697429986.215746067] : 话题发布：线程 ID: 139992718619520
```

可以看出，两个服务请求在同一个线程里是依次处理的。

修改代码，将 SingleThreadedExecutor 改为 MultiThreadedExecutor，然后重新构建运行，此时话题发布会在多个线程中运行，这是因为多线程执行器会默认使用和 CPU 核心线程数量相同的线程池来进行回调函数调用，如果要修改默认的线程数量，可以通过代码清单 10-26 中的命令进行修改，"N"表示线程数量。

代码清单 10-26　设置执行器线程数量

```
size_t N = 3;  // 设置线程数量
auto options = rclcpp::ExecutorOptions();
auto executor = rclcpp::executors::MultiThreadedExecutor(options,N);
```

再次进行上面的两个测试，首先发送服务请求，服务处理和定时器依然无法同时运行，也无法并行处理服务请求。这是因为当我们不指定回调组时，ROS 2 会采用默认的互斥回调组，此时定时器和服务处理都在同一个互斥回调组中，所以无法同时执行。

修改代码，创建互斥回调组，然后传递给服务，修改的代码如代码清单 10-27 所示。

代码清单 10-27　使用互斥回调组

```
...
class LearnExecutorNode : public rclcpp::Node {
public:
    LearnExecutorNode() : Node("learn_executor") {
        service_callback_group_ = this->create_callback_group(
            rclcpp::CallbackGroupType::MutuallyExclusive);  // 互斥回调组
        service_ = this->create_service<example_interfaces::srv::AddTwoInts>(
            "add_two_ints",
            std::bind(&LearnExecutorNode::add_two_ints_callback, this,
```

```
                std::placeholders::_1, std::placeholders::_2),
            rmw_qos_profile_services_default, service_callback_group_);
    }

private:
    ...
    rclcpp::CallbackGroup::SharedPtr service_callback_group_;
};
```

再次构建运行，发送服务请求，查看日志，如代码清单 10-28 所示。

代码清单 10-28　互斥回调组运行结果

```
[INFO] [1697445414.977133891] [learn_executor]: 话题发布: 线程 ID: 140502048994880
[INFO] [1697445415.971665208] [learn_executor]: 服务开始处理: 线程 ID: 140502040602176
[INFO] [1697445415.976802955] [learn_executor]: 话题发布: 线程 ID: 140502144136064
...
[INFO] [1697445416.976950593] [learn_executor]: 话题发布: 线程 ID: 140502048994880
[INFO] [1697445425.971799434] [learn_executor]: 服务处理完成: 线程 ID: 140502040602176
[INFO] [1697445431.975549732] [learn_executor]: 话题发布: 线程 ID: 140502144136064
```

可以看到，使用回调组后，此时服务处理和话题发布就可以并行进行了。因为使用的是互斥回调组，所以此时服务依然无法并行处理，你可以开启多个终端同时发送请求进行测试。

修改 MutuallyExclusiveCallbackGroup 为 ReentrantCallbackGroup ，再次构建测试，此时你会发现服务已经可以并行处理了。需要注意的是，对于依赖上下文，或者需要处理顺序的场景，不要使用可重入回调组。C++ 回调组和线程池之间的关系和 Python 中基本相同，可以参考 10.2.2 节的介绍，这里不再赘述。

10.3　生命周期节点

生命周期节点（LifecycleNode）相比普通节点，其状态可以被读取和设置。在机器人导航框架 Navigation 2 中，就大量采用生命周期节点来对节点状态进行监测和管理。本节我们来学习生命周期节点的使用与编写方法。

10.3.1　生命周期节点介绍

在安装 ROS 2 时便提供了生命周期节点示例，我们就通过这些示例来学习。打开终端，启动生命周期节点，发布话题发布节点，命令如代码清单 10-29 所示。

代码清单 10-29　运行 lifecycle_talker 节点

```
$ ros2 run lifecycle lifecycle_talker
```

代码清单 10-29 中的命令将启动一个 lc_talker 节点，此时查看话题列表，可以看到话题 /lc_talker/transition_event，该话题由 lc_talker 节点发布，当节点状态发生改变就会发布数据，在新的终端使用命令行工具订阅这个话题。接着查看所有服务列表，命令及部分结果如代码清单 10-30 所示。

代码清单 10-30 查看服务列表

```
$ ros2 service list
---
/lc_talker/change_state
/lc_talker/get_available_states
/lc_talker/get_available_transitions
/lc_talker/get_state
/lc_talker/get_transition_graph
...
```

生命周期节点的状态设置和获取是通过服务通信进行的，change_state 用于改变节点的状态，get_state 用于获取当前的状态。比如获取 lc_talker 节点的当前状态，可以通过代码清单 10-31 所示的命令即可。

代码清单 10-31 通过服务获取生命周期节点状态

```
$ ros2 service call /lc_talker/get_state lifecycle_msgs/srv/GetState
---
requester: making request: lifecycle_msgs.srv.GetState_Request()

response:
lifecycle_msgs.srv.GetState_Response(current_state=lifecycle_msgs.msg.State(id=1,
    label='unconfigured'))
```

代码清单 10-31 中的命令太长，ROS 2 提供了命令行工具来设置和获取状态，比如使用如代码清单 10-32 所示的命令获取状态。

代码清单 10-32 使用命令行工具获取节点状态

```
$ ros2 lifecycle get /lc_talker
---
unconfigured [1]
```

返回结果 unconfigured 表示待配置状态，生命周期节点提供四种可以持续保持的状态，包括 Unconfigured（待配置）、Inactive（待激活）、Active（已激活）和 Finalized（已结束），除了这四种稳定状态外，它们之间在切换时会产生中间的转换状态，包括 Configuring(配置中)、CleaningUp（清理中）、ShuttingDown（关闭中）、Activating（激活中）、Deactivating（失活中）和 ErrorProcessing（错误处理中）。

当前 lc_talker 节点处于未配置状态，通过命令可以查询到从当前状态能切换到哪些状态，命令及结果如代码清单 10-33 所示。

代码清单 10-33 使用命令行工具查看可以切换的状态

```
$ ros2 lifecycle list /lc_talker
---
- configure [1]
    Start: unconfigured
    Goal: configuring
```

```
- shutdown [5]
    Start: unconfigured
    Goal: shuttingdown
```

list 命令可以查看有效的状态转换指令，以及转换前后的状态。通过上面的结果可以看出，我们可以使用 ID 为 1 的 configure 指令，将节点从 Unconfigured 状态转换成 Configuring 状态，也可使用 ID 为 5 的 shutdown 指令，将节点从 Unconfigured 状态转换成 ShuttingDown 状态。除了 configure 和 shutdown，生命周期节点还支持 activate（激活）、deactivate（失活）、cleanup（清理）和 destory（销毁）指令。

使用 set 命令或调用 change_state 服务就可以改变节点状态，使用 set 命令对节点进行配置，指令如代码清单 10-34 所示。

代码清单 10-34　使用命令行设置节点配置状态

```
$ ros2 lifecycle set /lc_talker configure
---
Transitioning successful
```

设置成功后，查看节点启动终端可以看到如代码清单 10-35 所示的输出信息。

代码清单 10-35　运行 lifecycle_talker 节点

```
$ ros2 run lifecycle lifecycle_talker
---
[INFO] [1697636697.390564499] [lc_talker]: on_configure() is called.
[INFO] [1697636698.390653792] [lc_talker]: Lifecycle publisher is currently
    inactive. Messages are not published.
[WARN] [1697636698.390708752] [LifecyclePublisher]: Trying to publish message on
    the topic '/lifecycle_chatter', but the publisher is not activated
[INFO] [1697636699.390661839] [lc_talker]: Lifecycle publisher is currently
    inactive. Messages are not published.
```

查看 /lc_talker/transition_event 话题订阅终端，可以看到节点首先从待配置状态转换成配置中，然后再转换成待激活状态。查看所有话题列表，可以看到 /lifecycle_chatter 话题，但使用命令行工具订阅该话题时就会发现并没有任何输出，这是因为节点处于待激活状态，再次使用命令，来激活节点，命令如代码清单 10-36 所示。

代码清单 10-36　激活 lc_talker 节点

```
$ ros2 lifecycle set /lc_talker activate
---
Transitioning successful
```

此时再次订阅 /lifecycle_chatter 就可以看到数据输出了，节点状态也变成了激活状态。在激活状态下可以使用 deactivate 进行失活，也可以使用 shutdown 进行关闭。生命周期节点的状态转换流程如图 10-4 所示。

对于状态改变请求，其处理结果有成功（SUCCESS）、失败（FAILURE）和错误（ERROR）三种，成功和失败时状态将按照图 10-4 的箭头改变，当处理出现错误时则会跳转到错误处理状态，进行处理。

　　生命周期节点的优势在于可以有效地检测其状态并进行设置，下面来学习如何创建自己
的生命周期节点。

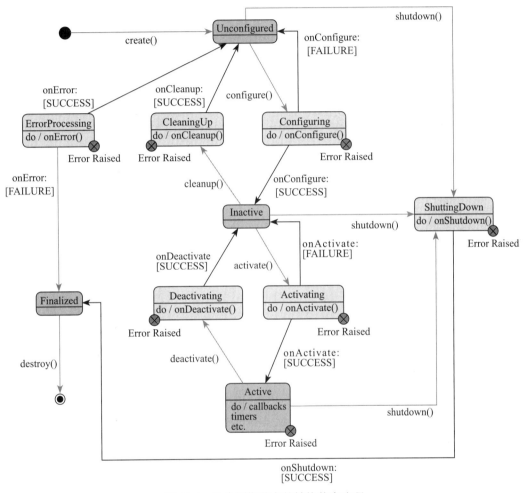

图 10-4　生命周期节点的转换状态流程

10.3.2　在 Python 中编写生命周期节点

　　编写生命周期节点和普通节点一样，通过导入库和相应类就可以实现。在 chapt10_ws
下新建功能包 learn_lifecyclenode_py，接着新建节点 learn_lifecyclenode，然后编写如代码清
单 10-37 所示的内容。

代码清单 10-37　learn_lifecyclenode_py/learn_lifecyclenode_py/learn_lifecyclenode.py

```
import rclpy
from rclpy.lifecycle import LifecycleNode, TransitionCallbackReturn
```

```python
class LearnLifeCycleNode(LifecycleNode):
    def __init__(self):
        super().__init__('lifecyclenode')
        self.timer_period = 0
        self.timer_ = None
        self.get_logger().info(f'{self.get_name()}: 已创建')

    def timer_callback(self):
        self.get_logger().info('定时器输出进行中...')

    def on_configure(self, state):
        self.timer_period = 1.0   # 设置定时器周期
        self.get_logger().info('on_configure(): 配置周期 timer_period')
        return TransitionCallbackReturn.SUCCESS

    def on_activate(self, state):
        self.timer_ = self.create_timer(self.timer_period, self.timer_callback)
        self.get_logger().info('on_activate(): 处理激活指令，创建定时器')
        return TransitionCallbackReturn.SUCCESS

    def on_deactivate(self, state):
        self.destroy_timer(self.timer_)  # 销毁定时器
        self.get_logger().info('on_deactivate(): 处理失活指令停止定时器')
        return TransitionCallbackReturn.SUCCESS

    def on_cleanup(self, state):
        self.timer_ = None
        self.timer_period = 0
        self.get_logger().info('on_cleanup(): 处理清理指令')
        return TransitionCallbackReturn.SUCCESS

    def on_shutdown(self, state):
        # 定时器未销毁则销毁
        if self.timer_: self.destroy_timer(self.timer_)
        self.get_logger().info('on_shutdown(): 处理关闭指令')
        return TransitionCallbackReturn.SUCCESS

    def on_error(self, state):
        # 直接调用父类处理
        return super().on_error(state)

def main():
    rclpy.init()
    node = LearnLifeCycleNode()
    rclpy.spin(node)
    rclpy.shutdown()
```

代码清单 10-37 中，首先从 rclpy.lifecycle 下导入 LifecycleNode，然后创建类 LearnLife-CycleNode 并使其继承 LifecycleNode，接着在类的内部创建了一个定时器，用于数据输出。然后实现了 on_configure、on_activate、on_deactivate、on_cleanup、on_shutdown 和 on_error

函数，分别用于处理对应的指令。

注册节点，然后构建运行，分别使用 configure、activate、deactivate 和 shutdown 命令，可以看到节点运行结果如代码清单 10-38 所示。

代码清单 10-38 运行 learn_lifecyclenode 节点

```
$ ros2 run learn_lifecyclenode_py learn_lifecyclenode
---
[INFO] [1697642979.478611387] [lifecyclenode]: lifecyclenode:已创建
[INFO] [1697643517.319972969] [lifecyclenode]: on_configure():配置周期 timer_period
[INFO] [1697643521.399747618] [lifecyclenode]: on_activate():处理激活指令,创建定时器
[INFO] [1697643522.400062098] [lifecyclenode]: 定时器输出进行中...
[INFO] [1697643523.400777780] [lifecyclenode]: 定时器输出进行中...
[INFO] [1697643524.400960621] [lifecyclenode]: 定时器输出进行中...
[INFO] [1697643525.059200344] [lifecyclenode]: on_deactivate():处理失活指令停止定时器
[INFO] [1697643531.842445070] [lifecyclenode]: on_shutdown():处理关闭指令
```

除了使用命令行工具以外，想要灵活利用生命周期节点，还可以使用代码通过服务和话题来管理它。

10.3.3 在 C++ 中编写生命周期节点

在 chapt10_ws 下新建功能包 learn_lifecyclenode_cpp，并添加 rclcpp_lifecycle 和 rclcpp 依赖，接着新建节点 learn_lifecyclenode，然后编写如代码清单 10-39 所示的内容。

代码清单 10-39 learn_lifecyclenode.cpp

```cpp
#include "rclcpp/rclcpp.hpp"
#include "rclcpp_lifecycle/lifecycle_node.hpp"

using CallbackReturn =
        rclcpp_lifecycle::node_interfaces::LifecycleNodeInterface::CallbackReturn;

class LearnLifeCycleNode : public rclcpp_lifecycle::LifecycleNode {
public:
    LearnLifeCycleNode()
            : rclcpp_lifecycle::LifecycleNode("lifecyclenode") {
        timer_period_ = 1.0;
        timer_ = nullptr;
        RCLCPP_INFO(get_logger(), "%s: 已创建", get_name());
    }

    CallbackReturn on_configure(const rclcpp_lifecycle::State &state) override {
        (void)state;
        timer_period_ = 1.0;
        RCLCPP_INFO(get_logger(), "on_configure():配置周期 timer_period");
        return rclcpp_lifecycle::node_interfaces::LifecycleNodeInterface::
            CallbackReturn::SUCCESS;
    }

    CallbackReturn on_activate(const rclcpp_lifecycle::State &state) override {
```

```cpp
        (void)state;
        timer_ = create_wall_timer(
            std::chrono::seconds(static_cast<int>(timer_period_)),
            [this]() { RCLCPP_INFO(get_logger(), "定时器输出进行中..."); });
        RCLCPP_INFO(get_logger(), "on_activate()：处理激活指令，创建定时器");
        return rclcpp_lifecycle::node_interfaces::LifecycleNodeInterface::
            CallbackReturn::SUCCESS;
    }

    CallbackReturn on_deactivate(const rclcpp_lifecycle::State &state) override {
        (void)state;
        timer_.reset();
        RCLCPP_INFO(get_logger(), "on_deactivate()：处理失活指令，停止定时器");
        return rclcpp_lifecycle::node_interfaces::LifecycleNodeInterface::
            CallbackReturn::SUCCESS;
    }

    CallbackReturn on_shutdown(const rclcpp_lifecycle::State &state) override {
        (void)state;
        timer_.reset();
        RCLCPP_INFO(get_logger(), "on_shutdown()：处理关闭指令");
        return rclcpp_lifecycle::node_interfaces::LifecycleNodeInterface::
            CallbackReturn::SUCCESS;
    }

private:
    rclcpp::TimerBase::SharedPtr timer_;
    double timer_period_;
};

int main(int argc, char **argv) {
    rclcpp::init(argc, argv);
    auto node = std::make_shared<LearnLifeCycleNode>();
    rclcpp::spin(node->get_node_base_interface());
    rclcpp::shutdown();
    return 0;
}
```

在代码清单 10-39 中，首先从 rclcpp_lifecycle 下导入 LifecycleNode，然后创建类 Learn-LifeCycleNode 并使其继承 LifecycleNode，接着在类的内部创建了一个定时器，用于数据输出。然后继承了 on_configure、on_activate、on_deactivate 和 on_shutdown，分别用于处理对应的指令，除了上面四个函数外，还可以继承 on_cleanup 和 on_error 函数，由于篇幅原因就不在上面代码中实现了。

注册节点，然后构建运行，分别使用 configure、activate、deactivate 和 shutdown 指令，可以看到节点运行结果如代码清单 10-40 所示。

代码清单 10-40　运行 learn_lifecyclenode 节点

```
$ ros2 run learn_lifecyclenode_cpp  learn_lifecyclenode
---
[INFO] [1697683558.509590273] [lifecyclenode]: lifecyclenode：已创建
```

```
[INFO] [1697683595.027388413] [lifecyclenode]:on_configure():配置周期 timer_
    period
[INFO] [1697683602.573811383] [lifecyclenode]:on_activate():处理激活指令,创建定时器
[INFO] [1697683603.574007697] [lifecyclenode]:定时器输出进行中...
[INFO] [1697683604.574038608] [lifecyclenode]:定时器输出进行中...
[INFO] [1697683605.574042233] [lifecyclenode]:定时器输出进行中...
[INFO] [1697683606.469378235] [lifecyclenode]:on_deactivate():处理失活指令停止定时器
[INFO] [1697683622.440014287] [lifecyclenode]:on_shutdown():处理关闭指令
```

除了使用命令行工具,还可以使用代码通过服务和话题来管理它。

10.4   同一进程组织多个节点

经过前面的学习,你一定好奇节点、可执行文件以及进程之间的关系。我们知道,可执行文件运行起来一般就是一个进程,而在前面的学习中,一个可执行文件里我们就放置一个节点,运行可执行文件产生的进程里也仅有一个节点。使用独立进程运行单个节点具备进程及故障隔离的优点,更方便进行调试。但如果将多个节点放到同一进程,就可以实现更低的资源消耗和更高效的进程内通信。本节我们来学习将多个节点组织到同一进程的方式,以及实现更高效的进程内通信的方法。

10.4.1   使用执行器组织多个节点

ROS 2 提供多种方式将节点组织到同一进程内,最简单的方式就是直接使用执行器添加多个节点。在使用 C++ 单线程执行器时,示例代码如代码清单 10-41 所示。

代码清单 10-41   C++ 使用单线程执行器加载两个节点

```
int main(int argc, char * argv[])
{
    rclcpp::init();
    rclcpp::executors::SingleThreadedExecutor executor;
    auto node1 = std::make_shared<Node>("node1");
    auto node2 = std::make_shared<Node>("node2");
    executor.add_node(node1);
    executor.add_node(node2);
    executor.spin();
    rclcpp::shutdown();
    return 0;
}
```

使用 Python 时,示例代码如代码清单 10-42 所示。

代码清单 10-42   Python 使用单线程执行器加载两个节点

```
def main(args=None):
    rclpy.init()
    node1 = Node('node1')
    node2 = Node('node2')
```

```
executor = SingleThreadedExecutor()
executor.add_node(node1)
executor.add_node(node2)
executor.spin()
rclpy.shutdown()
```

在使用 C++ 组织节点时，我们可以使用更高效的进程内通信进行数据传输，ROS 2 提供了示例程序给我们进行测试，打开新的终端，运行 intra_process_demo 功能包下的可执行文件 two_node_pipeline，运行命令及结果如代码清单 10-43 所示。

代码清单 10-43　运行 two_node_pipeline 节点

```
$ ros2 run intra_process_demo two_node_pipeline
---
Published message with value: 0, and address: 0x555C8ED38870
    Received message with value: 0, and address: 0x555C8ED38870
Published message with value: 1, and address: 0x555C8ED38870
    Received message with value: 1, and address: 0x555C8ED38870
```

该可执行文件会启动两个节点，一个进行话题订阅，另一个进行发布。从结果可以看出，订阅者接收到数据的内存地址和发布者相同，这种直接传递数据地址，没有进行数据复制的传输模式，我们称为零复制传输。相比之下，显然零复制的传输效率更高，尤其是传输大量数据时，但这种传输模式只适用于在同一主机中进行数据传输时。

下面我们来学习如何使用进程内通信进行零复制传输，新建 learn_compose 功能包并添加相关依赖，然后在目录 src/learn_compose/include/learn_compose 下新建 talker.hpp，然后编写如代码清单 10-44 所示的内容。

代码清单 10-44　src/learn_compose/include/learn_compose/talker.hpp

```cpp
#ifndef LEARN_COMPOSE__TALKER_COMPONENT_HPP_
#define LEARN_COMPOSE__TALKER_COMPONENT_HPP_

#include "rclcpp/rclcpp.hpp"
#include "std_msgs/msg/int32.hpp"

namespace learn_compose {

class Talker : public rclcpp::Node {
public:
    explicit Talker(const rclcpp::NodeOptions &options);

private:
    int32_t count_;
    rclcpp::Publisher<std_msgs::msg::Int32>::SharedPtr pub_;
    rclcpp::TimerBase::SharedPtr timer_;
};

} // namespace learn_compose

#endif // LEARN_COMPOSE__TALKER_COMPONENT_HPP_
```

这里只创建了一个节点 Talker，然后创建了一个发布者成员变量和定时器，同时创建了一个以 const rclcpp::NodeOptions& 作为参数的构造函数。接着在 src/learn_compose/src 下新建 talker.cpp，编写如代码清单 10-45 所示的内容。

代码清单 10-45　src/learn_compose/src/talker.cpp

```
#include <chrono>
#include "learn_compose/talker.hpp"

namespace learn_compose {

using namespace std::chrono_literals;

Talker::Talker(const rclcpp::NodeOptions &options) : Node("talker", options) {
    pub_ = this->create_publisher<std_msgs::msg::Int32>("count", 10);
    auto callback = [&]() -> void {
        std_msgs::msg::Int32::UniquePtr msg(new std_msgs::msg::Int32());
        msg->data = count_++;
        RCLCPP_INFO(this->get_logger(), "发布数据:%d(0x%1X)", msg->data,
                reinterpret_cast<std::uintptr_t>(msg.get()));
        pub_->publish(std::move(msg));
    };
    timer_ = this->create_wall_timer(1s, callback);
}
} // namespace  learn_compose
```

在构造函数里，首先创建了发布者，接着创建了一个匿名函数进行话题数据的定时发布，为了避免发布 msg 时产生不必要的拷贝，发布者使用 unique_ptr 来指向 msg 的真实地址。在前面章节中，我们学习并使用了共享式智能指针 shared_ptr，共享指针可以将指向的资源分享给其他智能指针，从而使得多个指针指向同一个对象，而独占式智能指针 unique_ptr 则是独占资源，同一时刻只能有一个独占式智能指针指向同一个对象。因为独占智能指针的所有权不能被复制，只能被移动，所以使用 std::more 将 msg 的所有权转移给 publish 函数。接着我们来创建 Listener 类，在目录 src/learn_compose/include/learn_compose 下新建 listener.hpp，然后编写如代码清单 10-46 所示的内容。

代码清单 10-46　src/learn_compose/include/learn_compose/listener.hpp

```
#ifndef LEARN_COMPOSE__LISTENER_COMPONENT_HPP_
#define LEARN_COMPOSE__LISTENER_COMPONENT_HPP_
#include "rclcpp/rclcpp.hpp"
#include "std_msgs/msg/int32.hpp"

namespace learn_compose {

class Listener : public rclcpp::Node {
public:
    explicit Listener(const rclcpp::NodeOptions &options);

private:
```

```
        rclcpp::Subscription<std_msgs::msg::Int32>::SharedPtr sub_;
};

} // namespace learn_compose

#endif // LEARN_COMPOSE__LISTENER_COMPONENT_HPP_
```

这里只创建了一个节点 Listener，然后声明了一个订阅者成员变量，同时创建了一个
以 const rclcpp::NodeOptions& 作为参数的构造函数。接着在 src/learn_compose/src 下新建
listener.cpp，编写如代码清单 10-47 所示的内容。

代码清单 10-47   src/learn_compose/src/listener.cpp

```
#include "learn_compose/listener.hpp"
#include <chrono>

namespace learn_compose {

using namespace std::chrono_literals;

Listener::Listener(const rclcpp::NodeOptions &options)
        : Node("listener", options) {
    sub_ = this->create_subscription<std_msgs::msg::Int32>(
            "count", 10, [&](const std_msgs::msg::Int32::UniquePtr msg) {
                RCLCPP_INFO(this->get_logger(), "收到数据:%d(0x%lX)", msg->data,
                        reinterpret_cast<std::uintptr_t>(msg.get()));
            });
}
} // namespace  learn_compose
```

新建文件 intra_process_pubsub.cpp，然后编写如代码清单 10-48 所示的内容。

代码清单 10-48   src/learn_compose/src/intra_process_pubsub.cpp

```
#include "learn_compose/listener.hpp"
#include "learn_compose/talker.hpp"
#include "rclcpp/rclcpp.hpp"

int main(int argc, char *argv[]) {
    rclcpp::init(argc, argv);
    rclcpp::executors::SingleThreadedExecutor executor;

    rclcpp::NodeOptions options;                 // 创建节点选项
    options.use_intra_process_comms(true); // 使用进程内通信
    auto talker = std::make_shared<learn_compose::Talker>(options);
    auto listener = std::make_shared<learn_compose::Listener>(options);

    executor.add_node(talker);
    executor.add_node(listener);
    executor.spin();

    rclcpp::shutdown();
```

```
    return 0;
}
```

代码清单 10-48 中使用 rclcpp::NodeOptions() 初始化节点，并设置 use_intra_process_comms(true) 开启进程内通信。修改 CMakeLists.txt，添加头文件和节点，修改内容如代码清单 10-49 所示。

代码清单 10-49　src/learn_compose/CMakeLists.txt

```
...
# uncomment the following section in order to fill in
# further dependencies manually.
# find_package(<dependency> REQUIRED)
        find_package(rclcpp REQUIRED)
find_package(std_msgs REQUIRED)
find_package(rclcpp_components REQUIRED)
include_directories(include)
add_executable(intra_process_pubsub
        src/intra_process_pubsub.cpp
        src/talker.cpp
        src/listener.cpp
)
ament_target_dependencies(intra_process_pubsub std_msgs rclcpp rclcpp_components)

install(TARGETS intra_process_pubsub
    DESTINATION lib/${PROJECT_NAME})

ament_package()
```

然后构建功能包，运行可执行文件，运行指令及结果如代码清单 10-50 所示。

代码清单 10-50　运行 intra_process_pubsub 节点

```
$ ros2 run learn_compose intra_process_pubsub
---
[INFO] [1697867342.249890062] [talker]: 发布数据 :0(0x558B180ED200)
[INFO] [1697867342.250268099] [listener]: 收到数据 :0(0x558B180ED200)
[INFO] [1697867343.249771521] [talker]: 发布数据 :1(0x558B180ED200)
[INFO] [1697867343.249890046] [listener]: 收到数据 :1(0x558B180ED200)
```

使用上面的方法，也可以在同一个进程内新建多个执行器，然后在执行器内添加多个节点。但直接将需要在同一进程运行的节点写死在代码中对扩展节点代码并不友好，ROS 2 提供了另一个方法，让我们可以动态地组合节点。

10.4.2　使用组件运行组合节点

使用组件（Component）可以动态地将不同节点加载到一个进程，也可以动态卸载，这样做的好处显而易见。当我们需要调试节点时，可以单独运行；当需要节省资源开销时就可以组合在一起。在安装 ROS 2 时，组件就已经安装了，下面我们通过具体的示例来学习如何使用组件。

查看当前上下文已经注册的可用组件，命令及部分结果如代码清单 10-51 所示。

代码清单 10-51　查看可用组件

```
$ ros2 component types
----
...
composition
    composition::Talker
    composition::Listener
    composition::NodeLikeListener
    composition::Server
    composition::Client
...
```

composition 是 ROS 2 提供的一个组件示例功能包，该功能包下有五个组件例子，我们尝试将 Talker 和 Listener 这两个节点组织在一起。首先我们来启动节点容器，其实也是组件管理器，这个节点会提供一些用于加载和卸载节点的服务，不过这些服务是隐藏的服务，需要在 service list 后追加 --include-hidden-services，启动组件节点，命令如代码清单 10-52 所示。

代码清单 10-52　启动容器

```
$ ros2 run rclcpp_components component_container --ros-args -r __node:=component_test
```

启动完成后，可以使用命令行查看组件列表，命令及结果如代码清单 10-53 所示。

代码清单 10-53　查看容器列表

```
$ ros2 component list
---
/component_test
```

接着就可以将节点加载到组件容器中，命令如代码清单 10-54 所示。

代码清单 10-54　加载 composition::Talker 组件到容器

```
$ ros2 component load /component_test composition composition::Talker
---
Loaded component 1 into '/component_test' container node as '/talker'
```

此时观察 component_container 所运行的终端，就可以看到话题已经开始发布了，在使用 load 命令时，可以指定被加载节点的名字和命名空间，比如修改节点的名字为 talker3，命名空间为 /ns，追加指令为 --node-name talker3 --node-namespace /ns，除此之外还可以给节点传递参数值，追加 -p name:=value 即可。在默认情况下被加载的节点并不会使用进程内通信，需要通过附加参数指定，追加指令 -e use_intra_process_comms:=true 即可开启进程内通信。

同样的方法，可以将 Listener 加载进 /component_test 容器中去，命令如代码清单 10-55 所示。

代码清单 10-55　加载 composition::Listener 组件到容器

```
$ ros2 component load /component_test composition composition::Listener
---
Loaded component 2 into '/component_test' container node as '/listener'
```

再次查询容器列表可以看到所有容器及其节点列表，如代码清单 10-56 所示。

代码清单 10-56　查看容器列表

```
$ ros2 component list
---
/component_test
    1  /talker
    2  /listener
```

同样，你可以将服务和客户端节点加载到容器中。除了加载，也可以动态地卸载，指定容器节点名和组件编号即可，卸载 Talker 和 Listener 节点命令如代码清单 10-57 所示。

代码清单 10-57　卸载组件

```
$ ros2 component unload /component_test 1 2
---
Unloaded component 1 from '/component_test' container node
Unloaded component 2 from '/component_test' container node
```

除了使用命令行工具动态地加载和卸载组件，更多时候会在启动文件中动态地加载和卸载，启动 component_test 并加载 Talker 和 Listener 节点的示例代码如代码清单 10-58 所示。

代码清单 10-58　在 launch 中创建容器并加载组件

```
import launch
from launch_ros.actions import ComposableNodeContainer
from launch_ros.descriptions import ComposableNode


def generate_launch_description():
    """Generate launch description with multiple components."""
    container = ComposableNodeContainer(
            name='component_test',
            namespace='',
            package='rclcpp_components',
            executable='component_container',
            composable_node_descriptions=[
                ComposableNode(
                    package='composition',
                    plugin='composition::Talker',
                    name='talker'),
                ComposableNode(
                    package='composition',
                    plugin='composition::Listener',
                    name='listener')
            ],
            output='screen',
    )

    return launch.LaunchDescription([container])
```

了解完组件，接着我们来编写自己的组件。

10.4.3　编写自己的组件

作为组件的节点，除了需要提供一个以 const rclcpp::NodeOptions& 作为参数的构造函数，还需要对节点类进行注册。修改 learn_compose/src/talker.cpp，在代码最后添加两行代码，注册组件节点，添加的内容如代码清单 10-59 所示。

代码清单 10-59　将 Talker 节点注册为组件

```
...
#include "rclcpp_components/register_node_macro.hpp"
RCLCPP_COMPONENTS_REGISTER_NODE(learn_compose::Talker)
```

继续修改 learn_compose/src/listener.cpp，添加如代码清单 10-60 所示的代码。

代码清单 10-60　将 Listener 节点注册为组件

```
...
#include "rclcpp_components/register_node_macro.hpp"
RCLCPP_COMPONENTS_REGISTER_NODE(learn_compose::Listener)
```

修改完成后还需要修改 CMakeLists.txt 来生成节点库并进行复制，添加的代码如代码清单 10-61 所示。

代码清单 10-61　learn_compose/CMakeLists.txt

```
...
find_package(rclcpp_components REQUIRED)
add_library(talker_component SHARED src/talker.cpp)
ament_target_dependencies(talker_component "std_msgs" "rclcpp" "rclcpp_
    components")
rclcpp_components_register_nodes(talker_component "learn_compose::Talker")

add_library(listener_component SHARED src/listener.cpp)
ament_target_dependencies(listener_component "std_msgs" "rclcpp" "rclcpp_
    components")
rclcpp_components_register_nodes(listener_component "learn_compose::Listener")

install(TARGETS talker_component listener_component
    ARCHIVE DESTINATION lib
    LIBRARY DESTINATION lib
    RUNTIME DESTINATION bin
)
...
ament_package()
```

重新构建功能包，然后查看目录 chapt10_ws/install/learn_compose/lib，就可以看到生成的两个与节点对应的动态链接库。

接着在终端中输入代码清单 10-62 中的命令，查看 learn_compose 相关的组件。

代码清单 10-62　查看 learn_compose 相关的组件

```
$ source install/setup.bash
---
```

```
$ ros2 component types | grep learn_compose
---
learn_compose
    learn_compose::Talker
    learn_compose::Listener
```

看到了 Talker 和 Listener 节点，就可以启动容器尝试加载。为了能让容器找到我们当前工作空间下的节点，需要先进行 source，再启动容器，命令如代码清单 10-63 所示。

代码清单 10-63　运行容器

```
$ source install/setup.bash
---

$ ros2 run rclcpp_components component_container --ros-args -r __node:=component_
    test
```

接着分别加载 talker 和 listener，命令如代码清单 10-64 所示。

代码清单 10-64　加载组件

```
$ ros2 component load /component_test learn_compose learn_compose::Talker -e use_
    intra_process_comms:=true
---
Loaded component 1 into '/component_test' container node as '/talker'

$ ros2 component load /component_test learn_compose learn_compose::Listener -e
    use_intra_process_comms:=true
---
Loaded component 1 into '/component_test' container node as '/listener'
```

在容器运行终端，可以看到如代码清单 10-65 所示的输出信息。

代码清单 10-65　组件加载日志

```
[INFO] [1697901695.637818310] [component_test]: Load Library: /home/fishros/
    d2lros-book-code/chapt10/chapt10_ws/install/learn_compose/lib/libtalker_
    component.so
[INFO] [1697901695.641721753] [component_test]: Found class: rclcpp_components::
    NodeFactoryTemplate<learn_compose::Talker>
[INFO] [1697901695.641777875] [component_test]: Instantiate class: rclcpp_compon
    ents::NodeFactoryTemplate<learn_compose::Talker>
[INFO] [1697901696.651303052] [talker]: 发布数据 :0(0x561EE53A0350)
[INFO] [1697901697.573139506] [component_test]: Load Library: /home/fishros/
    d2lros-book-code/chapt10/chapt10_ws/install/learn_compose/lib/liblistener_
    component.so
[INFO] [1697901697.576122567] [component_test]: Found class: rclcpp_components::
    NodeFactoryTemplate<learn_compose::Listener>
[INFO] [1697901697.576169182] [component_test]: Instantiate class: rclcpp_compon
    ents::NodeFactoryTemplate<learn_compose::Listener>
[INFO] [1697901697.651187938] [talker]: 发布数据 :1(0x561EE54C7D60)
[INFO] [1697901697.651437203] [listener]: 收到数据 :1(0x561EE54C7D60)
```

好了，到这里我们就成功地编写了自己的组件，并在容器中进行了加载和测试。

10.5   使用消息过滤器同步数据

在机器人系统中，通常会使用多个传感器来获取环境的信息，比如相机、激光雷达、惯性测量单元（IMU）等。为了正确地将不同传感器的数据关联起来以进行进一步的数据融合或处理，需要确保它们对应同一时间点的信息，因此时间同步是必不可少的。否则，数据可能会被错误地关联，导致严重的系统错误。ROS 2 提供了 message_filters 功能包来进行传感器的数据过滤与同步，本节我们就来学习它的使用方法。

10.5.1   消息过滤器介绍

message_filters（消息过滤器）除了对无序的消息进行排序，还可以将多个数据源的数据进行同步。消息过滤器中有几个重要概念，在使用它之前需要进行了解。

第一个概念是 Subscriber（订阅者），消息过滤器中的订阅者是基于 ROS 2 的订阅者封装而来的，主要用于配合时间同步器，在使用时可以为其注册单独的回调函数，当收到订阅的消息时就会调用该回调函数。第二个概念是 Sync Policies（同步策略），ROS 2 提供了多个同步策略实现，主要有严格时间对齐（ExactTime）、大约时间对齐（ApproximateTime）和最新时间对齐（LatestTime），关于三者的区别，在下面的测试示例中会进行演示。第三个概念是 Synchronizer（时间同步器），我们将同步策略和订阅者传递给时间同步器，由它完成时间同步，并调用相应的回调函数传递同步结果。

下面我们来通过代码学习如何使用消息过滤器来进行时间同步。

10.5.2   在 Python 中同步传感器数据

Python 的 message_filters 是基于 C++ 封装而成的，但截至本书编写时，只封装了大约时间对齐策略。下面我们进行测试，在 chapt10_ws 工作空间下新建 learn_message_filter_py 功能包，在目录 src/learn_message_filter_py/learn_message_filter_py 下新建 timesync_test.py，然后编写如代码清单 10-66 所示的内容。

代码清单 10-66   src/learn_message_filter_py/learn_message_filter_py/timesync_test.py

```python
import rclpy
from rclpy.node import Node
from sensor_msgs.msg import Imu
from nav_msgs.msg import Odometry
from message_filters import Subscriber, ApproximateTimeSynchronizer

class TimeSyncTestNode(Node):
    def __init__(self):
        super().__init__('sync_node')
        # 1. 订阅 imu 话题并注册回调输出时间戳
        self.imu_sub = Subscriber(self, Imu, 'imu')
        self.imu_sub.registerCallback(self.imu_callback)
        # 2. 订阅 odom 话题并注册回调函数输出时间戳
```

```
        self.odom_sub = Subscriber(self, Odometry, 'odom')
        self.odom_sub.registerCallback(self.odom_callback)
        # 3. 创建对应策略的同步器同步两个话题，并注册回调函数输出数据
        self.synchronizer = ApproximateTimeSynchronizer(
            [self.imu_sub, self.odom_sub], 10,
            slop=0.01,  # slop 表示时间窗口单位为 s
        )
        self.synchronizer.registerCallback(self.result_callback)

    def imu_callback(self, imu_msg):
        self.get_logger().info(
            f"imu({imu_msg.header.stamp.sec},{imu_msg.header.stamp.nanosec})")

    def odom_callback(self, odom_msg):
        self.get_logger().info(
            f"odom({odom_msg.header.stamp.sec},{odom_msg.header.stamp.nanosec})")

    def result_callback(self, imu_msg, odom_msg):
        self.get_logger().info(
            f"imu({imu_msg.header.stamp.sec},{imu_msg.header.stamp.
                nanosec}),odom({odom_msg.header.stamp.sec},{odom_msg.header.
                stamp.nanosec})")


def main(args=None):
    rclpy.init(args=args)
    node = TimeSyncTestNode()
    rclpy.spin(node)
    rclpy.shutdown()
```

对节点进行注册，然后构建运行，最后启动第 6 章的仿真或者播放数据包，可以看到结果如代码清单 10-67 所示。

代码清单 10-67　运行 timesync_test 节点

```
$ ros2 run learn_message_filter_py timesync_test
---
[INFO] [1697995807.148824545] [sync_node]: odom(2648,255000000)
[INFO] [1697995807.148864588] [sync_node]: imu(2648,264000000)
[INFO] [1697995807.148876840] [sync_node]: imu(2648,254000000),od
    om(2648,255000000))
```

可以看到，两个数据的时间戳已经对齐输出了。

10.5.3　在 C++ 中同步传感器数据

我们尝试使用消息过滤器来同步第 6 章仿真机器人的 IMU 和 Odometry 数据。在 chapt10_ws 工作空间下新建功能包 learn_message_filter_cpp，并添加 rclcpp、message_filters、nav_msgs 和 sensor_msgs 作为依赖，接着在 src/learn_message_filter_cpp/src 下新建 timesync_test.cpp，然后编写如代码清单 10-68 所示的内容。

代码清单 10-68 src/learn_message_filter_cpp/src/timesync_test.cpp

```cpp
#include "message_filters/subscriber.h"
#include "message_filters/sync_policies/approximate_time.h"
#include "message_filters/sync_policies/exact_time.h"
#include "message_filters/sync_policies/latest_time.h"
#include "message_filters/time_synchronizer.h"
#include "nav_msgs/msg/odometry.hpp"
#include "rclcpp/rclcpp.hpp"
#include "sensor_msgs/msg/imu.hpp"

using Imu = sensor_msgs::msg::Imu;
using Odometry = nav_msgs::msg::Odometry;
using namespace message_filters;

// 同步策略：严格时间对齐策略
using MySyncPolicy = sync_policies::ExactTime<Imu, Odometry>;

class TimeSyncTestNode : public rclcpp::Node {
public:
    TimeSyncTestNode() : Node("sync_node") {
        // 1. 订阅 imu 话题并注册回调输出时间戳
        imu_sub_ = std::make_shared<Subscriber<Imu>>(this, "imu");
        imu_sub_->registerCallback<Imu::SharedPtr>(
            [&](const Imu::SharedPtr &imu_msg) {
                RCLCPP_INFO(get_logger(), "imu(%u,%u)", imu_msg->header.stamp.sec,
                        imu_msg->header.stamp.nanosec);
            });
        // 2. 订阅 odom 话题并注册回调函数输出时间戳
        odom_sub_ = std::make_shared<Subscriber<Odometry>>(this, "odom");
        odom_sub_->registerCallback<Odometry::SharedPtr>(
            [&](const Odometry::SharedPtr &odom_msg) {
                RCLCPP_INFO(get_logger(), "odom(%u,%u)", odom_msg->header.stamp.
                    sec,
                        odom_msg->header.stamp.nanosec);
            });
        // 3. 创建对应策略的同步器同步两个话题，并注册回调函数输出数据
        synchronizer_ = std::make_shared<Synchronizer<MySyncPolicy>>(
            MySyncPolicy(10), *imu_sub_, *odom_sub_);
        synchronizer_->registerCallback(
            std::bind(&TimeSyncTestNode::result_callback, this,
                    std::placeholders::_1, std::placeholders::_2));
    }

private:
    void result_callback(const Imu::ConstSharedPtr imu_msg,
                    const Odometry::ConstSharedPtr odom_msg) {
        RCLCPP_INFO(get_logger(), "imu(%u,%u),odom(%u,%u))",
                imu_msg->header.stamp.sec, imu_msg->header.stamp.nanosec,
                odom_msg->header.stamp.sec, odom_msg->header.stamp.nanosec);
    }
```

```
    std::shared_ptr<Subscriber<Imu>> imu_sub_;
    std::shared_ptr<Subscriber<Odometry>> odom_sub_;
    std::shared_ptr<Synchronizer<MySyncPolicy>> synchronizer_;
};

int main(int argc, char **argv) {
    rclcpp::init(argc, argv);
    auto node = std::make_shared<TimeSyncTestNode>();
    rclcpp::spin(node);
    rclcpp::shutdown();
    return 0;
}
```

在代码清单 10-68 中，首先引入了 message_filters 的订阅者、同步策略和同步器的相关头文件，接着引入了消息接口和客户端库头文件。我们创建了一个节点类 TimeSyncTestNode，在构造函数中，首先创建了两个订阅者，并为其注册了回调函数，在回调函数中输出了收到数据的时间戳，然后创建了一个同步器，采用严格时间对齐（ExactTime）策略，MySyncPolicy(10)中的 10 表示缓存队列的深度，并为其注册了回调函数，在回调函数中输出了 imu 和 odom 的时间戳。

完成后修改 CMakeLists.txt，进行节点注册，然后重新构建功能包。在运行节点前，需要准备好数据源，你可以直接运行第 6 章的仿真，使用仿真的 imu 和 odom 话题数据，也可以在本书的配套代码 chapt10 下找到已经录制好的 rosbag2_message_filter 数据包进行回放。

确保 imu 和 odom 话题数据正常，运行节点，命令及输出结果如代码清单 10-69 所示。

代码清单 10-69　运行 timesync_test 节点

```
$ ros2 run learn_message_filter_cpp timesync_test
---
[INFO] [1697994868.165326887] [sync_node]: imu(2649,374000000)
[INFO] [1697994868.166538234] [sync_node]: odom(2649,375000000)
[INFO] [1697994868.175359591] [sync_node]: imu(2649,384000000)
[INFO] [1697994868.185337168] [sync_node]: imu(2649,394000000)
[INFO] [1697994868.186367395] [sync_node]: odom(2649,395000000)
```

可以看到，此时只有 imu 和 odom 订阅者的回调在工作，并没有任何同步结果输出，这是因为我们采用了严格时间对齐策略，只有两者的数据时间戳完全对齐才会被输出。

修改同步策略为大约时间对齐，修改代码如代码清单 10-70 所示。

代码清单 10-70　使用大约时间对齐策略

```
// 同步策略：大约时间对齐策略
using MySyncPolicy = sync_policies::ApproximateTime<Imu, Odometry>;
```

修改完后再次构建运行，可以看到如代码清单 10-71 所示的输出内容。

代码清单 10-71　运行 timesync_test 节点

```
$ ros2 run learn_message_filter_cpp timesync_test
---
[INFO] [1697995807.148707264] [sync_node]: imu(2648,254000000)
```

```
[INFO] [1697995807.148824545] [sync_node]: odom(2648,255000000)
[INFO] [1697995807.148864588] [sync_node]: imu(2648,264000000)
[INFO] [1697995807.148876840] [sync_node]: imu(2648,254000000),od
    om(2648,255000000))
```

可以看到，此时时间同步器的回调就有了输出结果，且输出的数据时间戳非常接近，这是因为 ApproximateTime 会自适应地进行时间戳对齐。message_filters 还有最新时间对齐策略，尝试使用该策略来进行时间对齐，修改代码如代码清单 10-72 所示。

代码清单 10-72　最新时间对齐策略

```
// 同步策略：最新时间对齐策略
using MySyncPolicy = sync_policies::LatestTime<Imu, Odometry>;
...
// 3. 创建对应策略的同步器同步两个话题，并注册回调函数输出数据
synchronizer_ = std::make_shared<Synchronizer<MySyncPolicy>>(
    MySyncPolicy(), *imu_sub_, *odom_sub_);
```

因为 LatestTime 只需要保留最新数据，所以不用设置缓存队列，并且还需要删掉 MySyncPolicy 的参数。重新构建并测试，可以看到同步结果如代码清单 10-73 所示。

代码清单 10-73　运行 timesync_test 节点

```
$ ros2 run learn_message_filter_cpp timesync_test
---
[INFO] [1697996507.201563656] [sync_node]: odom(2670,95000000)
[INFO] [1697996507.210167853] [sync_node]: imu(2670,104000000)
[INFO] [1697996507.210208528] [sync_node]: imu(2670,104000000),od
    om(2670,95000000))
[INFO] [1697996507.220175956] [sync_node]: imu(2670,114000000)
[INFO] [1697996507.220203795] [sync_node]: imu(2670,114000000),od
    om(2670,95000000))
```

LatestTime 策略的工作方式是将较慢的消息重复对齐到最快的消息上进行输出，通过上面的输出可以看到这一点。

10.6　DDS 中间件进阶

ROS 2 的核心通信采用 DDS（Data Distribution Service，数据分发服务）实现，所以了解 DDS 可以让我们更好地使用 ROS 2。本节我们学习如何更换默认 DDS，如何进行局域网配置，如何配置 DDS 以及使用 DDS 进行共享内存通信。

10.6.1　使用不同的 DDS 进行通信

ROS 2 使用 DDS/RTPS 作为中间件，提供了发现、序列化和传输功能。在实际使用中，选择 DDS/RTPS 时不能"一刀切"，需要考虑许可证、资源消耗等多种因素。所以 ROS 2 在设计时通过定义抽象中间件（ROS Middleware，RMW）接口，并编写对应 DDS 的接口实现来兼容多家的 DDS。ROS 2 目前主要支持的 DDS 产品实现如表 10-4 所示。

表 10-4　ROS 2 目前主要支持的 DDS 产品实现

产品名称	许可证	RMW 实现	状态
eProsima Fast DDS	Apache 2	rmw_fastrtps_cpp	全面支持。Humble 版本默认 RMW。与二进制发布一同打包
Eclipse Cyclone DDS	Eclipse Public License v2.0	rmw_cyclonedds_cpp	全面支持。与二进制发布一同打包
RTI Connext DDS	商业、研究	rmw_connextdds	全面支持。支持已包含在二进制发布中，但需单独安装 Connext
GurumNetworks GurumDDS	商业	rmw_gurumdds_cpp	社区支持。支持已包含在二进制发布中，但需单独安装 GurumDDS

在安装 ROS 2 时，默认都会安装一个 DDS 实现，不同版本的默认 DDS 可能不同，要使用其他中间件需要安装对应的 RMW 实现即可，安装方式可以采用源码安装，也可以通过 apt 进行二进制安装。

本节我们重点介绍 Fast DDS 和 Cyclone DDS 的安装与使用，这两个 DDS 是开源的，使用许可也较为宽松。首先介绍的是 eProsima Fast DDS，它是一个完整的开源 DDS 实现，适用于实时嵌入式架构和操作系统，使用代码清单 10-74 中的命令可以安装 Fast DDS 中间件。

代码清单 10-74　安装 Fast DDS 中间件

```
$ sudo apt install ros-$ROS_DISTRO-rmw-fastrtps-cpp
```

接着我们就可以通过环境变量来指定 RMW 实现，比如指定 rmw_fastrtps_cpp 中间件进行话题发布，命令如代码清单 10-75 所示。

代码清单 10-75　指定 rmw_fastrtps_cpp 进行话题发布

```
$ export RMW_IMPLEMENTATION=rmw_fastrtps_cpp
$ ros2 run demo_nodes_cpp talker
---
[INFO] [1698158217.219560589] [talker]: Publishing: 'Hello World: 1'
```

Eclipse Cyclone DDS 是一个非常高效、稳健的开源 DDS 实现。Cyclone DDS 作为 Eclipse IoT 项目是完全公开开发的。使用代码清单 10-76 中的命令可以安装 Cyclone DDS 中间件。

代码清单 10-76　安装 Cyclone DDS 中间件

```
$ sudo apt install ros-$ROS_DISTRO-rmw-cyclonedds-cpp
```

同样，可以通过环境变量来指定和使用，使用 rmw_cyclonedds 进行发布的命令如代码清单 10-77 所示。

代码清单 10-77　使用 rmw_cyclonedds 进行发布

```
$ export RMW_IMPLEMENTATION=rmw_cyclonedds_cpp
$ ros2 run demo_nodes_cpp talker
---
[INFO] [1698158216.219649181] [talker]: Publishing: 'Hello World: 1'
```

注意，当系统中存在多个 DDS 时，会采用当前 ROS 2 版本默认的 DDS，当找不到默认的 DDS 时，会按照字母顺序排列的第一个 RMW 实现。

10.6.2　配置局域网通信

在 DDS 中，不同逻辑网络共享物理网络的主要机制被称为域 ID（Domain ID）。同一域中的 ROS 2 节点可以自由地发现和相互发送消息，而不同域中的 ROS 2 节点则不能。所有 ROS 2 节点默认使用域 ID 0，所以当在同一局域网内运行 ROS 2 的计算机之间存在相互干扰时，就可以通过配置不同的域 ID 来解决。

不同的域 ID 使用不同的端口进行组播发现，端口有数量限制，所以域 ID 的大小是有限制的，比较安全的设置范围是 0 ～ 101，下面我们就来测试域 ID 的隔离性。打开一个新的终端，输入代码清单 10-78 中的命令。

代码清单 10-78　使用 ROS_DOMAIN_ID=1 运行 talker

```
$ export ROS_DOMAIN_ID=1
$ ros2 run demo_nodes_cpp talker
```

接着打开新的终端，查询话题列表，命令及结果如代码清单 10-79 所示。

代码清单 10-79　查看话题列表

```
$ ros2 topic list
---
/parameter_events
/rosout
```

可以看到，此时并没有第一个终端发布的话题数据，重新设置域 ID 为 1，再次测试，如代码清单 10-80 所示。

代码清单 10-80　修改 ROS_DOMAIN_ID 后查询话题列表

```
$ export ROS_DOMAIN_ID=1
$ ros2 topic list
---
/chatter
/parameter_events
/rosout
```

此时就可以看到 /chatter 话题了，这就是域 ID 的隔离作用。

需要注意的是，即使使用不同的域 ID，局域网内其他主机也是可以通过设置相同的域 ID 进行互相发现和数据收发的。如果要限制 ROS 2 只进行本地主机通信，可以通过设置环境变量 ROS_LOCALHOST_ONLY 值为 1，命令如代码清单 10-81 所示。

代码清单 10-81　设置只使用本地通信

```
$ export ROS_LOCALHOST_ONLY=1
```

10.6.3　调整 DDS 配置

ROS 2 通过中间件抽象层来兼容不同厂家的 DDS，统一接口的同时，会牺牲 DDS 的特色功能。我们可以直接配置 DDS 来使用这些功能，不同的 DDS 修改配置的方法不同，本节将以文档较为详细的 Fast DDS 中间件为例，介绍直接修改其配置的方法。

修改 Fast DDS 的配置，最常用和方便的方法是配置 XML 文件。我们可以通过配置限制某个话题的订阅者数量，以 demo_nodes_cpp 功能包下的 talker 节点发布的 /chatter 话题为例，限制该话题的订阅者数量为 1，配置流程如下。

首先在 chapt10_ws 下新建 topic_sub_limit.xml，然后编写如代码清单 10-82 所示的内容。

代码清单 10-82　chapt10_ws/topic_sub_limit.xml

```xml
<?xml version="1.0" encoding="UTF-8" ?>
<profiles xmlns="http://www.eprosima.com/XMLSchemas/fastRTPS_Profiles">

    <!-- 默认发布者配置 -->
    <publisher profile_name="default_publisher" is_default_profile="true">
        <historyMemoryPolicy>DYNAMIC</historyMemoryPolicy>
    </publisher>

    <!-- 默认订阅者配置 -->
    <subscriber profile_name="default_subscriber" is_default_profile="true">
        <historyMemoryPolicy>DYNAMIC</historyMemoryPolicy>
    </subscriber>

    <!-- 话题 chatter 的发布者配置 -->
    <publisher profile_name="/chatter">
        <historyMemoryPolicy>DYNAMIC</historyMemoryPolicy>
        <matchedSubscribersAllocation>
            <initial>0</initial>
            <maximum>1</maximum>
            <increment>1</increment>
        </matchedSubscribersAllocation>
    </publisher>
</profiles>
```

为了兼容 ROS 2 的配置，将发布者和订阅者的历史内存策略 historyMemoryPolicy 的值修改为 DYNAMIC，接着定义一个发布者配置，指定的话题为 /chatter，然后修改匹配的订阅者最大数量为 1。

使用环境变量可以指定配置文件。打开终端，进入 chapt10_ws 目录，运行 talker 节点即可，完整指令如代码清单 10-83 所示。

代码清单 10-83　指定配置运行 talker 节点

```
$ export RMW_IMPLEMENTATION=rmw_fastrtps_cpp
$ export RMW_FASTRTPS_USE_QOS_FROM_XML=1
$ export FASTRTPS_DEFAULT_PROFILES_FILE=./topic_sub_limit.xml
$ ros2 run demo_nodes_cpp talker
```

接着打开新的终端，订阅 /chatter 话题，命令如代码清单 10-84 所示。

代码清单 10-84　订阅话题测试

```
$ ros2 topic echo /chatter
---
data: 'Hello World: 3'
```

```
---
data: 'Hello World: 4'
---
```

此时可以正常订阅和输出数据了，打开另一个新的终端，再次订阅话题，可以看到无法订阅到任何数据，说明我们指定的配置文件已经生效了。

10.6.4　使用 DDS 共享内存

前面我们通过执行器和组件，实现了节点之间的进程内的零复制通信。对于不在同一个进程，但是在同一主机的节点，同样可以通过共享内存的方式实现零复制通信。但要实现共享内存通信，除了需要对 DDS 进行额外的配置，在数据传输时，还需要额外的通信接口才能实现。

ROS 2 进程间共享内存实现零复制时，首先数据发布端需要从中间件租借存放消息的数据块，然后将要发布的数据存入，最后把对这块数据的描述发布出去。订阅者收到数据描述后，会到描述中提供的内存地址读取数据，然后转换成对应的消息格式，下面我们就尝试使用 Fast DDS 来实现共享内存通信。

在 chapt10_ws 下新建 learn_dds_cpp 功能包并添加 rclcpp 和 std_msgs 作为依赖，接着在 chapt10_ws/src/learn_dds_cpp/src 下新建 shm_pub.cpp，在该文件中编写如代码清单 10-85 所示的内容。

代码清单 10-85　chapt10_ws/src/learn_dds_cpp/src/shm_pub.cpp

```cpp
#include "rclcpp/loaned_message.hpp"
#include "rclcpp/rclcpp.hpp"
#include "std_msgs/msg/int32.hpp"

class LoanedMessagePublisher : public rclcpp::Node {
public:
    LoanedMessagePublisher() : Node("loaned_message_publisher") {
        publisher_ =
                this->create_publisher<std_msgs::msg::Int32>("loaned_int_topic",
                    10);
        timer_ = this->create_wall_timer(std::chrono::seconds(1), [&]() {
            auto message = publisher_->borrow_loaned_message(); // 1.租借消息
            message.get().data = count_++;  // 2.放入数据
            RCLCPP_INFO(this->get_logger(), "发布数据:%d", message.get().data);
            publisher_->publish(std::move(message));  // 3.发布数据
        });
    }

private:
    rclcpp::Publisher<std_msgs::msg::Int32>::SharedPtr publisher_;
    rclcpp::TimerBase::SharedPtr timer_;
    int32_t count_{0};
};
```

```
int main(int argc, char **argv) {
    rclcpp::init(argc, argv);
    auto node = std::make_shared<LoanedMessagePublisher>();
    rclcpp::spin(node);
    rclcpp::shutdown();
    return 0;
}
```

代码清单 10-85 中创建了一个节点，并在节点中创建了一个定时器和话题发布者，在发布数据时，我们使用 borrow_loaned_message 方法从中间件租借一个消息数据块出来，然后将数据赋值到数据块中，最后调用 publish 方法发布消息。

需要注意的是，目前 ROS 2 共享内存通信仅支持普通旧数据类型（Plain Old Datatypes, POD）的消息，POD 类型的消息在创建时就确认了消息的大小，比如常用的不定长字符串类型 std_msgs/msg/String 就无法使用，不过这并不代表我们不能传递字符串数据，你可以通过自定义一个给定长度的字符串数据来进行数据传递，比如代码清单 10-86 中的 msg 定义。

代码清单 10-86　定义 POD 消息

```
uint16 data_len 0    # 实际数据大小
char[1024] data      # 数据数组
uint16 MAX_LE=1024   # 最大数据长度
```

保存上面节点的代码并注册节点，构建功能包运行，运行命令及结果如代码清单 10-87 所示。

代码清单 10-87　运行共享内存发布

```
$ export RMW_IMPLEMENTATION=rmw_fastrtps_cpp
$ ros2 run learn_dds_cpp shm_pub
---
[INFO] [1698249329.218397158] [rclcpp]: Currently used middleware can't loan
    messages. Local allocator will be used.
[INFO] [1698249329.218685789] [loaned_message_publisher]: 发布数据:0
[INFO] [1698249330.218282113] [loaned_message_publisher]: 发布数据:1
```

可以看到，第一句提示当前的中间件并不支持租用消息，此时不能进行共享内存通信，ROS 2 会自动回退到正常的通信模式。其实 Fast DDS 已经基于 Boost.interprocess 库实现了共享内存，但要使用它进行共享内存通信，需要额外的配置，在 chapt10_ws 下新建 shm.xml，然后编写如代码清单 10-88 所示的内容。

代码清单 10-88　shm.xml

```
<?xml version="1.0" encoding="UTF-8" ?>
<profiles xmlns="http://www.eprosima.com/XMLSchemas/fastRTPS_Profiles">

    <data_writer profile_name="default publisher profile" is_default_
        profile="true">
        <qos>
            <publishMode>
                <kind>SYNCHRONOUS</kind>
```

```
        </publishMode>
        <data_sharing>
            <kind>AUTOMATIC</kind>
        </data_sharing>
    </qos>
    <historyMemoryPolicy>DYNAMIC</historyMemoryPolicy>
</data_writer>

<data_reader profile_name="default subscription profile" is_default_
    profile="true">
    <qos>
        <data_sharing>
            <kind>AUTOMATIC</kind>
        </data_sharing>
    </qos>
    <historyMemoryPolicy>DYNAMIC</historyMemoryPolicy>
</data_reader>
</profiles>
```

这里我们将默认的发布者的数据写入器和订阅者的数据读取器的服务质量都设置为数据共享。保存文件，设置配置文件地址，再次运行发布者，命令及结果如代码清单 10-89 所示。

代码清单 10-89　运行共享内存发布

```
$ source install/setup.bash
$ export RMW_IMPLEMENTATION=rmw_fastrtps_cpp
$ export FASTRTPS_DEFAULT_PROFILES_FILE=./shm.xml
$ export RMW_FASTRTPS_USE_QOS_FROM_XML=1
$ ros2 run learn_dds_cpp shm_pub
---
[INFO] [1698249329.218685789] [loaned_message_publisher]：发布数据 :0
[INFO] [1698249330.218282113] [loaned_message_publisher]：发布数据 :1
```

可以看到，此时数据已经正常发布了，订阅者收到共享内存消息后，会自动读取并转换为正常的消息。如果需要禁用借用消息，设置环境变量 ROS_DISABLE_LOANED_MESSAGES 的值为 1 即可。

好了，关于进程间共享内存实现零复制的介绍就到这里。

10.7　小结与点评

本章是本书的最后一章，我们把重点放在了 ROS 2 的进阶使用上，虽然每一小节的内容都是独立的，但它们都为我们深入使用 ROS 2 打下了基础。

本章主要围绕 ROS 2 的消息服务质量、执行器与回调组、生命周期节点、节点组合、消息过滤器和 DDS 进行了深入的介绍和探讨。

到这里，我们的机器人操作系统学习之旅已经走到了终点，但终点的结束同时意味着新起点的开始，愿你在今后的机器人开发之旅中一帆风顺。

推荐阅读

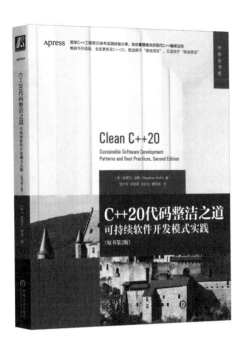

C++20代码整洁之道：可持续软件开发模式实践（原书第2版）

作者：[德] 斯蒂芬·罗斯（Stephan Roth） 译者：连少华 李国诚 吴毓龙 谢郑逸 ISBN: 978-7-111-72526-8

资深C++工程师20余年实践经验分享，助你掌握高效的现代C++编程法则

畅销书升级版，全面更新至C++20

既适用于"绿地项目"，又适用于"棕地项目"

内容简介

本书全面更新至C++20,介绍C++20代码整洁之道，以及如何使用现代C++编写可维护、可扩展且可持久的软件，旨在帮助C++开发人员编写可理解的、灵活的、可维护的高效C++代码。本书涵盖了单元测试、整洁代码的基本原则、整洁代码的基本规范、现代C++的高级概念、模块化编程、函数式编程、测试驱动开发和经典的设计模式与习惯用法等多个主题，通过示例展示了如何编写可理解的、灵活的、可维护的和高效的C++代码。本书适合具有一定C++编程基础、旨在提高开发整洁代码的能力的开发人员阅读。

推荐阅读